자동차 전기전자공학

PRACTICE FOR AUTOMOTIVE ELECTRIC & ELECTRON ENGINEERING

구민사

저자 약력

김만호 | 동의과학대학교 전기자동차과 교수
이종호 | 동의과학대학교 전기자동차과 교수

자동차 전기전자공학

초판인쇄 2023년 3월 1일
초판발행 2023년 3월 10일

저 자 김만호 · 이종호
발 행 인 조규백
발 행 처 도서출판 **구민사**
(07293) 서울특별시 영등포구 문래북로 116, 604호(문래동3가 46, 트리플렉스)
전 화 (02)701-7421(~2)
팩 스 (02)3273-9642
홈페이지 www.kuhminsa.co.kr
신고번호 제2012-000055호(1980년 2월4일)
I S B N 979-11-6875-214-6 (93560)
정 가 28,000원

Preface

2016년 스위스 다보스에서 열린 세계경제포럼에서 처음 언급된 인공지능으로 대표되는 4차 산업혁명은 자동차, 인터넷, 금융 등 전 세계 산업의 급진적인 변화를 일으켜오고 있으면서 동시에 앞으로 더 많은 변화를 가져올 것이다. 4차 산업혁명과 함께 자동차 산업은 기후 변화의 급격한 영향으로 CASE(Connectivity, Autonomous, Sharing, Electrification) 용어로 대표되는 혁신적인 변화의 시점에 직면해 있다. 최근에 상용화된 5세대 이동통신 기술은 자동차에 적용되어 차량 내부와 차량 외부를 실시간으로 연결하는 Connectivity 기술로 발전하여 관심이 더욱 커지고 있다. Autonomous 기술은 운전자의 조작 없이 자동차가 스스로 주행하는 기술을 포괄하는 것으로 자동차 연비 개선, 사고 예방, 교통 약자 이동성을 급격하게 향상할 것이다. Sharing 기술은 코로나19와 함께 쇠퇴하기는 하였지만, 제한된 재화를 공유해서 사용한다는 측면에서 앞으로 더 발전된 형태의 Sharing 기술이 출현할 것이다. 마지막으로, Electrification 기술은 코로나19와 함께 너무나도 급격하게 우리에게 영향을 주고 있으며 기후 변화 문제와 함께 앞으로 더 많은 관심과 영향을 줄 것이다.

코로나19 시대와 함께 자동차 산업은 내연기관 자동차 중심에서 친환경 자동차 중심으로 변화하고 있으며 친환경 자동차 중에서도 하이브리드 자동차, 배터리 전기 자동차에 대한 수요가 폭발적으로 증가하고 있다. 1996년 도요타에서 처음 만든 프리우스에서 시작된 하이브리드 자동차는 20년이 넘는 시간이 지나서야 고객들이 갖고 싶은 차가 되었다. 그에 반하여 2008년 테슬라에서 처음 만든 로드스터에서 본격적으로 생산이 시작된 배터리 전기 자동차는 10년이 조금 넘는 시간에 고객들이 갖고 싶은 차가 되고 차를 사기 위해서 기다려야 하는 상황까지 발생하고 있다. 그만큼 하이브리드 자동차, 배터리 전기자동차 등 친환경 자동차는 내연기관 자동차를 대체하는 자동차가 될 것이다.

본 교재는 친환경 자동차를 공부하기에 앞서 필요한 전기 전자 관련 지식을 중심의 내용을 포함하고 있다. 본 교재는 전기 전자 기초, 자동차 회로 분석, 회로 진단, 전자 부품 등의 기초적인 이론과 자동차 배터리, 발전기 등으로 구성되어 있다. 이를 통하여 하이브리드 자동차, 전기자동차, 자동차 고장 진단을 위한 기초 이론을 습득할 수 있기를 바란다.

이 책이 나오기까지 도움을 주신 도서출판 구민사 조규백대표님과 임직원분들께 깊은 감사의 말씀을 드린다.

저자 일동

Contents

자동차 전기 기초 01

1 전기

1. 전기의 정의 • 2
2. 전기의 역사 • 2
3. 전기의 발생 원리 • 4
4. 전기의 종류 • 8

2 전기와 물질

1. 물질의 구성 • 13
2. 전기의 흐름 • 16
3. 전하 • 16
4. 전자와 전류 • 17
5. 도체, 절연체, 유전체, 반도체 • 18
6. 축전기 • 20
7. 전압 또는 전위차 • 25
8. 저항 • 27

3 전기의 기본법칙

1. 옴의 법칙 • 31
2. 전력과 전력량 • 32
3. 저항연결 방법 • 34
4. 전압강하 • 37
5. 키르히호프의 법칙 • 40

4 전기와 자기

1. 자석의 성질 • 42
2. 자석과 자기 • 43
3. 전류에 의한 자계형성 • 46
4. 전자력과 유도 작용 • 48

5 반도체

1. 반도체 개요 • 58
2. 진성 반도체 • 60
3. 불순물 반도체 • 60
4. IC • 62

Contents

02 자동차 회로분석

1 전기적인 고장원인

1. 단선 • 68
2. 단락 • 69
3. 누전 • 69
4. 퓨즈 및 차단기 • 70

2 회로분석

1. 회로분석을 위한 기초지식 • 72
2. 회로 • 94
3. 전자제어 회로 • 98

03 회로진단

1 전기장치 공구 및 테스터기

1. 전기장치 실습 공구 • 106
2. 전기장치 회로 시험기 • 114

2 전압 · 전류 · 통전 점검

1. 전압점검 • 164
2. 전류 점검 • 167
3. 통전시험 • 170

3 고장진단 방법

1. 전기회로 분석요령 • 172
2. 릴레이 적용 회로분석과 진단 • 182
3. 회로분석에 의한 고장진단 • 187

Contents

04 전자부품 역할 및 점검

1 저항

1. 저항기의 종류 · 190
2. 저항기의 용도 · 191
3. 저항 점검 · 194

2 다이오드

1. 정류 다이오드 · 196
2. 제너 다이오드 · 202
3. 발광 다이오드 · 204
4. 포토다이오드 · 206

3 트랜지스터

1. 트랜지스터 개요 · 208
2. 트랜지스터 구조 · 208
3. 트랜지스터 작동 · 209
4. 트랜지스터의 작용 · 211
5. 트랜지스터 점검 · 212
6. 포토트랜지스터 · 217
7. 전계효과 트랜지스터 · 218

4 사이리스터

1. 사이리스터 개요 · 222
2. 사이리스터 점검 · 223

5 콘덴서

1. 콘덴서 기능 · 224
2. 콘덴서의 기능 · 225
3. 콘덴서 점검 · 226

6 광전도 셀

1. 광전도 셀 구조 · 227
2. 광전도 셀 감광 범위 · 228
3. 광전도 셀 출력 특성 · 228
4. 광전도 셀 용도 · 228
5. 광전도 셀 점검 · 229

7 서미스터

1. 서미스터 개요 · 230
2. PTC 서미스터 · 231
3. NTC 서미스터 · 233

8 압전(피에조) 소자

1. 압전(피에조) 소자 개요 · 234
2. 압전(피에조) 소자 응용 분야 · 235

9 열전 소자

1. 열전 소자 개요 · 236
2. 열전 소자 응용분야 · 237
3. 전자부품 기호 · 238

Contents

05 배터리

1 배터리(축전지)의 개요

1. 배터리의 구비조건 • 243
2. 내연기관 배터리의 기능 • 243

2 배터리의 종류

1. 납산 배터리 • 244
2. 리튬이온 배터리 • 245
3. 알칼리 배터 • 248
4. 수소 연료전지 • 249

3 납산배터리

1. 납산배터리의 작동원리 • 252
2. 납산 배터리의 구분 • 253
3. 납산배터리의 구조 • 260
4. 납산배터리의 여러 가지 특성 • 263
5. 전해액 • 267
6. 자기방전 • 269

4 배터리 점검 및 충전

1. 배터리 일반사항 • 271
2. 배터리 외부점검 및 커버 청소 • 272
3. 배터리 탈착 및 장착 • 273
4. 배터리 암전류(누설전류) 점검 • 276
5. 전해액 • 278
6. 배터리의 전압, 용량 측정 • 283
7. 배터리의 충전 • 286
8. 배터리 점프방법 • 291
9. IBS센서 초기화 • 292

5 하이브리드 고전압장치

1. 전기동력 시스템 구성 • 294
2. 고전압 배터리 시스템 구성 • 295
3. 고전압 배터리 주요 제어 특성 • 300
4. 고전압 배터리 취급시 유의사항 • 304
5. 하이브리드 고전압장치 정비 • 305

Contents

06 발전기

1 발전기의 원리

1. 플레밍의 오른손법칙 • 313
2. 발전기와 렌츠의 법칙 • 314

2 교류발전기의 구조

1. 스테이터 • 316
2. 로터 • 316
3. 정류기 • 317
4. 브러시 • 318
5. 교류발전기 조정기 • 318

3 시동 발전기

1. HSG 특징 • 320
2. HSG 작동 • 320

4 발전기 점검

1. 발전기 탈·부착 및 벨트 장력 조정 • 322
2. 발전기의 분해·조립 • 325
3. 발전기 점검 • 327
4. 발전기 충전 전류와 전압 측정 • 331
5. 발전기 출력 파형분석 • 335

Contents

07 등화장치

1 자동차용 전선

1. 전선의 온도에 따른 분류 • 340
2. 전선의 피복색깔 • 340
3. 하니스 종류 • 342

2 조명의 용어

• 344

3 전조등

1. 전조등 방식 • 345
2. 오토라이트 • 349

4 안전장치

1. 방향 지시등 • 350
2. 안개등 • 351
3. 미등 • 351
4. 번호등 • 352
5. 제동등 • 352

5 전조등 탈부착

1. 전조등 탈거 • 353
2. 조립 • 356

6 전조등 변환빔(하향등) 광도 측정

1. 메인 화면 • 358
2. 접수 화면 • 359
3. 측정 화면 • 360
4. 하향등 측정 방법 • 362

[부록] 시동장치 정비

1 시동장치의 개요

• 366

2 시동장치 정비

• 377

3 고장진단

• 396

1

자동차 전기 기초

1 전기 (Electricity)

1 전기의 정의

전기(電氣)란 전하의 존재 및 흐름과 관련된 물리현상들의 총체이다. 물질 안에 있는 전자 또는 공간에 있는 전자의 이동으로 생기는 에너지의 한 형태로 도체 내 전자를 움직이게 하는 힘을 의미한다.

전기는 열이나 빛, 기계의 운전을 비롯한 여려가지 물리적인 효과를 발생 시킬 수 있는 눈에 보이지 않는 힘을 갖고 있으며, 음전기와 양전기 두 가지가 있는데, 같은 종류의 크기는 밀어내고 다른 종류의 전기는 끌어당기는 힘이 있다.

음전기(negative electricity)는 전체적인 회로에서 음전하를 많이 가지고 있는 전기를 말하며, 전자가 이동하는 방향이 되는 전기이다. 음전하를 많이 가지고 있어 음(-)의 부호를 가지고 있는 전기를 말하며, 양전기(positive electricity)는 전하를 띠지 않는 중성의 물질에서 음의 전하를 가지는 전자를 잃어 양의 전하를 띠는 것을 말한다. 원자기호 우측 상단에 양(+)을 써주어 양전하임을 표시한다.

2 전기의 역사

고대 그리스 철학자 탈레스가 BC 600년경에 호박에 작은 물체가 붙는 현상을 보고 호박을 문지를 때 정전기(static electricity)가 발생한다는 것을 발견했다. 이것이 전기 현상의 최초의 발견이다. 이 호박을 의미하는 그리스어의 '일렉트론(electron)'이 그 뒤에 진화되어 '일렉트리시티(electricity)'라는 말이 유래된 것으로 전해진다.

16세기 말 영국의 길버트는 자철광이나 호박에 대하여 처음으로 과학적 연구에 의해 자기나 마찰전기에 대해서 알아냈다. 길버트는 호박 이외에도 유리, 수정, 유황 등을 마찰시키면 역시 가벼운 물체를 끌어당긴다는 것을 발견했다. 그는 이러한 현상을 물질이 호박화 하기 때문이라고 생각했다. 여기서 호박화 하는 원인이 되는 것을 전기(electricity)라고 부르게 되었다.

그 후 프랑스의 물리학자 뒤페가 전하에 양음(+, -)의 구별이 있는 사실을 발견하였고, 1785년 쿨롱(프랑스)은 여러 가지의 전하량을 가진 공을 만들고 비틀림 저울로 힘을 측정해본 결과 쿨롱은 두 공 사이의 힘은 전하량의 곱에 비례하고 두 공 사이의 거리의 제곱에 반비례한다는 쿨롱의 법칙을 발견하였으며, 1800년 볼타(이탈리아)에 의해 볼타전지(Volta cell)가 발명되는 등 전기 현상이 정밀과학적으로 서의 체계를 갖추게 되었다. 즉 '전류'를 발명한 것이다. V(볼트)라는 기호는 그의 이름을 따서 만들어진 것이다. 그 이후로 1827년 옴(독일)의 옴의 법칙, 1831년 패러데이(영국)의 전자기 유도 법칙, 1840년 줄(영국)의 줄의 법칙 등 많은 과학자들이 전기를 연구하게 되어 전기에 관한 여러 원리들이 뒤를 이어 발견되었다.

전기의 정체가 처음으로 규명된 것은 1879년에 에디슨이 백열전구를 발명한 이후로 1897년 톰슨(영국)에 의해 그는 음극선은 질량이 아주 작은 미립자의 흐름이며, 원자보다 크기가 작은 이 미립자들이 마이너스(-) 전기를 띤다고 밝혔다. 톰슨이 발견한 이 새로운 형태의 미립자에는 '전자(electron)'라는 이름이 붙여졌다. 톰슨의 발견은 원자물리학의 발전에 의한 물질 구조의 규명과 연결되어, 전자공학(electronics)이라고 하는 전자의 응용분야 즉, 진공관이나 트랜지스터를 이용하는 길을 개척하는데 공헌하였다.

톰슨의 실험에서는 빛과 같은 것이 양극에서 음극으로 흐른 것이 아니고, 반대로 음극에서 양극으로 흘렀다는 사실을 확인함으로서 전기는 전자의 이동에서 생긴다는 것을 발견하였다. 실험 방법은 유리관의 양쪽 끝에 전극을 붙인 다음, 속의 공기를 빼고 높은 전압을 가할 때 음극(-) 쪽에서 양극(+) 쪽으로 빛과 같은 것이 흐를 것(진공방전 : 진공 속을 전류가 흐르는 것)을 발견하였는데 이것은 지금까지 알고 있던 전기는 +에서 -로 흐른다는 사실과 다른 반대현상을 발견하였다. 이것은 극히 미소한 입자인 전자의 흐름을 발견한 것이다.

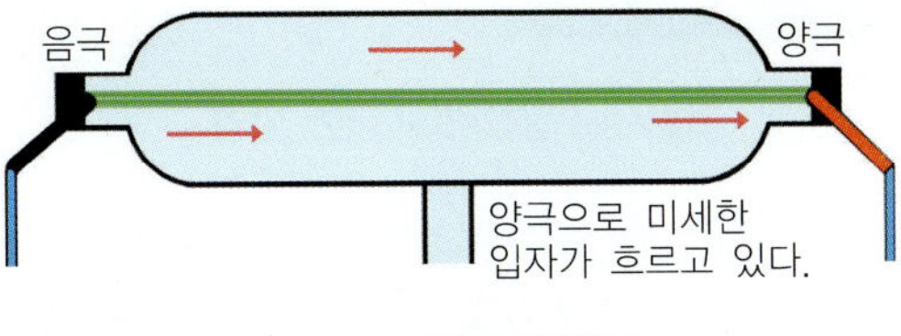

그림 1 | 진공방전

3 전기의 발생 원리

전기의 발생은 전자유도 작용을 이용한 발전기를 이용하는 방법, 열에 의한 발전, 그리고 화학 작용, 압력에 의한 발전, 빛, 마찰 등에 의해 전기는 만들어진다. 또한 화석 에너지의 고갈 및 환경문제로 인해 신재생 에너지가 필요하게 되는데, 태양 에너지, 바이오매스 풍력, 소수력, 해양 에너지(염도차 발전), 폐기물 에너지 등 신 재생 에너지 개발에 많은 노력을 기울이고 있다.

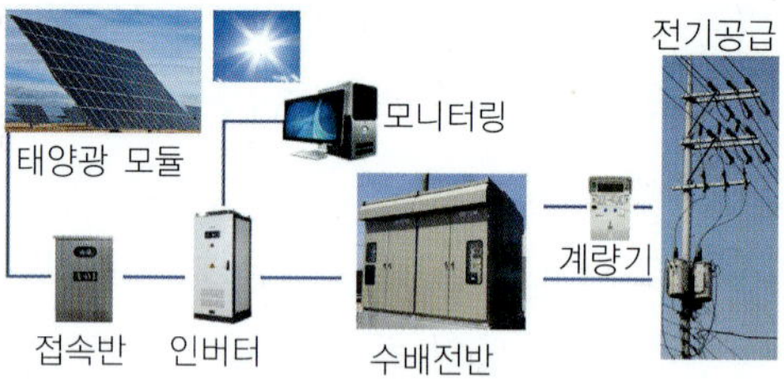

그림 2 | 태양 발전

그림 3 | 풍력 발전

01 발전기에 의한 기전력

발전기를 이용하여 전기를 생산하는 것은 발전기를 어떤 에너지로 어떤 방법을 이용해서 회전시키느냐에 따라 분류된다. 대표적인 발전소로는 바람의 에너지로 발전기를 돌리는 풍력 발전소와 물의 에너지를 이용하는 수력 발전소, 물을 가열해 만들어지는 증기로 발전기를 돌리는 화력 발전소(화석 연료)와 원자력 발전소(핵분열)이 있다.

그림 4 | 발전기에 의한 방법

자동차는 연료를 이용해 엔진이 회전을 하게 되고 그 힘을 이용하여 발전기(알터네이터)를 회전시켜 자동차 주행에 필요한 전기를 얻는다. 발전소에서 사용되는 대용량 발전기나 자동차에 사용되는 소형 발전기나 같은 원리에 의해 전기가 생산된다.

(a) 산업용 대형 발전기

(b) 차량용 소형 발전기

그림 5 | 발전기

02 화학 작용에 의한 기전력

화학 전지(electrochemical cell)는 자발적인 산화-환원 반응을 이용하여 화학 에너지를 전기 에너지로 전환시키는 장치로 재질이 다른 두 금속판을 전해액에 담그고, 결선을 하면 두 금속 사이에 직류 전압이 발생된다. 전지의 구성은 (-)극 | 전해질 용액 | (+)극으로 구성된다. (-)극에서는 산화가, (+)극에서는 환원이 일어난다. 따라서 전자는 (-)극에서 (+)극으로 이동하고 전류는 (+)극에서 (-)극으로 이동한다. 흔히 알려진 전지로는 볼타 전지, 갈바니 전지(Galvanic cell), 2차 전지로는 납축전지, 니켈-수소 전지, 리튬이온 전지 등이 있다. 배터리 전압은 내부 화학 재료(금속종류)에 따라 달라진다.

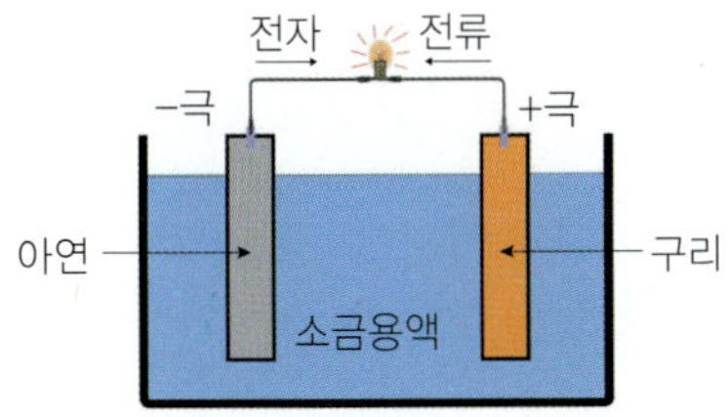

(a) 구리와 아연의 화학반응

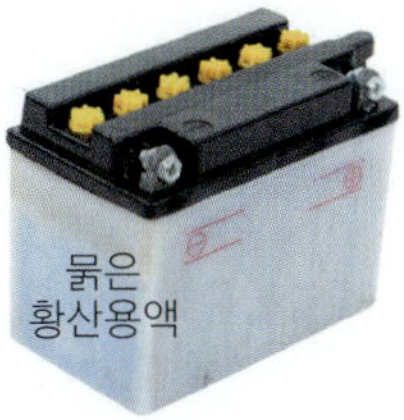

(b) 납과 이산화납 화학반응

(c) 리튬이온 배터리

그림 6 | 화학 작용에 의한 기전력

03 열에 의한 기전력(열전현상)

두 개의 서로 다른 금속도선 양끝을 접합하여 폐회로를 구성하고 양끝 접합부위에 서로 다른 온도를 가하여 온도차를 주면 전위차가 발생하는 현상을 열전현상이라고 하며 이때 발생한 전위차를 열기전력이라 한다. 이러한 열전현상에는 지백 효과(열 → 전기), 펠티어 효과(전기 → 열), 톰슨 효과(한가지 도체 선상 온도차 → 전기)가 있다. 안티몬(Sb)·비스무트(Bi)·철(Fe)·구리(Cu)·콘스탄탄(구리와 니켈합금)과 같은 몇 종류의 금속이 주로 열전쌍으로 쓰이며 높은 온도 측정은 백금(Pt)과 로듐(Rh)합금이 주로 쓰린다.

① 지백 효과 : 두개의 금속 도선 접합 후 접합부위에 온도차를 주면 전류의 흐름(저온 → 고온)에 의해 기전력이 발생하는 효과를 지백 효과라고 한다. 사용 용도는 화재감지기, 열전대, 전자온도계, 용광로 속 온도측정 등이 있다.

② 펠티어 효과 : 금속, 반도체를 접속한 두 점 사이에 폐회로를 구성하고 전류를 흘리면 한쪽 접점은 열이 발생하고 다른 쪽 접점은 열을 흡수하는 현상을 펠티어 효과라고 한다. 한쪽에서 열 흡수 후 다른 쪽에서 열 방출을 한다. 전류 방향을 반대로 하면 발열과 흡열이 반대로 된다. 사용용도는 흡열을 이용한 냉각기에 주로 사용한다.

③ 톰슨 효과 : 동일금속에 전류를 흘리면 온도차이점에서 흡열하거나 발열하는 현상이 발생하는데 이것을 톰슨 효과라고 한다. 동일금속에서 사용하는 것이 펠티어 효과와의 차이점이다.

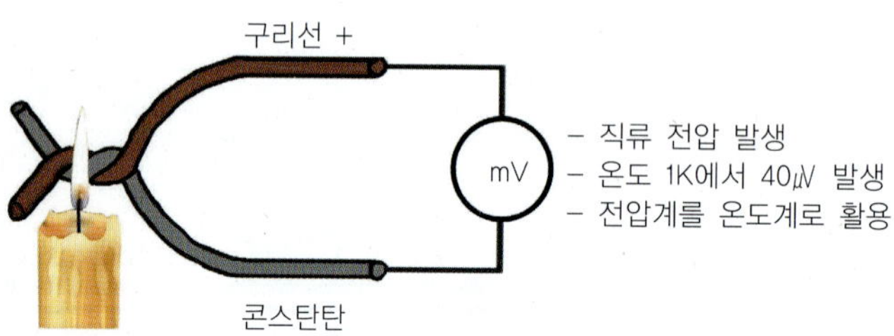

그림 7 | 열에 의한 전압 발생

04 빛에 의한 기전력

태양의 '빛 에너지(광전효과)'를 통해 전기에너지를 생산하는 장치를 태양광 발전이라 한다. 태양전지는 실리콘으로 대표되는 반도체이며 태양전지는 전기적 성질이 다른 N(negative)형의 반도체와 P(positive)형의 반도체를 접합시킨 구조를 하고 있으며 2개의 반도체 경계 부분을

PN접합(PN-junction)이라 한다. 이러한 태양전지에 태양빛이 닿으면 태양빛은 태양전지 속으로 흡수되며, 흡수된 태양빛이 가지고 있는 에너지에 의해 반도체내에서 정공(hole)(+)과 전자(electron)(-)의 전기를 갖는 입자(정공, 전자)가 발생하여 각각 자유롭게 태양전지 속을 움직이지만, 전자(-)는 N형 반도체 쪽으로, 정공(+)은 P형 반도체 쪽으로 모이게 되어 전위가 발생하게 되며 이 때문에 앞면과 뒷면에 붙여 만든 전극에 전구나 모터와 같은 부하를 연결하게 되면 전류가 흐르게 되는 데 이것이 태양전지의 PN접합에 의한 태양광발전의 원리이다.

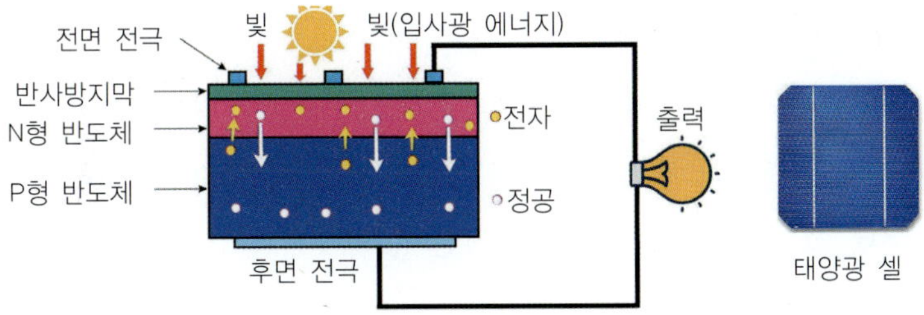

그림 8 | 빛에 의한 기전력

05 압력에 의한 기전력

고체에 힘을 가하였을 때 결정 겉면에 전기적 분극이 일어나는 현상으로 압전(피에조) 효과라고 한다. 수정(quartz), 전기석(tourmaline), 또는 로셀염(rochelle-salt)등의 결정에 압축력 또는 인장력을 가하면, 힘의 작용방향에 대해 직각 방향으로 전압이 발생된다. 결정에 작용하는 압력이 변화함에 따라 이에 대응되는 교류전압을 얻을 수 있다. 이와 같이 인장 또는 압축력을 가하면 전압이 발생되는 소자를 압전소자(piezo-element)라 한다. 전압은 압전소자의 양단에 부착된 도체에 유기되며, 이와 반대로 전압을 주면 결정체가 변형을 일으키는 현상을 압전 역 효과라고 한다. 발견자의 이름을 따서 직접효과를 퀴리 효과, 역 효과를 리프먼 효과라고도 한다. 적용범위로는 압전소자에 가해지는 압력이 급격히 변화할 경우에는 노크센서, 맵 센서에 사용되고 압전소자에 전기를 공급하면 액추에이터인 피에조 인젝터로 기능한다.

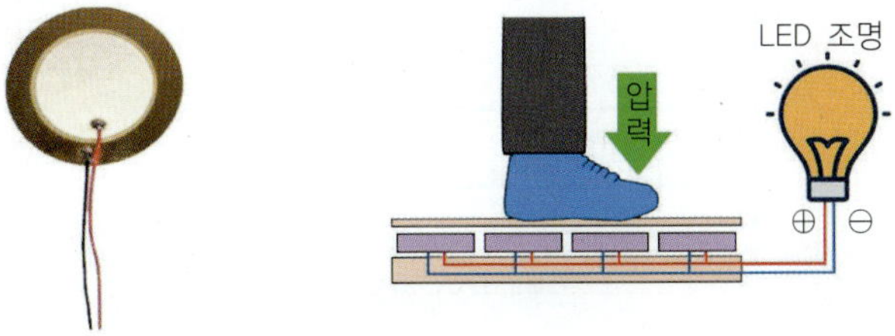

그림 9 | 압전 소자

4 전기의 종류

전기는 크게 동전기와 정전기로 나뉜다. 동전기는 움직이는 상태에 있는 전기(전류)를 말한다. 우리가 일반적으로 알고 있는 전기는 지속적으로 흐르는 전기인 동전기를 이르는 것이다. 여기서 움직이는 전기란 전류가 흐르는 상태를 말하고 전류가 흐르는 상태란 전도대의 자유전자가 이동하는 상태를 의미한다. 동전기에는 가정 전기나 공장 전기와 같은 교류 전기와, 건전지, 자동차 배터리 등과 같은 직류 전기가 있다.

정전기는 전하가 정지 상태로 있어 전하의 분포가 시간적으로 변화하지 않는 전기를 말한다. 정전기는 정지한 상태의 전기다. 정전기는 일반적으로 흐르지 않다가 특정 조건이 되면 일시적으로 전기가 흐르는데 그 조건이 정전기유도, 정전기, 마찰전기이다.

01 동전기(Dynamic electricity)

(1) 직류(Direct Current)

시간의 흐름에 따라 전압과 전류가 일정한 값을 유지하고, 전류의 이동 방향이 일정한 전류를 말하는데, 직류 전류라고도 한다. 직류는 높은 전위에서 낮은 전위로 전선과 같은 도선을 통해 전류가 연속적으로 흐르는 것을 말한다. 전하(전류)가 교류(AC)와는 다르게 항상 같은 방향으로 흐르기 때문에 전하의 방향, 극성이 항상 동일하다. 하지만 그 크기는 다를 수 있다. 교류에 비하여 절연이 쉽고(70% 정도), 전력 손실이 적어 대용량 송전에 유리하다. 우리나라는 유일하게 해남과 북 제주를 180kV로 직류 전송한다. 회전에 의해 얻어지는 발전기 전기만 교류이고 그 이외의 방법으로 얻어지는 전기는 모두 직류이다. 자동차에 사용되는 전기장치의 증가로 인해 효율이 좋은 교류 발전기를 사용하는데 이를 직류로 변환하여 자동차에 사용되고 있다.

그림 10 | 직류

(2) 교류(Alternating Current)

시간에 따라 크기와 방향이 주기적으로 변하는 전류로서 보통 AC로 표시한다. 사인파형이 가장 전형적이며 사각파나 삼각파 등으로 변형이 가능하다. 영구자석에 의해 형성된 자기장 내에서 폐회로를 일정한 속도로 회전시키면 코일을 지나는 자속이 주기적으로 변한다. 이때 패러데이 법칙에 따라 자기장에 수직한 코일의 부분에 시간에 따라 주기적으로 방향이 바뀌는 유도기전력이 발생한다. 유도기전력이 곧 교류전압이며 교류전압에 의하여 시간에 대해 사인함수로 변화하는 교류전류가 발생된다. 교류전류는 주기적으로 변하므로 순간적인 값을 측정하기 곤란하고, 평균값도 0이 되므로 1주기에 대하여 교류의 전압 또는 전류의 제곱의 평균값의 제곱근을 취한 실효값으로 전류 또는 전압의 세기를 표시한다.

사인파 교류의 실효값(I)은 전류의 최대값 I_o의 $1\sqrt{2}$ 배이다. 교류전류계·교류전압계 등의 눈금은 이 실효값을 나타낸다. 따라서 1A의 전류 100V의 전압일 때의 전류의 실효값 및 전압의 최대값은 약 0.707A 및 약 70.7V이다.

$$I = I_o(1\sqrt{2}) = 0.707 I_o$$

교류회로에 교류기전력 $e = E_o \sin wt$를 걸 때, 회로에 흐르는 전류는 $i = I_o \sin(wt + \Phi)$로 표시되며, 전압과 전류 사이에는 위상차 Φ가 있다. 이것이 교류회로의 특징이며, 교류 I_o와 Φ는 회로의 임피던스에 의해 결정된다.

교류의 1회 파형 변화를 1사이클이라고 하고 1사이클을 완료하는데 필요한 시간을 주기라고 하며, 1초간 +와 -가 서로 반복되는 사이클 수를 주파수라하고 헤르츠(Hz)로 표기한다. 교류(AC) 전류(A)는 전압(V)이 고르지 않아 전기회로에 손상을 주기도 하지만, 구조가 간단한 교류발전기로 쉽게 전기를 발생시킬 수 있고, 변압기로 전압을 쉽게 높일 수 있어 장거리 송전이 가능하며, 직류 전동기보다 구조가간단하고 튼튼한 교류전동기에 사용할 수 있고, 어댑터를 이용하여 직류로도 변환할 수 있는 특징이 있어 직류보다 많이 사용된다.

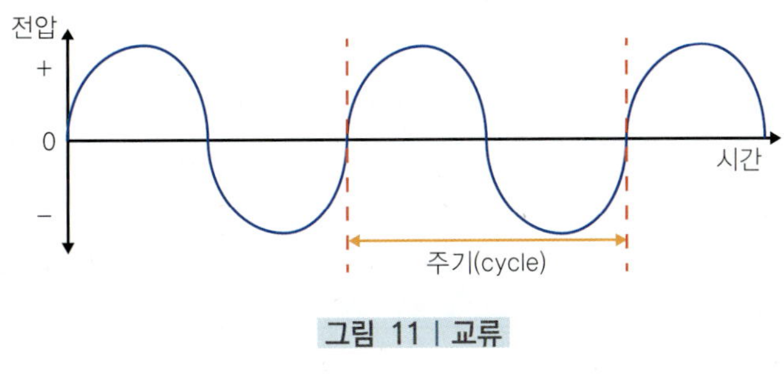

그림 11 | 교류

(3) 직류(DC)와 교류(AC)의 차이점

1) 직류

① 주파수가 없다.

② 저장이 가능하다.

③ +, -전극이 있다.

④ 전류의 방향이 일정하다.

⑤ 전압의 변경이 용이하지 않다.

⑥ 전동기의 속도변경이 용이하다.

⑦ 많은 용량의 전기를 사용할 수 없다.

2) 교류

① 주파수가 있다.

② 저장이 안 된다.

③ +, -전극이 없다.

④ 전류의 방향이 없다.

⑤ 전압의 변경이 용이하다.

⑥ 전동기의 속도변경이 용이하지 않다.

⑦ 많은 양의 전기를 사용할 수 있다.

(4) 맥류(Pulsating Current)

직류에 교류성분이 포함된 맥동전류. 흐르는 방향은 일정하지만 크기의 변화가 계속 되풀이 되는 전류. 정류기에 의해 교류를 정류한 직류는 거의 맥류이며 그 맥동성분을 감소시키기 위해 각종 평활회로를 사용한다.

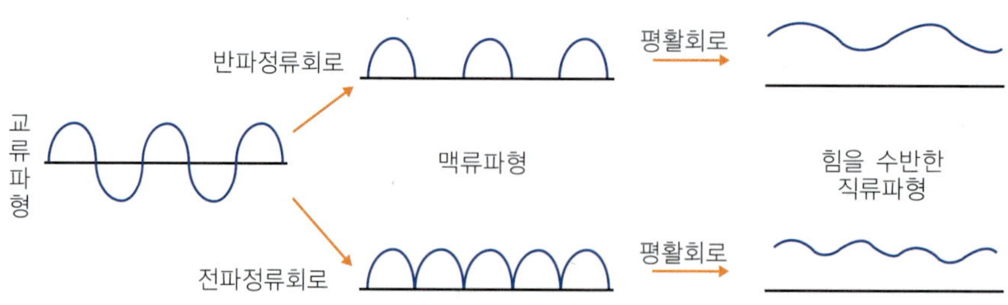

그림 12 | 맥류

02 정전기(static electricity)

(1) 정전기유도(electrostatic induction)

어떤 물체에 대전된 물체를 가까이 하면 전기장으로 인해 물체가 대전되는 현상을 정전기 유도라 한다. 정전기 유도는 도체의 정전기 유도 현상과 유전체의 정전기 유도 현상으로 나눌 수 있는데 도체의 정전기 유도는 자유전자를 많이 포함하고 있는 도체에 양전하로 대전된 물체를 가까이하면 자유전자가 대전체 근처로 모여 대전체 근처에는 음전하가, 반대편에는 양전하가 대전되는 현상을 의미한다. 유전체의 정전기 유도 현상은 극성인 분자를 포함하고 있는 물질을 대전된 물체에 가까이 하면 극성분자가 대전된 물체 쪽으로 배열되어 붙는 현상을 의미한다.

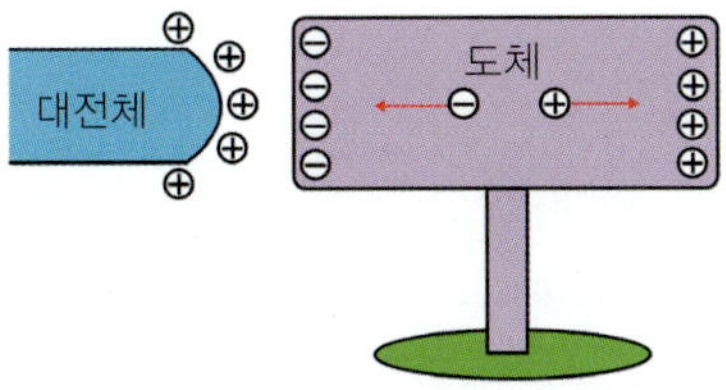

그림 13 | 도체의 정전기유도 현상

(2) 정전기(static electricity)

정전기는 마찰에 의해 발생되며 전하가 한곳에 머물러 있는 것으로, 정전기가 생기는 이유는 마찰 때문이다. 물체를 이루는 원자의 주변에는 전자가 돌고 있는데, 원자핵으로부터 멀리 떨어진 전자들은 마찰을 통해 다른 물체로 쉽게 이동하기도 한다. 이때 전자를 잃은 쪽은 (+)전하가, 전자를 얻은 쪽은 (-)전하가 되어 전위차가 생긴다. 생활하면서 주변의 물체와 접촉하면 마찰이 일어나기 마련인데, 그때마다 우리 몸과 물체가 전자를 주고받으며 몸과 물체에 조금씩 전기가 저장된다. 한도 이상 전기가 쌓였을 때 적절한 유도체에 닿으면 그동안 쌓았던 전기가 순식간에 불꽃을 튀기며 이동한다. 이것이 정전기다.

보통 정전기는 습도가 30%가 안 되는 겨울에 많이 발생한다. 건조한 겨울철에 털이 많은 스웨터를 벗다가 따끔한 정전기(14,000V)를 느낀 경험이 있을 것이다. 자동차에 열쇠를 꽂을 때 불꽃이 튀거나(4,000V) 금속으로 된 문고리를 잡다가 전기가 통한 일 등도 모두 정전기 때문에 일어나는 것이다.

그림 14 | 정전기

(3) 마찰전기(triboelectricity)

마찰전기란 마찰로 인한 현상이다. 마찰전기(摩擦電氣)는 두 가지 물체가 마찰되어 대전되어 발생하는 전기이다. 마찰전기에는 양·음의 두 종류가 있으며 두 물체의 마찰에서 반드시 한쪽은 양(+), 다른 쪽은 음(-)으로 대전(帶電)된다. 양·음은 물체의 종류에 따라 결정되는 것이 아니라 마찰하는 상대 물체에 따라 결정된다.

마찰에 의한 대 전의 양·음에 관해 물질을 차례대로 늘어놓은 대전열(帶電列)은 모피 → 유리 → 운모 → 비단 → 면포 → 목재 → 플라스틱 → 금속 → 황 → 에보나이트 와 같으며, 앞쪽에 있는 물질과 뒤쪽에 있는 물질을 마찰시키면 앞의 것은 양, 뒤의 것은 음으로 대전된다.

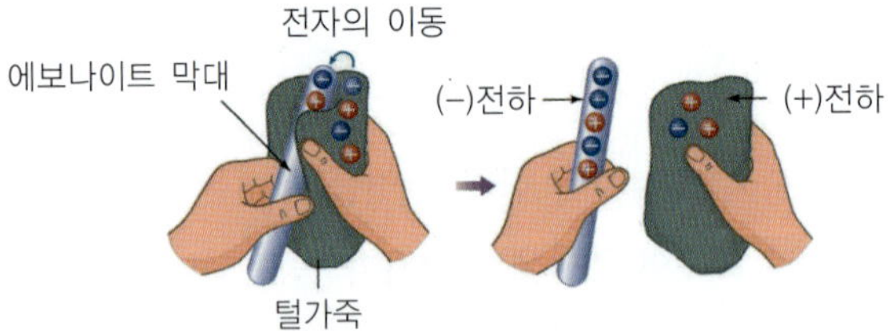

그림 15 | 마찰전기

2 전기와 물질

1 물질의 구성

물질에 대한 일반적인 정의는 질량과 부피를 갖는 존재이다. 물질을 구성하고 있는 작은 단위로 나누어보면 분자(10^{-6}m), 원자(10^{-10}m), 원자핵(10^{-15}m), 양성자/중성자(10^{-18}m)들로 구성되어 있다.

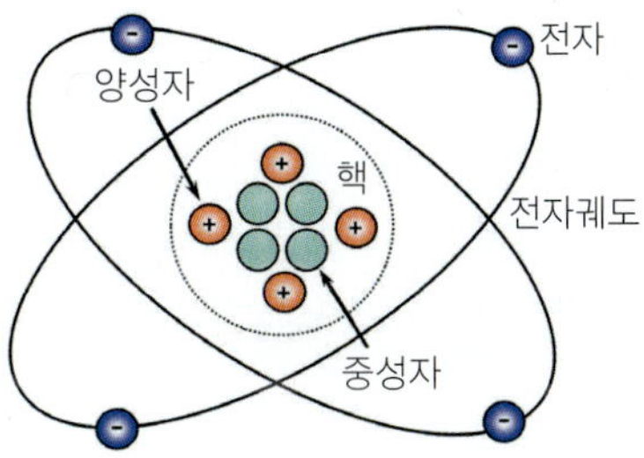

그림 16 | 원자의 구조

01 분자(molecule)

원자나 이온이 화학결합에 의하여 몇 개가 모여 그 물질의 특성을 가진 최소단위로서 미립자를 만드는 일이 있다. 이 경우에 그 미립자를 분자라고 한다. 분자는 일정한 질량·구조·원자조성을 가지며, 분자는 순수한 화합물에서 그 특징적인 조성과 화학적 성질을 유지시키는 가장 작은 입자이다. 분자는 수나 종류의 변화 없이 물이 고체·액체·기체로 상태 변화하는 것처럼 물리적 변화를 할 수도 있으나 화학반응을 통해 변형될 수도 있다.

02 원자(atom)

화학 원소로서의 특성을 잃지 않는 범위에서 도달할 수 있는 물질의 기본적인 최소 입자로 원자의 화학적 성질은 주로 전자 수에 따라 정해진다. 크기와 무게는 원자번호 순으로 증대한다. 중심에는 원자핵을 이루는 핵자인 양성자, 중성자가 모여 있고, 전자는 핵 주변에 분포하며, 이 전자의 분포를 나타내는 전자구름이 위치해있다. 반 데르 발스 원자 반지름은 $1 \sim 3 \times 10^{-10}$m, 핵자의 수를 A라 할 때 원자핵 반지름은 $1.07\sqrt[3]{A} \times 10^{-15}$m이다. 양성자 하나로 이루어진 수소 원자라면, 원자와 원자핵의 크기 비율은 약 100,000 : 1이다. 질량은 1.67×10^{-27}kg이고, 전자는 9.11×10^{-31}kg으로 핵자가 전자에 비해 대략 1800배나 무겁다. 사실상 원자의 질량은 원자핵이 다 차지하고 있는 셈이다. 기본적으로 원자는 전하를 가지지 않는다. 원자핵이 양전하를 가지고, 그만큼의 음전하를 가진 전자가 합쳐져 있기 때문이다. 전자가 적거나 많으면 양전하나 음전하를 띠기도 한다.

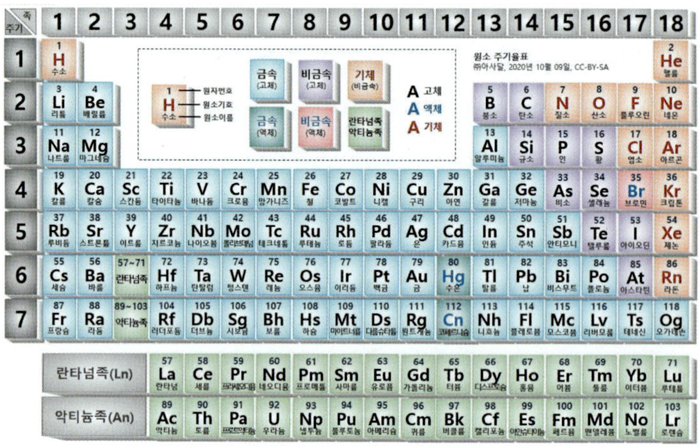

그림 17 | 원소주기표

03 양성자(proton)

중성자(neutron)와 함께 원자핵을 구성하는 요소로 양자는 정의 전하를 가지기 때문에 원자핵은 정의 전기를 가지며, 부의 전기를 가진 궤도전자와의 사이에 인력이 작용해서 이것을 주위로 당겨서 원자를 구성하고 있다. 질량은 원자질량단위 amu(atomic mass unit)로 1.007825aum으로 전자의 약 1,840배이다.

04 중성자(neutron)

원자를 구성하는 입자 중 하나로 원자의 구성을 원자핵과 전자로 나누었을 때 양성자와 함께 원자핵을 형성하는 입자이다. 전기적으로 중성이며 질량은 양성자의 질량과 거의 유사하지만 정밀하게 본다면 조금 더 크고(양성자 질량 : 1.67262×10^{-27}kg vs 중성자 질량 : 1.67492×10^{-27}kg) 전자의 약 1,840배이다.

05 전자(electron)

음전하를 가지는 질량이 아주 작은 입자로 모든 물질의 구성요소이다. 일반적으로 e^-로 표시한다. 전자의 전하량은 기본전하량으로 모든 물질은 이 전하량의 정수배만큼의 전하량(1.6×10^{-19})을 갖는다. 원자핵의 주위를 원형 또는, 타원형 궤도를 따라 빛의 $\frac{1}{10}$ 정도의 속도로 운동한다.

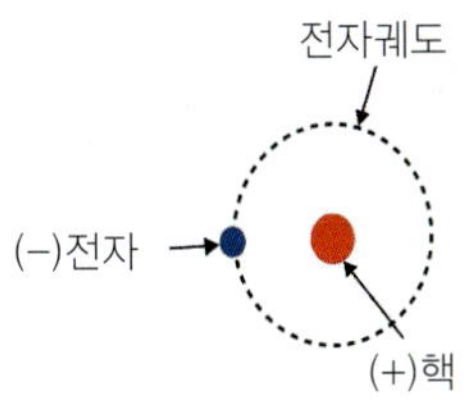

(a) 수소

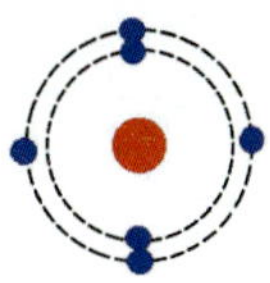
(b) 탄소

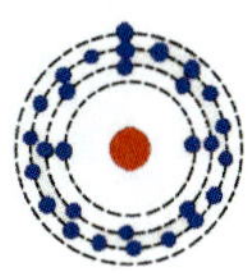
(c) 동

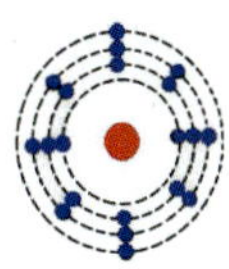
(d) 철

그림 18 | 전자궤도와 전자 수

2 전기의 흐름

일반적으로 원자궤도의 가장 바깥쪽 궤도에 있는 전자를 가전자라고 하며, 가전자의 수를 전자가라 하여 물질의 특성을 나타낸다. 바깥쪽 궤도의 전자는 원자핵으로부터 인력이 약하게 작용하므로 쉽게 궤도를 이탈하여 자유롭게 돌아다닐 수 있다. 이렇게 궤도를 이탈하는 전자를 자유전자라고 하며 물질의 전기적 성질을 결정하게 된다.

원자들은 최외각 궤도에 있던 전자가 이탈하게 되면 전자가 빠져나간 자리는 정공(hole)이 되고 근처를 이동하는 다른 자유전자를 끌어당겨 채우게 되며 이러한 현상을 보고 전기의 흐름이라 한다.

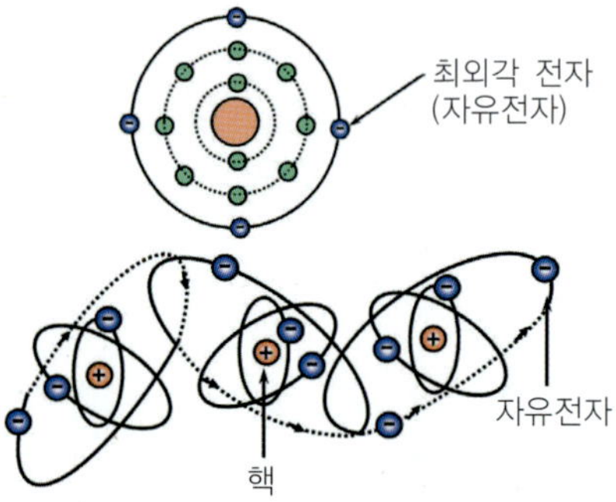

그림 19 | 자유전자의 이동

3 전하(electric charge)

전하는 전기현상을 일으키는 주체적인 원인으로, 어떤 물질이 갖고 있는 전기의 양이다. 전하의 크기를 전기량이라 하는데, 항상 기본 전하량 "e", 즉 1C은 전자나 양성자 등과 같은 자연단위의 전하 1.6021×10^{-19C}(쿨롱)의 정수배가 된다.

전하의 양을 전하량이라고 한다. 전하의 국제단위는 쿨롱이며, 기호는 C이다. 1쿨롱은 1A(암페어)의 전류가 흐르는 도체의 단면을 1초 동안에 통과하는 전하의 총량과 동일한 양이다. 1C은 전자나 양성자 등과 같은 자연단위의 전하 약 6.24×10^{-18}개로 전자나 양성자들의 전하의 양이다. 전하는 음의 전하와 양의 전하가 있다. 이는 질량과 같이 양의 값만 있는 다른 물리량과 다르다. 통상적으로 양성자나 양전자 따위의 전하를 양으로, 전자 등의 전하를 음으로 놓는다.

4 전자와 전류

전자는 작은 입자 중에서 음(-)전하를 지니는 질량이 매우 작은 입자로 정지 질량은 9.107×10^{-28}g 이고, 전하는 1.6021×10^{-19}C이며, 축전지에 전구를 연결했을 때 (+)극과 (-)극 사이에 인력(引力)이 작용하여 전자는 (+)극 쪽으로 당겨지게 된다. 전자가 (+)극 쪽으로 이동하는 상태를 전류가 (+)극에서 (-)극으로 흐른다고 말하는 것이다.

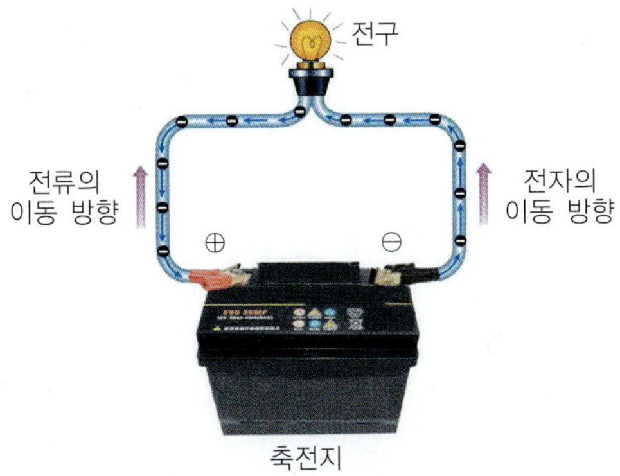

그림 20 | 전자와 전류의 흐름

전류의 세기는 도체의 임의의 단면적을 1초 동안 1C(쿨롱)의 전하가 통과할 때의 값을 단위로 하여 1A(암페어)라 하며, 전하의 이동방향을 전류의 (+)방향으로 정한다. 도체 내에서는 전류와 반대방향으로 자유전자가 이동한다. 즉, 1A의 전류가 흐르는 도선에는 1초마다 약 6.25×10^{18}개의 자유전자가 이동한다. 전류는 전원에서 공급받은 위치에너지를 부하로 전달해 주는 작용을 하는데, 이 과정에서 발열작용, 자기작용 및 화학작용의 3가지 작용을 한다.

전류의 발열작용은 전류가 지나는 도체 내에서 자유전자가 도체 내의 원자 또는 전자와 충돌하여 열(줄열)을 발생하는 현상을 말한다. 이 열을 이용한 것으로는 전구(lamp), 담배 라이터, 예열 플러그(glow plug), 각종 전열기기 등이 있으며, 일반 전기기기에서는 이 열의 발생으로 전력손실을 가져오며, 전열기기 내의 절연성이 떨어지는 원인이 되기도 한다. 따라서 각종 배선에서는 이로 인한 사고의 방지를 위해 전선의 지름 및 피복 종류에 따른 안전한 상태를 나타내는 안전전류 또는 허용전류를 규정하고 있다.

전류의 자기작용은 전류주위에 자기장이 발생하는 현상으로, 전동기, 발전기, 솔레노이드 기구, 전류계 등에서 사용되고 있다. 전류의 화학작용은 전해질 용액에 전류를 공급하였을 때 용액이 화학분해를 일으키는 현상을 말한다. 예를 들면 물에 전류를 흐르게 하면 음극에 수소, 양극에 산소가 발생하는데, 이 경우의 분해를 전기분해라 하며, 반대로 축전지 등과 같이 화학분해 작용을 이용하여 전기에너지를 발생시켜 전류를 발생시키는 작용도 있다.

5 도체, 절연체, 유전체, 반도체

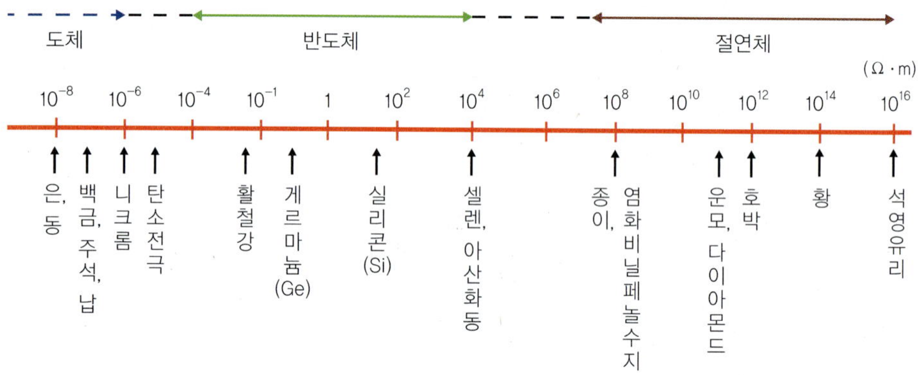

그림 21 | 물질의 저항

01 도체(conductor)

자유전자(free electron)가 많아 금속과 같이 전기가 잘 통한다. 도체에 전압을 가하면 전기장이 형성되고 그러면 자유롭게 움직이고 있던 자유전자들이 전기장 때문에 힘을 받아 양이온과 충돌을 반복하게 되면 전기력선의 반대 방향으로 이동하게 되어 전류가 흐른다. 전자의 이동 방향과 전류의 방향은 반대이다. 전류는 300,000km/sec의 속도로 흐르는 것으로 알려져 있다. 전기가 잘 통하는 물질을 전기적 도체라고 하고 고체로는 금속, 액체로는 산, 알칼리염의 수용액이 이에 해당한다. 열을 잘 전달하는 물질은 열의 도체라고 하는데 금속이 대다수이며 보통 전기가 잘 통하는 금속일수록 열도 잘 전달한다.

02 절연체(insulator)

자유 전자의 이동이 특히 적어 전기나 열을 전달하기 어려운 성질을 가지는 물질의 총칭으로 부도체라고도 한다. 전자가 속박되어 자유 전자가 거의 없는 상태로 인해 상당히 높은 전압을 인가하지 않으면 자유 전자가 발생하지 않는다. 플라스틱, 나무, 기름 등도 절연체이다.

03 유전체(dielectric material)

종이, 유리, 공기, 진공, 다이아몬드등과 같이 전기장 안에서 극성을 지니게 되는 절연체이다. 도체와 달리 유전체는 절연체이므로 전하가 통과하지 않지만 양전하에 대해서는 유전체의 음전하가, 음전하에 대해서는 유전체의 양전하가 늘어서게 되어 극성을 지니게 된다. 축전기에 유전체를 사용하면 전기용량을 크게 늘릴 수 있고 최대 동작 전압 역시 증가하게 된다.

04 반도체(semiconductor)

전류가 잘 흐르는 정도가 도체와 절연체의 중간 정도인 물질이며 반도체는 10^{12}개의 원자 중 1개 정도의 불순물을 포함하는 정도로 높은 화학적 순도를 가지고 있다. 반도체로는 규소(Si), 게르마늄(Ge), 비소화 갈륨(GaAs)등이 있으며 절연체처럼 온도가 높아질수록 비저항이 감소한다.

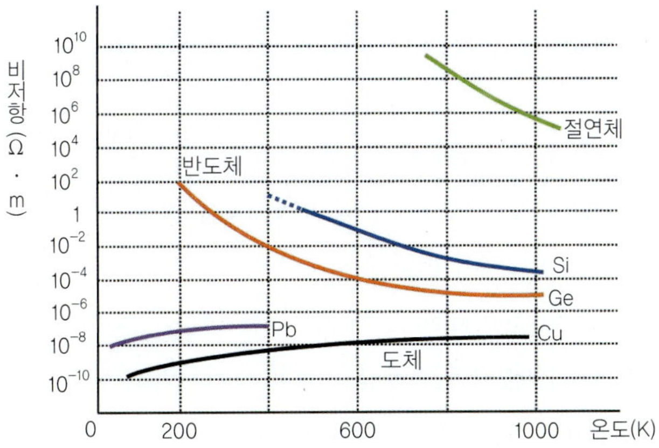

그림 22 | 도체와 절연체 및 반도체 고유 저항

6 축전기(condenser)

01 축전기의 작동과 구조

축전기란 절연체를 사이에 두고 2장의 얇고 평평한 금속판 A, B를 매우 가까이 한 후 각각의 전원에 (+), (-)를 연결하고 전압을 가하면 전원으로부터 2장의 금속판으로 (+), (-)의 전하가 이동하여 A판의 (+)전하와 B판의 (-)전하가 서로 흡인하기 때문에 전기를 저장해 둘 수 있다.

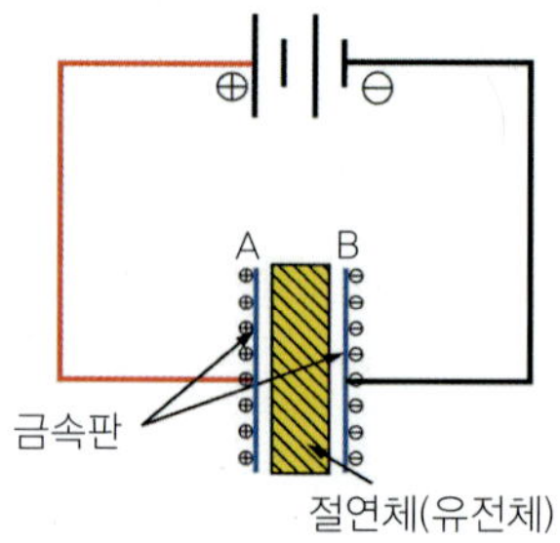

그림 23 | 축전기의 작동과 구조

02 축전기의 특성

축전기가 설치된 회로에 직류(DC)전압을 공급하면 축전기에는 짧은 시간 동안 충전이 되며, 충전이 완료된 후에는 직류전류는 더 이상 흐르지 못하고 차단이 된다. 이때 축전기의 저항은 무한대에 가깝다.

충전할 때 전원은 축전기의 한쪽 금속판으로부터 전자를 흡인하여 반대쪽 금속판으로 보낸다. 즉, 2장의 금속판 중 하나는 전자 과잉상태가 되고 반대쪽은 전자부족 상태로 되어 2장의 금속판 사이에 전압이 저장된다. 이 상태에서 전원을 제거하여도 2장의 금속판에는 전압이 그대로 유지된다. 다음에 회로를 단락회로(short circuit)로 하면 축전기에 충전되어 있던 전하가 방전이 된다. 그리고 축전기의 2장의 금속판에 가하는 전압을 점차 증가시켜 일정수준 이상이 되면 절연체가 손상되고 축전기는 통전된다. 이것을 절연파괴라 한다.

03 축전기의 종류

축전기는 용량의 가변성 여부에 따라 가변형과 고정형으로 분류되며, 가변형은 서로 마주보는 고정판과 회전판으로 구성되어, 전극 판의 마주 보는 면적을 바꿈으로써 정전 용량을 연속적으로 변화시켜 송수신기나 발전기 등에 설치되어 주파수를 조절하고 고정형은 두 개의 금속판 사이에 절연체를 넣어 전기를 저장하는데 쓰이고 세라믹 콘덴서, 마일러 콘덴서, 전해 콘덴서 등이 있다. 전해 콘덴서는 극성이 있다.

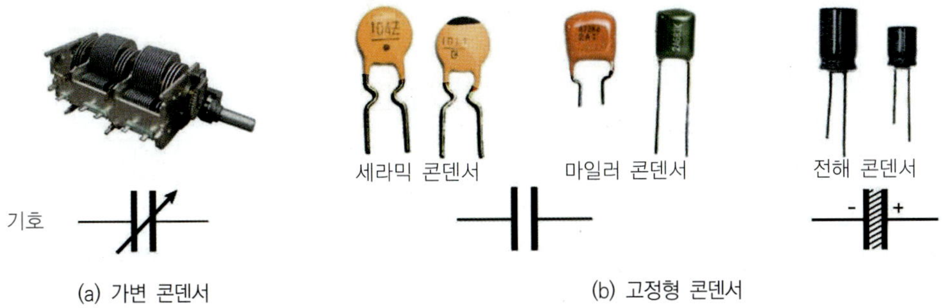

그림 24 | 축전기의 종류

04 축전기의 정전용량

축전기에 저장되는 전기량을 쿨롱(coulomb)이라 하며, Q로 표시하고 쿨롱 Q는 가해지는 전압 E에 비례한다. 즉, 전압이 높을수록 많은 양의 전기를 저장할 수 있고, 이들 사이에 다음과 같은 관계가 있다.

$$Q = CE$$

[Q : 축전기에 저장되는 전기량(coulomb), C : 정전용량
E : 축전기에 가해지는 전압]

따라서 축전기의 정전용량 C(패럿)은 C = Q/E가 된다. 정전용량은 금속판의 면적, 가해지는 전압, 금속판 사이의 절연체의 절연도에 비례하며, 금속판 사이의 거리에는 반비례한다. 1V의 전압을 가하였을 때 1쿨롱(coulomb)의 전기가 저장되는 축전기의 용량을 1패럿(F : farad)이라 하며 정전용량의 단위로 사용한다. 축전기 정전용량(패럿)의 단위는 다음과 같다.

① 1밀리 패럿 = 1mF = 10^{-3}F

② 1마이크로패럿 = 1μF = 10^{-6}F

③ 1나노 패럿 = 1nF = 10^{-9}F

④ 1피코패럿 = 10pF = 10^{-12}F

05 축전기의 연결방법

(1) 축전기의 직렬연결

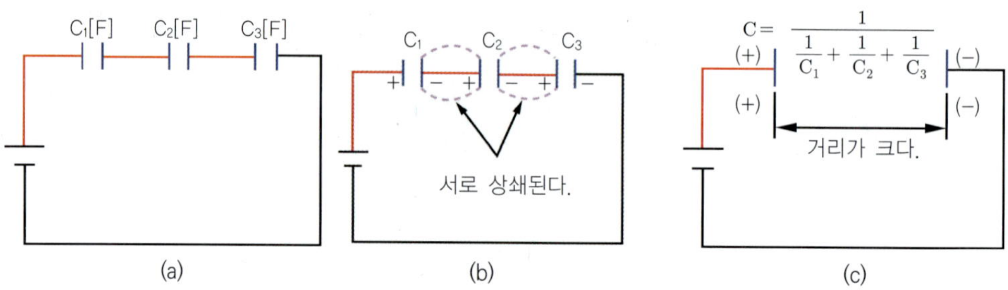

그림 25 | 축전기의 직렬연결

여러 개의 축전기를 직렬 연결하면 각각의 정전용량과 관계없이 일정한 양의 전하가 축전기에 충전되며 정전용량을 감소시키는 결과가 된다. 그리고 합성용량은 각각의 정전용량 중 가장 작은 것보다도 더 작다. 축전기를 직렬 연결하면 전체 전압의 일부만 인가되므로 전압에 대한 내구성이 높아진다. 축전기 직렬연결에서 전압은 다음과 같다.

$$E = E_1 + E_2 + E_3 + \cdots\cdots + E_n$$

$$\frac{Q}{C} = \frac{Q}{C_1} + \frac{Q}{C_2} + \frac{Q}{C_3} + \cdots\cdots + \frac{Q}{C_n}$$

여기서 각 항을 Q로 나누면

$\frac{1}{C} = \frac{1}{C_1} + \frac{1}{C_2} + \frac{1}{C_3} + \cdots\cdots + \frac{Q}{C_n}$ 이 된다.

또 몇 개의 축전기를 직렬로 연결한 경우 전체의 정전용량은 1개일 때보다 작아진다. 이것을 공식으로 나타내면 다음과 같다.

$$C = \frac{1}{\frac{1}{C_1} + \frac{1}{C_2} + \frac{1}{C_3}}[F]$$

이것은 (+)의 전하와 (-)의 전하를 상쇄된다고 생각하면 된다. 이에 따라 두 금속판 사이에 거리가 멀어지는 효과가 발생하며, 정전용량이 같은 2개의 축전기를 직렬로 연결하면 전체의 정전용량은 1/2이 되고, 3개를 연결하면 전체 용전용량은 1/3, 4개를 연결하면 1/4이 된다.

(2) 축전기의 병렬연결

여러 개의 축전기를 병렬로 연결하면 전극 판의 면적을 증가시키는 것과 같은 효과를 얻을 수 있다. 따라서 합성 정전용량은 C는 각각의 축전기 용량의 합과 같게 된다. 병렬연결에서의 전압은 다음과 같다.

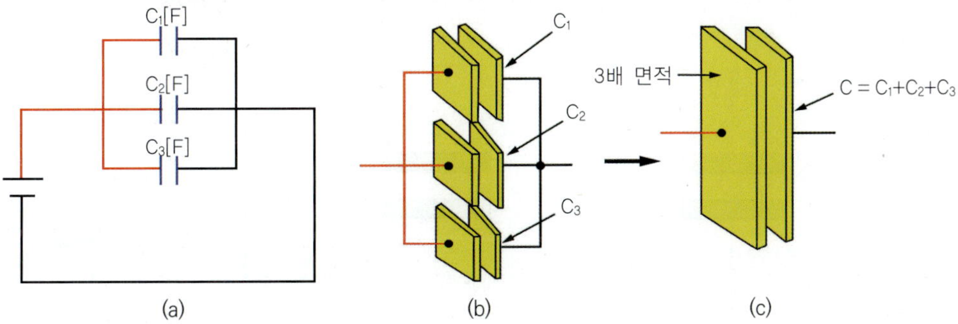

그림 26 | 축전기의 병렬연결

$$E = E_1 \times E_2 \times E_3 \times \cdots\cdots \times E_n$$

그리고 합성정전용량은 각각의 전하의 합과 같다.

$$Q = Q_1 + Q_2 + Q_3 + \cdots\cdots + Q_n$$

$$Q = C_1E + C_2E + C_3E + \cdots\cdots + C_nE$$

여기서 양변을 E로 나누면

$C = C_1 + C_2 + C_3 + \cdots\cdots + C_n$이 된다.

만약 3개의 축전기를 병렬로 연결했을 때 전체 정전용량은 1개의 용량보다 3배가 커진다. 이것을 공식으로 표시하면 $C = C_1+C_2+C_3$[F]이다. 이것은 두 판의 면적이 증가한 것으로 생각하면 된다.

06 축전기의 충·방전

축전기는 직류(DC)는 통하지 않으나 교류(AC)는 통한다. 축전기에 전지를 접속하면 축전기에 충전이 시작되어 축전기의 양쪽 전극의 전압이 전지의 전압과 같게 될 때까지 전류가 들어가며, 충전이 완료되면 전류가 흐르지 않는다. 축전기가 충전된 상태에서 전지를 분리하면 전하가 축적된 상태로 있으나 축전기를 접속(short)하면 방전되어 축적되었던 전하가 없어진다. 이와 같이 충·방전은 순간적으로 이루어지며, 교류에서는 (+), (-)가 차례로 흐르기 때문에 충·방전이 반복되고 있는 것과 같은 상태를 이루어 전류가 흐른다.

그러나 축전기의 용량이 적은 경우에는 적은 전류가 흘러도 곧바로 전압이 상승하여 더 이상 전류가 흐르지 않게 된다. 따라서 축전기도 교류에 대하여 일종의 저항의 성질을 나타낸다. 이 축전기의 교류적 저항을 용량 리액턴스(capacitive reactance)라 한다.

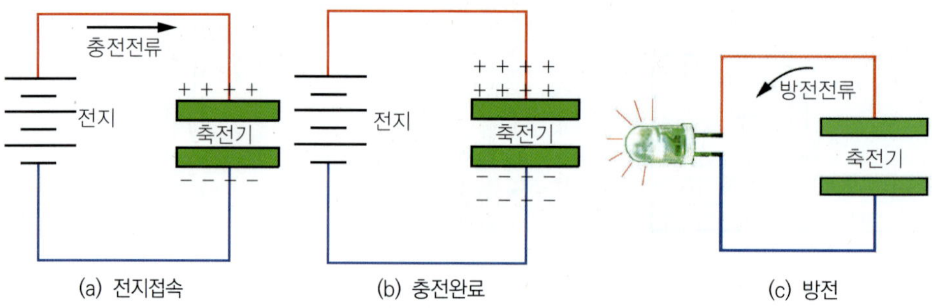

그림 27 | 축전기의 충·방전

7 전압 또는 전위차

물이 담긴 A, B의 용기에 파이프를 연결하면 물은 수위가 높은 A쪽에서 수위가 낮은 B쪽으로 흐르게 되며 이 때 물이 흐르는 세기는 용기 A와 B의 수위차이 즉, 수압에 의하여 결정이 된다.

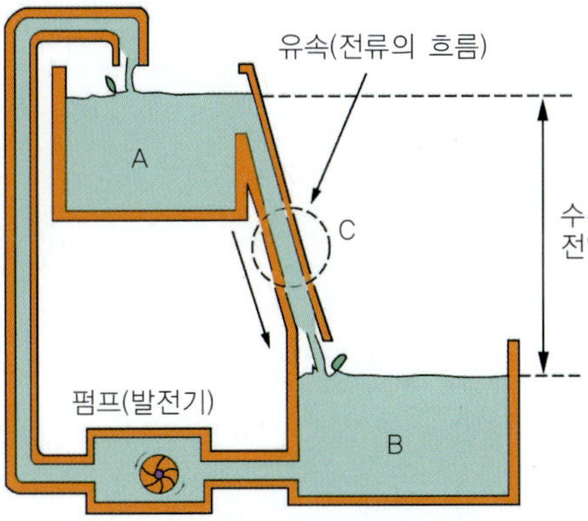

그림 28 | 수압과 전압

따라서 (+)전하 A와 (-)전하 B를 전선 C로 연결하면 (+)전하는 전선 C를 통하여 (-)전하를 향하여 전류가 흐른다. 이때 A에서 B를 향하여 수위차이 만큼의 전기적 압력이 가해졌다고 가정할 수 있는데 이와 같은 전기적인 압력을 전압(電壓)이라 한다. 즉, 전압이란 도체 안에 있는 두 점 사이의 전기적인 위치 에너지의 차이이다.

전압의 단위는 볼트(Volt, 기호는 V)로 표시한다. 1V란 「1옴(Ω)의 도체에 1A의 전류를 흐르게 할 수 있는 전기적인 압력」을 말하며, 단위는 1kV = 1,000V, 1V = 1,000mV로 표시한다.

01 직렬연결과 병렬연결

(1) 전지의 직렬연결

2개 이상의 전지를 서로 다른 극끼리 연결한다. 즉, 전지의 (-)극에 다른 전지의 (+)극을 연결한다. 전지를 직렬로 연결 했을 때 전체 전압(V)의 크기는 각 전지의 전압을 합한 것과 같고 전류는 일정하다. 높은 전압을 얻을 수 있지만 전지를 오래 사용할 수 없다.

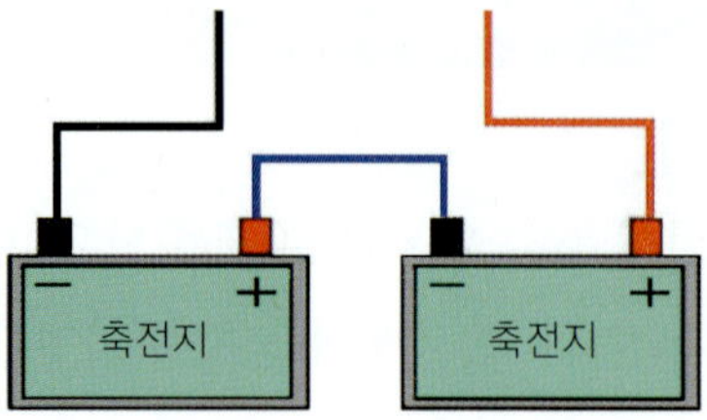

(a) 축전지의 직렬연결

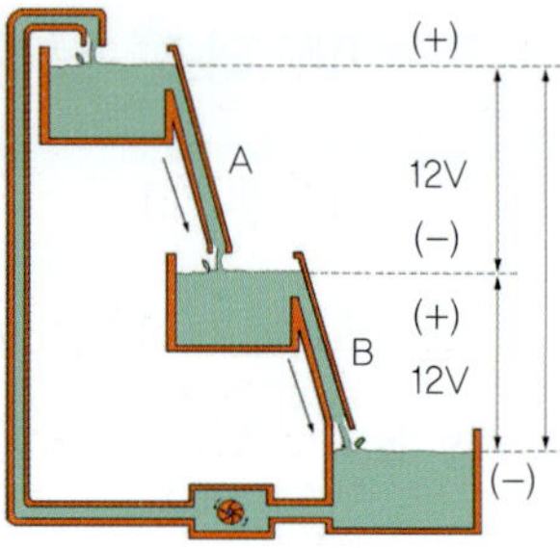

(b) 수위와 전압

그림 29 | 직렬연결과 전위차

(2) 전지의 병렬연결

2개 이상의 전지를 서로 같은 극끼리 연결한다. 즉, 전지의 (+)극은 (+)극끼리, (-)극은 (-)극끼리 연결한다. 전지를 병렬로 연결 했을 때 전체 전압(V)의 크기는 전지 한개의 전압과 같고 각 전지의 전류를 합한 것과 같다. 병렬 연결하는 전지의 개수가 많아질수록 전지를 오랫동안 사용할 수 있으나 높은 전압을 얻을 수 없다.

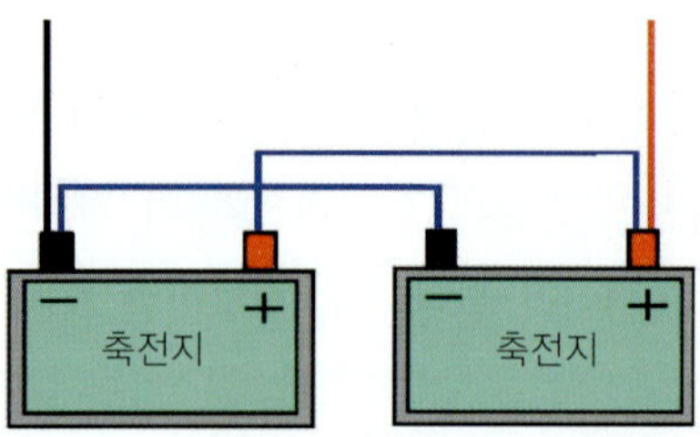

(a) 축전지의 병렬연결

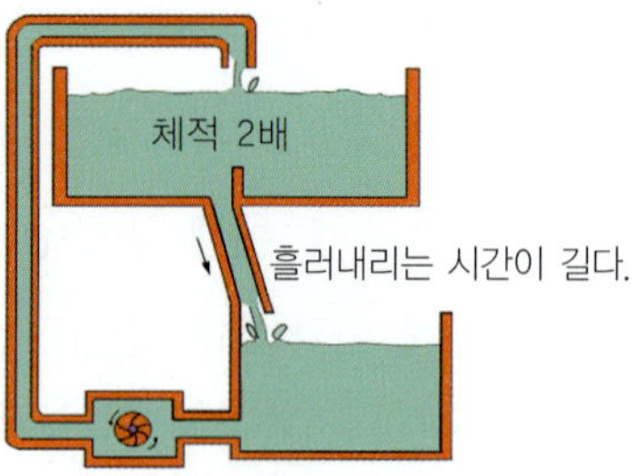

(b) 물의 체적과 흐르는 시간

그림 30 | 병렬연결과 전류

02 기전력(electro motive force)

전기의 경우에도 전류를 계속 흐르게 하려면 전압을 발생시켜야 하는데, 이 전압을 만들어내는 힘을 기전력(起電力)이라 한다. 기전력의 크기는 전압으로 표시되므로 단위도 볼트(V)로 표시한다.

03 플러스(+)와 마이너스(-)의 관계

흔히 전원을 플러스(+)라 하고 접지를 마이너스(-)라고 얘기한다. 이는 잘못된 표현이다. 혹시 "플러스에서 플러스로 전류가 흐른다."라는 표현이 있다. 전기는 높은 곳에서 낮은 곳으로 흐른다. 그러므로 전기는 24V에서 12V로 흐를 수 있게 되고 12V는 더 낮은 0V로 흐르게 되는 것이다. 즉 12V는 24V가 높은 기전력을 갖고 있기 때문에 마이너스 개념을 갖게 되고 0V를 기준으로는 플러스 개념을 갖게 된다.

① 전원과 접지 : 절대적 관념
② 플러스(+)와 마이너스(-) : 상대적 개념(극성), 즉 어느 두 점의 전압을 측정했을 때 상대적으로 높은 곳은 플러스(+), 낮은 곳은 마이너스(-)이다.
③ 자동차에서 플러스(+) = 12V, 마이너스(-) = 0V라는 표현은 잘못된 표현이다.

8 저항(resistance)

물질 속을 전류가 흐르기 쉬운 가 또는 어려운가의 정도를 표시하는 것을 전기저항(electric resistance)이라 한다.

저항의 종류에는 전선의 전기저항도 있으나 전구나 전동기 등의 부하에도 저항을 지니고 있다. 저항은 전류의 흐름을 방해하는 요소이므로 전선의 저항이 크면 부하에 흐르는 전류가 감소하여 충분한 전기를 공급하지 못하므로 전선의 저항은 작아야 한다.

01 저항의 단위

전기는 저항이 같더라도 전선의 단면적이 적으면 전류가 잘 흐르지 못하고 전선의 단면적이 크면 전류가 잘 흐르게 되는데, 이것은 전선의 저항에 의하여 발생되는 것이다. 저항의 단위는 옴(Ohm) 기호는 (Ω)을 사용한다.

02 고유저항

물질의 저항은 재질, 형상, 온도에 따라서 변화하며, 형상과 온도를 일정하게 하면 재질에 따라서 저항 값이 변화한다. 따라서 여러 가지 도체재료의 저항의 크기를 비교할 때에는 모든 같은 크기의 도체에 대한 저항을 비교한다. 즉, 길이 1m, 단면적 $1m^2$인 도체의 두 면사이의 저항 값으로 비교하며, 그 재료의 고유저항 또는 비저항이라 한다.

고유저항의 기호는 로(ρ)로 표시하며 단위는 $\Omega \cdot m$이다. 실제로 $1m^2$는 그 크기가 너무 크므로 $1cm^2$의 고유저항의 단위로 일반적으로 $\Omega \cdot cm$를 사용한다.

[도체의 고유저항]

도체의 명칭	고유저항 ($\mu\Omega \cdot$ cm)20℃	도체의 명칭	고유저항 ($\mu\Omega \cdot$ cm)20℃
은(Ag)	1.62	니켈(Ni)	6.9
구리(Cu)	1.69	철(Fe)	10.0
금(Au)	2.40	강	20.6
알루미늄(Al)	2.62	주철	57~114
황동(Cu+Zn)	5.7	니켈-크롬(Ni-Cr)	100~140

03 도체의 형상에 의한 저항

도체의 저항은 단면적과 길이에 따라 다르며, 같은 재질의 전선이라도 전류가 흐르는 방향과 수직되는 방향의 단면적이 커지면 저항이 감소하고, 전류가 흐르는 거리가 증가하면 그 만큼 원자 사이를 뚫고 나가야 하므로 저항이 커진다. 즉, 도체의 저항은 길이에 비례하고 단면적에 반비례한다.

도체의 단면 고유저항을 $\rho(\Omega \cdot cm)$, 단면적을 $A(cm^2)$, 도체의 길이를 $\ell(cm)$인 도체의 저항을 $R(\Omega)$이라 하면

$$R = \rho\frac{\ell}{A}(\Omega)$$

의 관계가 있으며 도체와 그 형상이 정해지면 저항 값을 계산을 할 수 있다.

그리고 도체의 길이가 2배로 증가하면 저항도 2배로 증가하지만, 단면적이 2배로 증가하면 저항은 1/2로 감소된다.

04 온도와 저항의 관계

일반적으로 금속은 온도의 상승에 따라서 원자들의 움직임이 활발하여 저항이 증가하지만, 탄소, 반도체, 절연체 등에서는 반대로 감소한다. 금속의 저항은 온도상승에 비례하여 직선적으로 증가한다. 그리고 온도 1℃ 상승하였을 때 저항 값이 어느 정도 크게 되었는가의 비율을 표시하는 것을 저항의 온도계수라 한다.

정류기를 실리콘 다이오드로 사용하는 교류발전기에서는 온도가 상승하면 저항이 적어져 과대전류가 흘러 파손되므로 온도가 낮아지도록 냉각팬이나 방열판을 사용하여 과대전류의 흐름을 방지하고 있다. 이 회로를 온도 보상회로라 한다.

05 접촉저항(contact resistance)

2개의 도체 사이에서 접촉면으로 지나는 전류를 흘릴 때, 도체와 도체를 접속할 때 헐겁게 연결하거나 녹이나 페인트를 떼어내지 않고 전선을 연결하면 그 접촉면 사이에 저항이 발생하여 전류의 흐름을 방해한다. 접촉면이 평면 접촉이 아니라 요철등과 같은 접촉이 있는 경우 실제 접촉 단면적이 겉보기 접촉 단면적보다 작거나 도체의 표면이 전류의 흐름을 방해할 때 생성된다. 이와 같이 접촉면에서 발생하는 저항을 접촉저항이라 한다.

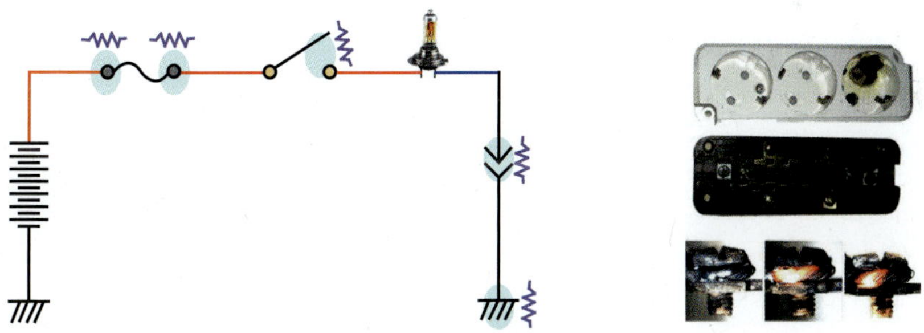

그림 31 | 접촉저항

접촉저항이 발생하면 회로의 전류를 감소시키고 전압강하를 일으켜 작동 불량의 원인이 되고, 접촉부에 열을 발생시켜 전선의 피복을 녹여 화재의 원인이 되기도 한다. 접촉저항이 발생하면 열이 발생하는 이유는 발열량(줄열) = 전류×저항이므로 전류가 일정 할 때 저항이 증가하면 열도 증가한다. 자동차의 접촉저항으로는 스위치나 커넥터, 접지나 전원의 연결부, 배터리 단자 등에서 주로 나타나며, 원인으로는 접촉부의 헐거움, 접촉부의 노후나 손상, 녹이나 페인트와 같은 오염

물질이 원인이다.

자동차에는 접촉 불량을 최소화하기 위해, 대 전류가 흐르는 회로의 연결부는 볼트로 체결하거나, 단자 도금 또는 전도성 그리스 등을 사용하고 있다.

3 전기의 기본법칙

1 옴의 법칙(ohm's law)

전기회로에서는 흐르는 전압, 전류, 저항사이에는 다음과 같은 일정한 관계가 있다. 즉, 「도체를 흐르는 전류는 도체에 가해진 전압에 비례하고, 그 도체의 저항에 반비례한다.」 이 관계는 1827년 독일의 물리학자 옴(ohm)에 의해 전류, 저항사이의 일정한 관계를 가지고 있다는 사실을 처음으로 발견한 것으로 옴의 법칙이라 한다.

$I = \frac{E}{R}$, $R = \frac{E}{I}$, $E = IR$이 된다.

[I : 도체를 흐르는 전류(A), E : 도체에 가해진 전압(V)
R : 도체의 저항(Ω)]

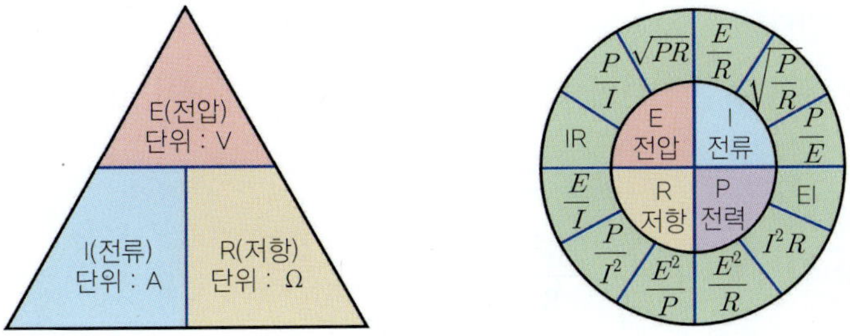

그림 32 | 옴의 법칙

2 전력과 전력량

01 전력(electric power)

전구(lamp)에 전압을 인가하여 전류를 흐르게 하면 빛이나 열이 발생한다. 또, 냉각팬 에서 모터는 날개를 돌리기 위해 기계적인 운동을 한다. 이와 같이 전기기구나 장치는 전기 에너지를 소비하여 일을 한다. 이때 전기 에너지가 소비되는 비율(rate)을 전력(electric power)이라 한다.

다시 말하면 시간 t초 동안 W[J]의 에너지가 소비되었다면,

$$전력 = \frac{에너지}{시간} \text{ 또는 } P = \frac{W}{t} \text{ 로 정의된다.}$$

전력의 단위는 와트(W : watt)로 표시한다. 전력의 정의에 의하면, 1W란 1줄(J)의 에너지가 1초 동안 소비되었을 때 전력의 크기이다.

$$1와트(W) = \frac{1줄(J)}{1초(s)}$$

전력이 큰 경우에는 단위로서 1kW = 1,000W를 사용한다.

또, 전동기의 힘을 표시하는 것으로 마력(PS)이라는 단위를 사용하는데, 마력과 와트의 관계는 다음과 같다.

1마력 = 1PS = 735.5[W]

전압이나 전류가 증가하면 전력도 증가한다. 즉, 전압 E를 인가하여 전류 I가 흐를 때에 전력(P) = EI[W] 로 표시된다.

만약 저항 R에 전류 I가 흐른다면, E = IR의 관계로부터 저항에서 소비되는 전력은 다음 공식으로 된다.

$$P = EI = IR \times I = I^2R = E \times \frac{E}{R} = \frac{E^2}{R}[W]$$

이와 같이, 전력은 모두 저항에서 소비된다.

02 전력량(watt hour)

앞에서 단위 시간당 하는 일을 전력(watt)이라 정의하였다. 그러나 전기기기는 일정한 시간 동안 사용하여 일을 한다. 예를 들면, 선풍기를 오래 켜 놓을 경우 사용되는 전기 에너지가 증가한다. 전류가 어떤 시간 내에 한 일의 총합을 전력량(watt hour)이라 하며, 전력과 그 전력을 사용한 시간과의 곱으로 나타낸다.

따라서 P[W]의 전력을 t초 동안 사용할 때, 전력량 W는

$$W = P \times t[Wh]$$

로 표시된다. 에너지의 단위는 줄(J)이지만, 전력량의 단위로는 Ws(watt-second), Wh(watt hour), kWh(kilo watt hour)를 사용한다.

만약 전류 [I]가 저항 [R]에 t초 동안 흐르는 경우 전력량은

$$W = P \times t = I^2Rt[kWh]$$

이 전력량은 저항에서 모두 열로 소비되는 것이며, 이때 발생하는 열량을 H 칼로리(calorie)라 하면

$H = 0.24I^2Rt[kcal]$의 관계 공식이 성립한다.

이 공식은 앞에서 설명한 바와 같이 저항에서 발생하는 열량이 전류의 제곱(I^2)과 저항(R)의 곱에 비례하는 것을 의미하며, 이것을 줄의 법칙이라 한다. 이와 같이 저항에 전류가 흘러서 발생하는 열을 줄 열이라 하고, 전기 히터, 전구 등에서 이용된다. 또, 스위치나 플러그에서 접점의 접촉저항에서는 이 줄열 때문에 스위치가 발열, 산화되므로 점차로 접촉 불량의 원인이 되기도 한다.

3 저항연결 방법

저항을 연결하는 방법에는 직렬연결과 병렬연결 그리고 직·병렬연결이 있다. 어느 접속이든지 전체의 저항(R)은 전압(E)을 전류(I)로 나눈 R = E/I[Ω]이 되며, 회로의 저항전체를 합성하는 경우에는 이를 합성저항 또는 전체 저항이라 한다.

01 저항의 직렬연결(series connection)

저항을 한 줄로 접속하는 것을 직렬연결이라고 한다. 직렬연결의 특징은 다음과 같다.

① 합성저항은 각 저항의 합과 같다.
② 어느 저항에서나 똑같은 전류가 흐른다.
③ 각 저항에 걸리는 전압의 합은 전원전압과 같다.
④ 동일한 전원을 연결하면 전압은 개수의 배가되고 용량은 1개일 때와 같다.
⑤ 서로 다른 전원을 연결하면 전압은 각 전압의 합과 같고 용량은 평균값으로 된다.
⑥ 큰 저항과 매우 작은 저항을 연결하면 매우 작은 저항은 무시된다.

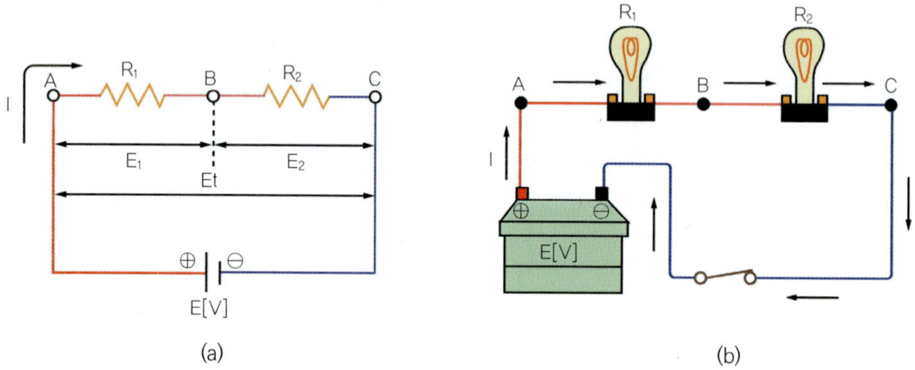

그림 33 | 저항의 직렬연결

직렬연결에서는 어느 저항에서나 항상 똑같은 전류가 흐른다. 즉, R_1에 흐르는 전류와 R_2에 흐르는 전류는 같다. 각 저항의 양끝의 전압을 E_1, E_2라 하면 옴의 법칙에 따라

$E_1 = IR_1$, $E_2 = IR_2$가 된다. 따라서, $E = E_1 + E_2 = IR_1 + IR_2 = I(R_1 + R_2)$

이 되므로 A와 C사이의 합성저항을 R이라 하면 E = IR이 되어 $IR = I(R_1 + R_2)$이므로 $R = R_1 + R_2$가 된다. 따라서 n개의 저항 R_1, R_2, R_3 ……, R_n을 직렬로 연결하였을 때 합성저항(R)은 각 저항의 합과 같게 되므로 $R = R_1 + R_2 + R_3 + \cdots\cdots + R_n$으로 되어 직렬연결의 합성저항은 각 저항의 어느 하나보다 크게 된다.

02 저항의 병렬연결(parallel connection)

저항을 병렬로 접속하는 것을 병렬연결이라고 한다. 병렬연결의 특징은 다음과 같다.

① 어느 저항에서나 똑같은 전압이 가해진다.
② 합성저항은 각 저항의 어느 것보다도 작다.
③ 저항이 감소하는 것은 전류가 나누어져 저항 속을 흐르기 때문이다.
④ 각 회로에 흐르는 전류는 다른 회로의 저항에 영향을 받지 않으므로 양끝에 걸리는 전류는 상승한다.
⑤ 동일한 전원을 연결할 경우 전압은 1개일 때와 같으나 용량은 개수의 배가된다.
⑥ 매우 큰 저항과 적은 저항을 연결하면 그 중에서 큰 저항은 무시된다.
⑦ 합성저항의 역수는 각 저항의 역수의 합과 같다.

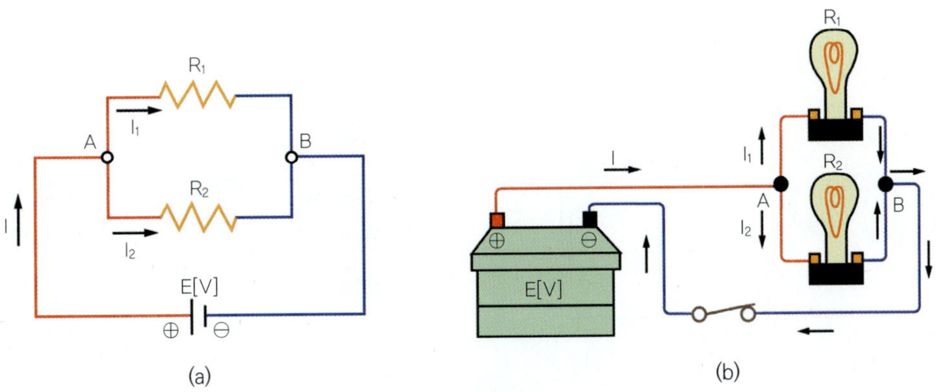

그림 34 | 병렬연결

그림과 같이 A, B사이에 전압 E를 가하면 각 저항 R_1, R_2에는 똑같은 전압이 가해지므로 각 회로의 전류는 옴의 법칙에 따라 다음과 같이 구할 수 있다. 그리고 A점에 유입된 전류를 I라 하면, 전류 I는 A점에서 나누어져 I_1, I_2가 되어 각 저항을 흐르므로 전류 I는 I_1과 I_2의 합과 같다. 즉,

$$I = I_1 + I_2,\ I = \frac{E}{R_1} + \frac{E}{R_2} = E\left(\frac{1}{R_1} + \frac{1}{R_2}\right)$$ 이 된다.

그리고 A, B의 사이의 합성저항을 R이라 하면

$$I = \frac{E}{R}$$ 가 되며, $\frac{E}{R} = E\left(\frac{1}{R_1} + \frac{1}{R_2}\right)$ 이므로 $\frac{1}{R} = \frac{1}{R_1} + \frac{1}{R_2}$ 이 된다.

따라서 n개의 저항 R_1, R_2, R_3……, R_n을 병렬로 접속하였을 경우 그 합성저항을 R이라 하면

$$\frac{1}{R} = \frac{1}{R_1} + \frac{1}{R_2} + \frac{1}{R_3} + \cdots\cdots + \frac{1}{R_n}$$ 가 된다.

03 직·병렬연결

직·병렬연결이란 직렬과 병렬연결을 혼합한 것이다. 합성저항은 직렬 합성저항과 병렬합성저항을 더한 값이 되며 회로에 흐르는 전류와 전압이 상승한다.

그림에서 합성저항은 $R = \dfrac{1}{\dfrac{1}{R_1} + \dfrac{1}{R_2}} + R_3 + R_4$ 로 나타낼 수 있다.

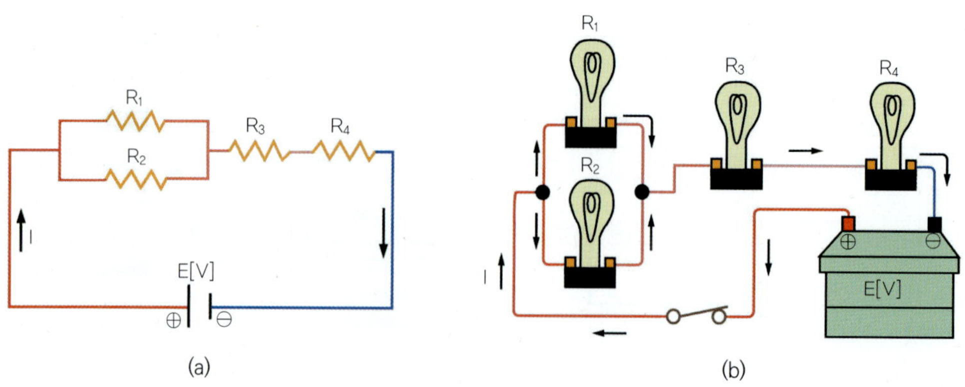

그림 35 | 저항의 직·병렬연결

4 전압강하

전원에서 전기 에너지를 소비하는 부하에 전류가 흐를 때에는 도중의 전선저항(R) 때문에 전압이 소비되며, 전기회로에서 사용하고 있는 전선의 저항이나 회로 접속부분의 접촉저항 등으로 소비되는 전압을 그 저항에 의한 전압강하(voltage drop)라 한다.

전압강하는 직렬연결에서 많이 발생하며, 전압강하가 커지면 전장부품의 기능이 저하하므로 배선에 사용하는 전선의 굵기는 알맞은 것을 사용하여야 한다. 전압강하의 특징은 다음과 같다.

① 저항을 통하여 전류가 흐르면 전압강하가 발생한다.
② 전류가 크고 저항이 클수록 전압강하도 커진다.
③ 회로에서 전압강하의 총합은 회로의 공급전압과 같다.
④ 불완전한 접속 또는 저항이 증가한 경우, 전장부품에 인가되는 전압이 낮아지므로 작동불량을 유발한다.

01 회로에서의 전압강하

전압강하는 "+"에서 12V로 출발한 전압이 저항을 거치면서 전기적 에너지를 손실하므로 전압이 떨어지는 현상으로, 그림 36과 같은 회로에서는 12V의 전원은 저항 1Ω을 통과 하면서 2V의 전압이 강하 되었다. 이는 저항 1Ω의 양단 전압 차이가 2V임을 의미하고 A점의 전압은 접지 0V를 기준으로 10V를 의미한다. 역시 2Ω 양단의 전압 차는 4V, 접지와 B점의 전위는 6V를 의미한다.

또한 전체 전압 강하량의 합은 단자 전압인 12V이다. 회로에서 합성저항이 6Ω이므로 흐르는 전류는 2A이다. 그러므로 E = IR이므로 1Ω에 걸리는 전압은 2V가 된다.

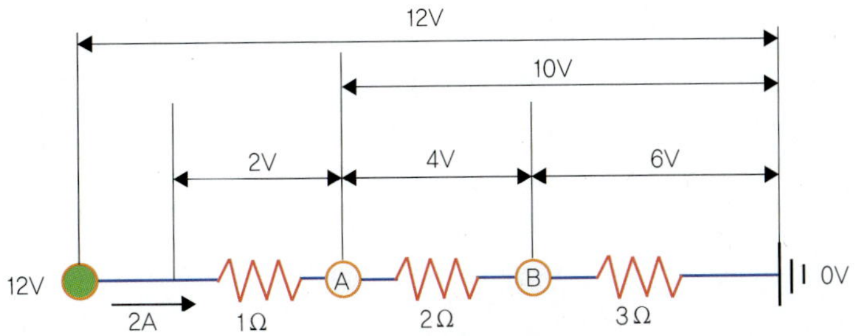

그림 36 | 전압강하

멀티테스터를 이용하면 측정하고자 하는 한 점과 다른 한 점의 전압 차이 값을 표출해준다. 즉 멀티테스터의 측정값이 2V로 표출 됐다면, 측정하고자 하는 한 점은 12V이고 다른 한 점은 10V이거나, 또는 8V와 6V일수 있다. 그러므로 멀티테스터는 기준 전압과 관계없이 양단의 전압 차이 값을 나타내주는 역할을 한다. 전압 강하량은 각각의 저항값에 대한 절대값이 아니고 전체 합성 저항값에 비례 하여 증감한다.

02 전압강하 시 나타나는 현상

(1) 일반적인 전압강하 현상

그림 37(a)는 4Ω의 저항을 가진 램프 회로이다. 이 회로를 옴의 법칙 E = IR에 대입하면 회로에 흐르는 전류 $I = \frac{E}{R} = \frac{12}{4} = 3A$이다. 따라서 램프 양단에 걸리는 전압 E = 4Ω ×3A = 12V가 된다. 결국 램프에는 12V, 3A의 전류가 흐르게 되어 램프가 밝게 점등된다. 그러나 그림 37(b)와 같이 임의의 저항 2Ω이 생긴다면 흐르는 전류는 3A에서 2A로 떨어지기 때문에 램프에 걸리는 전압도 12V에서 8V로 떨어져 램프의 밝기는 어두워진다. 그러므로 그림 37(a)와 같이 선간전압 측정 시 0.3V이하 이어야 정상이다.

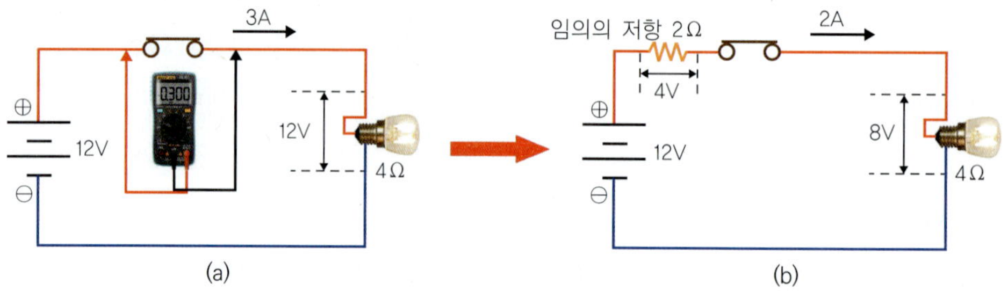

그림 37 | 일반적인 전압강하

(2) 작은 전류가 흐르는 회로에서의 전압강하

그림 38(a)에서 흐르는 전류는 저항이 6Ω 이므로 2A의 전류가 흐른다. 그런데 만약 그림 38(b)와 같이 0.1Ω 의 접촉저항이 생겼다고 할 때 흐르는 전류는 1.96A로 회로 작동 시 아무런 문제가 발생되지 않는다.

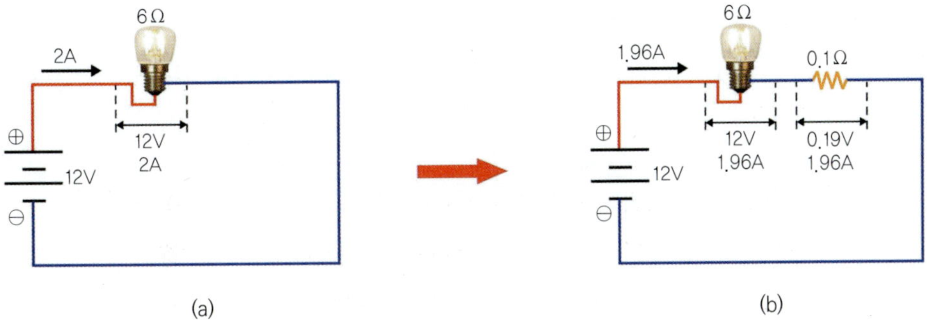

그림 38 | 작은 전류가 흐르는 회로에서의 전압강하

(3) 큰 전류가 흐르는 회로에서의 전압강하

그림 39와 같이 대전류가 흐르는 회로에서 0.1Ω 의 접촉 저항이 생긴다면 원래 60A가 흘러야 할 회로에 40A 만 흐르게 되어 부하는 정상 작동되지 않을 것이다(스타트 모터, 열선 등). 그러므로 대 전류가 흐르는 회로에서는 커넥터의 이완 또는 접촉 불량 등을 주의 깊게 확인해야 한다.

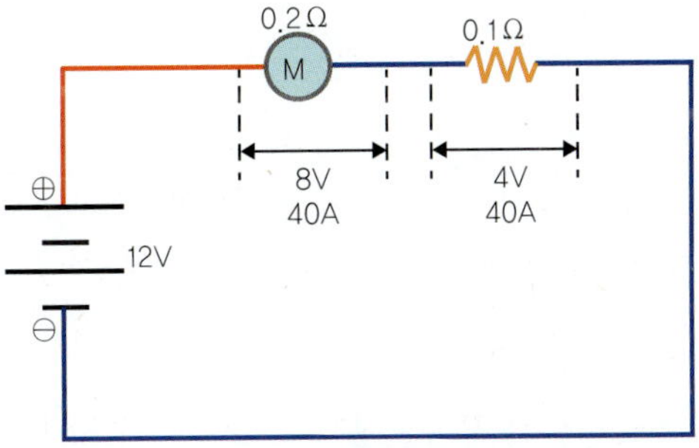

그림 39 | 큰 전류가 흐르는 회로에서의 전압강하

5 키르히호프의 법칙(kirchhoff's law)

키르히호프의 법칙이란 구스타프 키르히호프(Gustav Kirchhoff)가 구한 전기 회로에 대한 법칙이다. 키르히호프의 전기회로 법칙은 1845년 구스타프 키르히호프가 처음으로 기술한 전기 회로에서의 전하량과 에너지 보존을 다루는 2개의 이론식이다. 이 이론식은 전기공학분야에서 폭넓게 사용되고 또한 줄여서 키르히호프의 규칙(Kirchhoff's rules)또는 키르히호프의 법칙이라 불린다.

전원이 2개 이상인 복잡한 회로에서 합성전력, 전류의 분포, 저항 등을 다룰 때에는 옴의 법칙을 발전시킨 키르히호프의 법칙을 사용한다.

01 제1법칙(전류법칙)

내의 어떤 한 점에 유입된 전류의 총합과 유출한 전류의 총합은 똑같다"는 이론으로 전하보존의 법칙이다. 이러한 관계를 「키르히호프의 제1법칙」이라 한다.

그림 40에서 다음 공식이 성립된다.

$$I_1 + I_3 + I_4 = I_2 + I_5$$

$$(I_1 + I_3 + I_4) - (I_2 + I_5) = 0$$

$$\therefore \ \sum I = 0$$

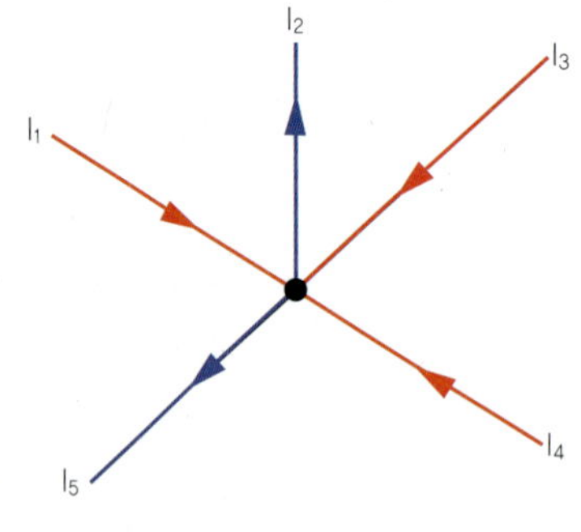

그림 40 | 키르히호프의 제1법칙

02 제2법칙(전압법칙)

그림 41에서 기전력 E(V)에 의하여 R(Ω)의 저항에 I(A)의 전류가 흐르는 회로에서 옴의 법칙에 따라 E = IR이 된다. 이것을 문자로 표시하면

기전력 = 전압강하에 의한 전압의 합계

가 되어 A → B → C → D의 방향에서는 기전력과 전압강하가 같다는 것을 의미한다. 이상의 설명은 간단한 회로의 경우이나 전원이 2개 이상 있는 복잡한 회로에서도 적용된다. 즉, “임의의 폐회로에 있어 기전력의 총합과 저항에 의한 전압강하의 총합은 같다”.

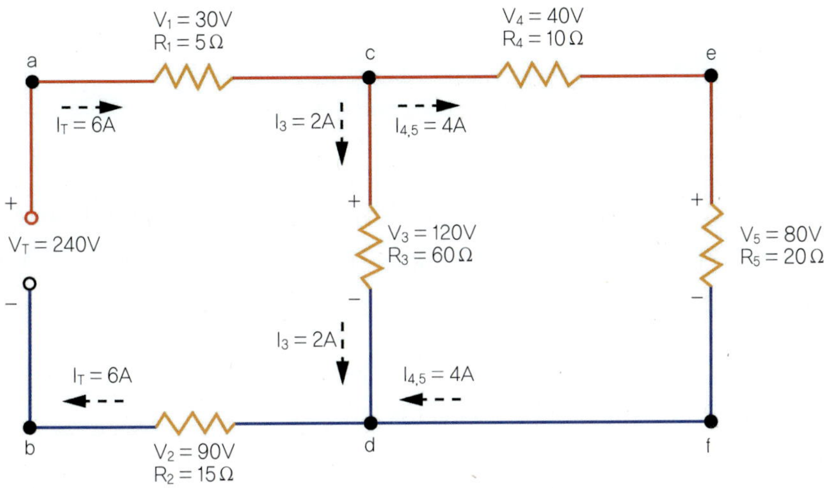

그림 41 | 키르히호프의 제2법칙의 예

따라서 키르히호프의 제2법칙은 에너지 보존법칙으로 임의의 한 폐회로에서 소비된 전압강하의 총합과 기전력의 총합과 같다. 즉 전압강하의 총합은 기전력의 총합이다.

$V_T = V_1 + V_2 + V_3 = 0$

$V_T - (V_1 + V_2 + V_3) = 0,\ V_T - V_1 - V_2 - V_3 = 0$

$\therefore\ \Sigma V = 0$

4 전기와 자기

1 자석의 성질

자철광은 철이나 니켈 등을 잡아당기는 성질을 지니고 있는데 이 성질을 자성(磁性)이라 하며, 잡아당기는 작용을 자기라고 한다. 그리고 자성을 지니고 있는 물체를 자석(磁石)이라 한다. 자석에는 자철광과 같은 천연자석 이외에 영구자석(永久磁石)과 코일에 전류를 흐르게 하면 자석이 되는 인공자석 등이 있다. 자석의 성질은 같은 종류의 자극은 서로 밀고, 다른 종류의 자극은 서로 잡아당기며, N(north)극과 S(south)극이 있다.

다른 자석이나 쇠붙이 등이 자석에 붙을 수 있는 영역에서 자력은 활성화 상태이다. 이 자력이 미치는 범위가 자계(magnetic field)이다. 자력선의 성질은 다음과 같다.

① 자력선은 N극에서 방사되어 S극으로 들어간다.

② 자계의 방향은 자력선의 방향에 의해서 결정된다.

③ 자력선의 밀도(자속밀도 : magnetic flux density)는 자계의 강도에 의한다.

④ 각각의 자력선은 서로 반발하거나 혼입되지 않는다.

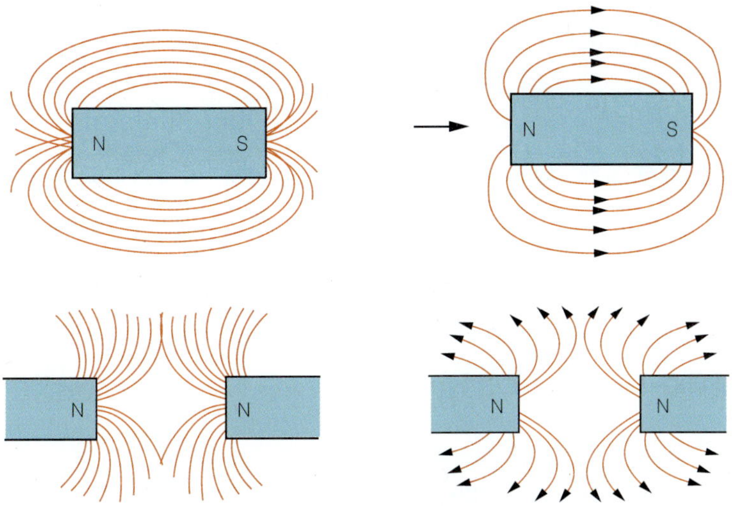

그림 42 | 자석의 성질

2 자석과 자기

01 자성체의 종류

(1) 자성체(magnetic material)

자기유도에 의해 자화되거나 자성을 가지게 되는 물체로 자극의 가까운 쪽에는 다른 종류의 극성이 형성되고 자극의 먼 쪽에는 같은 극성이 형성되는 철, 니켈, 코발트, 크롬 등이 여기에 속한다.

(2) 반자성체(diamagnetic material)

자계를 작용시키면 자기유도에 의해서 자극이 가까운 쪽에는 같은 종류의 극성이 형성되고 자극의 먼 쪽에는 다른 종류의 극성이 형성되는 물체로 수소, 탄소, 인, 구리, 안티몬 등이 이에 속한다.

(3) 비자성체(nonmagnetic material)

자계 중에 놓인 상태에서도 거의 자기를 느끼지 않는 물체로 알루미늄, 황동, 백금, 베이클라이트 등이 여기에 속한다.

02 자계와 자력선, 자속

(1) 자계(magnetic field)

자장(磁場), 즉 자성 물체 주위에 자기력이 작용하는 공간. 자극의 N극에서 발생하여 S극에 이르는 자속선이다. 자석 위에 종이를 1장 얹어 놓고 그 위에 철분을 뿌리면 철분이 자석선을 따라서 배열되는데, 이것으로 자계를 눈으로 볼 수 있다. 어떤 장소의 자계 방향과 세기는 그곳에 둔 1wb(웨버)의 정자극(正磁極)에 작용하는 힘으로 표시하고, 그 힘의 크기가 1N(뉴턴)일 때를 자계의 세기 단위로 해서 1A/m로 정한다.

(2) 자력선(magnetic line of force)

자계의 분포 상태를 나타내기 위해 편의상 가상한 곡선 군으로 그 선상의 임의 점에서의 접선이 자계 방향을 나타내도록 한 선이 자력선인데, 닫혀 진 선의 각 점을 지나는 자력선에 둘러싸인 공간 부분을 자력선관이라고 한다.

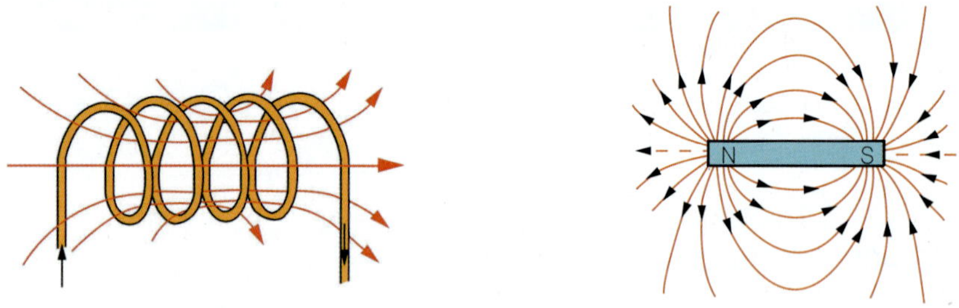

(a) 자계의 형성 (b) 자력선의 형성

그림 43 | 자계와 자력선의 형성

(3) 자속(magnetic flux)

단위면적을 통과하는 전도체의 자력선으로, 자속의 양 기호는 F, 단위는 웨버(Wb)를 쓴다. 1Wb의 자극에서 나오는 자속은 한 줄이며 자극의 수와 일치한다. 자속밀도의 단위는 Wb/m^2를 사용한다. 이 자력선의 방향과 직각되는 단위면적($1cm^2$)을 통과하는 전체의 자력선을 자속이라 한다.

03 쿨롱의 법칙(coulomb's law)

프랑스의 물리학자 쿨롱에 의해 발견된 전기력 및 자기력에 관한 법칙이다. 자석의 자극 세기는 그 부근에 다른 자석을 놓았을 때 양쪽 자극 사이에 작용하는 흡입력 또는 반발력의 크기를 표시한다. 즉, 2개의 자극의 세기를 각각 M_1, M_2라 하고 자극사이의 거리를 r이라 하면 양쪽 자극사이에 작용하는 힘 F는 다음의 관계공식으로 표시된다.

$$F \propto \frac{M_1 \times M_2}{r^2}$$

2개의 자극사이에 작용하는 힘은 거리의 2승에 반비례하고, 두 자극의 곱에 비례한다. 이것을 쿨롱의 법칙(Coulomb's Law)이라 한다.

04 자기유도 작용(self-induction action)

자석이 아닌 것을 자계 속에 넣으면 새로운 자석이 되는 작용을 자기유도라 하고, 이 물체는 자기유도 작용에 의하여 자화(磁化)되었다고 한다. 그리고 연강은 자석이 가까이 있을 경우에는 자화가 되지만 자석이 멀리 떨어지면 자기가 없어지므로 일시자석이라 한다. 또 경강은 일단 자화가 되면 자석을 멀리하여도 자기가 남아 있게 된다. 이때 남아 있는 자기를 잔류자기라 하며, 잔류자기가 안정되어 시간이 경과하여도 자기가 변화하지 않는 것을 영구자석이라 한다. 잔류자기를 제거하려면 반대방향에서 자화력을 가하여야 한다.

이와 같이 경강이 자화할 때에는 자기적인 경력이 나타나며, 이 현상을 히스테리시스(hysteresis)라 한다. 경강을 자화하는 방향을 주기적으로 변화시키면 히스테리시스로 인하여 열이 발생되어 온도가 상승한다.

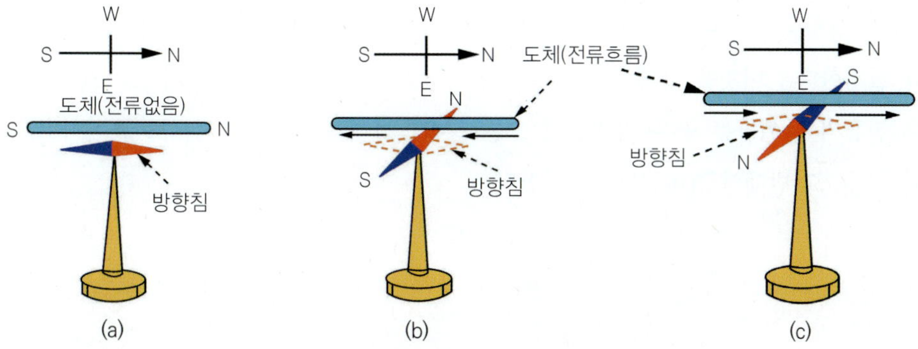

그림 44 | 자기유도 작용

3 전류에 의한 자계형성

두꺼운 종이에 구멍을 뚫고 전선을 통과시킨 후 전류를 흐르게 하고 종이 위에 철분을 뿌리면 철분은 전선을 중심으로 하여 여러 갈래의 원형을 형성하는데 이것은 전선에 전류가 흐르면 전선 주위에 맴돌이 자력선이 생기기 때문이다. 이 자력선을 이용하여 자동차에서는 각종 릴레이와 전동기 등에서 응용한다.

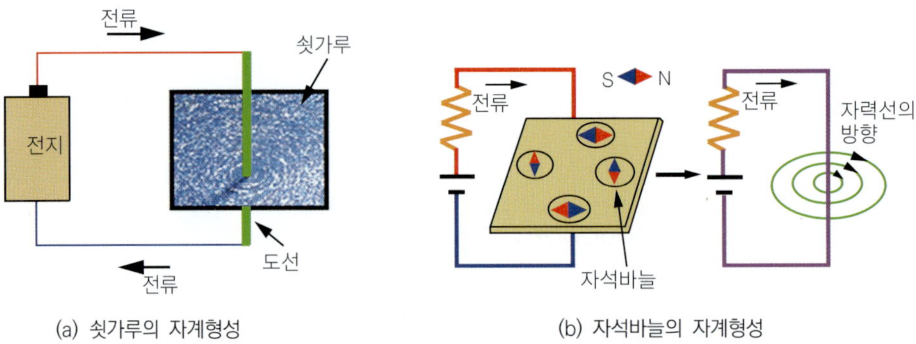

그림 45 | 전류가 형성하는 자계

01 앙페르의 오른나사의 법칙

프랑스의 물리학자 앙페르(andre marie ampere)가 전류와 자석과의 관계를 발견한 법칙이다. 전선에 전류를 흐르게 하면 그 주위에 전류의 세기에 비례하고 전선에서의 거리에 반비례하는 자계가 생기며, 그 자력선은 전선을 중심으로 하는 동심원이 되며, 전류가 흐르는 방향과 자력선의 방향사이에는 다음의 관계가 있다.

「전류의 방향을 오른나사의 진행방향에 일치시키면 자력선의 방향은 오른나사가 돌려지는 방향과 일치한다.」 이것을 앙페르의 오른나사의 법칙이라 한다. 그리고 기호로 표시하고자 할 때에는 전류가 들어가는 곳은 자력선이 오른나사가 돌려지는 방향(⊗)으로 표시하고, 전류가 나오는 곳은 그 반대방향(⊙)으로 표시한다.

02 코일이 형성하는 자계

코일 모양으로 전선을 여러 번 감고 전류를 흐르게 하면 자력선의 세기는 각 코일에 발생하는 자력선의 합이 되며, 자력선이 나오는 쪽이 N극, 들어가는 쪽이 S극이며 이때 자계는 코일의 바깥쪽과 안쪽에서 하나로 연결된다.

코일 주위의 자계는 전류가 많이 흐를수록, 코일의 권수가 많을수록 크며 그리고 코일 내부에 철심을 넣고 전류를 흐르게 하면 철심에서 발생하는 자속은 코일의 권수와 전류의 곱에 비례하여 증가하고 막대자석과 같은 작용을 한다. 이런 원리를 이용하여 자동차에서는 기동전동기의 솔레노이드 스위치, 전기자 코일, 계자코일 등에서 사용한다.

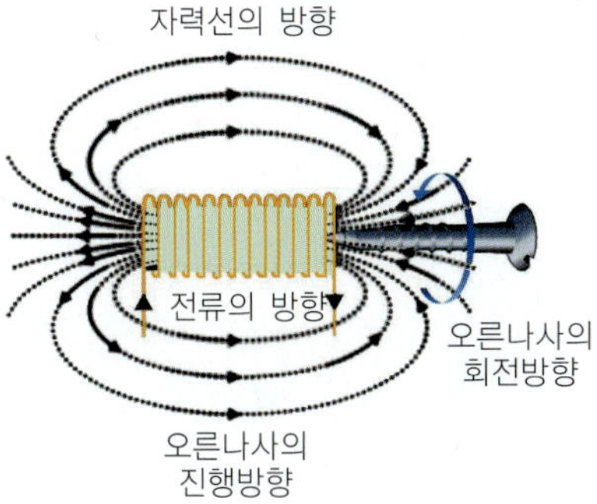

그림 46 | 오른나사의 법칙

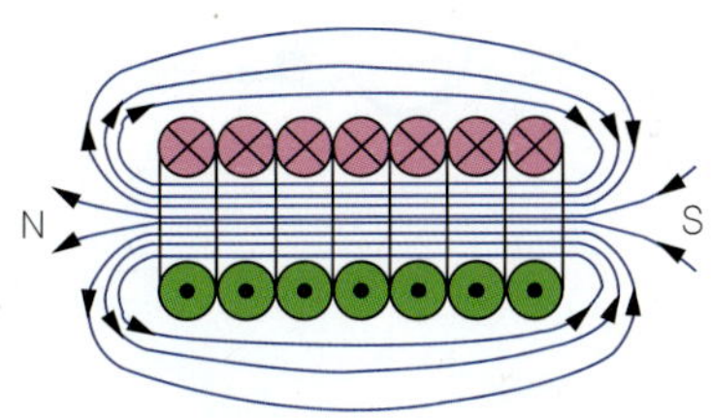

그림 47 | 코일 내의 자계

03 오른손 엄지손가락의 법칙

코일이나 전자석에서 자계의 방향을 알고 싶을 때 사용하는 법칙으로서, 오른손 엄지손가락을 다른 네 개의 손가락과 직각이 되게 한 다음 네 손가락을 전류가 흐르는 방향으로 코일을 잡으면 엄지손가락의 방향이 자력선의 방향인 N극이 된다.

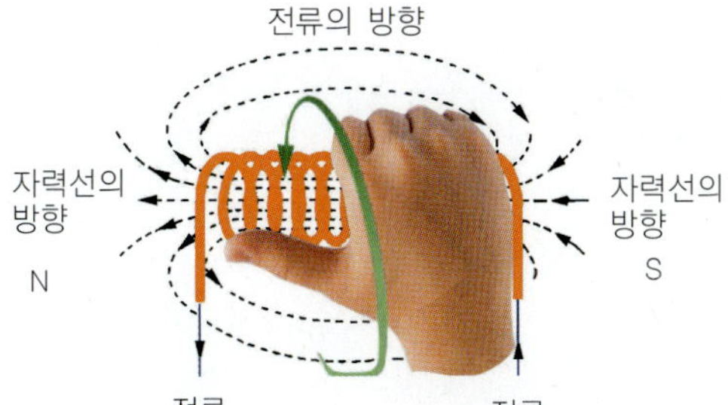

그림 48 | 오른손 엄지손가락의 법칙

04 솔레노이드(solenoid)

코일을 여러 번 감고 전류를 흐르게 하였을 때 자석이 되게 한 기구를 솔레노이드라 한다. 또 솔레노이드 내부에 철심을 넣고(이것을 전자석이라고 함) 솔레노이드에 전류를 흐르게 하면 철심에 자속이 발생하며 이 자속은 철심에 포화되지 않는 한 솔레노이드의 권수 n과 여기에 흐르는 전류 I와의 곱 nI에 비례하여 증가한다. 이 nI는 자속을 발생시키는 능력을 표시하는 것으로 기자력이라 하며, 이 단위는 암페어횟수(AT, ampere turn)이다.

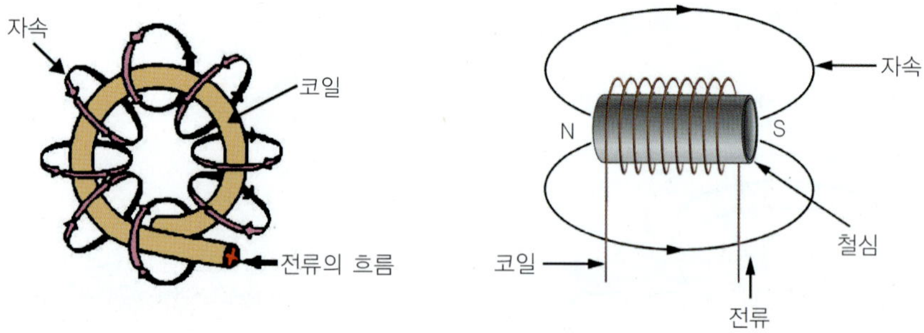

그림 49 | 솔레노이드의 자속

4 전자력과 유도 작용

01 전자력

자계 중에 두어진 도체에 전류를 흘리면 전류 및 자계와 직각 방향으로 도체를 움직이는 힘이 발생한다. 이것을 전자력이라 한다. 전자력의 크기는 다음과 같다.

$$F = BIl \cdot \sin\theta (N)$$

B : 자속밀도(Wb/m^2), I : 전류(A)
l : 도체 길이(m)

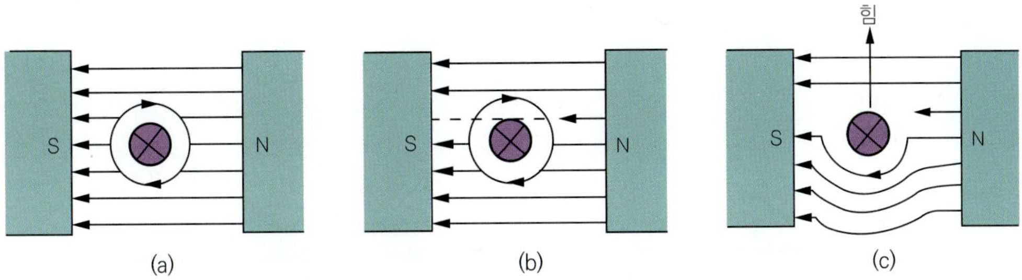

그림 50 | 자계 중의 도체에 작용하는 전자력

02 플레밍의 왼손법칙

영국의 전기공학도 플레밍(john ambrose fleming)에 의해 고안된 전자기의 법칙에 세 손가락을 이용한 법칙이다. 자력선의 방향, 전류의 방향 및 도체가 움직이는 힘의 방향에는 일정한 관계가 있으며 이것을 왼손을 이용하여 보면 도체가 움직이는 방향을 정확하고 쉽게 알 수 있다.

왼손의 엄지, 인지, 장지를 직각이 되게 펴고 인지를 자력선의 방향에, 장지를 전류의 방향에 일치시키면 도체는 엄지손가락의 방향으로 전자력(힘)이 작용하는 법칙을 플레밍의 왼손법칙이라 한다. 즉, 전자력은 전류를 공급받아 기계적인 일을 하는 전동기, 전류계, 전압계 등에서 사용된다.

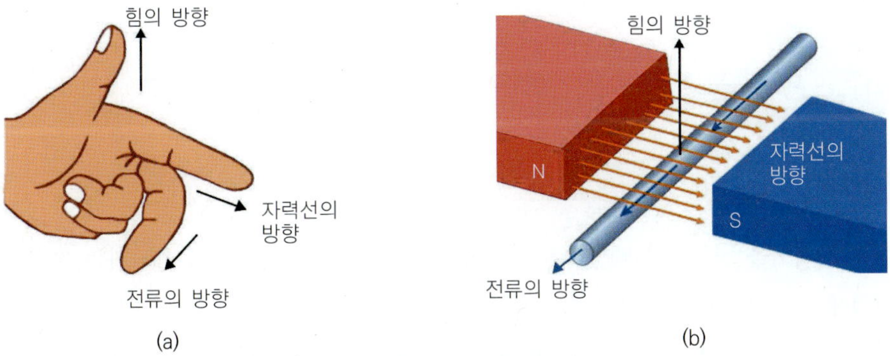

그림 51 | 플레밍의 왼손법칙

03 플레밍의 오른손법칙

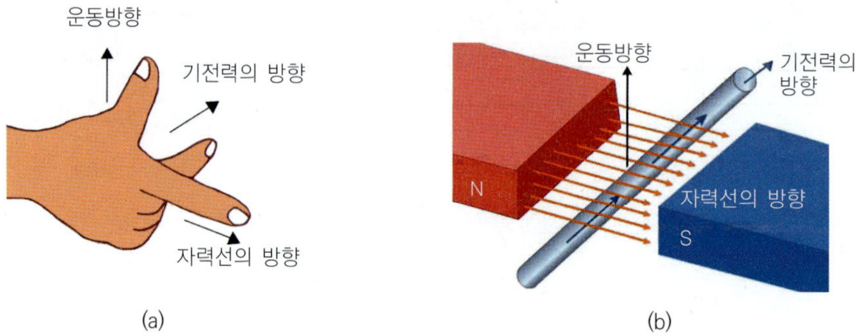

그림 52 | 플레밍의 오른손법칙

유도기전력의 방향은 (+), (-)도체를 움직이는 운동의 방향과 자력선의 방향에 따라서 결정이 되는데 이들 방향의 관계는 다음과 같다.

오른손 엄지손가락, 인지, 장지를 서로 직각이 되게 하고 인지를 자력선의 방향에, 엄지손가락을 도체의 운동방향에 일치시키면 장지가 유도 기전력방향을 표시한다. 이 법칙을 플레밍의 오른손법칙이라 한다. 도체에 전류계를 접속한 후 도체를 상하로 움직이면 전류계의 지침은 좌우로 흔들리며, 도체의 움직임이 빠르면 빠를수록 전류계의 지침이 크게 흔들리게 되는데 이것은 기전력이 발생하기 때문이다.

04 전자유도 작용

(1) 전자유도

코일 속에 자석을 넣었다가 빼었다가 하는 작용을 반복하면 코일 속을 통과하는 자속이 변화하므로 코일에는 기전력이 유기되어 전류계 지침이 움직인다. 즉, 코일 속의 자속이 변화하는 것은 코일이 자속을 끊는 것과 같은 작용이 되어 기전력이 유기되는데 이것을 전자유도 또는 전자유도 작용이라 한다.

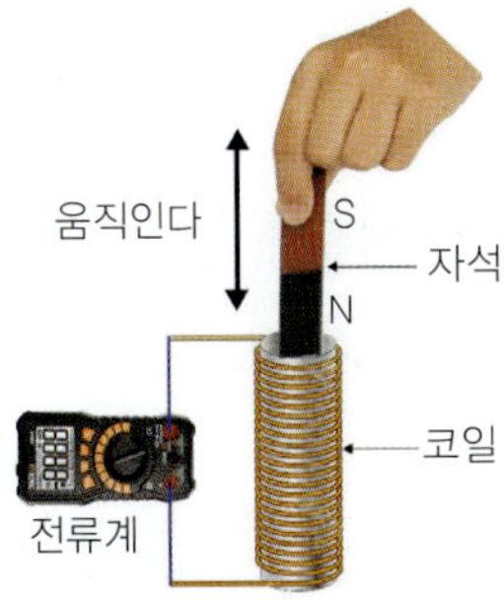

그림 53 | 전자유도

전자유도에 의하여 발생하는 기전력의 크기는 단위시간 동안에 자속의 변화량과 코일의 권수를 곱한 값으로 결정되며, 전자유도 작용은 자계 내에서 도체를 움직여 기전력을 발생시키는 방법으로 발전기에서 이용되고 있으며, 코일을 통과하는 자속을 변화시켜서 유도기전력을 발생시키는 방법은 점화코일에서 사용하고 있다.

(2) 유도 기전력의 크기

1) 도체에 자력선을 변화시켰을 경우

맨 처음 도체와 교차되어 있는 자력선의 수가 ∅이었다고 하면, 이 자력선이 t인 시간에 변화하여 ∅′가 되었을 때 발생되는 기전력 E의 크기는

$$E = \frac{\varnothing - \varnothing'}{t}$$

로 표시되며, 도체가 N권의 코일이면 유도 작용이 겹치므로

$$E = N \times \frac{\varnothing - \varnothing'}{t}$$

가 된다.

2) 도체와 자력선과의 상대운동에 할 때

이때의 기전력의 크기는 단위시간에 절단한 자력선의 수에 비례한다. 즉, t초 동안에 ∅의 자력선을 절단하였다고 하면 기전력의 크기 E는

$$E = \frac{\varnothing}{t}$$

가 되며, 기전력은 상대운동의 속도가 빠를수록, 절단한 자력선의 수가 많을수록(자속의 밀도가 클수록) 커진다.

05 렌즈의 법칙(lenz's law)

1834년 독일의 물리학자 렌즈(heinich friedrich emil lenz)에 의해 발견된 전자유도에 관한 법칙이다. 코일에 발생하는 유도기전력은 코일을 통과하는 자속이 많고 자속의 변화속도가 빠를수록 유도 기전력이 크게 발생하는데 이것을 렌즈의 법칙이라 하여 발전기에 응용된다.

(1) 자속의 증가작용

그림(a)와 같이 코일에 자석의 N극을 가까이하면 코일을 지나는 자속이 흐트러진다. 이것을 방지하려고 코일 자체의 유도 작용에 의해 N극이 자계를 형성하여 자석의 N극이 접근하는 것을 방해하고 유도전류를 코일에 흐르도록 하여 코일을 통과하는 자속을 증가시킨다.

(2) 자속의 감소작용

그림(b)와 같이 코일에서 자석을 멀리하면 코일 자체는 유도 작용에 의하여 자석 쪽에 S극을 형성하여 자석이 멀어지는 것을 방해하려고 한다.

따라서 유도 전류를 자속의 증가 때와는 반대로 흐르도록 하여 코일을 통과하는 자속이 감소한다. 즉, 렌즈의 법칙에서 유도 기전력은 코일 내에 자속의 변화를 방해하는 방향으로 생긴다.

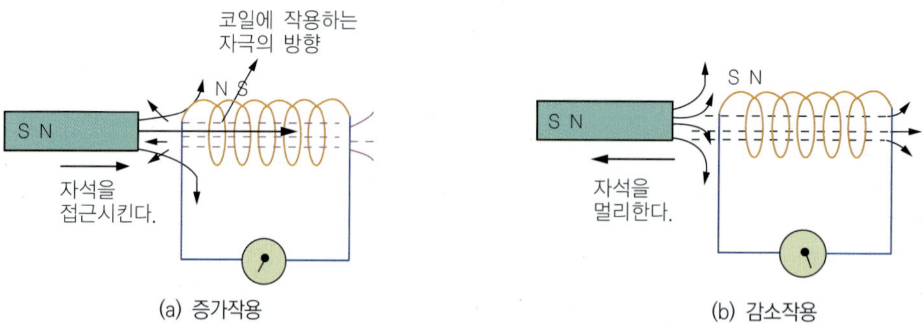

그림 54 | 자속의 증가와 감소시 기전력의 변화

06 자기유도와 상호유도 작용

(1) 자기유도 작용(self-induction)

자기(自己)유도 작용은 코일 자신에 흐르는 전류를 변화시키면 코일과 교차하는 자력선도 변화하므로 그 변화를 방해하는 방향으로 역기전력이 발생한다.

자기유도 작용은 코일의 권수가 많을수록 철심이 들어 있을수록 커진다. 즉, 그림(a)에서와 같이 스위치를 닫아(ON) 코일에 전류를 흐르게 하면 코일 내부에 자속이 발생하고 코일에는 렌즈의 법칙에 의하여 기전력이 발생하여 전류의 흐름을 방해한다. 그리고 그림(b)에서와 같이 스위치를 열면(OFF) 자속이 급속히 감소하면서 다시 코일에 역기전력이 발생한다. 이와 같이 코일자체의 전류변화에 의하여 기전력이 유도되는 작용이다. 자동차의 점화코일의 1차 코일에서 사용하며 12V의 전압을 200~300V로 승압시킨다.

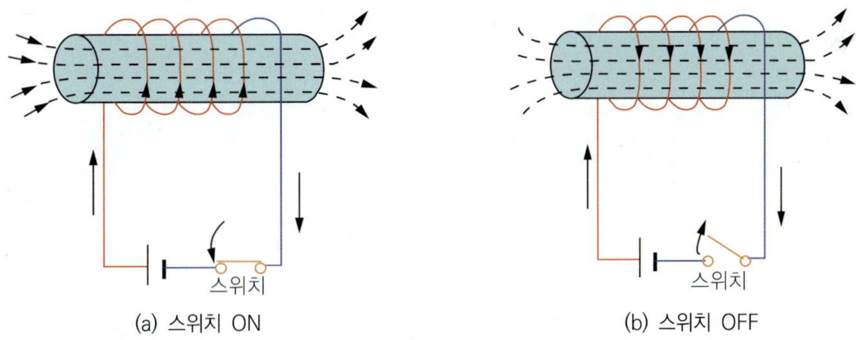

그림 55 | 자기유도 작용의 원리

일반적으로 자기유도 작용에 의하여 발생되는 기전력의 크기는 전류의 변화속도에 비례한다. 즉,

기전력 ∝ 전류의 변화속도

기전력 = 자기 인덕턴스(L)×전류의 변화속도

가 된다. 따라서

$$L = \frac{\text{기전력}}{\text{전류의 변화속도}}$$

이 비례상수 L은 코일의 자기 인덕턴스(self-inductance)라 하며, 단위는 헨리(Henry, 기호 H)를 사용한다. 즉, 자기 인덕턴스 L(H)의 코일에서 그 코일에 흐르는 전류가 t초 동안에 I(A) 변화하였을 때 기전력의 크기 E는

$$E = -L\frac{I}{t}$$

로 표시한다.

(2) 상호유도 작용(mutual induction)

그림과 같이 A, B의 두 코일을 가까이한 후 A코일에 흐르는 전류를 스위치로 단속(ON/OFF)하면 B코일에 기전력이 발생한다. 이것은 A코일의 전류에 의하여 발생한 자력선이 스위치의 OFF에 따라 전류와 함께 변화하기 때문이다. 이때 렌즈의 법칙에 의해 자력선의 방향은 1차 코일의 전류의 흐름과 반대방향이다.

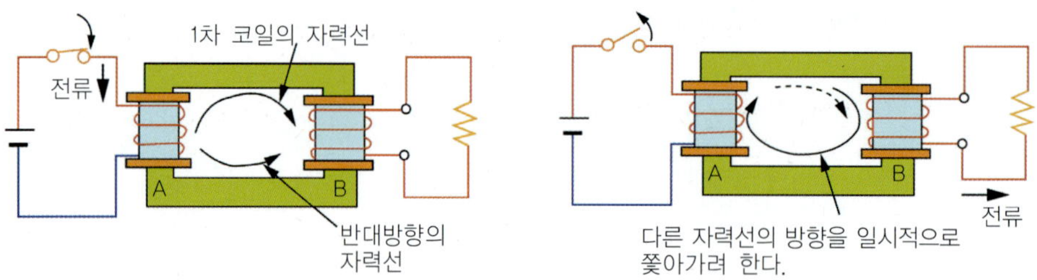

(a) 스위치 OFF → ON (b) 스위치 ON → OFF

그림 56 | 상호유도 작용

이와 같이 하나의 전기회로에 자력선의 변화가 생겼을 때 그 변화를 방해하려고 다른 전기회로에 기전력이 발생하는 현상을 상호유도 작용이라 한다. 여기서 전원과 연결된 A코일을 1차코일(primary coil), B코일을 2차코일(secondary coil)이라 하며, 자동차에서는 점화코일의 2차코일에서 상호유도 작용을 이용하여 15,000~30,000V의 고전압을 얻는다.

1차 코일에 흐르는 전류의 변화로 높거나 낮은 상호유도 기전력을 얻을 수 있다. 기전력 용량의 등급은 2차 코일에 의해 결정되며, 상호유도의 기호를 M, 그리고 측정단위를 H(Henry)라 한다. 상호유도의 1H는 1차 코일에 초당 1A의 전류를 변화시키고 이 1차 코일에 의해 2차 코일이 1V의 기전력을 발생하는 것을 말한다. 이것을 공식으로 표시하면 다음과 같다.

$$M = L \times \frac{2차\ 코일의\ 권수(N_2)}{1차\ 코일의\ 권수(N_1)}$$

$$e_2 = L \times \frac{N_2}{N_1} \times \frac{I}{t} = e_1 \times \frac{N_2}{N_1}$$

[e_1 : 자기유도 기전력[V], e_2 : 상호유도 기전력[V].
M : 상호 인덕턴스[H], L : 자기 인덕턴스
N_1 : 1차코일의 권수, N_2 : 2차코일의 권수]

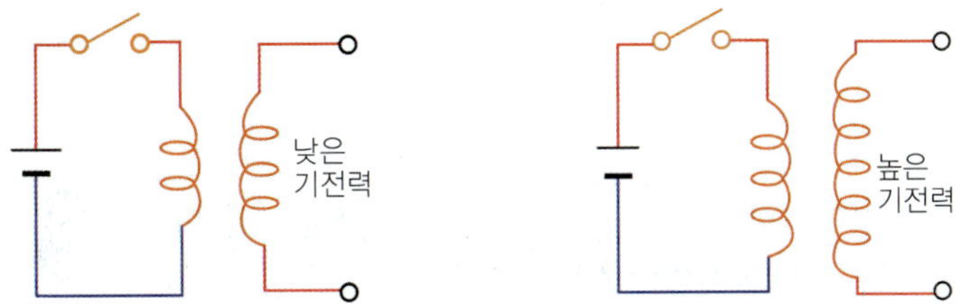

(a) 낮은 상호 인덕턴스　　(b) 높은 상호 인덕턴스

그림 57 | 인덕턴스와 코일권수

07 역기전력

코일의 B의 전압은 코일 A와 B의 권선의 수에 비례한다. 점화 스위치를 ON하면 발생 기전력은

$$E = \frac{N_B}{N_A} \times V_A[V]$$

[E : 스위치를 ON으로 하였을 때 발생하는 기전력[V]
N_A : 코일 A의 권수[회]
N_B : 코일 B의 권수[회]
V_A : 전원 전압[V]]

따라서 코일 A에 전원을 연결하고 스위치를 ON시킬 경우에 코일 A에 전원전압과 동일한 전압이 발생되며, 방향은 전원전압에 대항하는 방향으로 되어 시간에 따라 작아진다.

이와 같이 전류에 대하여 코일에 발생하는 전압을 역기전력(逆起電力)이라 한다. 그림과 같이 스위치를 넣으면 코일 A의 역기전력은 최초의 전압과 같은 전압이기 때문에 전류는 0이지만, 그 후 전류가 흐르기 시작하여 그림과 같이 점점 증가한다. 이때 코일 A에는 저항 R이 있어 옴의 법칙에 의해 전류 I_A가 흐르면 그 저항에는 전압 강하가 발생하여 아래와 같은 공식의 크기로 된다.

$$V = I_A \cdot R[V]$$

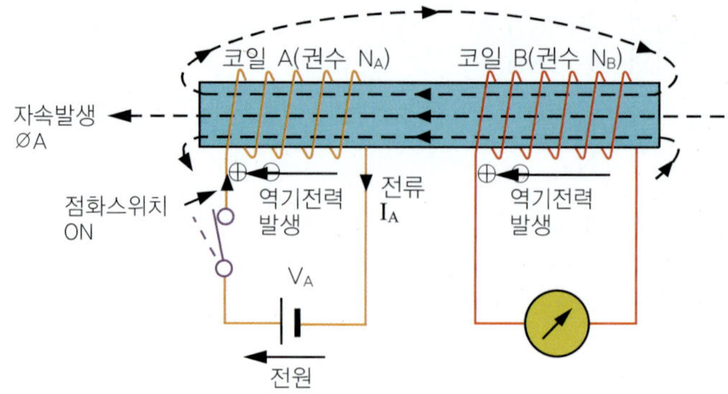

그림 58 | 전류의 변화와 역기전력

이 전압강하 때문에 코일 A에 흐르는 전압은 전류가 증가하므로 약해지고, 역기전력도 약해진다. 이때 코일의 역기전력 E[V]와 코일의 저항분량에서 발생하는 전압강하 $I_A \cdot \mathrm{R}$[V]을 가한 것이 통상 전압과 동등하게 되나, 역기전력과 전압강하는 시간과 함께 변하여 일정전류(포화전류)로 될 즈음에 전압강하는 100%로 되고 역기전력은 0으로 된다.

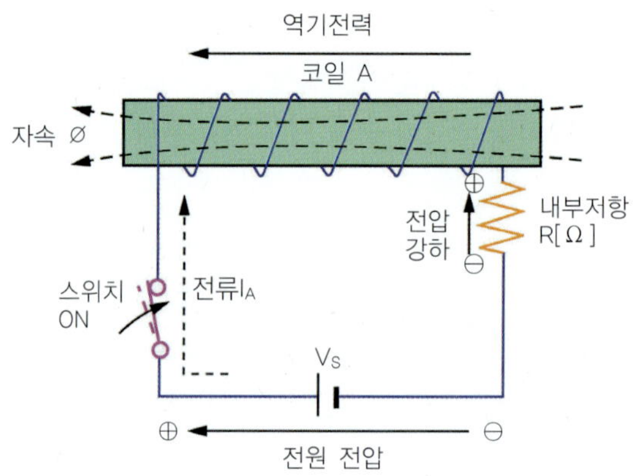

그림 59 | 코일 A의 역기전력

$$V_B = E + I_A \cdot \mathrm{R}$$

이와 같이 스위치를 ON할 때에는 역기전력이 최초의 전원전압과 같은 전압으로 나타나 시간과 더불어 감소하며, 이에 따라 흐르는 전류도 일정 전류로 되어 최종의 포화전류는 $I_A = \dfrac{\mathrm{V_B}}{\mathrm{R}}$ [A]로 되어 안정된다.

이렇게 하여 일정 전류로 흐르고 있는 코일의 전류를 차단하면 전류가 갑자기 0으로 되고 자속 또한 0으로 된다. 따라서 자속이 0으로 되는 변화가 생기기 때문에 기전력(E)이 발생하며 이것은 아래 공식과 같이 자속 변화율($\frac{d\emptyset}{dt}$)에 코일 권수를 곱한 크기의 전압이 된다.

$$E = -N\frac{d\emptyset}{dt}[V]$$

[N : 코일 권수. dØ : 자속 변화
dt : 시간 변화]

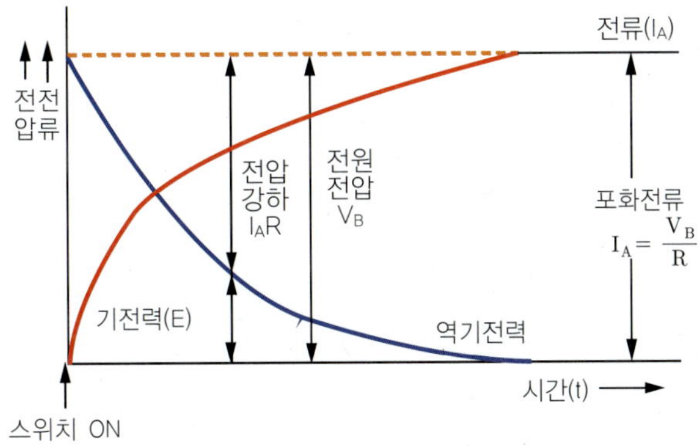

그림 60 | 전류의 변화와 역기전력

08 맴돌이 전류(eddy current)

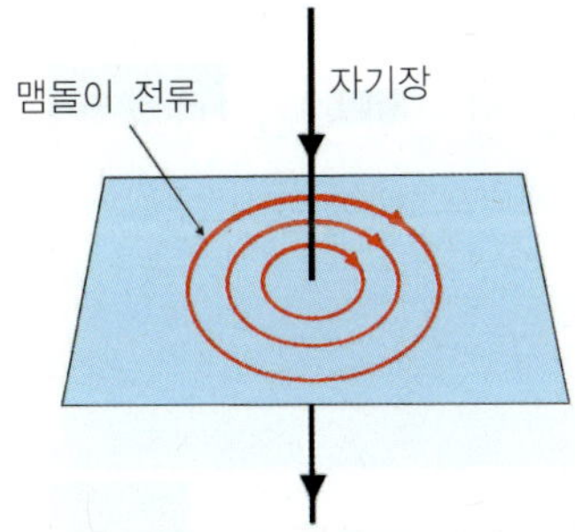

그림 61 | 맴돌이 전류

도체의 내부 안에서 만들어지는 전류로, 도체 전체가 아닌 일부분에 소용돌이 모양으로 닫힌 통로를 흐르는 전류로서, 도체 내부를 지나는 자기력선속의 변화로 인해서 생기는 전류를 말한다. 자석을 도체판 위에서 이동시키면 자기력선속이 변하면서 맴돌이전류가 생기고, 맴돌이전류의 자기장은 자석의 이동을 방해하게 된다.

5 반도체

1 반도체 개요

반도체는 열 등의 에너지를 통해 전도성을 급격하게 변화시킬 수 있는 고체 물질이다. 그 중에서도 상온에서는 도체보다는 전하를 잘 이동시키지는 못하나 절연체보다는 비교적 전하를 잘 이동 시키는 물질(물체)로 상온에서의 전기 저항률이 도체와 절연체의 중간정도로 저항 값이 10^{-4}~$10^{10}\Omega \cdot cm$인 정도의 비저항을 가지나 그 범위가 엄격하게 정해져 있지 않다. 또 온도상승에 따라 금속 및 도체는 저항률이 증가하나 반도체는 온도상승에 따라 저항률이 급격히 낮아진다.

반도체는 불순물의 첨가, 빛 조사, 온도변화 등 외부요인에 의해 그 전기적 성질이 크게 변화하는데, 이 특성은 저항률(전기전도율)에 관한 성질보다도 더욱 중요하며, 주로 증폭 장치, 계산 장치 등을 구성하는 집적회로를 만드는 데에 쓰인다.

01 반도체의 성질

① 다른 금속이나 반도체와 접속하면 정류작용(다이오드), 증폭작용 및 스위칭 작용(트랜지스터)을 한다.

② 빛을 받으면 고유저항이 감소한다(포토다이오드 및 포토트랜지스터).

③ 열을 받으면(온도가 상승하면) 전기 저항 값이 변화하는 지백(zee back)효과를 나타낸다(서미스터).

④ 압력을 받으면 전기가 발생하는 피에조(piezo)효과를 나타낸다(압전소자).

⑤ 자기(磁氣)를 받으면 통전성이 변화하는 홀(hall)효과를 나타낸다.

⑥ 전류가 흐르면 열을 흡수하는 펠티어(peltier)효과를 나타낸다.

02 반도체의 장점 및 단점

(1) 반도체의 장점

① 매우 소형이고, 가볍다.

② 내부 전력 손실이 매우 적다.

③ 예열시간을 필요로 하지 않고 곧 작동한다.

④ 기계적으로 강하고, 수명이 길다.

(2) 반도체의 단점

① 온도가 상승하면 그 특성이 매우 나빠진다(게르마늄은 85℃, 실리콘은 150℃이상 되면 파손되기 쉽다).

② 역내압이 매우 낮다.

③ 정격 값 이상 되면 파괴되기 쉽다.

2 진성 반도체(intrinsic semiconductor)

진성 반도체란 불순물을 첨가하지 않은 순수한 반도체로(실리콘 결정의 순도는 99.9999999999%) 도체의 결정에 불순물이 없거나, 있더라도 매우 적고 게르마늄이나 실리콘은 결정이 같은 수의 전자와 홀(hole, 정공(+)전기가 남아 있는 빈자리)이 있는 반도체이며 절연체에 가까워 원자핵에 결합되어 있는 전자가 움직일 수 없기 때문에 외부에 전압을 걸어도 전류는 흐르지 않는다.

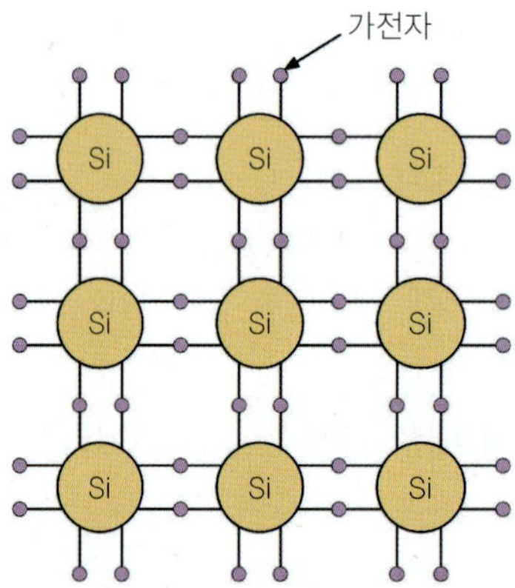

그림 62 | 진성 반도체 실리콘의 공유결합

3 불순물 반도체(extrinsic semiconductor)

진성반도체에 불순물을 주입하는 것을 도핑(doping) 이라고 하며 정공은 전자를 받아들일 수 있으므로 억셉터(acceptor), 전자를 추가로 제공하는 것은 도너(donor)라고 한다. 어떠한 불순물을 주입하는가에 따라 반도체의 도너 또는 억셉터로 작용하게 된다. 이러한 반도체를 불순물 반도체라고 한다.

01 N형 반도체(N-type semiconductor)

실리콘에 5가의 원소인 비소(As), 안티몬(Sb), 인(P) 등의 원소를 조금 섞으면 5가의 원자가 실리콘 원자 1개를 밀어내고 그 자리에 들어가 실리콘 원자와 공유결합을 한다. 이때 5가의 원자에서는 전자 1개가 남게 되며 이 경우 전기의 캐리어(carrier : 운반자)가 전자이므로 (－)라는 의미에서 N형 반도체라 한다. 전자를 만들어 주는 불순물 원자를 도너라 부른다.

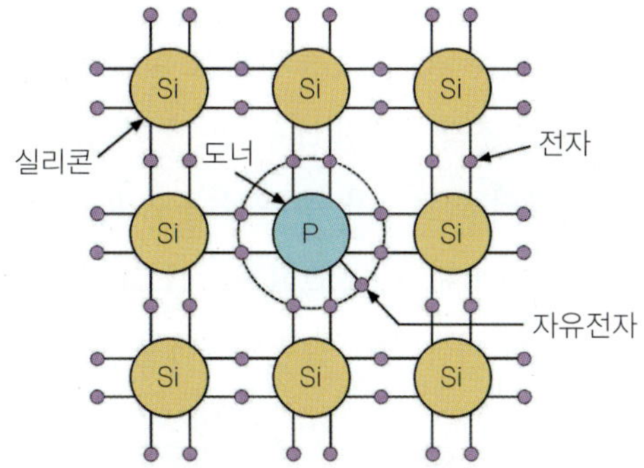

그림 63 | N형 반도체

02 P형 반도체(P-type semiconductor)

자유전자보다 정공을 증가시킨 반도체이다. 진성 반도체에 정공을 증가시키기 위해 불순물인 3가 원소(알루미늄(Al), 붕소(B), 갈륨(Ga), 인듐(In))를 첨가 한다. 규소의 가전자는 4개이고 갈륨은 3개이므로 공유결합하기 위해서는 가전자 1개가 부족하다. 이때 전자가 부족한 곳이 정공이 되고, 전체의 캐리어(carrier)는 자유전자보다 정(positive)의 전기를 갖는 정공 쪽이 많아지게 되고 positive의 머리문자를 따서 P형 반도체라 한다.

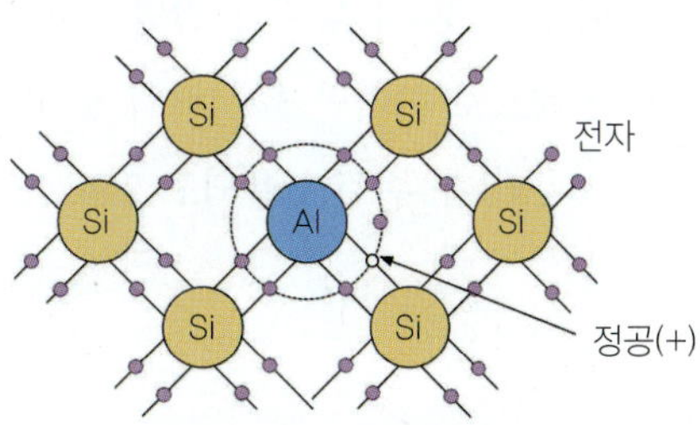

그림 64 | P형 반도체

4 IC(integrated circuit, 집적 회로)

절연기판 위에 트랜지스터, 다이오드, 저항, 축전기 등의 각 소자를 단독 또는 조합시켜 정밀하게 여러 가지 작동을 하도록 구성시킨 것이다. IC회로는 혼성 IC회로(hybrid IC)와 모놀리식 IC회로(monolithic IC)로 구분할 수 있으며, 혼성은 얇은 막(thin film) 혼성 IC회로와 두꺼운 막(thick film) 혼성 IC회로로 나눈다.

현재 IC회로의 주축을 이루고 있는 것은 모놀리식 IC회로이며, 두께 1mm, 한 변이 5mm 정도인 반도체(실리콘)의 얇고 작은 조각, 즉 칩(chip) 또는 다이(die) 위에 전자회로를 형성시켜 만든다. 이들 칩에 들어 있는 각각의 회로소자 수는 소규모 IC회로(SSI)에서는 약 100개미만, 중규모 IC회로(MSI)에서는 100~1,000개, 대규모 IC회로(LSI)에서는 1,000~10만개, 그리고 초대규모 IC회로(VLSI)에서는 10만개 이상이다. 트랜지스터를 기준으로 할 때 소형 진공관은 약 200배의 크기이다.

01 RAM(random access memory)

RAM은 기억시키거나 지우는 작용의 두 회로가 있어 정보의 기록·해독이 가능하므로 컴퓨터나 주변 단말기기의 기억장치에 널리 쓰이고 있다.

장점으로는 가격이 싸고, 소형, 낮은 소비전력, 고속 호출, 비파괴성 해독 등이며, 단점으로는 전원을 차단하면 기억되어 있던 모든 데이터가 지워진다. 종류에는 전원이 연결된 상태에서 일정한 주기마다 리프레시(refresh)조작을 해주어야만 정보가 지워지지 않는 다이내믹램(DRAM)과 전원만 연결되어 있으면 정보가 지워지지 않는 스태틱램(SRAM)이 있다. 이와 같이 전원이 끊어지면 정보가 상실되는 것을 휘발성 메모리(volatile memory)라 하고, 스태틱램은 다른 IC회로와 접속하기 쉽고 읽어내기 및 써 넣기가 간단하며, 고속으로 할 수 있는 이점이 있는 반면 다이내믹램과 같은 기억용량으로 하려면 3～4배의 소자가 더 필요하므로 그만큼 복잡하고 가격도 비싸다. 다이내믹램은 64MB가 주로 사용되고 256MB가 실용화 되고 있으며, 대용량화에 적합하다.

02 ROM(read only memory)

ROM은 컴퓨터의 판독전용 기억장치를 말한다. 한번 기억시키면 다음에는 전혀 내용을 지울 수 없다. 전원을 차단하여도 정보가 없어지지 않는 비휘발성(non-volatile) 기억장치이며, 문자패턴 발생기나 코드 변환기처럼 실행하는 처리가 일정하고 많은 양으로 사용되는 것은 기억할 정보를 소자의 제조와 동시에 설정하기 때문이다.

따라서 ROM은 정보를 소자의 구조로 기억하고 있으므로 바꾸어 쓸 수가 없다. 하지만 써넣기, 소거, 다시 써넣기가 가능한 ROM을 EP-ROM(erasable and program mable-read only memory)이라 한다.

03 컴퓨터의 논리회로

논리 대수에 의한 연산에 쓰이는 회로로, 트랜지스터나 다이오드 등으로 조합하여 나타내는 회로를 말한다. 이 회로를 이용하면 복잡한 논리를 간결하고 정확하게 표현할 수 있어 컴퓨터 등에 이용된다. 논리 회로를 구성하는 기본 단위를 논리 게이트라 하며, 논리 회로에 전류가 흐를 때는 "1", 흐르지 않을 때는 "0"으로 표시한다.

(1) 10진법과 2진법의 비교

10진법	2진법	숫자	10진법	2진법	숫자
0	0	영	6	110	육
1	1	일	7	111	칠
2	10	이	8	1000	팔
3	11	삼	9	1001	구
4	100	사	10	1010	십
5	101	오			

(2) OR회로(논리합회로)

입력 A, B 중 최소한 어느 한쪽의 입력이 1이면, 출력이 1이 되는 회로이다.

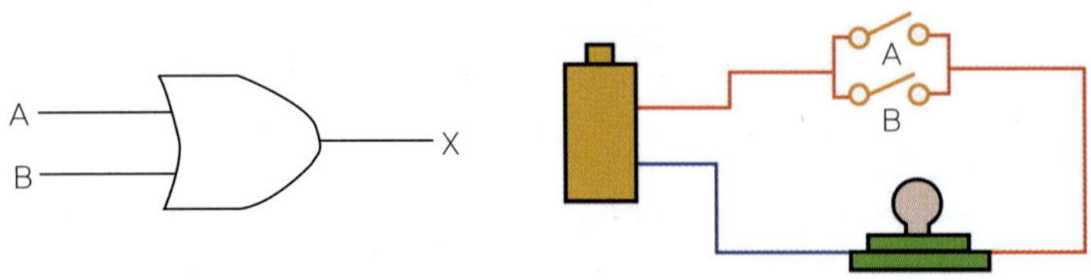

(a) 기호 (b) 등가회로

A	B	X(출력)
0	0	0
0	1	1
1	0	1
1	1	1
X = A+B		

(c) 진리값표

그림 65 | OR회로

(3) AND회로(논리적회로)

여러 개의 입력 정보가 있을 경우 모든 입력이 1일 때에만 출력에 1을 출력하고 그 이외는 0을 출력하는 회로이다.

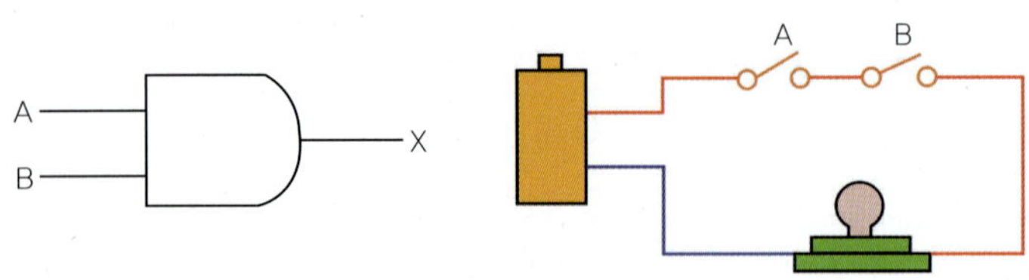

(a) 기호 (b) 등가회로

A	B	X(출력)
0	0	0
0	1	0
1	0	0
1	1	1
X = A·B		

(c) 진리값표

그림 66 | AND회로

(4) NOT회로(부정회로)

입/출력 신호가 서로 정반대일 경우 즉, 입력이 1일 때 출력은 0, 입력이 0일 때 출력은 1이 되는 회로이다.

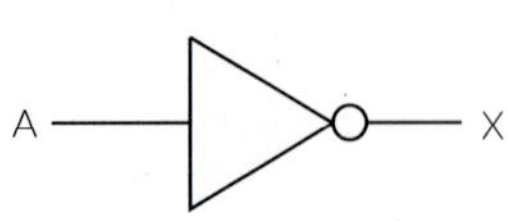

(a) 기호

입력	출력
0	1
1	0
X = $\overline{A}$	

(b) 진리값표

그림 67 | NOT회로

(5) NOR회로(부정 논리합회로)

모든 입력 단자(端子)에 "O"이 입력되었을 때에만 출력 단자 에 "1"을 출력하는 회로이다.

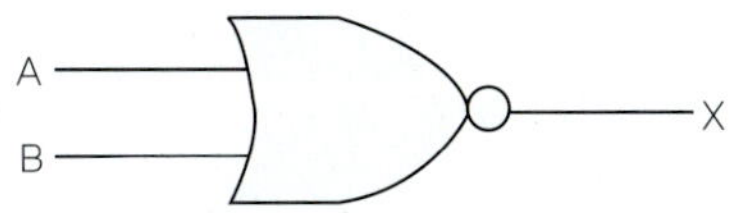

(a) 기호

A	B	X(출력)
0	0	1
0	1	0
1	0	0
1	1	0
$X = \overline{A+B}$		

(b) 진리값표

그림 68 | NOR회로

(6) NAND회로(부정 논리적회로)

2개 이상의 입력 단자와 1개의 출력 단자가 있어 적어도 1개의 입력 단자에 입력 "1"이 가해졌을 때 출력단자에 "1"이 나타나고 또한 어느 쪽의 입력 단자도 "0"일 때에는 출력단자에 "1"이, 역으로 어느 쪽의 입력 단자도 "1"일 때에는 출력단자에 "0"이 나타나도록 한 회로이다.

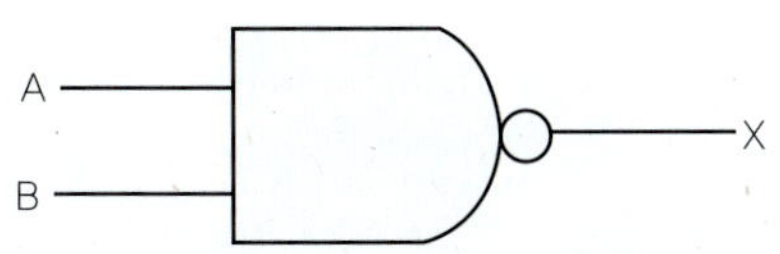

(a) 기호

A	B	X(출력)
0	0	1
0	1	1
1	0	1
1	1	0
$X = \overline{A \cdot B}$		

(b) 진리값표

그림 69 | NAND회로

2

자동차 회로분석

1 전기적인 고장원인

1 단선(open, 접촉 불량)

단선회로(斷線, open circuit)란 와이어(wire)가 절단되어 커넥터(connector)의 결합이 해제되어 구성회로가 끊어져 전기가 흐를 수 없는 상태가 되는 경우이며 이 경우 전체회로의 저항은 무한대가 된다.

예를 들면 퓨즈 용단(鎔斷, fusing), 필라멘트 용단, 커플러(coupler)의 빠짐 등이며 회로가 개방될 때는 전류가 흐르지 않는다. 자동차의 전기회로에서 일부분을 단선 시키고 측정 장비를 사용하여 단선 부위를 체크하고 단선 시 각 부위별 발생하는 현상을 체크한다.

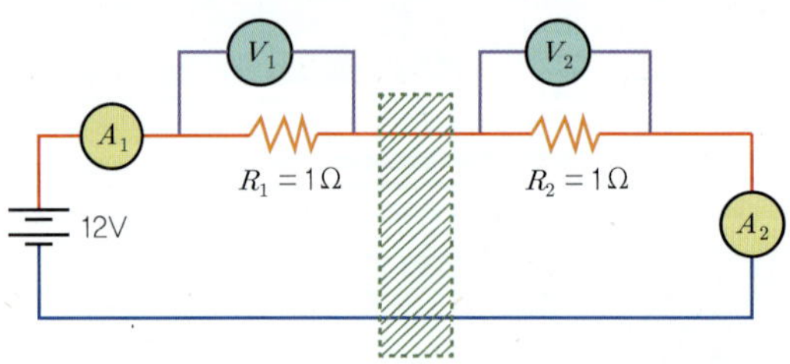

항목	이론치
A_1	6A
A_2	6A
V_1	6V
V_2	6V

그림 1 | 정상회로

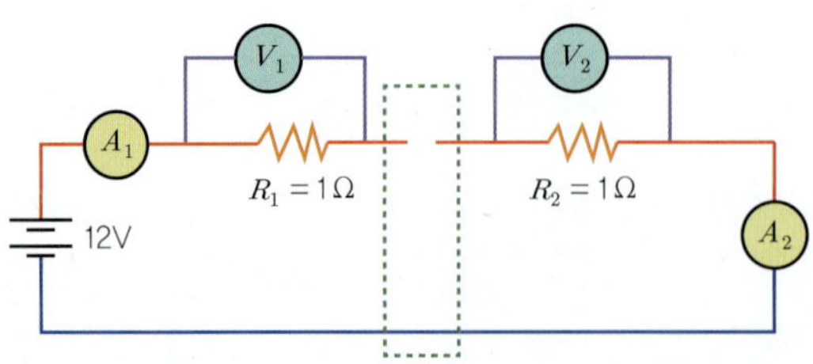

항목	이론치
A_1	0A
A_2	0A
V_1	0V
V_2	6V

그림 2 | 단선 회로

2 단락(short, 합선)

전류가 목적된 회로가 아닌 다른 곳을 통하여 흐르는 경우로 예를 들면, 목적된 도체의 절연이 파괴되거나 의도되지 않은 도체 표면에 접촉된 경우에 단락회로(短絡, short circuit)가 형성될 수 있다. 이로 인해서 과도한 전류가 흐를 때 결국 퓨즈가 융단 된다. 단락은 내부저항 없이 선이 이어져 있어 도통하는 경우이며 저항측정기로 저항을 측정할 경우 저항이 거의 없는 "0"의 값을 가지게 된다. 즉 전류는 무한대가 흐르게 된다.

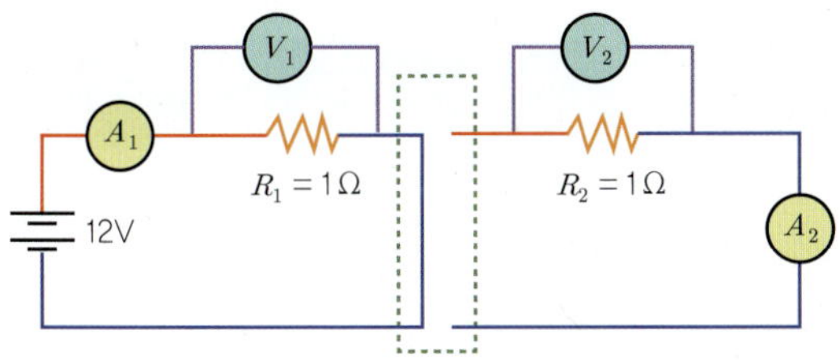

항목	이론치
A_1	0A
A_2	0A
V_1	0V
V_2	6V

그림 3 | 단락회로

단락이나 합선을 Short(쇼트)라고 하는 이유는 원래 전선에서 어느 부분이 합선이 되면 합선된 부분을 통하여 전기가 흐르게 되고 나머지 부분은 전기를 흐르지 않게 된다. 그러니까 합선이 되면 전기적으로는 흐르는 길이가 짧아져서 이것을 Short가 되었다고 한다.

3 누전(절연불량)

절연물의 균열, 물, 오물 등에 의해 절연이 파괴되는 현상을 누전(漏電)이라 말하며, 이때 전류가 누설된다. 스파크플러그 케이블의 절연 파손 등을 예로 들 수 있다.

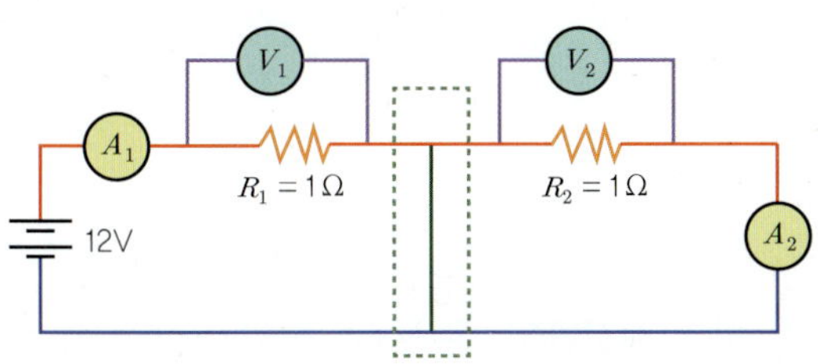

항목	이론치
A_1	12A
A_2	0A
V_1	12V
V_2	6V

그림 4 | 누전회로

[전기적인 고장]

구분	전류	전압	전체저항	동일용어
단선	없음	없음	무한대	개회로
단락	증가	증가	감소	합선, Short
누전	증가	증가	감소	절연불량
접촉 불량	감소	감소	증가	

※ 전기적 고장 발생 앞부분의 저항을 기준으로 표시함

4 퓨즈 및 차단기

01 퓨즈

전류에 의해 발생하는 열로 그 자체가 녹아 전선로를 끊어지게 하는 것으로, 저압용 퓨즈에는 개방형과 포장형이 있으며, 전기설비기술기준에 적용을 받는다. 예를 들면 정격전류 30A 저압퓨즈는 정격의 1.1배 전류에서는 장시간 흘러도 용단(溶斷)되지 않아야 하고, 1.6배에서는 60분 이내에, 2배에서는 2분 이내에 용단되지 않으면 안 된다.

퓨즈의 종류로는 다음과 같은 것들이 있다.

① 실 퓨즈 : 정격전류 5A 이하에서 사용한다.
② 판 퓨즈 : 경금속제로 그 양 끝에 고리 모양의 훅이 달려 있다.
③ 통형 퓨즈 : 퓨즈가 통 속에 들어 있다.
④ 플러그 퓨즈 : 플러그처럼 생긴 내부에 퓨즈가 들어 있다.

퓨즈는 납과 주석 또는 아연과 주석의 합금으로 만든다.

02 각종 차단기

(1) 자동 차단기

옥내에 들어오는 전기회로를 여닫을 수 있는 배선기구, 옥내에서 단락사고(합선), 누전사고가 발생할 경우 차단기가 자동으로 작동하여 전기사고를 방지해 준다.

(2) 커버 나이프 스위치

두선을 동시에 차단하는 스위치로 안에 퓨즈가 있어 가정에서 합선이 일어나면 과전류가 흘러 회로가 차단된다. 퓨즈는 열에 약한 금속으로 만들어 규정 이상의 열이 발생하면 끊어진다. 퓨즈가 끊어지면 정격의 퓨즈로 갈아 끼워야 한다.

(3) 자동차단기

전류의 단락, 과부하 등으로 인하여 전류가 비정상적으로 흐를 때 자동적으로 회로가 끊어진다. 동작원리는 바이메탈이라는 열팽창 계수가 다른 두 금속을 맞붙여 온도가 높아지면 열팽창 계수가 낮은 쪽으로 휘어져 회로가 차단된다.

(4) 누전차단기

옥내배선 선로에 손상이 있어 전기가 누전될 때 자동적으로 차단된다. 누전차단기 작동원리는 전원에서 부하 측으로 통하는 전로를 영상변류기(ZCT)에 관통시켜 놓으면 회로가 정상인 경우에는 영상변류기에 발생한 자속은 서로 상쇄되어 전류는 발생하지 않는다. 회로에 전류의 누전이 발생하면 영상변류기의 철심에는 누전전류에 의해 자속이 발생되어 2차 권선에 전압이 유기된다. 그것을 증폭부(AMP)에 증폭하여 Trip Coil로서 전로의 개폐 기구를 동작시켜 전기를 차단하는 것이 누전차단기 이다.

2 회로분석

1 회로분석을 위한 기초지식

01 회로도의 이해

자동차가 발전을 거듭할수록 전기장치가 차지하는 비중이 점점 높아지고 있다. 불과 얼마 전 까지만 해도 자동차는 간단한 전기장치로 이루어져 있어 점점 방법이 어렵지 않았다. 하지만 자동차의 발전이 전기장치의 발전으로 대변될 만큼 예전과는 비교할 수 없을 정도로 비약적인 발전을 가져왔으며, 전기자동차 및 자율주행자동차처럼 앞으로 더욱 진보된 전기장치들이 적용될 것이다.

이러한 자동차의 전기 회로도는 각 시스템이 가지고 있는 특징을 보여준다. 전원에서 출발한 전기를 접지로 안전하게 보내는 길이 회로도에 표시되어 있다. 그리고 접지로 가는 동안 이정표로 삼을 각종 정보를 보여준다.

그러므로 회로 분석을 하기 위해 필요한 기초지식 및 회로도에 표기 되어있는 기호를 이해해야 하며, 회로분석은 자동차 고장진단을 하는데 있어 필요한 항목이므로 꼭 숙지해야 한다.

(1) 자동차에 사용되는 기호(심볼)

구분	심볼(기호)	내용
구성부품	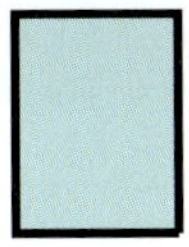	실선으로 표시된 구성부품은 전체 해당 구성품을 의미한다.
		점선으로 표시된 구성부품은 해당되는 필요 부분만 표시된 것을 의미한다.
	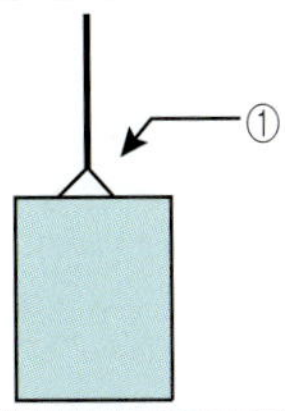	① 커넥터가 구성 부품에 직접 연결
	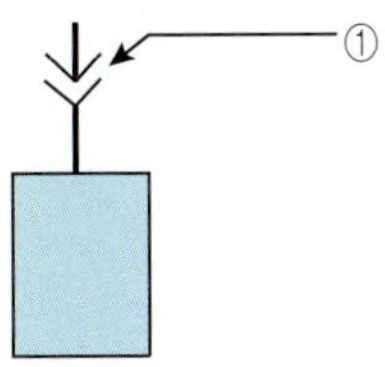	① 구성 부품에 커넥터가 리드선으로 연결
	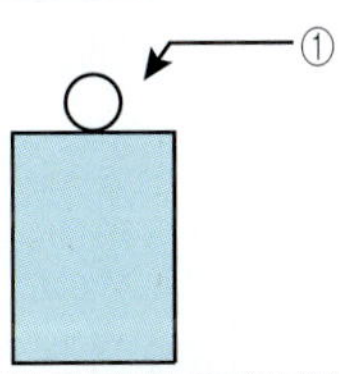	① 구성 부품 자체의 스크류 단자를 의미함
	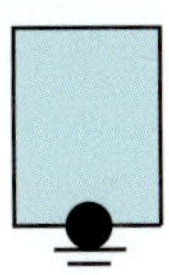	이 접지 심볼은 부품의 하우징이 직접 차량의 금속 부위에 붙혀 진다는 의미
	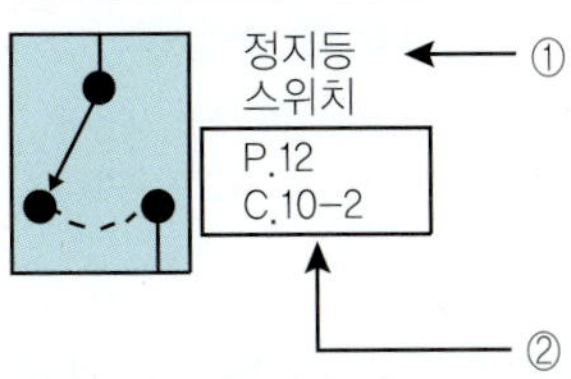	① 구성 부품의 명칭 : 상단부에는 해당 구성부품의 이름을 나타낸다. ② 구성 부품 위치도의 사진 번호와 커넥터 정보 페이지를 나타낸다.

구분	심볼(기호)	내용
커넥터	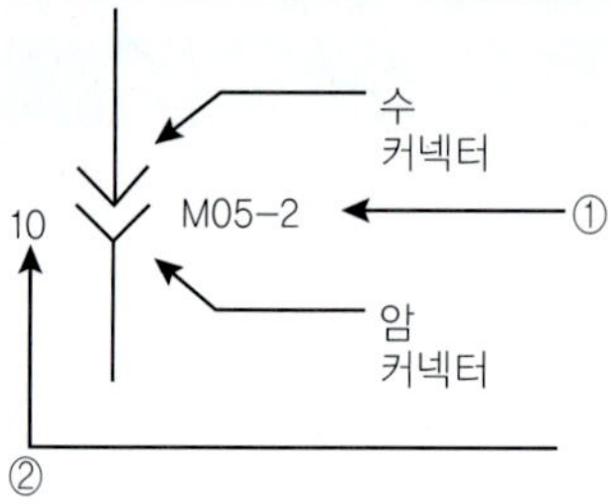	① 구성 부품위치 색인표 상에서 참조용으로 각 커넥터의 이름을 나타낸다. ② 해당 단자의 번호가 표시된다.(해당 회로도에서 관계되는 단자만 표시된다.)
	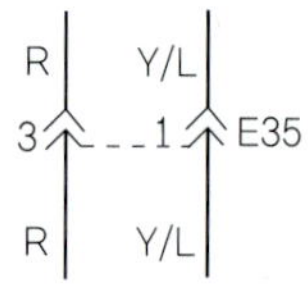	점선은 각각의 두개의 와이어가 동일한 커넥터(E35)상에서 접속됨을 의미한다.
와이어		물결무늬 선은 끊어져 있지만 이전 또는 다음 페이지에 연결되어 계속된다.
		노랑 바탕의 적색 줄무늬 선.(2가지색 이상으로 피복된 선)
	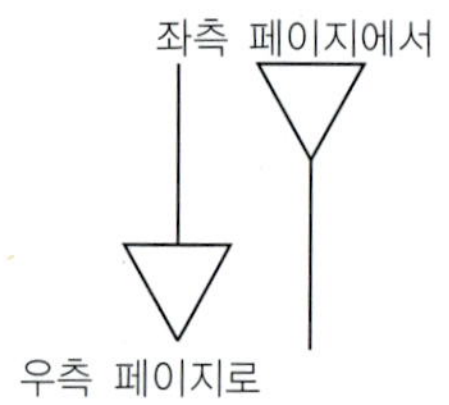	전류 흐름이 내부에 같은 문자를 갖는 페이지 혹은 다른 페이지의 화살표로 연결됨. 화살표 방향 전류 흐름의 방향
	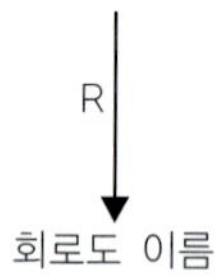	다른 회로와 공유하는 부분임을 표시함. 화살표가 지시하는 회로에서 와이어가 다시 나타남.
	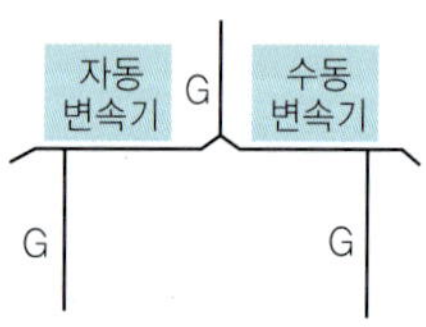	선택사양 혹은 다른 차종에 대한 와이어의 흐름을 표시한다.(해당 사양에 기준한 회로를 판별토록 지시한다.)
와이어 조인트	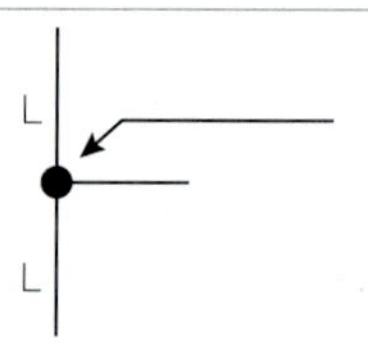	조인트는 선에 점을 찍어서 나타내며 차량에서의 실제적인 위치와 연결은 변화 할 수 있다.
접지	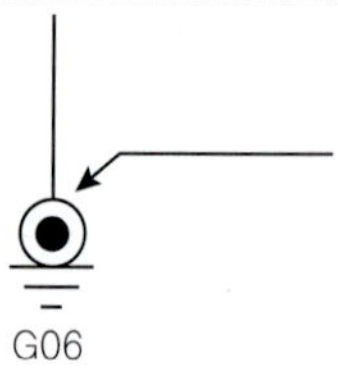	이는 차량의 금속 부분에 접속되는 와이어의 끝선을 나타냄.

구분	심볼(기호)	내용
실드 와이어	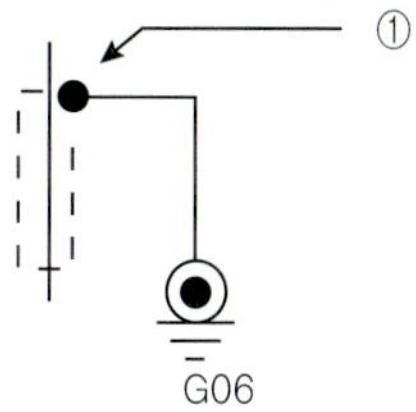	① 와이어에 전파 차단 보호막이 둘러싸여 있는 것을 나타내며, 항상 접지 상태에 있다.(주로 엔진 및 T/M을 컨트롤하는 센서 측에 사용된다.)
조인트 커넥터	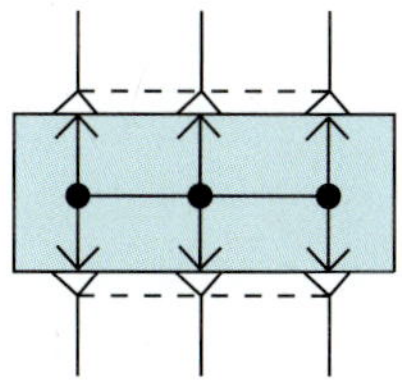	커넥터 내부에서 와이어가 조인되는 커넥터임.
슬로우 블로우	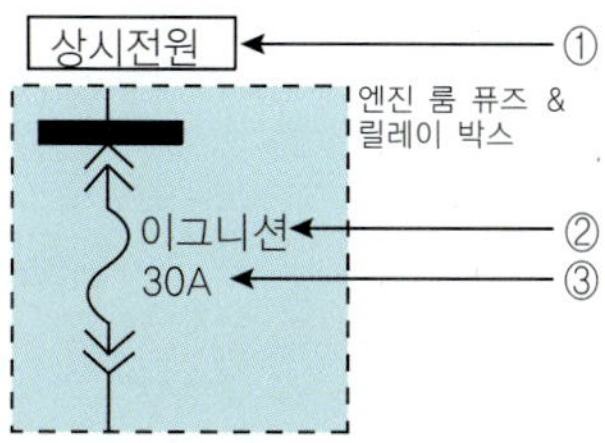	① 전원 공급 상태 ② 명칭 ③ 용량
퓨즈	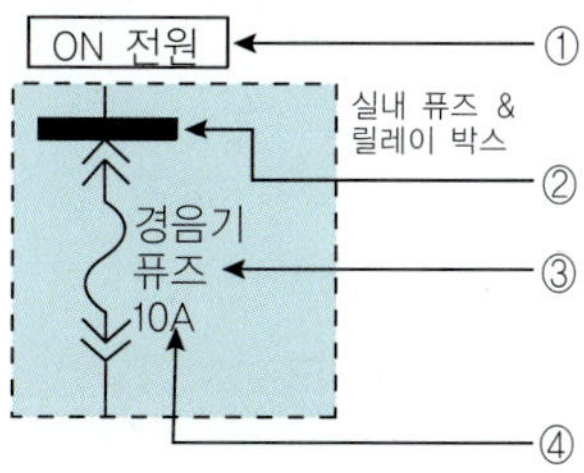	① 전원이 이그니션 "ON"상태에서 공급되는 것을 의미함. ② 다른 퓨즈와 연결되어 있다는 뜻 ③ 퓨즈 명칭 ④ 퓨즈 용량
파워 커넥터	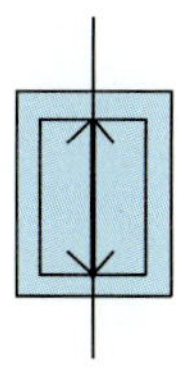	배터리 상시 전원 제어
램프	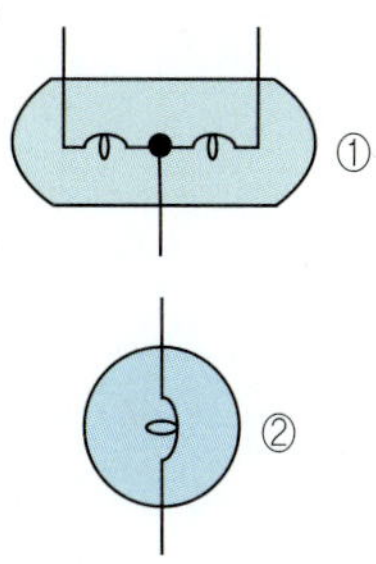	① 더블 필라멘트 ② 싱글 필라멘트

구분	심볼(기호)	내용
일반 부품 심볼	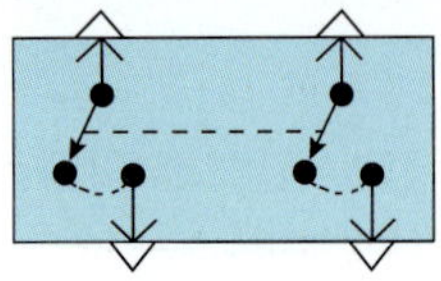	스위치(2개 접점)
	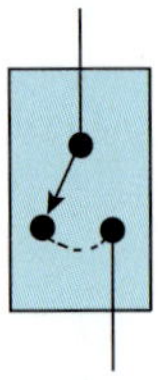	스위치(1개 접점)
	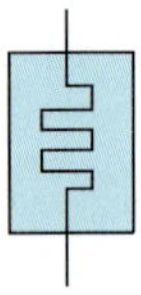	히터
	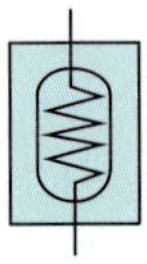	센서
	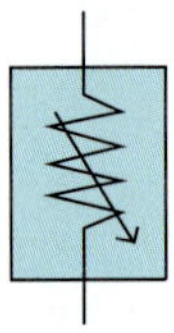	센더
	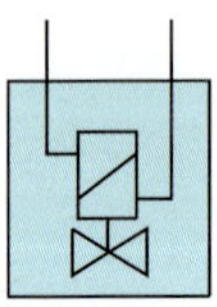	인젝터
	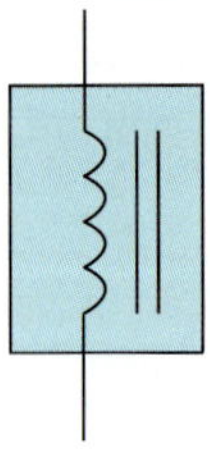	솔레노이드
	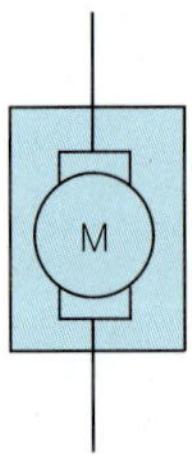	모터

구분	심볼(기호)	내용
일반 부품 심볼	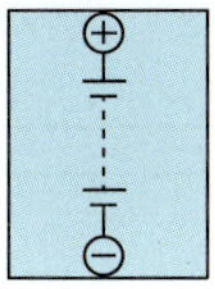	배터리
	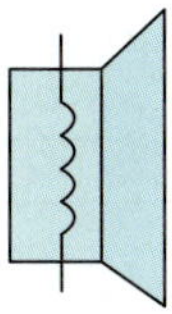	스피커
	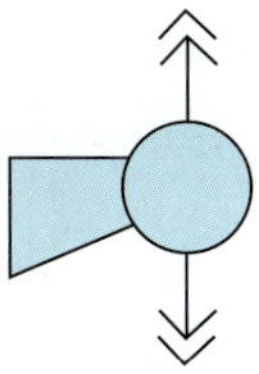	혼, 경음기, 부저, 사이렌
릴레이	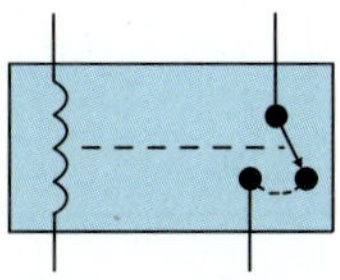	코일을 통한 전류의 흐름이 있을 때 스위치가 접속됨.
	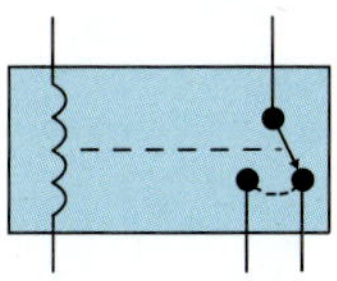	코일을 통한 전류의 흐름이 없을 때의 릴레이를 나타냄. 코일을 통해 전류가 흐르면 스위치는 접속됨.
	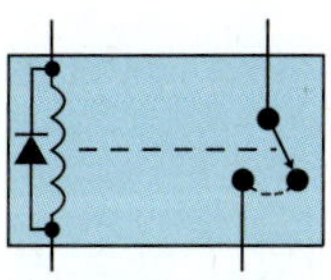	다이오드 내장 릴레이
	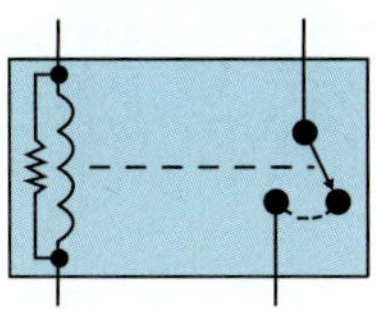	저항 내장 릴레이

(2) 회로도 찾는 법

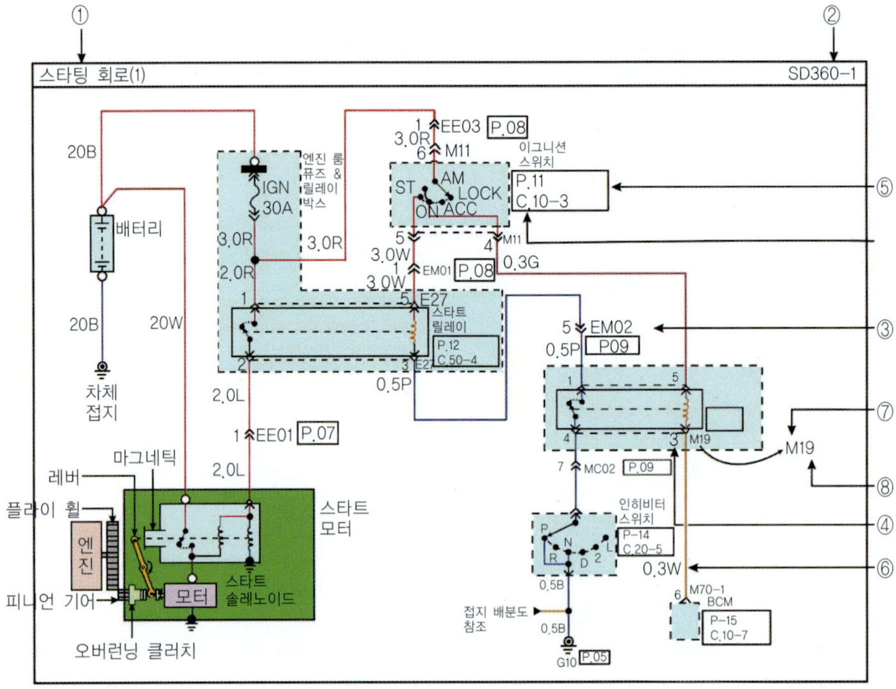

① 회로도 명칭, ② 시스템 페이지, ③ 하니스와 하니스 연결 커넥터, ④ 커넥터 단자 번호
⑤ 구성 부품 위치도 사진 정보, ⑥ 와이어색상 및 와이어 굵기, ⑦ 하니스 심볼, ⑧ 커넥터 식별 번호

그림 5 | 회로도 찾는 방법

(3) 커넥터 종류 및 커넥터 핀 넘버링

1) 커넥터 정보

커넥터 표기 방법은 구성 부품에 하니스 커넥터가 연결되지 않은 상태의 하니스측 커넥터 앞부분을 보여주며, 커넥터에는 아래와 같이 커넥터 정보가 있으며, 회로도에 표시된 모든 커넥터의 정보를 보여주며, 커넥터 그림 하단에는 해당 커넥터가 가지고 있는 특징을 보여준다. 부품 번호가 없는 커넥터는 (-)표기한다.

하니스와 하니스간의 커넥터가 연결되는 경우 2개의 암수 커넥터를 모두 보여 주며 별도의 커넥터 식별도 그룹에 표기한다. 사용하지 않는 터미널 단자는 (*)로 표기한다.

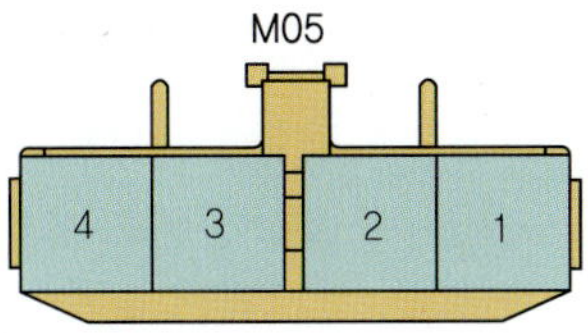

KET_09011_04F_W

그림 6 | 커넥터 정보

① KET : 커넥터 제조업체

② 9011 : 터미널 시리즈 NO

③ 04 : 커넥터에 내장된 핀 수

④ F : 핀의 종류(F(Female)-암 핀, M(Male)-수 핀)

⑤ W : 커넥터 색상

2) 커넥터(Connecter)의 식별

① 부품과 와이어의 연결 : 커넥터 식별기호는 다음과 같이 표시한다.

C 10 -1

- -1 : 보조 커넥터 일련번호
- 10 : 메인 커넥터 일련번호
- C : 컨트롤 하니스 심벌

② 와이어 간의 연결 : 와이어와 와이어의 연결 커넥터는 아래의 심벌로 나타낸다.

M R 01

- 01 : 커넥터 일련번호
- R : 리어 와이어 하니스 심벌
- M : 메인 와이어 하니스 심벌

③ 정션박스와의 연결 : 정션박스 커넥터는 아래의 심벌과 같이 된다.

I/P -A

- -A : 실내 정션박스 내의 커넥터 명칭
- I/P : 실내 정션박스를 나타내는 약어

J M 01

- 01 : 커넥터 일련번호
- M : 메인 와이어 하니스 심벌
- J : 정션박스를 나타내는 약어

3) 커넥터의 종류

커넥터(connecter)는 크게 암 커넥터와 수 커넥터로 구분할 수 있으며 수 커넥터는 커넥터 내부에 핀이 돌출되어 있으며 암 커넥터는 수 커넥터의 핀이 꽂혀질 수 있도록 구조가 되어 있다. 회로도에서 사용하고 있는 커넥터의 종류는 크게 중간 커넥터, 전장 부품 커넥터, 전장 부품의 하니스 커넥터, 점검용 커넥터 등 4종류가 있다.

① 암 커넥터

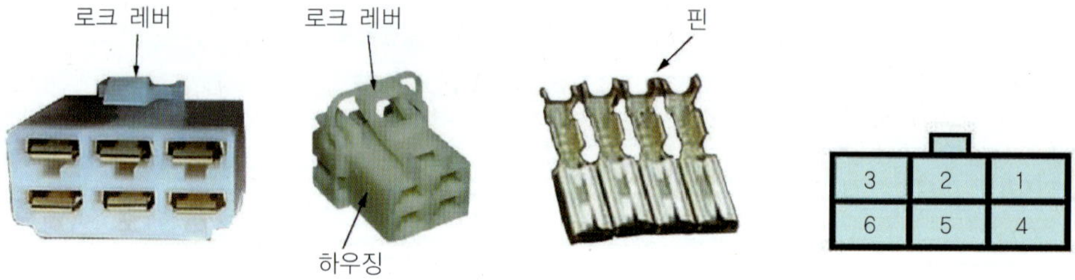

(a) 실제적 형상 (b) 회로도상 표기

그림 7 | 암 커넥터

② 수 커넥터

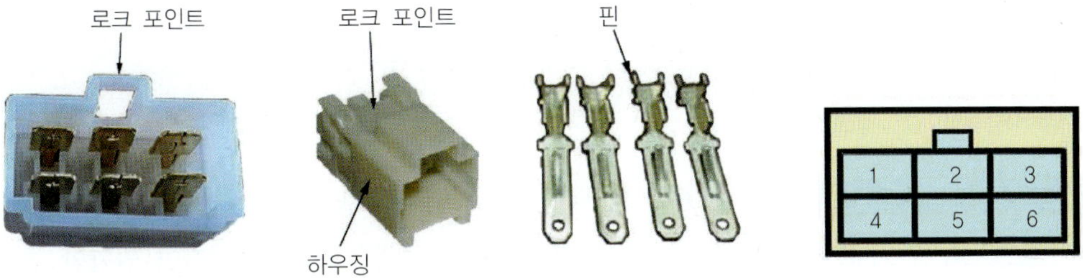

(a) 실제적 형상　　(b) 회로도상 표기

그림 8 | 수 커넥터

[커넥터의 종류]

내용	기호	내용	기호
중간 커넥터	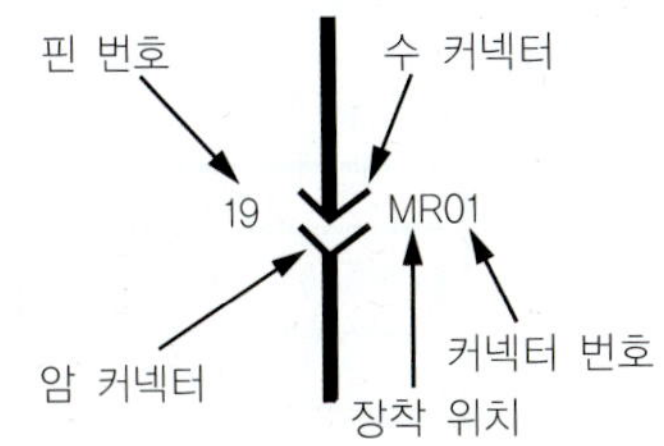	전장품 커넥터	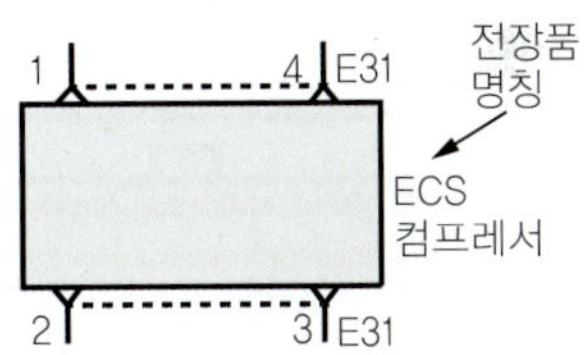
하니스 커넥터	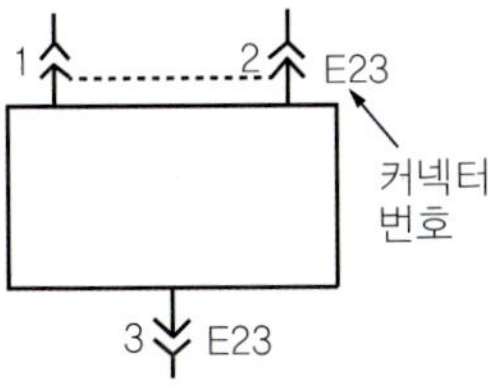	점검용 커넥터	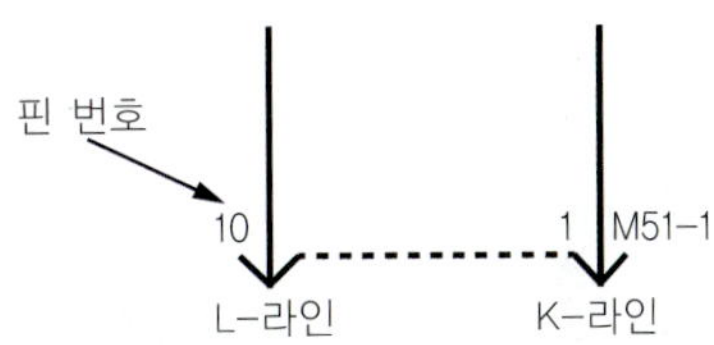

③ 중간 커넥터 : 하니스와 하니스를 접속하는 커넥터에는 회로의 왼쪽에 해당 핀 넘버와 회로의 오른쪽에 부착 위치 및 커넥터 넘버가 표시되어 있다. 그림 중 위 화살표 수 커넥터, 아래가 암 커넥터 단자를 나타낸다.

④ 전장 부품 커넥터 : 하니스를 이용하지 않고 전장 부품 자체에 직접 단자가 설치되어 있는 커넥터이며, 암 단자를 연결하는 점선은 같은 커넥터를 표시한다. 1, 2, 3, 4의 숫자는 커넥터 단자의 넘버, E31은 설치 위치와 커넥터 넘버 및 전장 부품의 명칭이 표시되어 있다.

⑤ 전장 부품의 하니스 커넥터 : 전장 부품에서 외부로 일정 길이의 하니스에 커넥터가 설치된 것을 표시한다. 수 단자를 연결하는 점선은 같은 커넥터를 표시하며, 설치 위치와 커넥터 넘버 및 전장 부품의 명칭이 표시되어 있다.

⑥ 점검용 커넥터 : 전장 부품이 부착되어 있지 않기 때문에 하니스 쪽 커넥터 기호만 표시한다. 수 단자를 연결하는 점선은 같은 커넥터를 표시하며, 단자 넘버 및 부착 위치와 커넥터 넘버가 표시되어 있다.

4) 넘버링

커넥터는 보는 위치에 따라서 암, 수가 바뀌게 되므로 탈거 후 핀을 바라보며 암, 수를 판단해야 한다. 만일 암, 수 구분을 반대로 생각하면 회로분석시 엉뚱한 핀을 측정하여 원활한 점검을 할 수 없다.

① 암 커넥터 : 암 커넥터는 오른쪽 상단이 1번으로 되어 있고 그림과 같이 번호가 붙여지고 왼쪽 하단이 마지막 번호가 된다.

② 수 커넥터 : 수 커넥터는 왼쪽 상단이 1번으로 되어 있고 그림과 같이 번호가 붙여져서 오른쪽 하단이 마지막 번호이다.

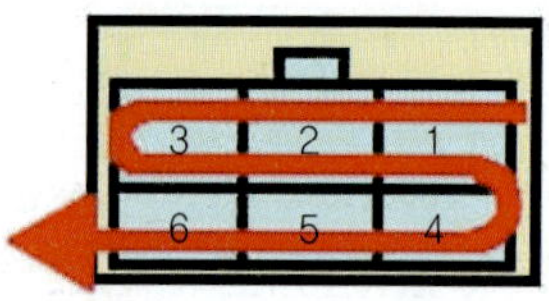

그림 9 | 암 커넥터

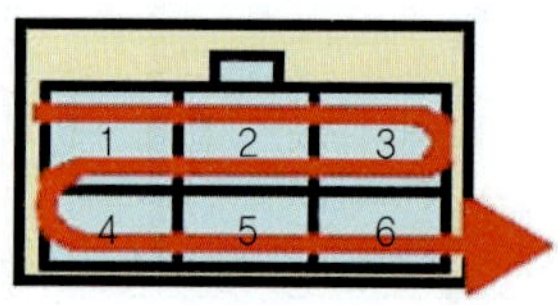

그림 10 | 수 커넥터

(4) 커넥터 점검절차

1) 커넥터 취급방법

① 커넥터를 분리할 때 커넥터를 당겨서 분리하도록 하고, 배선 하니스를 당기지 않도록 한다.

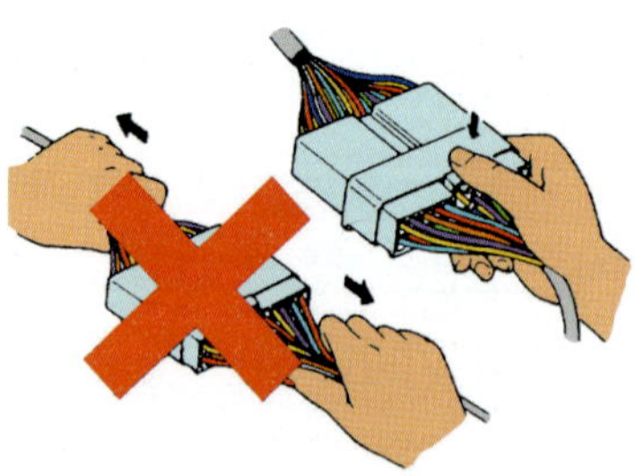
그림 11 | 커넥터 분리방법

② 로크(lock)가 부착된 커넥터를 분리할 때 로크 레버를 누르거나 당긴다.

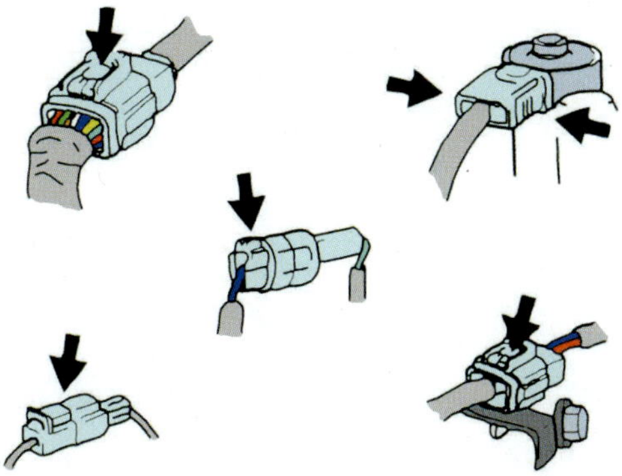

그림 12 | 로크가 부착된 커넥터 분리방법

③ 커넥터를 연결할 때에는 장착하는 소리("딸깍")가 들리는지 확인한다.

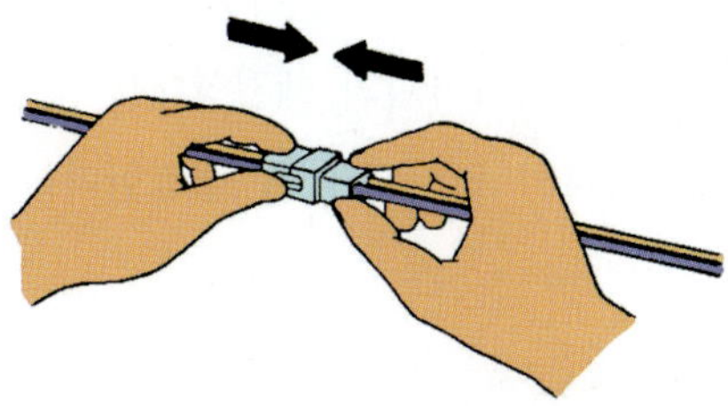

그림 13 | 커넥터 연결방법

④ 통전상태 점검이나 전압을 측정할 때에는 항상 테스터 프로브를 배선 하니스 쪽에 끼우도록 한다.

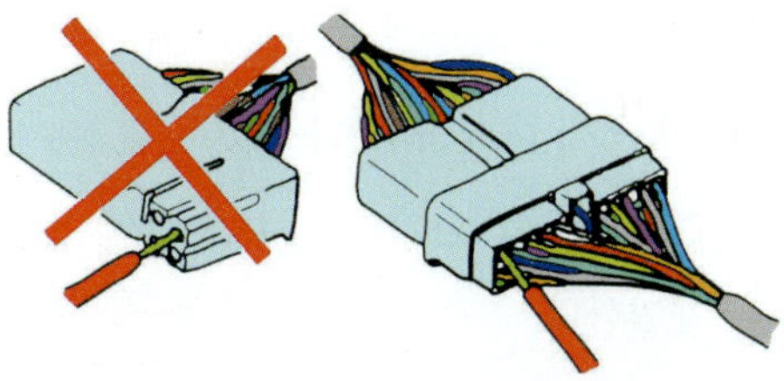

그림 14 | 테스터 프로브 삽입방향

⑤ 방수처리가 된 커넥터의 경우에는 배선 하니스 쪽이 아닌 커넥터단자 쪽을 이용한다.

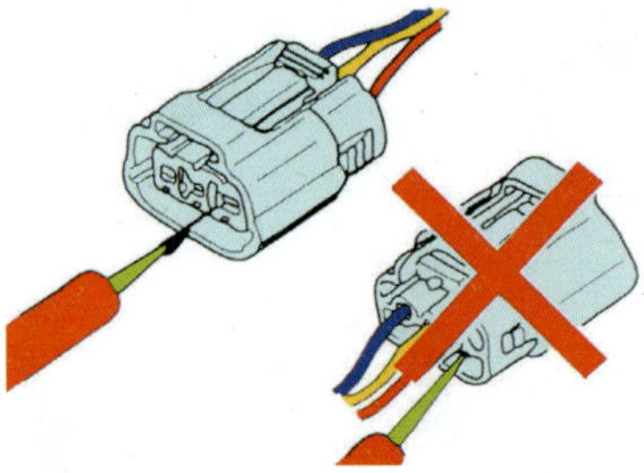

그림 15 | 방수 처리된 커넥터에 테스터 프로브 삽입방향

2) 커넥터 점검 포인트

① 커넥터가 연결되어 있을 때 : 커넥터 연결 상태 및 잠김(lock) 상태

② 커넥터가 분리되어 있을 때 : 배선 하니스를 가볍게 당겨서 단자의 유실, 주름 또는 내부 와이어 손상에 대해 점검한다. 그리고 녹 발생 여부, 오염, 변형 및 구부러짐 등을 확인한다.

③ 단자 체결상태 : 암 단자와 수 단자사이의 체결상태를 점검한다.

④ 각 배선을 적당한 힘으로 당겨서 연결 상태를 점검한다.

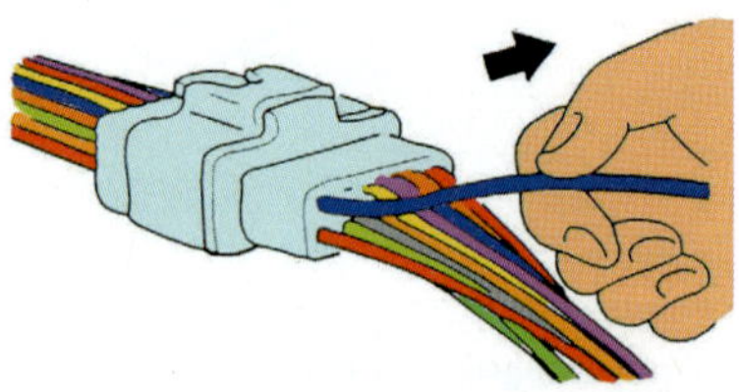

그림 16 | 배선연결 상태 점검방법

3) 커넥터 단자수리

① 커넥터 단자 연결부분을 에어건(air gun)이나 헝겊으로 세척한다.

② 커넥터사이의 체결력이 부족하면 암 단자를 특수공구(핀 뽑기 세트)를 이용하여 탈거한 후 수리 또는 교환하고 체결한다.

02 배선(Electrical wiring) 및 하니스 종류와 구성

배선(配線)이란 전기사용 장소에 고정하여 시설하는 전선이다. 자동차에서 사용하는 배선은 시동장치, 충전장치, 조명장치 등에 사용되는 저압 배선과 점화장치에 사용되는 고압배선 그리고, 제어회로에 사용되는 제어용 배선 등이 있으며 피복 재료에 따라 PVC, 합성고무 전선으로 구분되며, 자동차 부품의 다양화로 인한 하니스(harness) 증가로 배선의 유연성과 내마모성 및 차량 경량화를 요구하므로 세선화 된 배선의 사용이 요구되고, 엔진의 높은 출력 및 엔진 주위의 온도, 배기가스 규제로 인한 내열전선의 사용이 요구된다.

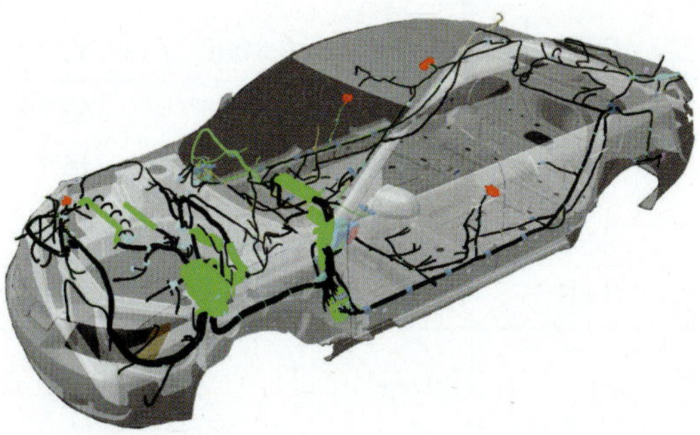

그림 17 | 자동차의 각종 배선 설치상태

(1) 배선

1) 배선의 종류(온도에 따른 분류)

① AV(automotive vinylon) : 80℃(자동차용 저압 배선)

② AVX(automotive vinyl extra) : 90℃(내열 자동차 비닐)

③ AEX(automotive polyethylene extra) : 110℃(고압 배선)

2) 배선호칭 치수에 따른 규격과 허용전류

배선에 허용전류(허용전류란 상시허용전류, 단락 시 허용전류, 단시간 허용전류로 분류된다.) 이상의 전류가 흐르면 주울 열이 발생하여 절연물의 손상 및 화재의 원인이 된다. 따라서 전선에 안전하게 흐를 수 있는 최대 허용전류 값을 결정하여야 한다.

통상 전선의 허용전류라 함은 연속 시 허용전류를 말하며, 일반적으로 허용전류는 배선에 사용되는 절연체의 최고 허용온도(절연체의 절연저항은 절연체의 온도와 역 비례한다.)의 영향을 받으므로 시설방법에 따라 그 값이 크게 변화하므로 충분한 주의를 필요로 하고, 배선의 굵기 선정 시에는 전선의 허용전류 이외에 전선의 허용 전압강하 및 배선의 기계적 강도를 고려하여 선정하여야 한다. 특히 전기자동차 증가로 인하여 전기자동차에는 고압의 전기를 사용하므로 배선 선정에 신중해야 한다.

[배선호칭 치수에 따른 규격과 허용전류]

호칭단면적 (mm^2)	가닥 수	안지름	바깥지름 (피복포함)	도체저항 ohm/m	허용전류(A) 30℃ 기준	허용전류(A) 40℃ 기준	허용전류(A) 50℃ 기준
0.5	7	0.32	2.2mm	0.0325	13	9	8
0.85	11	0.32	2.4mm	0.0205	17	12	10
1.25	16	0.32	2.7mm	0.0141	22	15	13
2.0	26	0.32	3.1mm	0.0087	30	20	17
3.0	41	0.32	3.8mm	0.0055	40	27	23
5.0	65	0.32	4.6mm	0.0035	50	37	32
8.0	50	0.45	5.5mm	0.0023		47	
15.0	84	0.45	7.0mm	0.0014		59	

3) 도체

도체는 순도 99.9%이상의 전기용 황 인동선을 가공한 전기용 연동선이나 주석도금 연동선을 주로 사용한다.

4) 절연체

사용 환경 및 특성에 맞는 재질을 도체 위에 동심원상으로 피복한다.

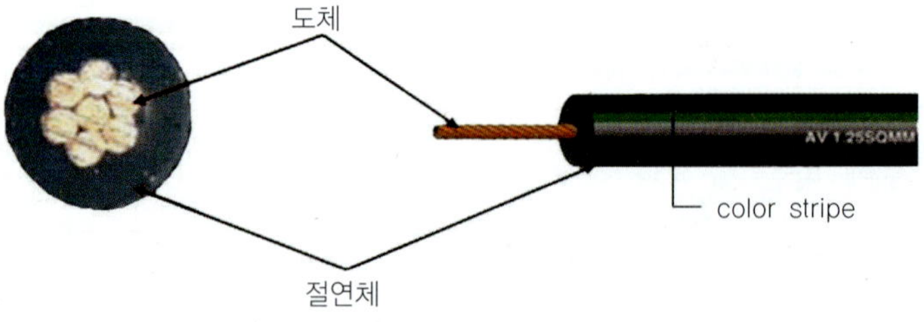

그림 18 | 배선의 구성

5) 배선 Color

배선은 조립 및 식별을 용이하게 하기 위해 절연체에 base color와 sub color가 표시되며, 표시는 base color를 앞에 sub color를 뒤에 표시한다. 전선의 색깔은 전선 피복의 바탕색, 보조 줄무늬 색깔의 순서로 표시한다.

AVX-0.5GR(Y)

AVX : 내열 자동차용 배선, 0.5 : 전선 단면적(0.5mm^2)
G : 바탕색(녹색), R : 줄무늬 색(빨간색), Y : 튜브 색(노란색)

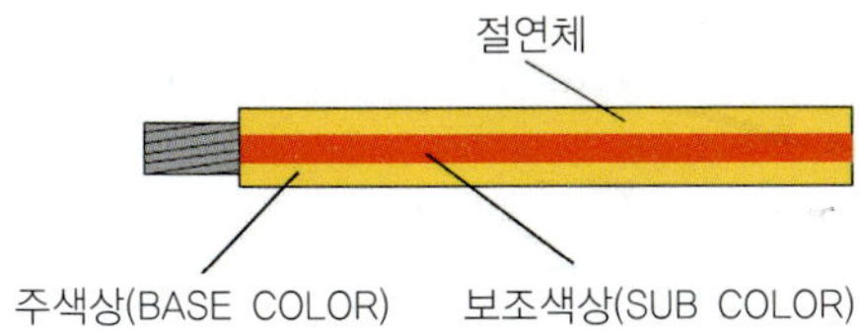

그림 19 | 배선 COLOR

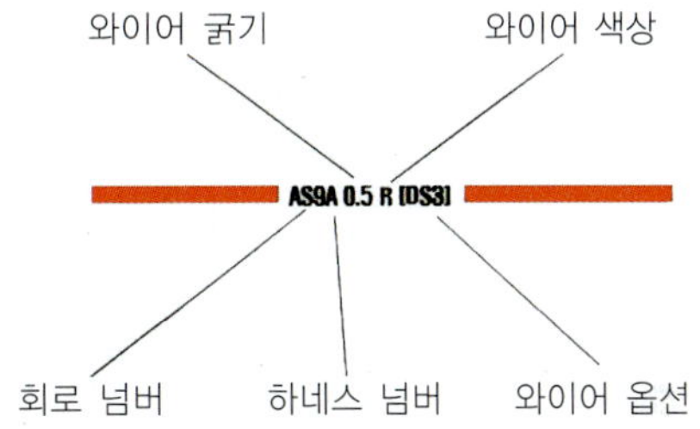

그림 20 | 배선 표시

[배선 기호 및 색상]

기호	와이어 색상	기호	와이어 색상
B	검정색(Black)	O	오렌지색(Orange)
Br	갈색(Brown)	P	분홍색(Pink)
G	초록색(녹색, Green)	R	빨강색(Red)
Gr	회색(Gray)	T	황갈색(Tawny)
L	파랑색(청색, Blue)	W	흰색(White)
Lg	연두색(Light Green)	Y	노랑색(황색, Yellow)
Ll	하늘색(Light Blue)	Pp	자주색(Purple)

6) 특수 배선

① 차폐전선(실드 배선) : 차폐 케이블은 케이블의 데이터 전송 성능을 방해하는 전자기장(EMI)이나 전기적 노이즈로부터 신호를 보호할 필요가 있는 곳(차량 내 전자기기 연결 배선 케이블로 센서, 차량 오디오, 차량 스테레오 차량 계기판 등)에 주로 사용한다. 이러한 노이즈는 케이블 외부의 전기장치나 케이블 내의 다른 페어에서 발생한다. 차폐 종류는 알루미늄 실드(Al Shield)부터 브레이드 실드(braid shield)까지 다양한 차폐 케이블로 전자

기기의 전기적 신호간섭을 방지하고 금속 포일 또는 편조 물을 재료로 케이블 전체를 감싸거나 개별 페어에 적용하여 미세신호 노이즈를 차폐한다.

② twist 전선 : 스피커신호등의 “+”, “-” 신호 noise 차폐용에 사용

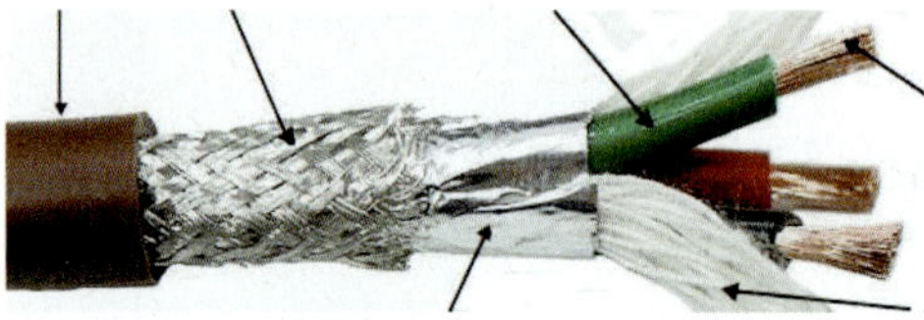

(a) 차폐 전선

(b) TWIST 전선

그림 21 | 특수 배선

(2) 하니스

전선을 배선할 때 한선씩 처리하는 경우도 있지만 대부분 같은 방향으로 설치될 전선을 다발로 묶어 처리하는 경우가 많다. 이런 전선 묶음을 전선 하니스(wiring harness) 또는 간단히 하니스라 한다. 하니스로 배선을 하면 전선이 간단해지고 작업이 쉬워진다. 자동차용 하니스는 한조 이상으로 구성되며, 일반적으로 하니스를 구분하는 기호는 다음과 같다.

[하니스 구분 기호]

구분기호	하니스명	장착위치
E	엔진전선 하니스, 프런트 범퍼 하니스	엔진 룸, 차량 앞
M1	메인전선 하니스	실내 및 대시패널
C	제어용 전선 하니스	엔진 룸, 실내
F	플로어 하니스, EPB 익스텐션 하니스	플로어, 콘솔
S	시트 하니스	실내
I	계기판 하니스	계기판, 대시패널
R	뒤 트렁크 하니스	트렁크

구분기호	하니스명	장착위치
M7	루프전선 하니스	루프
D	도어전선 하니스	도어
T	TCU 전선 하니스	변속기 제어 구성부품
J	정선박스 하니스	엔진 룸, 실내

1) 하니스 커넥터 구별

하니스에 붙어있는 커넥터의 구별은 하니스 구분기호와 커넥터번호의 조합으로 나타낸다.

① 부품과 와이어링 연결

- E 10 -1

(E : 엔진 와이어링 하니스 기호, 10 : 메인 커넥터 일련번호, -1 : 보조 커넥터 일련번호)

② 와이어링 간의 연결

- M R 01

(M : 메인 와이어링 하니스 기호, R : 리어 와이어링 하니스 기호, 01 : 커넥터 일련번호)

③ 정션 박스와의 연결

- I/P-A

(I/P : 실내 정션박스를 나타내는 약어, A : 실내 정션박스내 커넥터 명칭)

- E/R-A

(E/R : 엔진룸 정션 박스를 나타내는 약어, A : 엔진룸 정션 박스내 커넥터 명칭)

2) 하니스 종류

① 메인 하니스 : 실내 C/PAD에 장착되며 실내 및 트렁크까지의 전원공급 및 오디오 클러스터, 각종 UNIT류의 작동을 지원한다.

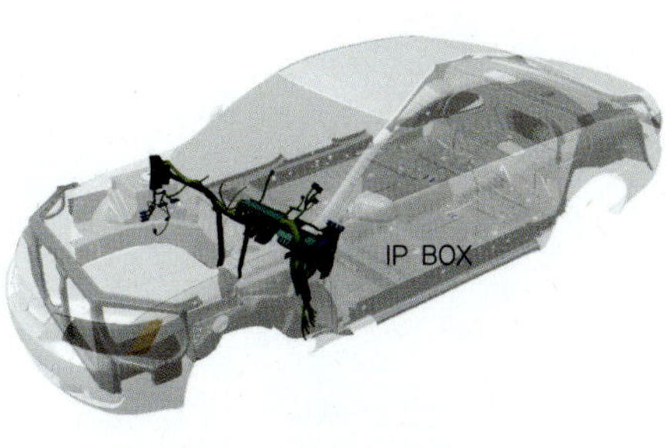

그림 22 | 메인 하니스

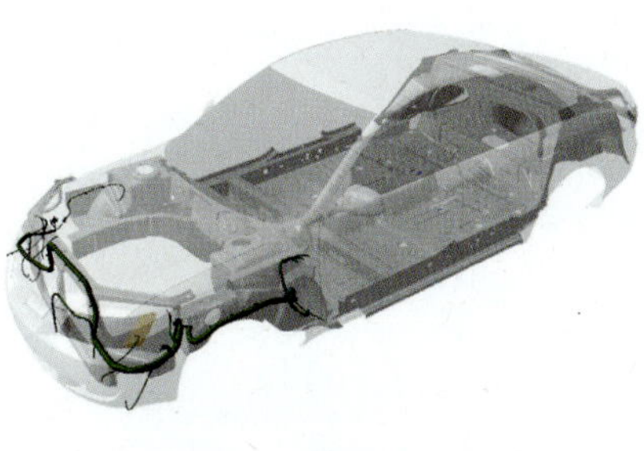
그림 23 | 프런트 하니스

② 프런트 하니스 : 엔진룸 전방에 위치하며 차량의 모든 전원공급 및 램프류나 차량냉각 성능 작동을 지원한다.

③ 플로워 L/H 하니스 : 실내 운전석 카페트 밑에 배선되며 트렁크 및 리어 도어 측에 장착되는 전장품을 동작지원 한다.

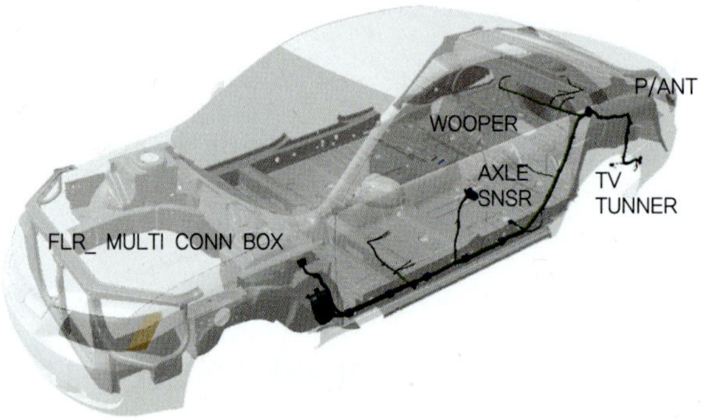

그림 24 | 플로워 L/H 하니스

④ 플로워 R/H 하니스 : 실내 조수석 카페트 밑에 배선되며 트렁크 및 리어 도어 측에 장착되는 전장품을 동작 지원한다.

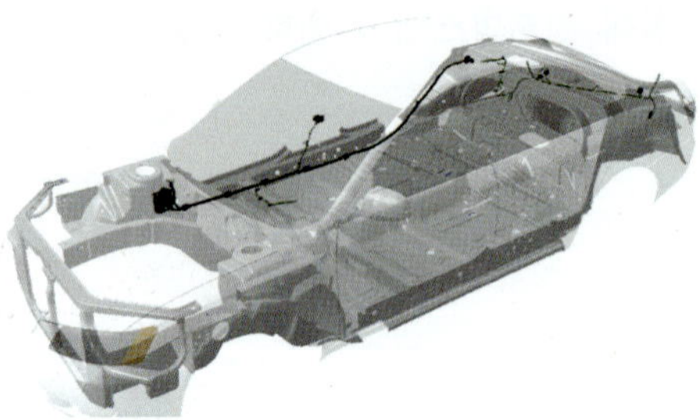

그림 25 | 플로워 R/H 하니스

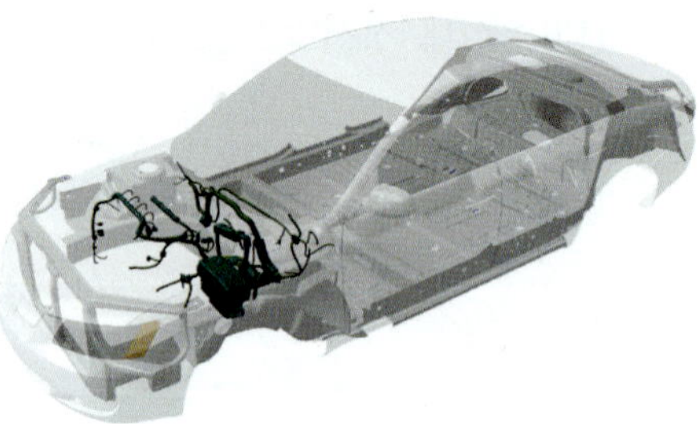

그림 26 | 컨트롤 하니스

⑤ 컨트롤 하니스 : 엔진룸 중 엔진 및 TM에 배선되며 엔진 가동과 관련된 각종센서 및 ECM/TCU측에 동작 지원한다.

⑥ 에어백 하니스 : 실내 및 엔진룸에 장착된 에어백 관련센서 및 UNIT를 동작 지원하며 하니스 색은 노란색(SAFETY 부품)이다.

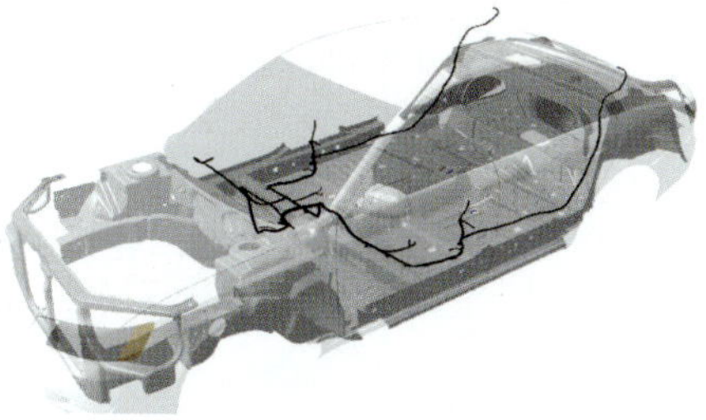

그림 27 | 에어백 하니스

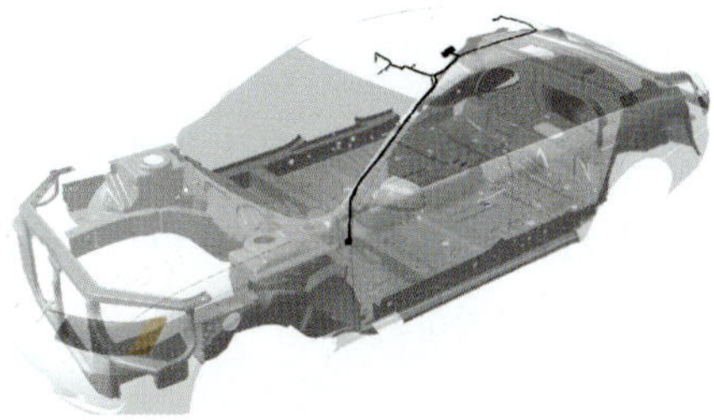

그림 28 | 루프 하니스

⑦ 루프 하니스 : ROOF에 배선되며 SUNROOF 및 각종 실내 LP 동작을 지원한다.

⑧ 트렁크 리드 하니스 : TRUNK OPEN 관련 차체에 배선되며 TAIL/STOP/RR FOG LP등을 동작 지원한다.

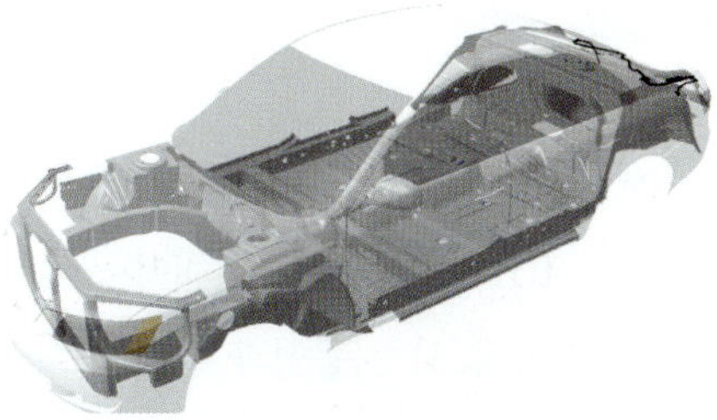

그림 29 | 트렁크 리드 하니스

그림 30 | 도어 하니스

⑨ 도어 하니스 : 차량 도어에 장착되며 P/WDW, DR LOCK, O/S MIRROR 등과 같은 전장품의 동작을 지원한다.

03 전원과 접지

(1) 전원

자동차에서 시동 전 에너지 공급원은 배터리가 된다. 이로 인하여 배터리의 화학 에너지는 지속적인 방전이 이루어지며 시동 모터와 같은 큰 부하 작동 시 많은 에너지가 방전된다. 하지만 시동이 이루어지면 자동차의 에너지원은 배터리 전압보다 높은 발전기가 에너지원이 되고 발전기에서 보면 배터리는 부하로 작용하게 된다.

자동차 키 박스에는 Off, Acc, On, St가 표시도어 있다. 이는 여러 가지 전장 시스템이 작동을 종류에 따라 달리하기 위함이다.

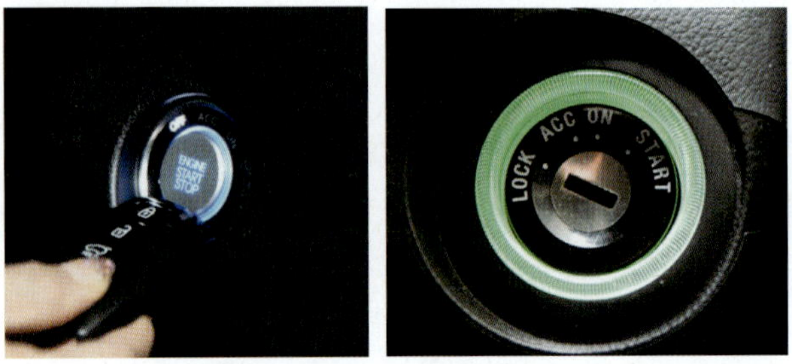

그림 31 | 자동차 키 박스

키 박스 회로에서 B1과 B2는 자동차의 전장품 증가에 따른 부하를 분할 할 목적으로 2개의 접점이 사용된다. IG1, IG2의 차이점은 두 단자 모두 키 On(IG) 상태에서는 전원이 공급되지만 IG2의 경우 스타팅시(크랭킹)에는 전원이 차단된다. IG1은 스타팅 시 시동성과 관련된 시스템에 전원을 공급한다. 이는 시동 시 배터리가 시동과 관련 없는 시스템에 의해 불필요하게 소모되어 시동성에 악 영향을 미칠 수 있으므로 이를 방지하기 위함이다.

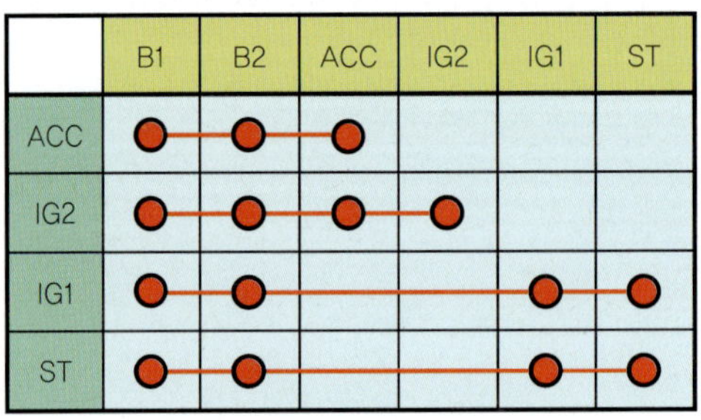

그림 32 | 키 박스 회로

(2) 접지

자동차의 전기회로는 특별한 경우가 아니면 (+)선 하나만 배선한다. (-)주 배선은 차체를 이용한다. 차체는 쇠로 되어 있어 전류가 잘 통하고 어떤 전선보다도 도전용량도 많아 전선보다 좋다. (-)선을 별도로 쓰지 않음에 따라 배선비용이 절감되고 고장개소도 줄어든다.

배터리 (-)단자를 보면 차체로 접지한 검은색 선이 있다. 차내에서 가장 많은 전류가 흐르는 선이기 때문에 가장 굵다. 전기 회로도에는 반드시 접지가 필요한데 실 차량에서는 배선과 바디(차체)를 접지 볼트를 이용하여 체결하며, 각종 전장품의 작동에 매우 중요한 요소이다.

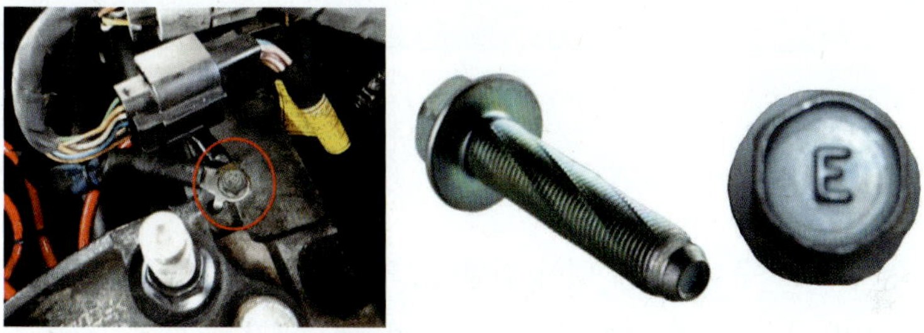

그림 33 | 접지볼트

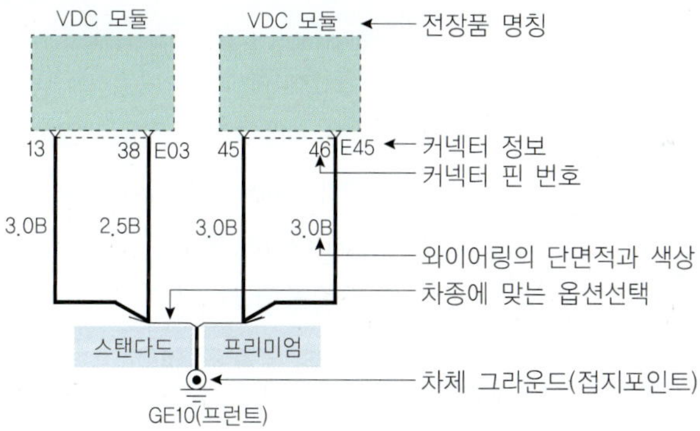

그림 34 | 접지회로 표시내용

접지볼트는 일반 볼트와는 다른 특수한 볼트를 사용하게 된다. 따라서 실무정비 시 반드시 접지부에는 전용 접지볼트를 사용하여야 한다. 접지볼트는 볼트 조임 시 차체 도장 면을 깍아 볼트와 차체와의 금속 간 접촉이 가능하게 볼트로 나사산을 일반 볼트와 다르게 가공한 볼트이다. 그러므로 볼트 체결 시 스스로가 암나사를 성형하면서 나사 체결을 진행하여 가기 때문에 미리 탭 작업에 의한 암나사 내기 작업은 필요치 않으며 칩이 없이 소성변형에 의해서 암나사를 성형한다. 접지가 불량하면 엔진에는 다음과 같은 증상들이 나타날 수 있다.

① 간헐적인 엔진부조(진동, 떨림), 시동 꺼짐 현상 발생
② 출력, 연비 불량
③ 점화불량 및 시동불량
④ 배터리 방전 및 발전기 내구성 저하
⑤ 전기장치(에어컨, 전조등) 작동 시 엔진 떨림 현상

2 회로

01 회로의 구성요소

자동차에서 전기 회로 구성하는데 있어 전원회로와 부하회로로 구분 되며 필요한 구성요소 및 역할을 살펴보면 전원, 퓨즈, 스위치, 부하, 접지, 관련배선 등으로 구성된다.

[회로의 구성요소 역할]

구성요소	역할
전원	부하에 전류를 흐르게 할 수 있는 원천(힘)
퓨즈	문제 발생 시 회로 보호 목적으로 장착
스위치	필요에 따라 부하의 작동 유무 제어
부하	회로에서 어떤 일을 하는 부품
접지	전류 흐름의 끝
연결배선	각각의 부품 간 연결

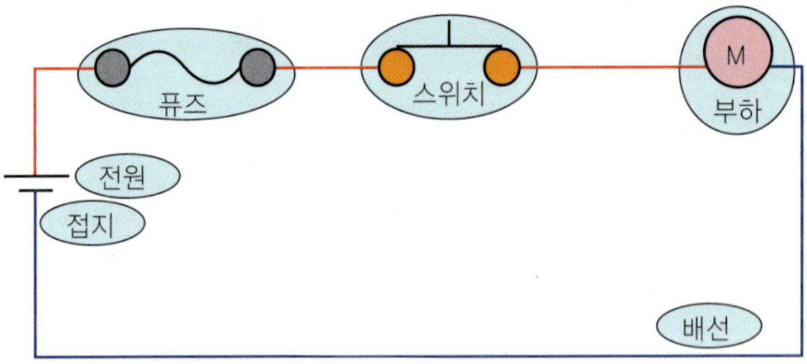

그림 35 | 회로의 구성요소

자동차에서 사용되는 대표적인 부하를 보면 전구, 모터, 솔레노이드 밸브 등이 있다. 물론 열선과 같은 경우도 부하로 봐야 한다. 이렇게 폐회로의 구성 요소 중 바뀔 수 있는 것이 부하(저항)인데 회로 에서는 어떠한 부하를 사용할 것인가에 따라 회로의 구성 및 작동은 달라진다. 또 사용하고자 하는 부하의 작동이 다양할 경우 회로는 상당히 복잡하게 된다.

회로의 구성요소인 전원, 퓨즈, 스위치, 부하, 접지, 연결 배선 등은 자동차에서 회로를 구성하는데 있어 없어서는 안 될 요소들이다. 그러나 연결배선과 퓨즈가 없는 회로구성도 있다. 예를 들면 리모컨 제어회로는 연결배선이 없고 그 일을 무선으로 작동하게 되며, 퓨즈는 IPS(Intelligent Power Switching Device)가 그 역할을 대신하게 된다.

(a) 리모컨에 의한 록/언록 제어

(b) IPS 제어

그림 36 | 회로의 대체 구성요소

즉, 연결배선이나 퓨즈는 없어진 게 아니고 어떠한 것이 그 역할을 대신 수행하고 있다. 따라서 회로를 구성하는데 있어 전원, 퓨즈, 스위치, 부하, 접지, 연결배선은 없어서는 안 될 중요한 요소이며, 회로분석 시 중요한 정보로 활용된다.

02 회로도

(1) 회로의 구성

회로도란 여러 가지 배선, 연결부, 부하 및 전원 등의 연결 상태를 나타내며 이를 기호로 나타낸 그림으로 매우 복잡하지만, 간단한 직렬회로를 여러 개 연결하여 만들어진 그림이다.

그림 (a)와 (b)는 간단한 직렬회로이다. 그림 (a)는 부하가 램프이고, (b)는 부하가 코일이다. 즉, 부하의 종류만 다를 뿐 똑같은 직렬회로이다. 그런데 이 두 직렬회로를 서로 연결하면 병렬회로인 릴레이 제어 회로 아래 그림이 된다.

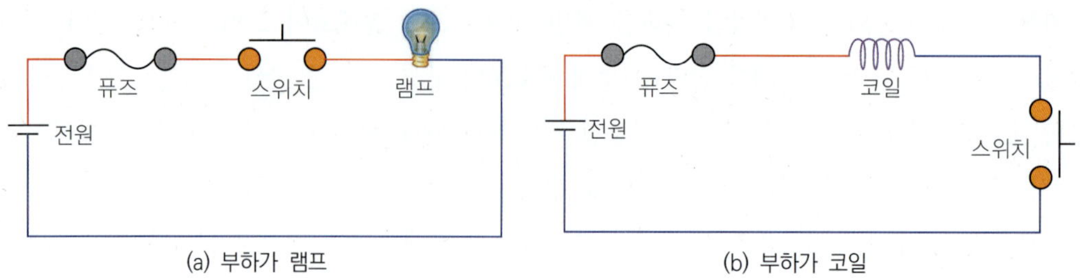

그림 37 | 직렬 회로

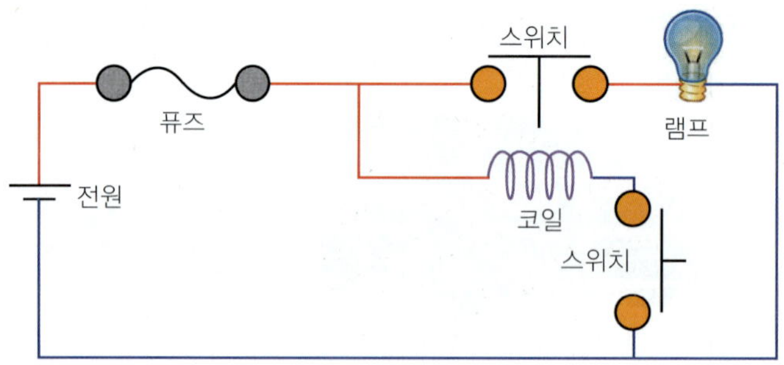

그림 38 | 병렬 회로

위 그림을 여러 개 연결하면 아래 그림과 같이 구성 되는데 우리는 이것을 유니트 또는 ECU라고 한다. 그런데 유니트 또는 ECU에서 릴레이를 사용한다면, 단품의 크기도 커져야 하고 반응속도 또한 매우 느리게 된다. 그래서 릴레이 대신 스위칭 역할을 하는 트랜지스터 또는 IC회로를 사용하여 오늘날과 같은 유니트 또는 ECU가 만들어지게 된 것이다.

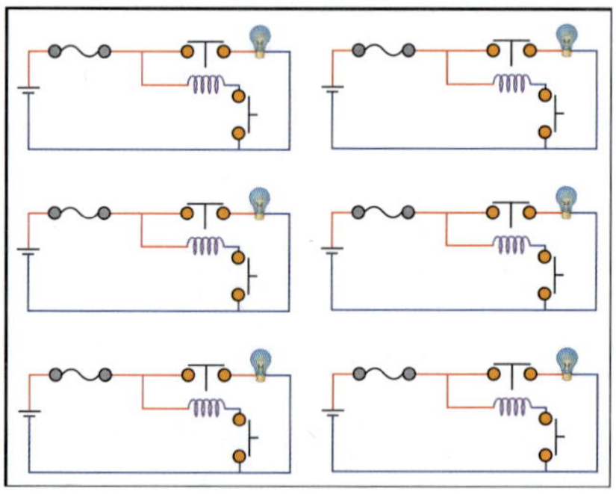

그림 39 | 유니트 회로

(2) 시스템 제어

그림과 같이 시스템은 대부분 유니트에 의해 제어 되는데 유니트 제어는 보통 입력과 제어 그리고 출력으로 구분한다. 즉, 유니트로 스위치 신호(작동 조건)가 입력되면 유니트는 확인 판단하여 출력을 하게 된다. 그러나 유니트의 기능이 많아지면서 스위치 신호 및 센서 입력 신호가 많아지게 되어 한 개의 유니트가 해야 할 일이 많아지게 되어 배선이 복잡 다양하게 이루어 져야 하는 문제가 발생되었다.

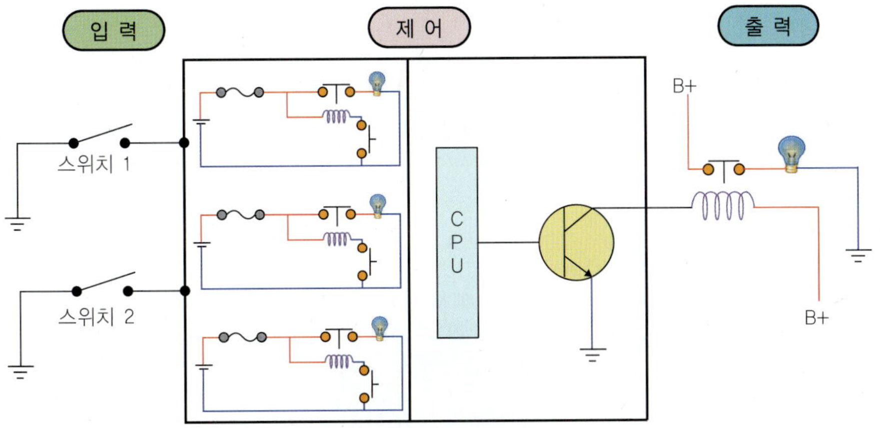

그림 40 | 유니트 제어

그래서 이를 보안 해결하기 위해 다음 그림과 같이 사용 한 것이 통신이다. 통신을 사용하므로 해서 유니트의 장착 위치가 자유로워 졌으며, 그로 인해 배선의 단순화, 경량화, 신뢰성을 등을 확보 할 수 있게 되었다.

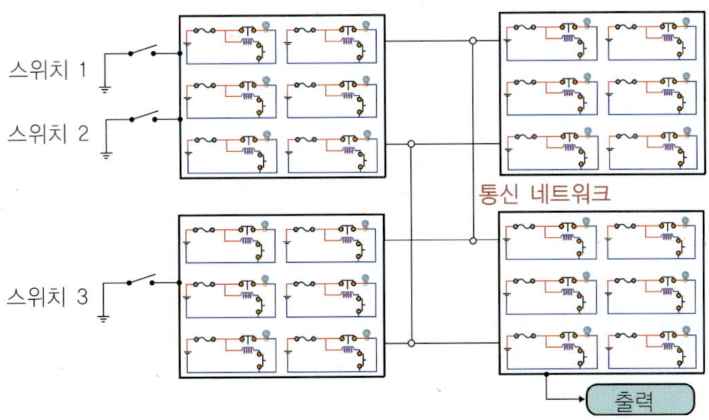

그림 41 | 통신

3 전자제어 회로

전자제어 회로 분석에 있어 제어회로 즉, 유니트의 구성 요소들은 각각의 역할을 하게 되는데 이 역할은 전원이 없이는 구동되지 않는다. 그렇기 때문에 전자제어 회로 분석에 있어 제일 먼저 고려하여야 할 부분은 유니트의 구동이다. 유니트의 구동은 일반적으로 확인할 수 있는 방법이 많지만 대표적인 것이 경고등으로 보면 될 것이다. 경고등의 작동이 유니트의 전원이 공급되고 있다는 반증이기 때문이다.

이렇게 전자제어 회로에서 점검을 할 경우 먼저 유니트의 전원관계를 확인하고 다음으로 입력 조건과 그에 따른 출력이 정상적인가를 확인하는 절차를 통해 수리의 과정이 이루어진다.

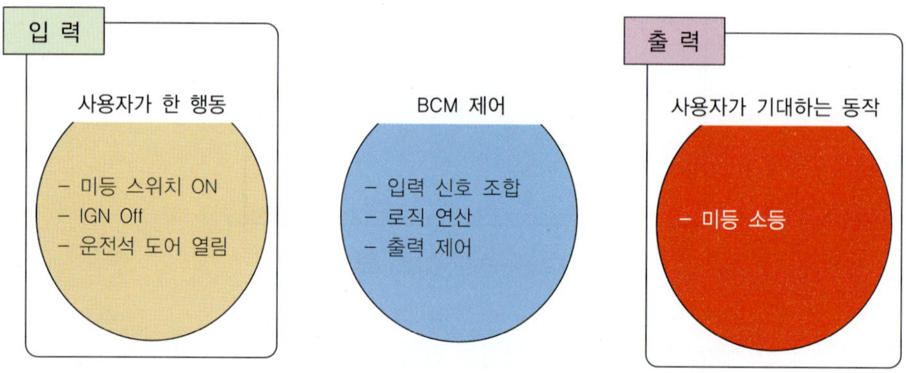

그림 42 | 전자제어 입·출력 인터페이스 회로-미등 자동소등 기능

01 전자제어 회로의 입력 요소

(1) 스위치 On/Off 정보 입력회로

입력 회로에서 ECU는 스위치 On/Off를 풀업 방식과 풀다운 방식, 스트로브 방식 등으로 알 수 있다.

1) 풀업 전압(저항)

스위치가 Off일 경우에는 전류가 ECU쪽으로 흘러 High가 입력되고 스위치 On일 경우에는 접지로 흘러 Low가 입력된다. ECU는 이 신호를 바탕으로 스위치의 상태 변화를 감지하여 제어하게 된다.

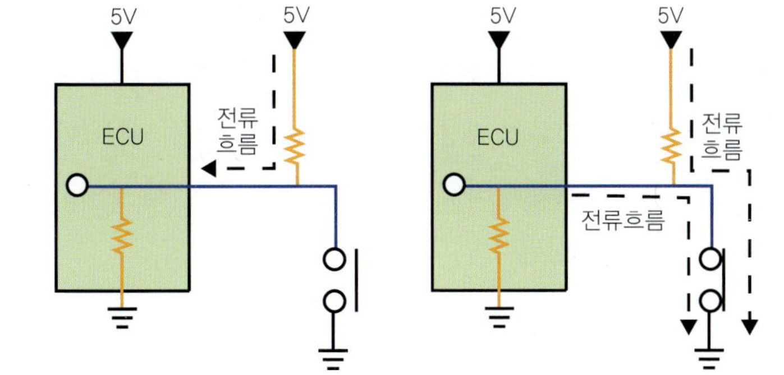

(a) 스위치 Off일 때 전류 흐름　　　(b) 스위치 On일 때 전류 흐름

그림 43 | 풀업 전압(저항)

2) 풀다운 전압(저항)

스위치가 Off일 경우에는 전류가 ECU에서 접지로 흘러 Low가 입력되고 스위치 On일 경우에는 저항이 있어 접지로 흐르지 못하고 ECU는 이 신호를 바탕으로 스위치의 상태 변하를 감지하여 제어하게 된다.

위와 같이 풀업, 풀다운을 사용하면 값이 떠있는 플로팅(Floating) 상태를 방지 할 수 있기 때문에 스위치 사용에 있어서 필수적으로 사용하고 있으며 풀다운 보다는 풀업이 노이즈나 충격에 강하기 때문에 풀업을 많이 사용한다.

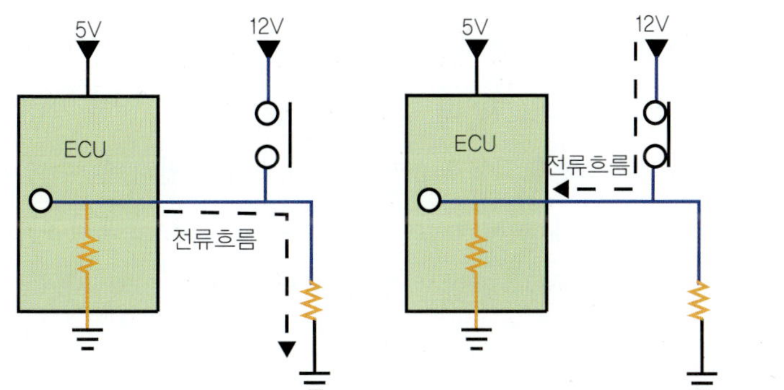

(a) 스위치 Off일 때 전류 흐름　　　(b) 스위치 On일 때 전류 흐름

그림 44 | 풀다운 전압(저항)

3) 스트로브 방식

스트로브 방식은 풀업 저항 방식과 비슷하지만 일반 풀업 방식과 같이 유니트의 정전압 레귤레이터에서 스위치 Off일 때 항상 High가 출력 되는 것이 아니고, 주기적으로 High/Low를 번갈아 출력하게 된다.

그러나 스위치를 작동시키면 항상 0V가 되므로 유니트는 Low가 400ms이상 감지되면, 스위치를 On으로 인식하고 그 이하 값이면 스위치를 Off로 감지한다. 이는 각종 편의장치의 증가 및 각종 스위치의 증가로 인한 소 전류의 방전을 방지하기 위해 적용 되었으며, 스위치 Off조건에서 오실로스코프로 측정 시 설정 주파수의 스트로브 파형이 측정 될 것이고, 멀티 테스터기로 전압 측정 시 평균 전압 값이 측정된다.

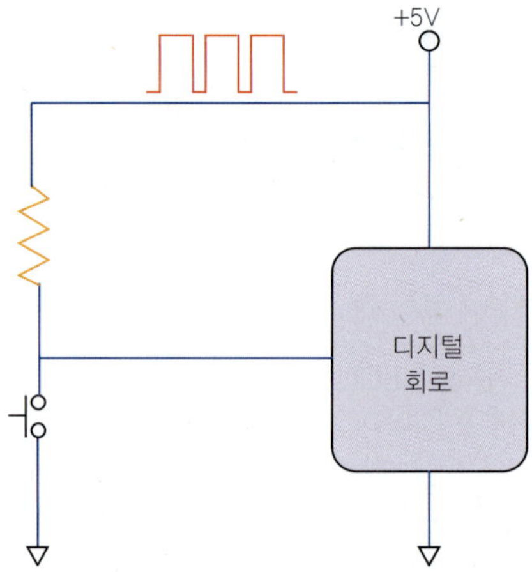

그림 45 | 스트로브 인터페이스

4) 플로팅(Floating)

스위치를 사용하여 상태 정보를 알기 위한 방법으로 눌렀을 때와 누르지 않았을 때의 상태 변화 값을 통해 상태를 인지할 수 있다. 그런데 일반적인 연결로는 이 변화 상태를 인지할 수 없다.

즉, 스위치 On일 경우는 접지가 되어 Low인지 상태변하를 인지 할 수 있지만 스위치 Off일 때는 값이 입력되지 않기 때문에 현재의 값이 얼마인지 모른다. 그래서 이를 인지시키기 위해 스위치 Off시에도 저항을 사용해서 전압을 인가 시켜 상태를 인지 시키는 것이다.

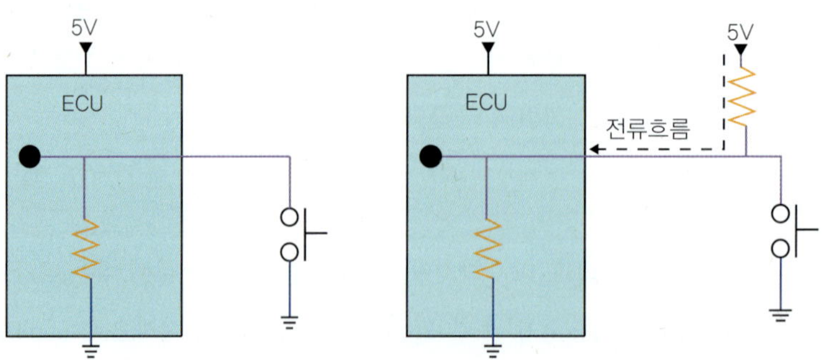

그림 46 | 플로팅

02 입력 신호에 따른 유니트 제어

스위치 On/Off 신호 또는 센서값(온도, 위치, 압력, 조도)이 유니트로 입력되면 그 신호에 따라 출력 제어를 하게 된다. 정상적인 출력제어를 위해서는 유니트 내부의 많은 전자 부품의 안정성도 중요 하지만 구동할 수 있는 전원과 접지가 가장 중요하다. 그러므로 유니트 입출력을 점검하기 이전에 전원과 접지 점검이 우선 시 되어야 한다.

그림 47 | 엔진 ECU

전자제어에 사용되는 ECU의 기본구성은 다음과 같다.

① 입력 인터페이스 : 각종 입력 정보들을 CPU에 전달하기 위해 정보를 감지하는 기능
② 출력 인터페이스 : 각종 입력 정보에 대해 부하를 제어하는 기능
③ ROM(Read Only Memory) : 로직(Logic)이 들어 있는 곳, 지워지지 않는 메모리
④ RAM(Random Access Memory) : 임시 저장되는 메모리로서 장기간 보존할 수 없고 일정 기간마다 기억 내용을 읽어 내서 다시 기록하는 동작이 필요한 메모리
⑤ A/D 컨버터 : CPU는 0과 1의 2가지 부호만을 인식하므로 아날로그 신호를 디지털 신호로 바꾸어 주는 기능
⑥ CPU : 각종 정보에 대해 연산 처리하여 그에 따른 제어를 관장하는 기능
⑦ 정전압 레귤레이터 : 배터리 전압은 시동 중 각종부하의 영향으로 시시각각 변하므로 ECU는 각종 신호를 정확하게 판단하기 위해 보통 5V 정전압을 사용한다. 이 전원은 센서 전원 및 CPU등의 구동전원으로도 사용된다.

03 전자제어 회로의 출력 요소

(1) 릴레이 제어 회로

릴레이는 작은 전류로 큰 전류를 제어하여 흐르게 할 목적으로 사용된다. 따라서 ECU는 각종 액추에이터 중 비교적 전류 소모가 큰 부하에 대해서는 릴레이를 제어 하여 액추에이터를 구동하고 있다. ECU는 어떤 액추에이터의 작동 조건이 되면 내부의 TR을 On하여 릴레이를 구동하게 된다.

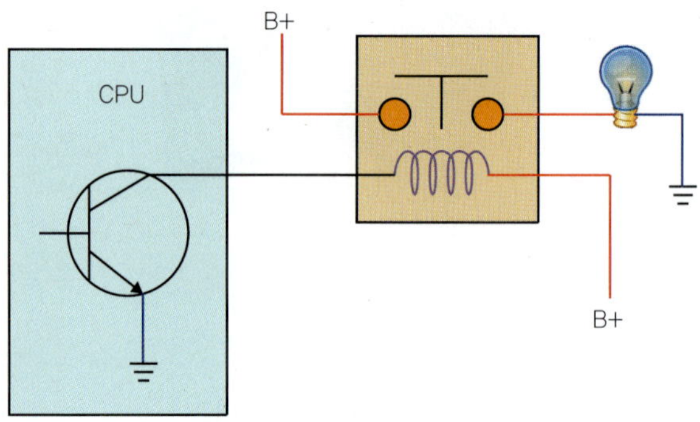

그림 48 | 릴레이 제어 회로

(2) 솔레노이드 밸브 제어 회로

솔레노이드는 전자석을 의미하며, 솔레노이드 밸브는 전자석의 원리에 의해 유로가 열리거나 닫히게 하는 유량 밸브이다. 전자제어 시스템에서는 이러한 솔레노이드 밸브를 제어하여 각종 유량 및 유압 등을 제어하게 된다. ECU는 어떤 솔레노이드 밸브의 작동 조건이 되면 내부의 TR을 On하여 솔레노이드 밸브를 직접 구동하게 된다.

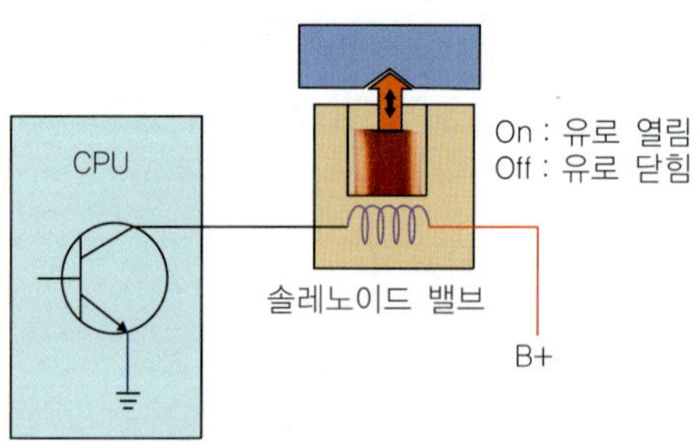

그림 49 | 솔레노이드 제어 회로

(3) 듀티 제어 회로

듀티 제어는 ECU가 각종 솔레노이드 밸브의 열림 량을 조절하여 유량 및 유압을 제어 하는데 사용된다. 자동차에서 퍼지컨트롤 제어, EGR 제어, 공회전 제어, 자동변속기 압력 제어, EPS 솔레노이드 제어 등 듀티 제어의 사용범위는 매우 넓다.

듀티 제어는 제어하고자 하는 솔레노이드 밸브에 단위시간 동안 On 또는 Off를 한다. 따라서 듀티 제어의 개념은 듀티를 0~100%로 제어 할 수 있다. 그림 50에서 ECU가 TR을 On/Off 제어를 하게 된다면 On/Off 솔레노이드의 작동은 충분한 시간이 주어지므로 TR On시 100%열림, Off시 100%닫히게 된다.

그러나 듀티제어는 ECU가 단위시간(1초) 동안 솔레노이드 밸브를 수십 회 이상 On/Off를 반복하게 되면 솔레노이드 밸브에 흐르는 전류량이 제어되고 전기회로에서는 전류가 흐르는 시간 동안만 일을 하게 되므로 ECU는 솔레노이드의 유로를 원하는 위치만큼 자유롭게 제어할 수 있다.

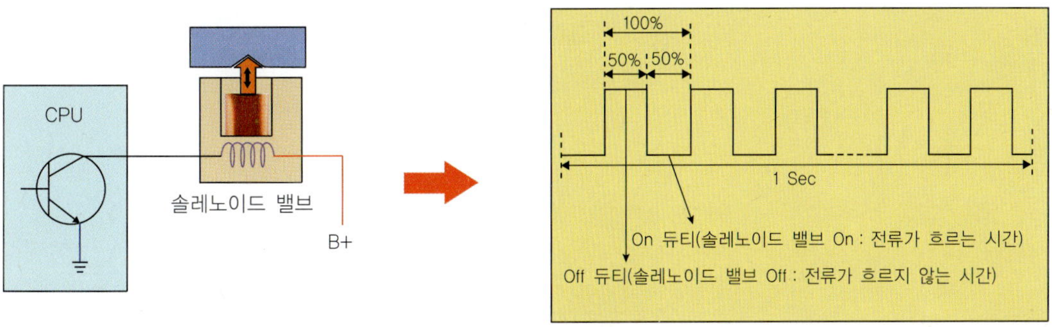

그림 50 | 듀티 제어 회로

예를 들어 듀티 50 : 50이라면 전류가 흐르는 시간은 On 듀티가 50%이므로 실제로 1초 동안 전류가 흐른 시간은 항상 On한 경우 대비 그 절반인 0.5초가 된다. 만약 On 듀티 10%, Off 듀티 90%로 제어한다면 부하에 흐르는 전류는 0.1초 동안만 흐르게 된다. 결국 듀티 제어를 통해 부하에 흐르는 전류를 제어할 수 있다.

100Hz에서 듀티비가 On 20%, Off 80%라면 이때는 솔레노이드에 전류가 흐르는 시간이 짧고 흐르지 않는 시간이 길므로 밸브는 닫힐 때는 비교적 시간적인 여유가 있지만 열릴 때는 여유가 없으므로 밸브는 닫힘 율이 80%정도 되는 위치에서 미세하게 흔들리면서 정지될 것이다. 그러나 저 주파수로 위와 같이 제어 하게 되면 밸브는 어느 한 점에 고정되진 않지만 단위시간당 밸브의 열림 시간이 바뀌므로 유량은 제어된다.

(4) IPS(Intelligent Power Switching device)

TR을 이용하여 릴레이의 접지를 제어하던 타입에서 IPS를 사용하는 타입으로 바뀌었다. IPS는 릴레이나 퓨즈 역할을 하는 반도체이다. 주요기능으로는 램프 제어 및 배선 보호기능, 과전압(전류)에 의한 부하 소손 방지 목적의 PWM 정전압 제어, CAN 통신라인을 이용한 고장진단, 스위치 신호 정보를 CAN 통신라인으로 출력 및 페일 세이프 제어 등이 있다.

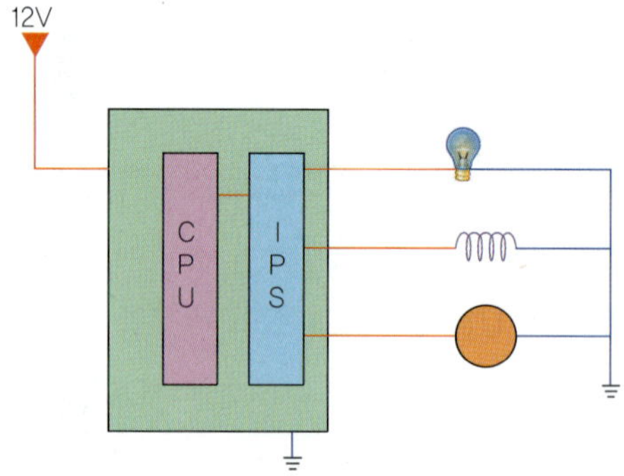

그림 51 | IPS

3

회로진단

1 전기장치 공구 및 테스터기

1 전기장치 실습 공구

01 니퍼(Nipper)

주로 부품의 리드 선이나, 연선, 단선과 같은 전선을 절단하거나 피복전선(被覆電線)의 심선을 일부 드러내기 위해서 심선이 닿지 않도록 피복을 벗기는데 사용하는 소형 절단기이다. 강도가 너무 강한 철 와이어 혹은 특정 물체를 절단하면 컷팅 날이 손상될 수 있다. 작고, 가벼워 사용하기 편하며, 지렛대의 원리를 응용해서 악력(握力)이 배로 늘어나 날에 가해지도록 되어 있다. 손잡이 방향에 직각으로 날이 서 있는 보통니퍼(빗발니퍼)와 강력니퍼가 있다.

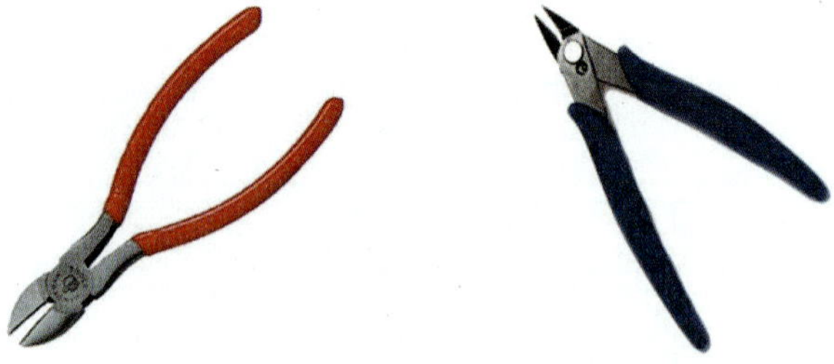

그림 1 | 니퍼

02 롱 노즈 플라이어(Long Nose Plier)

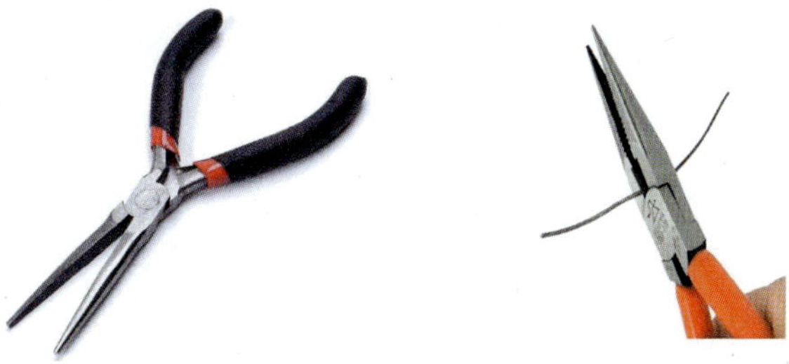

그림 2 | 롱 노즈 플라이어

끝이 뾰족하고 긴 플라이어로서, 물체를 물게 되는 부분이 길어 가는 구리선이나 철사를 끊거나 좁은 장소에서 세공(細工)할 때 사용한다.

물리는 부분이 길기 때문에 주로 소형 부품이나 부품의 리드선을 잡거나 휘는데 사용하는 공구이다. 부품을 잡고 비틀면 선단 부분이 변형되거나 파손되므로 피하도록 한다. 컷팅도 가능하다. 호칭 치수는 전체 길이로 표시되며, 125mm, 150mm, 175mm의 3종류가 있다.

03 와이어 스트립퍼(Wire Stripper)

와이어 스트립퍼는 비닐 피복 전선 등의 피복을 벗기는 데 사용하는 수공구이다. 전선의 피복을 벗기는 것은 니퍼를 사용해서도 할 수 있으나, 와이어 스트립퍼에는 각종 전선의 굵기에 따라 여러 개의 컷팅홀이 나열되어 있어 구리선에 손상을 입히지 않도록 되어 있는 것이 그 특징이다. 중앙부분 날을 이용하여 컷팅도 가능하며 와이어 스트립퍼에는 반자동 와이어 스트립퍼와 수동 와이어 스트립퍼가 있다. 반자동은 한 손이 불편한 사람이 사용하기에도 도움이 되는 툴이다.

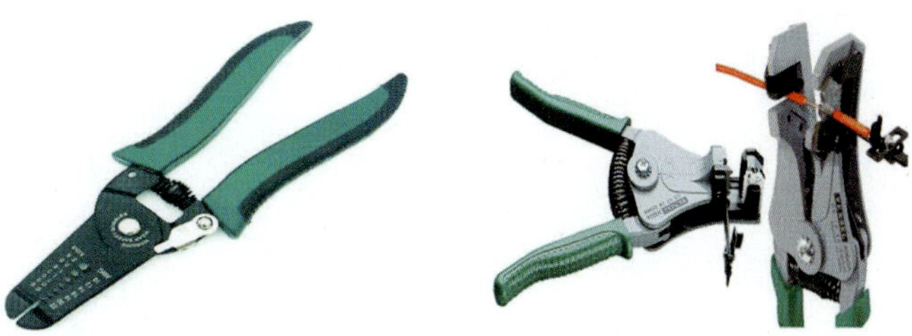

(a) 수동 (b) 반자동

그림 3 | 와이어 스트립퍼

04 스크류 드라이버(Screw Driver)

일반적으로 나사를 조이거나 풀기 위해 주로 사용되는 공구이며, 반 고정 저항과 같은 부품의 설정 값을 조절한다. 강철제(鋼鐵製) 몸체에 나무·플라스틱의 손잡이가 붙어 있다. 나사머리에 직선으로 홈이 나 있는 것에 사용하는 일(-)자형 드라이버(끝이 일직선으로 되어 있다)와 십자머리 나사에 사용하기 위한 십(+)자형 드라이버(끝이 십자형으로 되어 있다). 양용드라이버와 자동으로 회전하는 것 등이 있다. 드라이버는 홈의 크기에 맞는 것을 사용하지 않으면 드라이버의 끝 또는 나사머리가 손상된다.

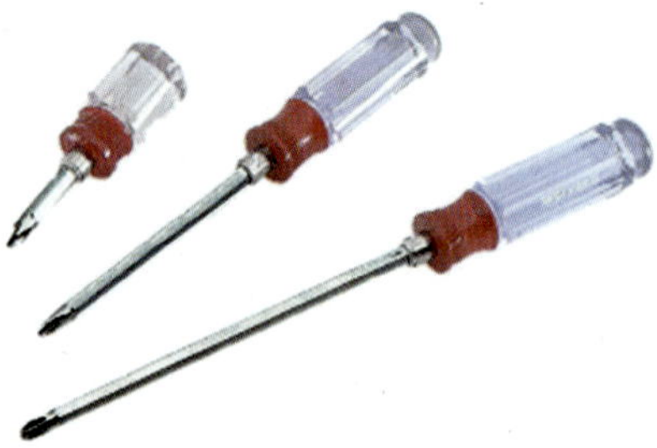

그림 4 | 스크류 드라이버

05 핀셋(Pincette, Tweezers)

핀셋(프랑스어 : pincette, 영어 : tweezers)은 두 개의 강판을 맞이어서 손으로 잡으면 강판의 끝이 물건을 집게 하는 도구이다. 소형 전자 부품이나 전선 등을 집거나 세밀하게 다루기 위해 필요한 도구로 미세한 작업을 위해 끝이 뾰족한 핀셋이 선호되며 직선인 핀셋과 끝이 구부러진 핀셋 두개 다 유용하게 사용될 수 있다.

납땜을 할 때 인두기가 뜨겁기 때문에 부품이 인두기에 닿아서 뜨거워질 수 있다. 인두기의 온도가 상당히 높기 때문에 손으로 직접 만지면 상당히 뜨거워 화상을 입을 수 있는데 이때 필요한 제품이다. 온도 문제 외에도 작은 부품으로 미세하게 납땜을 할 때에도 작은 핀셋이 필요하다.

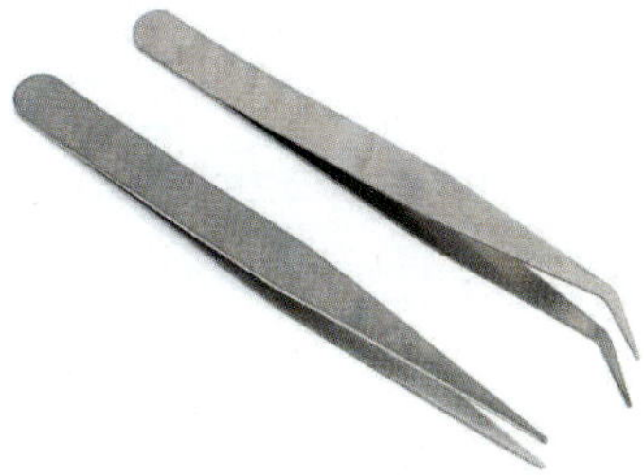

그림 5 | 핀셋

06 바이스 플라이어(Vise Pliers)

바이스 그립, 바이스 그립 플라이어(Gripping Pliers)라고도 한다. 바이스처럼 대상물을 고정할 수 있는 구조로 된 플라이어 이다. 일반 펜치로는 고정이 어려운 작은 물체의 가공 작업을 하는 경우 물체를 강력하게 고정시킬 목적으로 사용되는데, 필요한 경우에는 클램프(Clamp) 용도로도 사용할 수 있다.

대상물(볼트, 너트, 못 등)을 집게 부위에 끼우고 자루 끝 부분에 있는 조임 나사를 돌림으로써 개구부의 개구 정도를 조정할 수 있으며, 개구부를 좁게 해 두면 대상물을 상당히 강력한 압력으로 집을 수가 있다. 또, 머리 부분이 망가진 볼트를 쥘 때에도 아주 유용하게 사용할 수 있다.

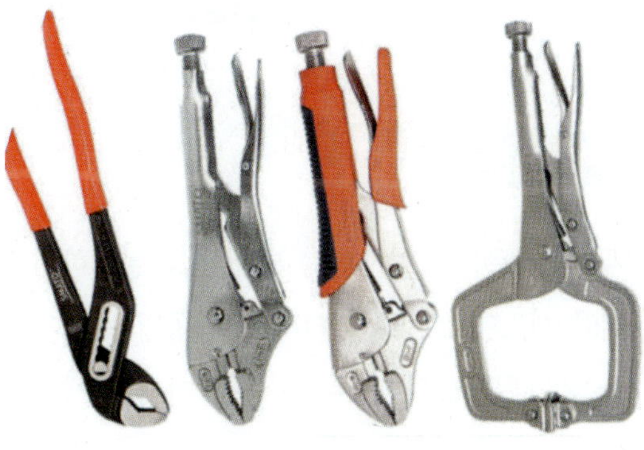

그림 6 | 바이스 플라이어

07 터미널 압착기(단자 압착기)

전선을 터미널에 맞게 탈피한 후 터미널을 압착기에 끼운 후 압착기로 터미널을 눌러 전선을 고정시킨다. 전선을 터미널에 압착 높이가 틀리면 터미널은 전선 유지력이 적당하지 않고 전류의 흐름이 원활하지 못하고, 압착높이가 너무 낮을 때는 심선이 잘리거나 도체 압착부가 깨지며, 압착 높이가 너무 높으면 심선과 터미널이 적절히 접촉하지 못한다.

터미널의 압착부와 결합부가 평행하지 않고 상하로 기준치 이상을 벗어나면 터미널이 압착하는 순간 터미널이 힘을 받아 앞쪽으로 밀리면서 구부러져 하우징에 결합이 잘 되지 않는다. EV 자동차 주 배터리는 높은 전압 시스템이기 때문에 주 배터리 관련 부분은 전선이 굵고 터미널도 커서 전선을 터미널에 압착시 유압식이나 충전기식을 사용하기도 한다.

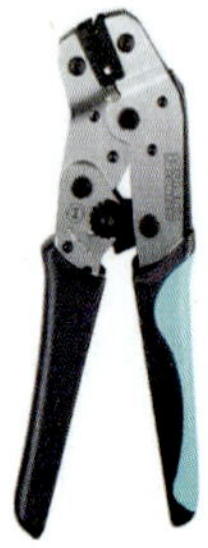

(a) 수동식

(b)유압식

(c) 충전기식

그림 7 | 터미널압착기

08 케이블 커터(Cable Cutters)

케이블 커터는 주로 고무피복 동선과 알루미늄 케이블을 절단하기 위한 전용 공구이다. EV 자동차 주 배터리는 높은 전압 시스템으로 주 배터리 전원 공급용 케이블을 수리 하기위해 케이블을 절단 시에는 케이블이 굵기 때문에 니퍼로는 절단이 어려워 케이블 커터를 사용해야 한다.

그림 8 | 케이블 커터

09 인두 & 실납(Soldering Iron & Soldering)

납땜할 때 쓰이는 인두 모양의 도구이다. 납을 사용해 두 개의 금속 표면을 이어 붙이는 도구인데, 부품 혹은 회로를 전기적으로 연결시켜 전기회로에서 전기가 통하도록 할 때 널리 사용한다. 유연납은 흔히 실납이라 하며, 납과 주석의 비율이 각각 40% 대 60%로 납 성분을 함유한 납을 유연납이라 한다. 유연납의 녹는점은 180℃ 정도이다. 무연납은 은 3%, 구리 0.5%, 주석 96.5%로 납을 전혀 사용하지 않은 납을 말하며, 무연납의 녹는점은 보통 200℃ 이상이다. 환경보존, 건강 등의 이유로 모든 전자제품에 무연납 사용을 의무화 하고 있고 실납 속에는 납땜 작업이 용이 하도록 플럭스 즉, 송진이 삽입 되어 있으며, 납땜 작업시 나는 연기는 바로 이 플럭스가 기화 되어 나타나는 현상이다.

(a) 온도 조절기 인두

(b) 인두

(c) 실납

그림 9 | 인두 & 실납

10 납 흡입기(Desoldering Pump)

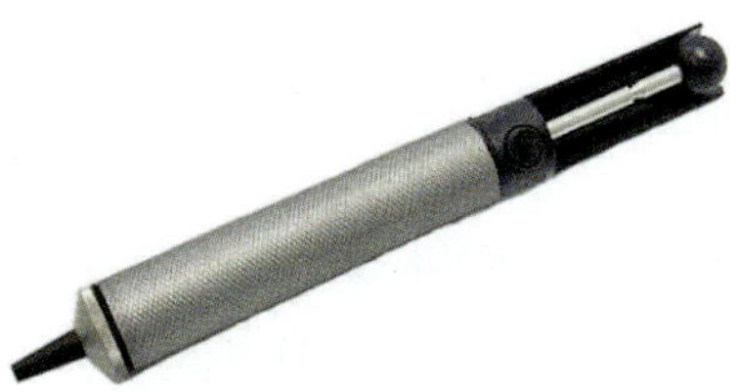

그림 10 | 납 흡입기

납땜을 하다보면 분명 납땜이 잘못되거나 납을 너무 많이 녹여서 다시 납땜을 해야 하거나 납을 제거해야 하는 상황이 생기게 된다. 이때 납을 제거할 수 있는 도구가 납 흡입기 이다.

사용 방법은 인두기로 납을 녹인 상태에서 흡입기의 실린더를 누르고 버튼을 누르면 내부에서 강하게 빨아들이는 힘에 의해 납을 실린더 안으로 빨아들이게 된다.

11 인두팁 클리너

철수세미와 같은 모습을 하고 있다. 이름과 같이 인두팁을 청소할 때 쓰이는 도구이다.

납땜을 하다보면 인두팁에 납이 타거나 산화하여 표면에 들러붙는 경우가 많은 데 이때 인두팁을 사용하여 비비면 깔끔하게 제거할 수 있다. 사용방법은 간단하게 인두팁을 클리너에 찔러서 몇 번 돌리거나 움직이면 인두팁에 들러붙어 있던 납이 깔끔하게 제거가 된다.

그림 11 | 인두팁 클리너

그림 12 | 커넥터 터미널 핀 뽑기 세트

12 커넥터 터미널 핀 뽑기

자동차에 사용되는 커넥터에는 여러 종류가 있어 자동차 배선이 잘못 연결 되었던가 배선이 손상되었을 때 배선을 수리하기 위해서 커넥터 터미널을 탈거할 때 핀을 벌리거나 뽑을 때 사용한다.

13 열수축 튜브(Heat Shrinkable Tube)

열수축이란 전기나 가스 열풍기(heat gun)와 같은 공구를 사용하여 플라스틱 튜브를 축소하거나 원래 크기로 모양을 낮추기 위해 열을 가하는 과정을 뜻한다. 열수축 튜브의 수축 전, 후의 치수들은 뚜렷하게 구별된다. 열 수축 튜브는 열, 화학 물질, 물로부터 케이블을 보호하고 절연하기 위하여 전기 회로에서 사용된다.

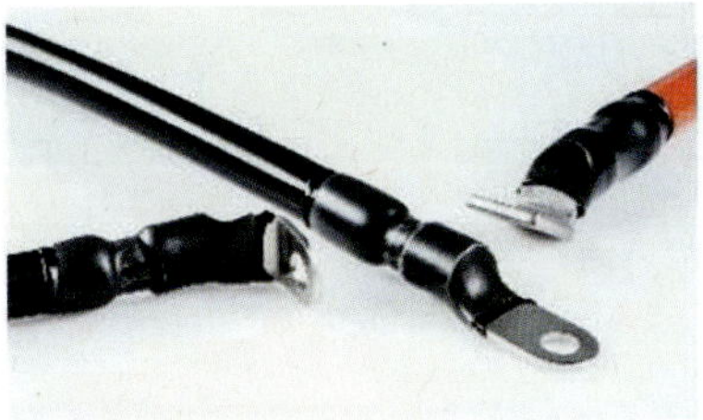 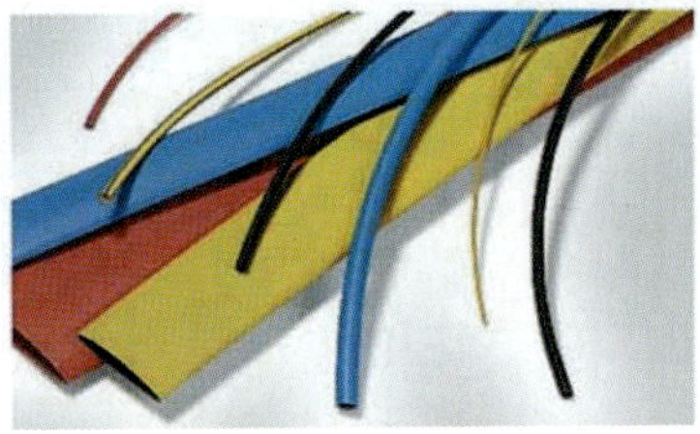

그림 13 | 열수축 튜브

14 절연 테이프(Insulating Tape)

전기기기, 통신기기, 기타 전선, 케이블 및 그 접속부분 등의 절연에 사용되는 테이프를 말하는 것이며, 전기용 고무테이프는 고무 25%, 회분(灰分)65% 정도를 함유한 혼합물로 만들어진 백색 또는 흑색의 것이며, 다소의 점착성(粘着性)이 있다. 비닐 테이프는 염화비닐수지에 가소제를 첨가한 연질 염화비닐수지 필름에 점착제를 도포하여 테이프 모양으로 만든 것으로 주로 비닐 전선이나 비닐 케이블을 접속하는 부위의 절연용으로 사용된다. 사용 온도 -20℃~80℃, 사용전압은 600V 이하의 저압이다. 고무, 유지, 비닐 따위로 만든다.

그림 14 | 절연 테이프

2 전기장치 회로 시험기

01 디지털 멀티테스터

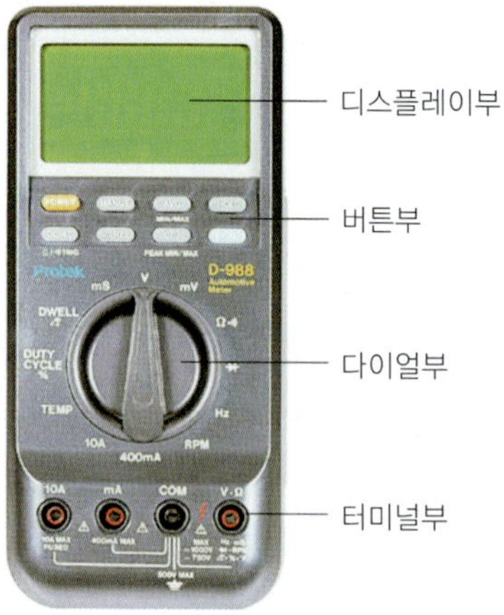

그림 15 | 디지털 테스터 외관(ADM 406)

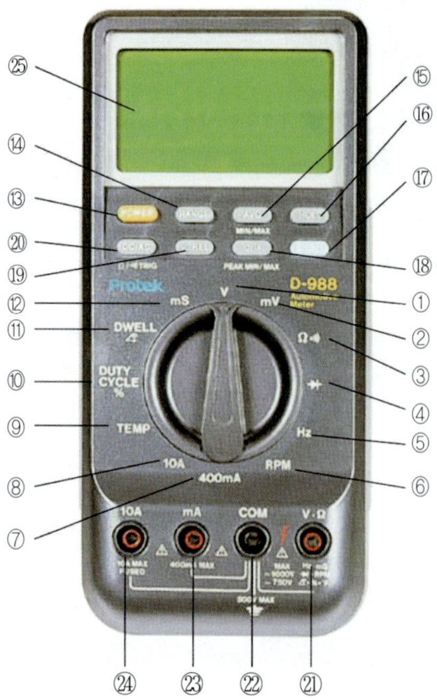

① V : 전압측정
② mV : 전압측정
③ Ω •)) : 저항 · 도통체크
④ ─▶├─ : 다이오드 테스트
⑤ Hz : 주파수 측정
⑥ RPM : 엔진회전수 측정
⑦ 400mA 전류측정
⑧ 10A 전류측정
⑨ 온도측정
⑩ DUTY CYCLE(%) 측정
⑪ DWELL각 측정
⑫ 펄스 측정
⑬ 파워버튼
⑭ 레인지 버튼
⑮ 에버리지 버튼
⑯ 홀드버튼
⑰ 백라이트 버튼
⑱ 온도(℃/℉) 선택버튼
⑲ ⊿REL(레러티브)버튼
⑳ DC/AC 선택버튼
㉑ V, Ω 터미널(+)
㉒ 콤(COM) 터미널(−)
㉓ mA 터미널
㉔ 10A 터미널
㉕ LCD 화면

그림 16 | 디지털 테스터 각부 명칭

(1) 버튼부의 기능과 작동요령

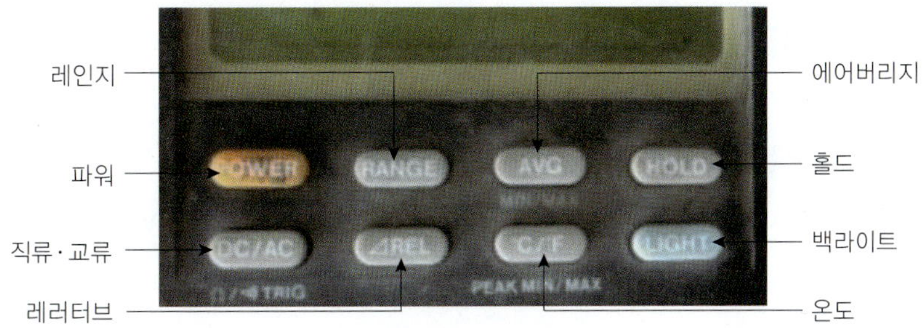

그림 17 | 버튼부

1) 레인지 버튼

이 버튼은 자동 레인지를 취소하고 원하는 레인지를 수동 설정할 때 사용된다.

① 파워 버튼이 ON되면 자동적으로 오토 레인지가 설정된다.
② 이 버튼을 일단 누르면 그 모드가 자동(AUTO)으로부터 수동(MANUAL)으로 전환되며 현재 레인지로 정해진다.
③ 버튼을 누를 때마다 상위 레인지로 단계별 전환되고 최 상위 레인지에 도달하면 최저 레인지에서 단계별로 상위 레인지로 전환된다.
④ 드웰각 측정에서는 실린더 수, RPM 측정에서는 사이클 수를 확인해야한다.
⑤ 만일 어떤 고정된 범위에서 큰 입력신호가 들어가면 그 디스플레이는 오버(over)로 나타나는데 이때 레인지를 높여서 한다.
⑥ 수동을 자동으로 바꾸려면 1초 이상 스위치를 눌러 주어야 한다.
⑦ 이 버튼이 눌려 있는 동안에 파워가 ON으로 된다면 주파수, 드웰각, 듀티 사이클 %, 펄스 폭, RPM이 초당 5번의 빠른 변화로 디스플레이 된다.

2) 파워(Power) 버튼

로크 버튼스위치로서 누르면 전원이 ON, 다시 누르면 OFF가 된다. AUTO OFF(자동 꺼짐) 상태에서는 적은 전류로 건전지의 소모가 있으므로 장시간 보존시 파워버튼(전원스위치)를 OFF 하여야 한다.

3) 에버리지(AVG) 버튼

① 이 버튼을 누를 때마다 아래에 열거된 순서대로 선택된다.
** → 기록(REC) → 최소(MIN)값 → 최대(MAX)값 → 평균(AVG)값 → **

② 기록(REC) 표시가 ON되어 있는 동안에는 변화하는 MIN/MAX/AVG값이 순간적으로 안정되게 측정하는 것이 가능하다. 단, 이 모드는 1초 이상동안 눌러야만 취소된다.

③ PEAK MIN, MAX(℃/℉) 버튼을 눌러서 1mS에서의 PEAK MIN/MAX값을 측정할 수 있다.

4) 홀드(Hold) 버튼

① 홀드 또는 홀드 취소는 이 버튼을 누를 때마다 작동된다.

② 단, 홀드 모드에서도 도통체크와 오버레인지가 될 때는 부저가 울린다.

5) 백라이트(Light) 버튼

① 이 버튼을 누르면 LCD 조명은 ON이 되며 다시 누르면 OFF가 된다.

② 이 불빛은 자동적으로 꺼지게 된다. 즉, 다른 스위치나 버튼을 작동하지 않는 상태에서 약 134초 후에 자동으로 꺼진다.

6) 온도(℃/℉) 버튼

온도 측정을 하려면 이 버튼을 누름으로써 섭씨(℃)또는 화씨(℉)가 선택된다.

7) 상대측정(⊿REL, 레러터브) 버튼

① 이 버튼을 누르면 상대측정을 할 수 있다.

② 이 모드일 때 바로 앞에 디스플레이 된 값은 기준값과 비교가 되어 그 차이 값이 디스플레이 된다.

③ 다시 누르면 상대 측정(⊿REL) 모드가 취소된다.

④ 레인지 초과됐을 때의 바 그래프 디스플레이는 차이 값이 아닌 원래의 측정값으로 표시된다.

⑤ ⊿REL 버튼은 낮은 저항 측정을 할 때에는 제로(0) 오프셋이 되어 절대오차를 제거함으로써 정확한 측정을 가능하게 한다.

8) 직류, 교류버튼

① DC/AC 기능을 선택할 때마다 버튼을 누른다.

② 이 모드 선택에 따라 트리거(TRIG) (+), (-)극성선택을 할 수 있고, 저항-부저기능도 선택하게 된다.

(2) 터미널의 기능 및 프로브 연결방법

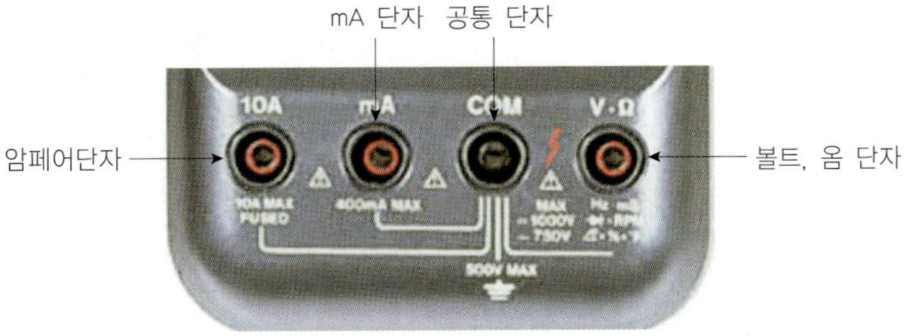

그림 18 | 터미널부

① 볼트, 옴(V, Ω)단자 : (+)입력 터미널(전류측정 제외)

② 공통(COM)단자 : 접지, 그라운드 연결 입력 터미널

③ 밀리암페어(mA)단자 : 최대 400mA까지의 전류측정 입력 터미널

④ 암페어(10A) 단자 : 최대 10A까지의 전류측정 입력 터미널

(3) 디스플레이부의 기능 및 코드 해독요령

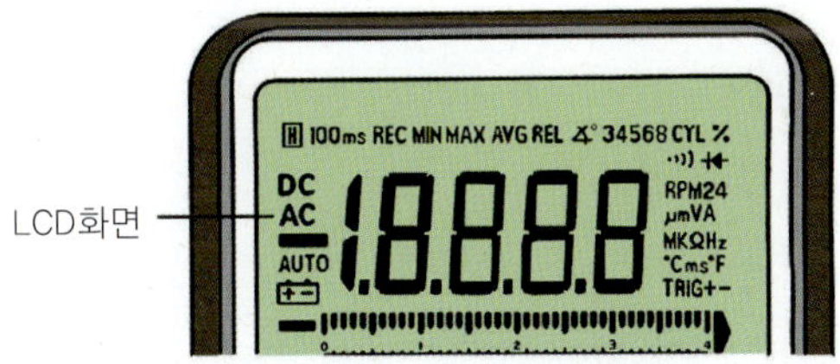

그림 19 | 디스플레이부

1) 디스플레이(LCD) 화면

파워 버튼이 ON되면 읽을 수 있는 모든 항목이 영상 형태로 동시에 나타난다. 측정 데이터와 더불어 바 그래프를 나타낸다. 그리고 단위 또는 디스플레이 되는 내용이 한 화면상에 나타난다.

2) 디스플레이 표지, 기호 및 단위 설명

디스플레이 상부부터 시계방향으로

① H : 데이터 홀드

② 100ms : 1~100ms, PEAK MIN/MAX

③ REC : 기록

④ MIN : 최소값

⑤ MAX : 최대값

⑥ AVG : 평균값

⑦ REL : 상대 측정값

⑧ ∡° : 드웰각 측정 단위(3, 4, 5, 6, 8실린더)

⑨ % : 듀티사이클 측정 단위

⑩ •)) : 도통 체크

⑪ ─▶|─ : 다이오드 테스트

⑫ RPM 2, 4 : 엔진 회전수, 2.4 행정 모드

⑬ μmVA : 전압 측정단위(mV, V), 전류 측정단위(μA, mA, A)

⑭ MKΩ Hz : 저항 측정단위(MΩ, kΩ), 주파수 측정단위(MHz, kHz)

⑮ ℃ ms ℉ : 온도와 펄스폭 측정단위

⑯ TRIG (+), (-) : 펄스 트리거 극성

⑰ ▬▬▬▬ : 바 그래프, 초당 20회 응답(1세그먼트 = 100단위)

⑱ [+ −] : 배터리 소모표지

⑲ AUTO : 자동 레인지 전환 모드

⑳ - : DC모드의 (-)표시

㉑ AC : AC모드(AC 전압과 전류)

㉒ DC : DC모드(DC 전압과 전류)

(4) 다이얼부의 기능과 작동요령

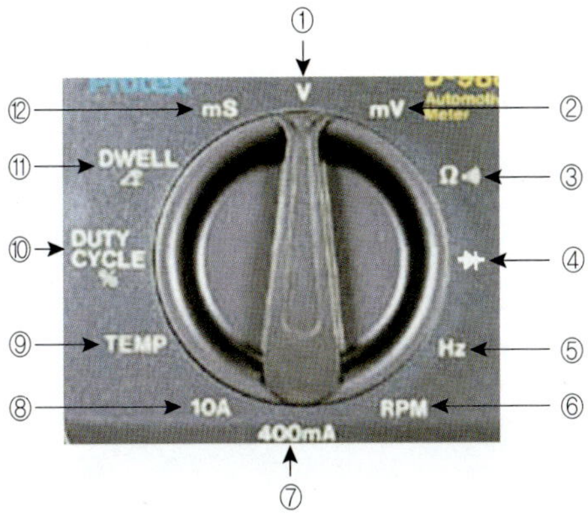

그림 20 | 다이얼부

① 볼트(V) : 전압측정

② 밀리볼트(mV) : 전압측정

③ 옴(Ω)•))) : 저항도통 체크

④ 다이오드(→⊢) : 다이오드 테스트

⑤ 주파수(Hz) : 주파수 측정

⑥ 회전수(RPM) : 엔진회전수 측정

⑦ 미리암페어(400mA) : 전류측정

⑧ 암페어(10A) : 전류측정

⑨ 온도(TEMP) : 온도측정

⑩ 듀티 사이클(DUTY CYCLE %) : 듀티 사이클 측정

⑪ 드웰(DWELL)각 : CAM 각도 측정

⑫ 밀리세컨드(ms) : 연료 분사시간 측정

02 아나로그 멀티테스터

(1) 아나로그 멀티테스터의 외관 및 명칭

멀티미터는 전압, 전류, 전기저항, TR, 배선 단선 유무 등 여러 가지의 측정 기능을 결합한 전자 계측기이다. 멀티미터는 기본적인 결점을 찾기 위하여 손으로 쓰는 유용한 장치이자 분야 업무 작업 혹은 매우 높은 정확도로 측정할 수 있는 벤치 기구이다. 항상 측정하고자 하는 전압보다 높게 선택스위치를 선정하여야 한다.

그림 21 | 아나로그 각 부 명칭

(2) 아나로그 멀티테스터의 각부 기능

1) 0점 조정기

지침의 눈금을 "0"의 눈금으로 조정할 때 사용한다. 사용 전 지침이 "0"이 아닌 곳에 있을 때는 "0"으로 맞춘 후 사용해야 한다.

2) 0Ω 조정기

정밀한 저항값을 측정하기 위해서 두 리드선을 맞대고 바늘이 0Ω의 눈금으로 조정 후 저항을 측정한다. 만약 0Ω으로 조절이 되지 않을 때는 건전지를 교체해야 한다.

3) 선택스위치

DC V, DC A, AC V, Ω, TR 등 측정하고자 하는 범위에 놓고 측정한다.

4) COM

공통 단자이다. 흑색 단자를 연결해야 한다. 흑색은 (-), 적색은 (V, Ω, A)에 연결한다. 디지털 테스터기일 경우는 흑색과 적색을 바꾸어서 직류 전압을 측정했을 때는 (-)값으로 표시되지만, 아날로그의 경우는 지침이 0방향으로 내려가 0점이 틀려질 수 있다. 이 점을 유의해야 한다. 교류 전압은 흑색, 적색 구분 없이 사용해도 무방하나 될 수 있으면 리드선은 색에 맞게 꼽아서 사용하도록 한다.

5) 리드선

흑색(-)과 적색(+) 으로 구성되어 있고 측정하고자 하는 곳에 접촉하는 역할을 한다.

03 클램프형 디지털 회로시험기

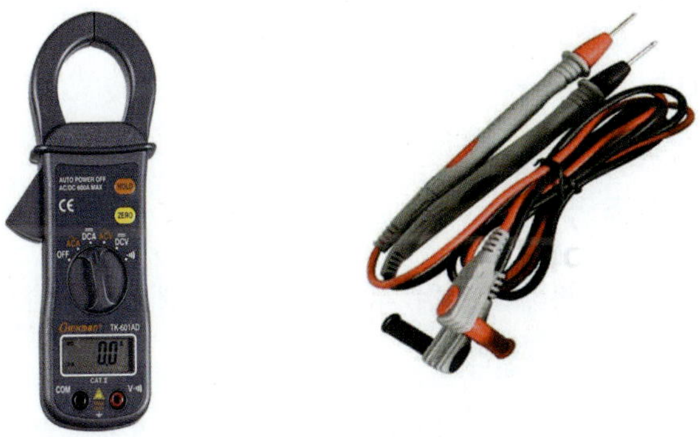

그림 22 | 클램프 미터(Clamp meter)와 리드선

(1) 각 스위치 사용용도

① 

: 전원 OFF

② 

: 교류 전류측정

③ 

: 직류 전류측정

④ 

: 교류 전압측정

⑤ 

: 직류 전압측정

⑥  : 전기배선 단선 측정시 도통되면 부저음이 울린다.

⑦ 

: HOLD스위치, ON시키면 측정값이 고정된다.

⑧ 

: 0점 조정버튼

⑨ 

: 직류전압, 교류전압, 저항, 부저 사용시 연결(흑색 리드선을 연결한다).

⑩  : 직류전압, 교류전압, 저항, 부저 사용시 연결(적색 리드선을 연결한다).

(2) 측정 장비 3종에 대한 비교

멀티미터(multimeter), 절연저항계(megger), 클램프미터(clamp meter) 이 3종류는 전기의 가장 기초적이면서 중요한 측정 장비이며 사용목적은 다음과 같다.

종류	사용목적
멀티미터	직류 전류·전압, 교류 전압, 저항
메거(절연저항계)	교류 전압, 절연저항, 누전
클램프미터	직류 전압·전류, 교류 전압·전류, 저항

클램프미터는 멀티미터, 절연저항계에 없는 교류전류 및 직류전류 측정이 가능하다. 이것이 클램프미터의 특징이다.

(3) 클램프미터 사용시 주의사항

① 전류 측정시 한선만 측정해야 하며 두선 이상을 클램프에 넣으면 측정이 안 된다.
② 클램프에 선을 물리면 안 된다.
③ 클램프는 서로 빈틈이 없이 물려져야 한다. 클램프가 벌어지면 측정이 작게 나온다. 장기간 사용시 스프링 힘이 약해져서 정확히 안 물릴 수 있으니 사용시 항상 확인을 한다.
④ 집게사이에 이물질이 없어야 한다. 이물질이 있으면 제거 후 사용해야 한다.
⑤ 직류 전류 측정시 클램프 방향에 유의하여야 한다.
⑥ 테스터기의 측정 한계이상 측정은 피해야 한다.
⑦ 저항 및 부저 측정시 측정대상물의 전원은 OFF가 되어야 한다.

04 테스트램프

테스트램프는 현장에서 주로 사용하고 있으며 단선측정, 접지검사 등을 별도의 장비 없이 일괄적으로 측정할 수 있다. 테스트램프에는 일반형식과 LED형식이 있다.

(1) 테스트램프 사용법

① 먼저 배터리 연결단자(+ 또는 -)에 연결한다.

② 연결단자가 (-)일 경우 점검하려고 하는 신호 선에 검침 봉을 접촉 시 점등이 될 경우 (+)의 단자에 출력이 됨을 의미하고, 연결단자 (+)일 경우 점검하려고 하는 신호 선에 검침 봉을 접촉 시 점등이 될 경우 (-)의 단자에 출력이 됨을 의미한다.

(2) 일반 전구형식 테스트램프

일반 전구형식 테스트램프는 일반적으로 많이 사용하는 테스트램프이며 전구의 밝기에 따라 차이가 있지만 보통 12V/24W 전구를 사용하며 이때 회로에 흐르는 전류는 약 2A가 소모된다.

이렇게 회로에 소모되는 전류가 2A 정도 흐를 경우 일반회로의 경우에는 문제가 없으나 반도체를 사용하는 회로(특히 전자회로, 컴퓨터)에는 흐르는 전류에 의해 반도체가 파손될 수 있으므로 반도체관련 회로 점검 시 각별히 주의해야 한다.

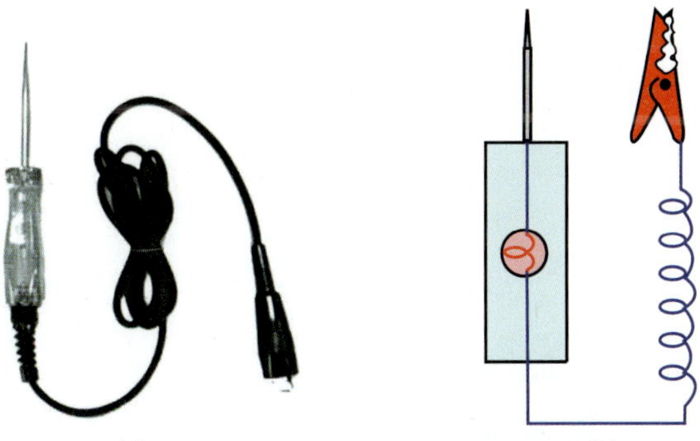

(a) (b)

그림 23 | 일반 전구형식 테스트램프

(3) LED형식 테스트램프

LED형식 테스트램프는 회로의 극성에 따라 LED램프의 점등색이 다르게 점등 되므로서 회로의 극성을 아는데 도움이 되고 회로에 소모되는 전류가 mA 정도로 작은 전류가 흐르므로 테스터기에 의한 회로에 영향을 적게 주게 된다.

이러한 테스트램프는 정비시 유용하게 사용되는데 서로 고유의 특성이 있으므로 정비시 선별하여 사용하여야 한다.

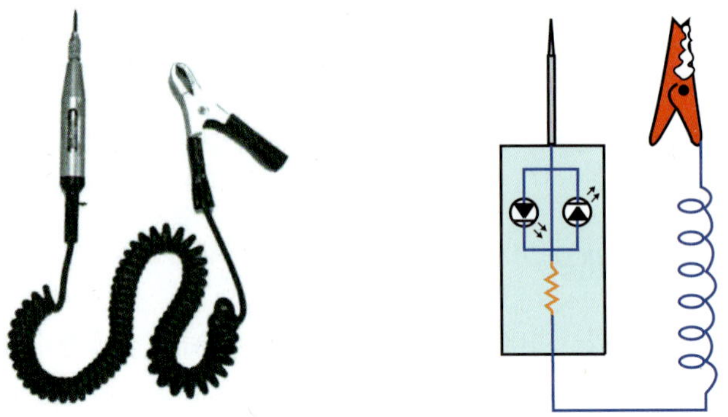

(a) (b)

그림 24 | LED형식 테스트램프

05 G-scan 2 자기진단기

터치스크린을 통한 사용환경 으로 복잡한 버튼 조작 없이 화면상에서 메뉴 및 기능 선택을 할 수 있어 사용자가 쉽게 사용할 수 있도록 했다.

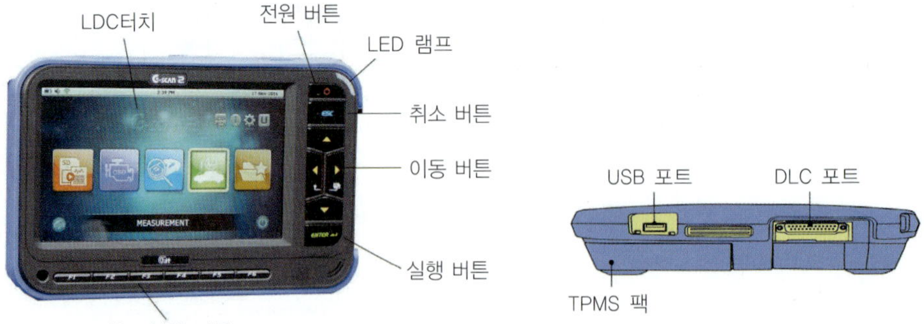

(a) 전면 부 구성 (b) 상면부 구성

그림 25 | G-scan 2

(1) 전원 공급 방법

G-scan 2 본체에 전원을 공급하는 방법은 아래의 4가지 방법이 있다.

① 차량의 진단 커넥터에서 전원을 공급하는 방법.

② 시가 라이터에서 전원을 공급하는 방법.

③ 배터리에서 전원을 공급하는 방법.

④ AC/DC 어댑터를 이용하여 공급하는 방법.

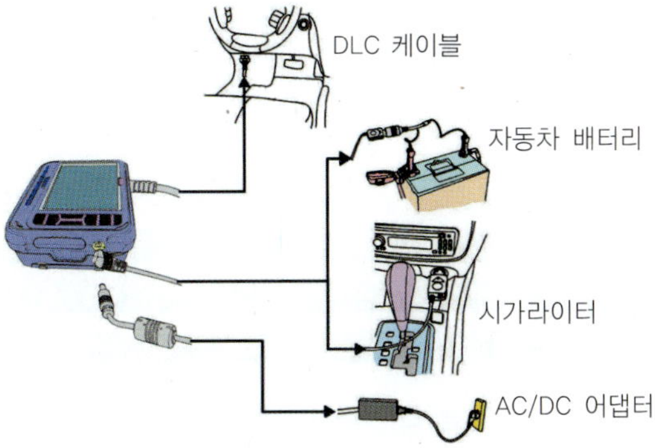

그림 26 | 전원 공급 방법

(2) 전원 ON/OFF

1) 전원 켜기

본체에 전원이 공급되고 있는 상태에서 전원 버튼을 약 0.5초 정도 눌러 주면 본체의 상태표시 LED 가 파란색으로 점등되어 잠시 후 소등 되며, 잠시 후 부팅과정이 진행된다. 부팅이 완료되면 메인 화면을 확인할 수 있다.

2) 전원 끄기

전원 버튼을 약 2초 정도 눌러 주면 화면에 "시스템 종료 중 입니다."라는 메시지가 출력되고, 본체의 상태표시 LED 가 파란색으로 점등되었다가 소등되며, 잠시 후 본체 전원이 꺼진다.

(3) 각부 기능 설명

그림 27 | 메인 화면의 영역 구성

1) 상단 화면 구성

그림 28 | 상단 화면 구성

아이콘	명칭	설명
	배터리	배터리 상태를 나타낸다. 배터리는 사용 기간에 또는 충·방전 횟수에 따라 성능이 저하되는 소모품이다. : 충전 중, : 충전 완료, : 배터리 전원을 사용 중이며, 배터리 잔량 상태를 표시.
	볼륨	볼륨(소리크기)의 레벨을 나타내며 스피커를 OFF 시키려면 환경설정 메뉴에서 설정 가능 하다.
12:00 AM	시간	시간을 나타낸다.
2023.03.26	날짜	날짜를 나타낸다.
	듀얼 화면	듀얼 화면으로 분할하여 화면을 구성한다.
	싱글 화면	전체화면으로 화면을 구성한다.
	시스템 변경	통신 중인 차종 및 시스템 정보가 표출 되며, 통신하고자 하는 시스템을 변경할 수 있다.
	화면 캡처	현재 보여 지는 화면을 캡쳐 한다.
	이전화면	이전 화면으로 이동한다.
	홈	메인 화면으로 바로 이동한다.

2) 중단 화면 구성

그림 29 | 중단 화면 구성

아이콘	명칭	설명
	사용자 가이드	“사용자 가이드가”구성되어 있으며, 간단한 사용방법을 확인할 수 있다.
	환경설정	S/W 버전 확인 및 시간 설정 등 제품 사용에 필요한 각종 설정을 할 수 있다.
	유틸리티	기계적 문제 분석, 차량 통신라인 점검, 단위 환산, 계산기, 테마 계산, 용어 약어 사전, OBD-II 고장코드명 검색과 같은 각종 유틸리티 항목이 구성되어 있다.

3) 주요 기능 구성

그림 30 | 중단영역의 메인 화면 구성

아이콘	명칭	설명
	저장데이터	저장한 화면(이미지 파일)과 기록데이터(센서데이터, 스코프데이터)를 볼 수 있다.
	OBD-II	ISO9141-2, ISO14230, ISO15765-4 규격을 만족하는 차량의 시스템을 진단할 수 있다.
	스캔테크	고장코드 진단, 센서데이터 진단, 강제구동 등 각 메이커 고유의 진단기능을 사용하여 차량을 진단할 수 있다.
	스코프테크(옵션)	오실로스코프, 멀티미터, 시뮬레이션 기능 등을 사용할 수 있다.
	즐겨찾기	자주 사용하는 차량 및 최근에 사용한 차량의 부가 기능에 대해 즐겨찾기로 설정된 것을 빠르게 실행할 수 있는 기능이다.

① 저장 데이터 : 저장한 화면(이미지 파일)과 기록데이터(센서데이터 파일, 스코프 파일)를 볼 수 있다. 3가지 파일종류로 구성되며, 종류는 아래와 같다.

- 이미지 : 화면 캡쳐 기능으로 저장한 파일.
- 스캔 : 스캔테크 기능의 센서데이터를 기록한 파일.
- 스코프 : 스코프테크(옵션) 기능으로 계측한 파일.

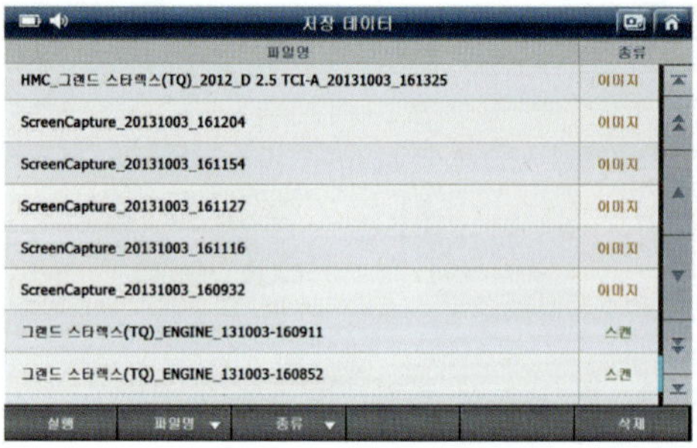

그림 31 | 저장 데이터

- **실행** : 선택한 파일을 실행한다.
- **파일명 ▽** : 파일명을 오름차순, 내림차순으로 분류한다.
- **종류 ▽** : 종류 별로 항목을 분류한다.
- **삭제** : 선택한 파일을 삭제한다.

② OBD-II 기능 : OBD-II 규격이 적용된 차량이라면 OBD-II 기능으로 통신이 가능하다. 단, 차량에 따라 OBD-II 가 적용되지 않은 경우 통신되지 않으며, 통신되더라도 차량에 따라 지원되는 기능이 다를 수 있다.

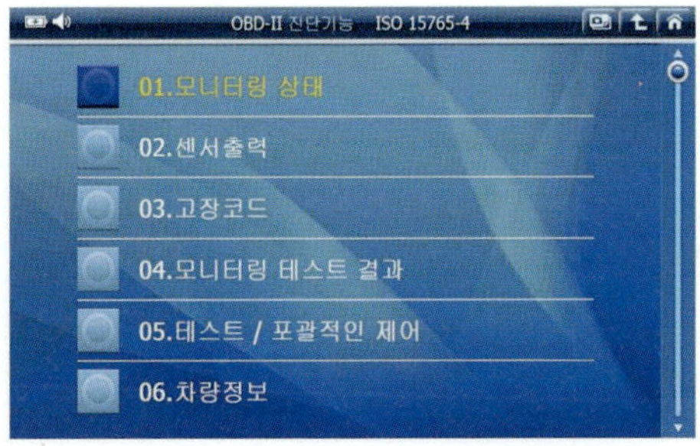

그림 32 | OBD-II 진단기능

③ 스캔테크 : 차량의 제어기(ECU)와 통신하는 기능으로, 제어기에 저장되어 있는 고장코드를 확인하는 고장코드 진단, 제어기로부터 각종 시스템을 구성하는 각부의 데이터 값을 확인할 수 있는 센서데이터 진단, 제어기를 통하여 차량에 장착된 액추에이터를 작동시켜 단품 불량을 점검하는 강제구동 등 제어기를 통하여 지원되는 여러 가지 기능이 구성되어 있다. 차량의 제어기(ECU)와 통신하기 위해서는 통신하려는 차종에 대한 선택을 해야 한다. 차종선택은 "모델 → 연식 → 연료타입 및 배기량 → 시스템"순서로 선택한다. 차종 선택이 차량과 맞지 않으면 차량 통신 불가 및 부정확한 데이터의 원인이 될 수 있다.

- 차량의 모델 선택 : "빠른 이동기능"으로 선택하고자 하는 차량의 모델명 첫 자음을 선택하거나, 모델명이 영문인 경우 첫 알파벳을 선택하면 차량의 모델을 빠르게 검색할 수 있다. 한글과 영문 변환은 "한/영"버튼으로 사용할 수 있다.

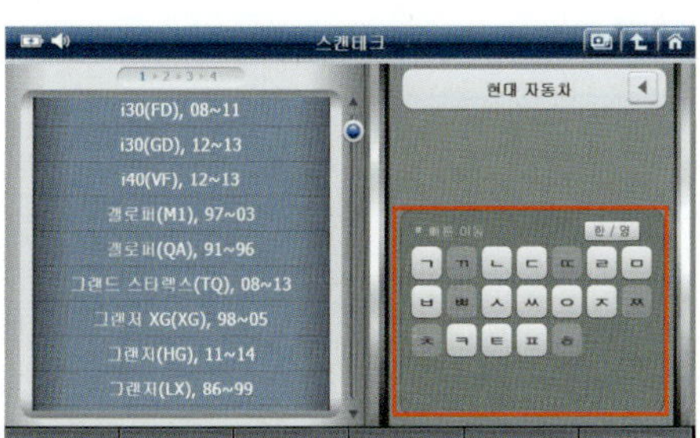

그림 33 | 차량의 모델 선택

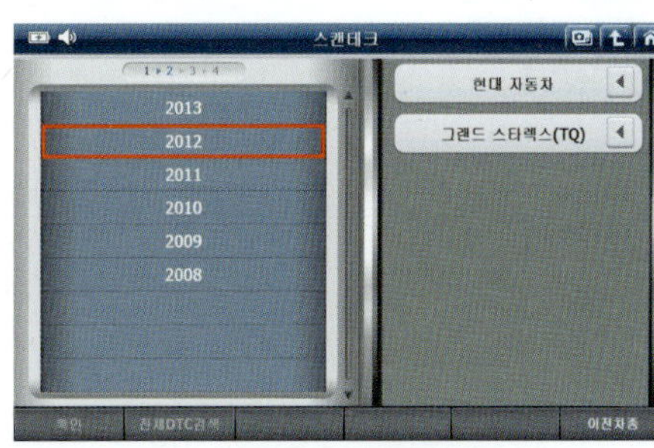

그림 34 | 연식 선택

- **이전차종** : 가장 최근에 선택했던 "차종선택"으로 설정하는 기능이다. 이전에 선택한 차량에 대한 차종 선택을 쉽게 할 수 있다.

• 연식 선택 : 연식 선택이 올바르지 않으면 통신 불량의 원인이 될 수 있다.

• 연료 타입 및 배기량 선택 : 연료 타입 및 배기량 설정이 올바르지 않으면, 차량 통신 불가 및 데이터 이상의 원인이 될 수 있다.

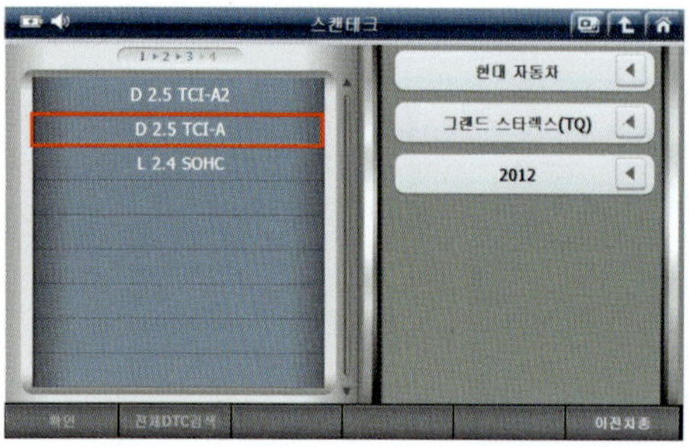

그림 35 | 연료 타입 및 배기량 선택

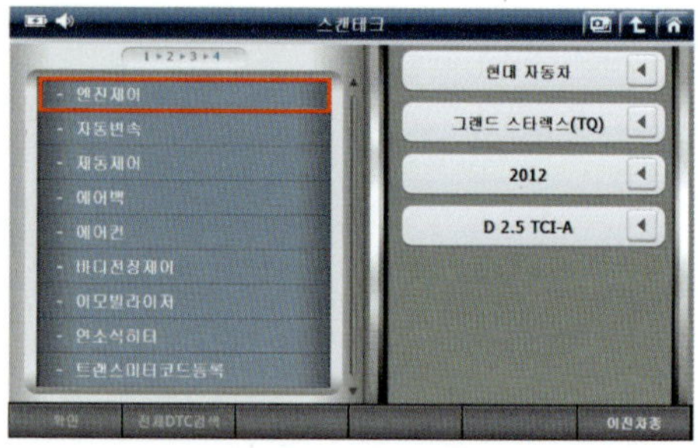

그림 36 | 시스템 선택

• 시스템 선택

• 시스템 선택이 완료되면 "확인"을 선택하여 차종 선택을 완료 한다.

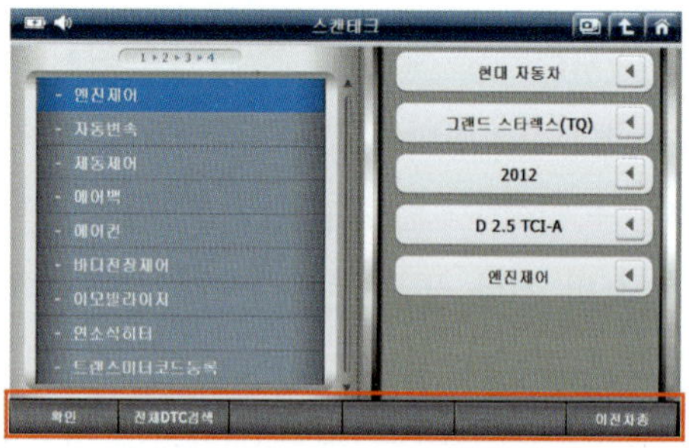

그림 37 | 차종 선택 완료

• **확인** : 차종선택 완료 시 "확인"버튼을 눌러 차종선택을 완료 한다.
• **전체DTC검색** : 차종선택 시 선택한 차량에 대한 전체 시스템에 대하여 고장코드를 검색 한다.
• **이전차종** : 가장 최근에 선택했던 "차종선택"으로 설정하는 기능이다.

• 차종선택을 완료한 후 차량과 통신하면 아래 그림과 같은 화면을 확인할 수 있다. 화면에 구성된 기능을 선택하여 선택한 차량에 대한 각 기능을 사용할 수 있다.

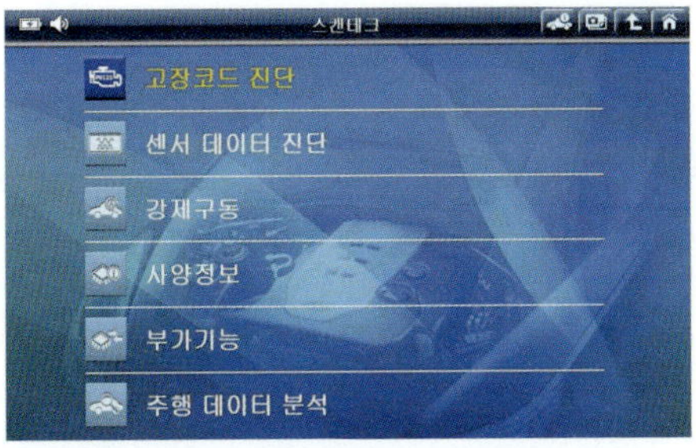

그림 38 | 스캔테크의 구성 기능

④ 고장코드 진단 : 진단차량의 각종 시스템을 구성하는 제어기(ECU)에 저장된 고장코드를 차량과 통신하여 확인할 수 있는 기능이다. 고장코드는 다른 표현으로 DTC(Diagnostics Trouble Code)라고도 한다.

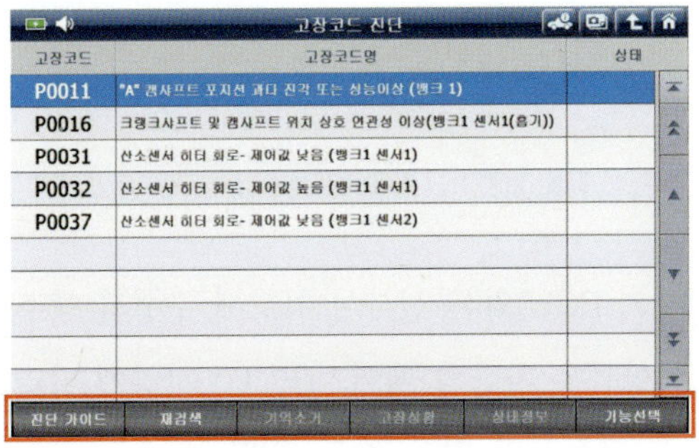

그림 39 | 고장코드

- **진단가이드** : 고장코드와 관계된 정보를 제공하는 기능이다. 이 기능은 해당 코장코드에 대한 정보가 있을 경우만 지원한다.
- **재검색** : 고장코드 검색을 재시도 한다.
- **기억소거** : 검색된 고장코드를 삭제하는 기능이다.
- **고장상황** : 발생한 고장코드에 관계된 데이터를 확인할 수 있는 기능이다. 이 기능은 특정 고장코드만 지원한다.
- **상태정보** : 고장코드의 상태를 확인할 수 있다. 특정 고장코드만 지원한다.
- **기능선택** : 동작 기능 및 듀얼모드를 실행하는 기능이다.

⑤ 센서 데이터 진단 : 차량의 각 시스템을 구성하는 제어기(ECU)와 통신하여 해당 시스템을 구성하는 데이터 항목을 확인할 수 있는 기능이다. 차량의 시스템에 따라 통신기능이 없는 제어기(ECU)가 있을 수 있으며, 이런 제어기가 적용된 차량의 시스템은 통신이 불가하다.

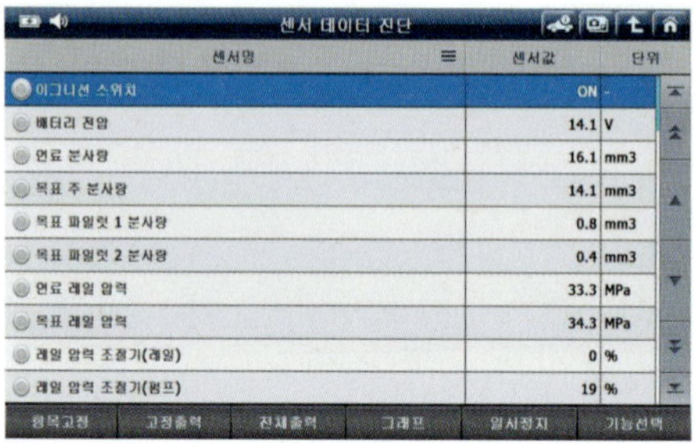

그림 40 | 센서데이터 진단

- **항목고정** : 센서데이터 항목을 선택하는 기능이다.
- **고정출력** : 사용자가 선택(고정)한 센서데이터 항목들만 데이터를 갱신할 수 있게 하는 기능으로 조금 더 조밀한 데이터 값을 확인할 수 있다.
- **전체출력** : 센서데이터 항목을 한 화면에 최대로 표현할 수 있어 찾고자 하는 데이터를 빠르게 검색할 때 유용한 기능이다.
- **그래프** : 선택한 센서데이터를 "그래프"로 볼 수 있어 센서 데이터의 추세와 경향을 분석하기에 유용하다. 그래프 모드에서 텍스트 모드로의 전환은 "텍스트"를 실행한다. 그래프 모드 상태에서 "항목리스트"를 실행하여 다른 항목 선택도 가능하다.
- **일시정지** : 진행 중인 센서데이터 출력을 일시 정지하는 기능이며, 시작으로 반전한다. 일시정지 시, 정지된 상태의 데이터를 저장할 수는 없다.
- **기능선택** : 동작 기능 및 듀얼 모드를 실행하는 기능이다.

⑥ 강제구동 : 차량의 제어기(ECU)와 통신하여 차량에 구성된 액추에이터를 구동하는 기능이다. 강제 구동 가능한 항목은 차량의 제어기(ECU) 사양에 따라 다르게 구성된다. 제어기(ECU)의 상태에 따라 작동하지 않을 수도 있다.

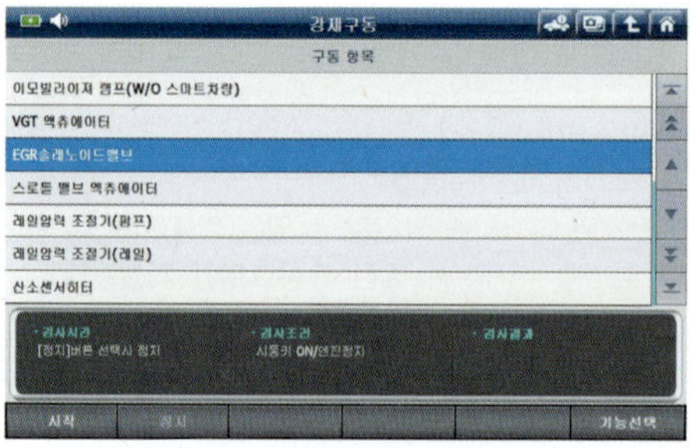

그림 41 | 강제구동

- **시작** : 액추에이터 테스트를 시작한다.
- **정지** : 액추에이터 테스트를 종료한다.
- **기능선택** : 각종 기능 및 듀얼모드를 실행하는 기능이다.

⑦ 사양정보 : 차량의 제어기(ECU)에 프로그램 정보를 확인할 수 있는 기능이다.

⑧ 부가기능 : 차량의 제어기(ECU)가 지원하는 "학습값 초기화", "이모빌라이져 등록", "인젝터 데이터 입력", "타이어압력모니터링", "증발가스 누설 시험"등 각종 기능을 사용할 수 있다. 부가 기능은 차량의 제어기(ECU)에 따라 지원하는 기능이 다르다.

06 GDS(Global Diagnostic System)

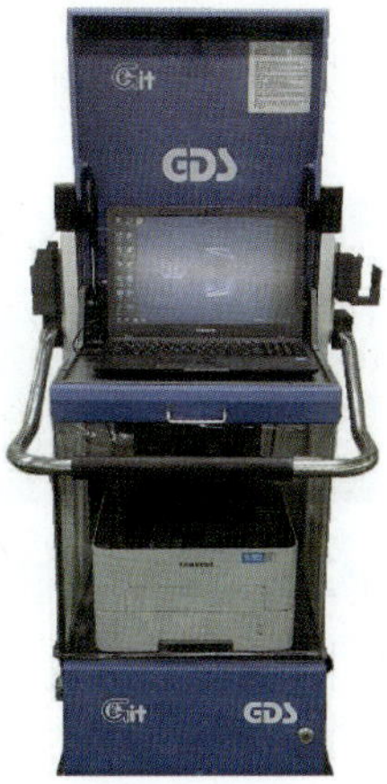

그림 42 | GDS

(1) VCI(Vehicle Communication Interface)

차량의 ECU와 연결하여 정보를 소통하는 장치이다.

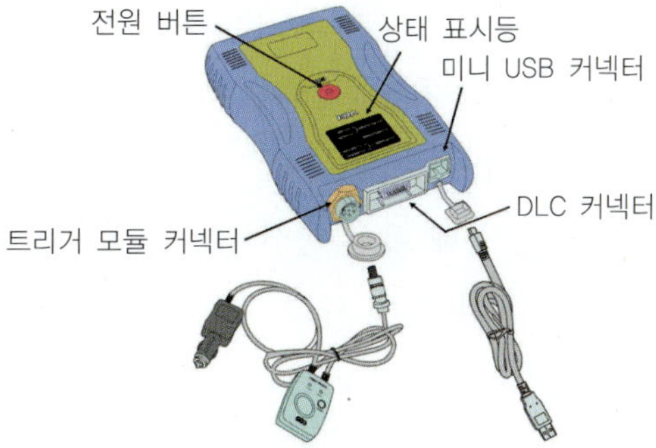

그림 43 | VCI 본체

1) VCI 본체 전원 ON, OFF

차량진단 커넥터에서 전원이 공급되는 경우에는 VCI 본체의 DLC 메인 케이블과 측정하고자 하는 차량을 연결한 다음 VCI 본체 전면의 ⓞ모양 전원 스위치를 누른다. 차량의 진단 커넥터에서 전원이 공급되지 않는 경우에는, VCI 트리거 모듈을 차량에 연결한 다음 VCI 본체 전면의 ⓞ모양 전원 스위치를 누른다. 필요시, 배터리 케이블을 이용하여 차량의 배터리와 직접 연결하여 VCI 본체에 전원을 공급할 수 있다. VCI 본체의 전원 스위치를 2~3초 정도 눌러서 VCI 본체의 전원을 끌 수 있다.

2) VCI 본체 상태 표시등

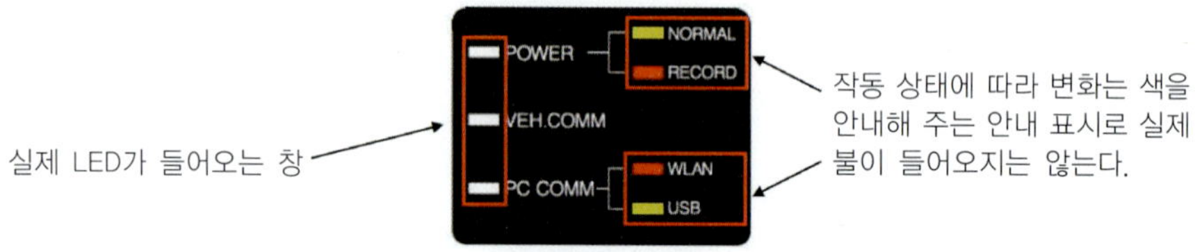

그림 44 | VCI 본체의 LED 상태

① POWER(전원) : VCI 본체의 LED들은 기능별로 서로 다른 색상으로 표시해 주어 VCI 본체의 작동 상태를 보여 준다.

- 녹색 : 일반 진단모드
- 적색 : 주행데이터 기록모드VEH.

② VEH.COMM(차량 통신 시) : VCI 본체와 차량 간의 통신 중인 상태를 보여 준다.

- 녹색 점멸(깜박거림) : 차량과 VCI 본체간 통신 중(프로그램을 종료하게 되면 LED는 꺼진다.)

③ PC COMM(정보 단말기 연결 시) : 정보 단말기(노트북)와 VCI 본체간의 연결 방법에 따라 서로 다른 색상을 표시해 준다.

- 녹색 : 미니 USB 케이블을 통해 유선 통신 시.
- 적색 : 무선 LAN을 통해 무선 통신 시.
- VCI 펌웨어 업데이트 동안 POWER, VEH.COMM 및 PC COMM LED는 오렌지색으로 켜진다.

3) VCI 본체와 메인 DLC 케이블의 연결

VCI 본체를 차량의 진단 커넥터와 연결하기 위해서는 DLC 메인 케이블을 VCI 본체에 먼저 연결해야 한다. VCI 본체와 차량을 연결 시 차량의 진단 컨넥터 위치를 확인한 후에 정확하게 연결하여야 하며, 연결이 불량할 경우 차량과의 통신에 문제를 일으킬 수 있다.

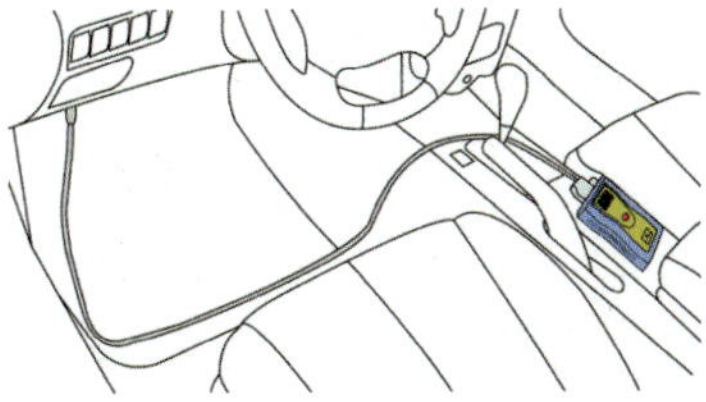

그림 45 | VCI 본체와 차량의 진단 커넥터 연결

4) 미니 USB 케이블 연결

VCI 본체와 정보 단말기(노트북)간의 통신을 위하여 미니 USB 케이블이 사용되며, VCI 본체의 무선 LAN 설정을 위하여 반드시 미니 USB케이블이 연결되어야 한다.

5) 트리거 모듈과 시가 전원 케이블의 설치

트리거 모듈은 두 가지 용도를 가지고 있다. VCI 본체에 전원(시가라이터 또는 배터리)을 공급하는 용도와 주행 데이터 기록시 트리거 스위치 기능으로 사용된다.

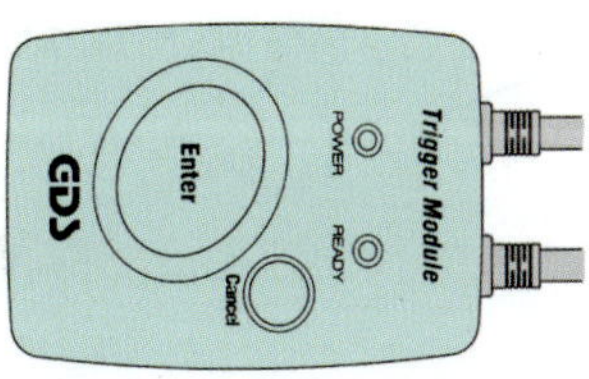

그림 46 | 트리거 모듈 버튼과 LED

① 트리거 모듈 전원 공급시 : 트리거 모듈이 차량과 정상적으로 연결되면 POWER LED에 적색 불이 들어온다.

② 트리거 모듈 스위치 조작시

- 주행 데이터 기록모드에서 "Enter"버튼을 눌러 저장한 통신 데이터들은 VCI 본체 메모리에 저장된다.
- "Cancel"버튼을 누르면 진행되던 저장 작업이 멈추게 된다.

• 주행 데이터 기록기능 활용 시 READY 버튼에 LED 가 2가지로 동작하게 되며, 녹색 불이 깜빡이게 되면 데이터가 VCI로 저장되고 있는 상태임을 나타내고. 녹색 불이 지속적으로 들어와 있는 것은 VCI 모듈이 ECU로부터 데이터를 모으고 있는 상태를 의미한다.

(2) VMI(Vehicle Measurement Interface)

VMI 에서는 멀티미터, 오실로스코프, 시뮬레이션 기능을 사용할 수 있다.

① 멀티미터 기능은 채널 프로브를 사용하여 전압, 저항, 주파수, 듀티(+), 듀티(-), 펄스(+), 펄스(-)를 측정할 수 있으며, 측정한 데이터를 현재값을 비롯하여 MAX(최대), MIN(최소), AVG(평균) 값으로 표시한다.

② 오실로스코프 기능은 2채널(CH-A, CH-B)모드 와 4채널(CH-A1, CH-A2, CH-B1, CH-B2)모드를 지원하며, 측정한 데이터를 MAX(최대), MIN(최소), AVG(평균) 값으로 표시한다.

③ 시뮬레이션 기능에서는 전압, 주파수, 액추에이터 제어 기능을 제공하여, 차량을 점검할 수 있다.

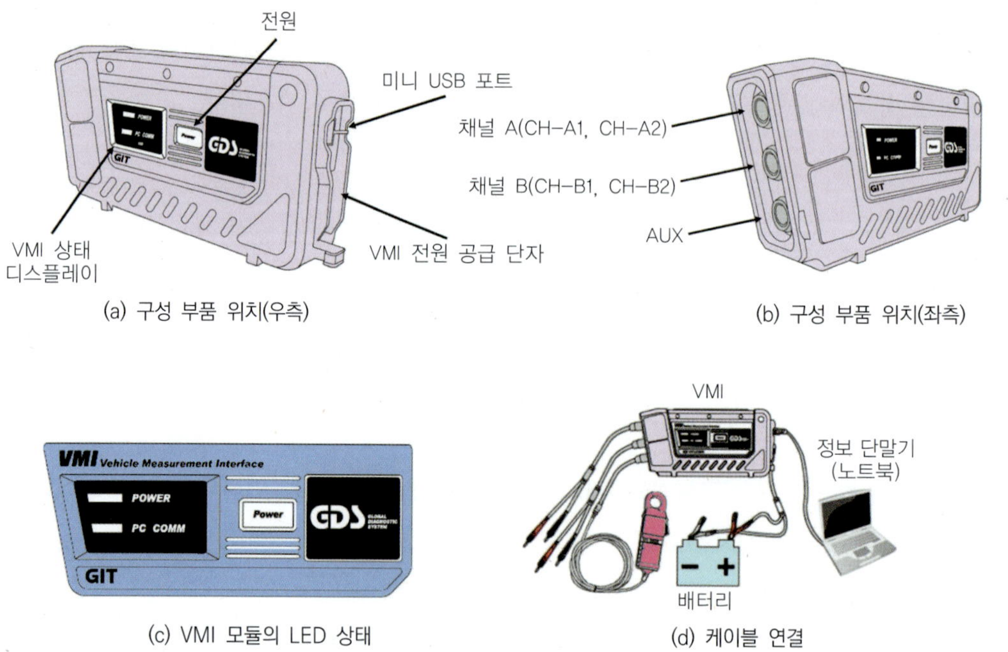

(a) 구성 부품 위치(우측)

(b) 구성 부품 위치(좌측)

(c) VMI 모듈의 LED 상태

(d) 케이블 연결

그림 47 | VMI

1) 전원 케이블 설치

VMI 본체 전원을 켜려면 먼저, VMI 배터리 케이블을 이용하여 차량 배터리에 연결 시 전원 케이블의 적색을 배터리의 (+), 검정색을 배터리의 (-)단자에 연결한다.

2) VMI 디스플레이 조작

VMI 중간에 위치한 POWER 버튼을 눌러 VMI의 전원을 켠다. VMI의 전원을 끄기 위해서는 POWER 버튼을 3초 이상 누른다. VMI 본체에는 작동 상태를 확인하기 위한 LED 디스플레이가 있다.

① POWER(전원) : VMI 본체 전원을 켜면 LED가 빨간색으로 켜진다.
② PC COMM(정보 단말기 연결 시) : VMI를 연결 후 오실로스코프, 멀티미터 등을 측정할 때 녹색 LED가 깜빡 거린다.(측정완료 후 프로그램을 종료하면 LED 는 소등된다.) VMI 펌웨어 업데이트 동안 POWER 및 PC COMM LED는 오렌지색으로 켜진다.

3) 미니 USB 케이블 설치

VMI 본체와 정보 단말기(노트북)를 연결하기 위해서는 미니 USB 케이블을 사용해야 한다.

4) 채널 프로브 설치

VMI 본체에 채널A, 채널B 및 AUX 프로브를 장착할 수 있다.

① 채널A는 오실로스코프 기능에서 개별 접지를 사용할 경우 1개의 채널을 지원하고 공통 접지를 사용할 경우 2개의 채널로 사용할 수 있다. 또한 시뮬레이션 기능에서 액추에이터 제어가 가능하다.
② 채널B는 개별 접지를 사용할 경우 1개의 채널을 지원하고 공통 접지를 사용할 경우 2개의 채널로 사용할 수 있으며, 시뮬레이션 기능에서는 전압 및 주파수 출력을 지원하며, 멀티미터 사용 시 활용된다. 또한 채널B 단자에 압력센서를 연결하여 차량의 압축압력 등을 측정할 수 있다.
③ AUX는 전류센서(대, 소 전류)를 연결하여 도선에 전류 값을 측정할 수 있다.

(3) GDS 기본동작

1) GDS 시작

소프트웨어 설치 후 바탕 화면에 있는 바로 가기 아이콘을 두 번 클릭하여 GDS를 시작한다.

그림 48 | 바탕 화면에 표시된 GDS 바로 가기 아이콘

그림 49 | GDS 로그인 화면

2) GDS 로그인

GDS를 실행하게 되면 GDS Login 화면이 표출되며, GDS 제품구매 시 발급받은 ID 와 Password를 입력하여 Login을 하게 되면 GDS 메인 화면이 열린다. 아이디 저장의 체크박스를 선택 시 마지막으로 로그인한 아이디 정보가 자동으로 저장된다. 만약! Login을 하지 않고 GDS 버튼을 선택하여 GDS 프로그램을 접속하게 되면 인터넷을 사용하는 기능(검색, Preparation 맞춤정보, Diagnosis 사례별 진단, 현상별 진단, Repair전 기능, Report 전 기능, 핫키(HOTKEY)의 정비정보 및 인터넷 업데이트)을 사용할 수 없다.

3) 메인 화면 레이아웃

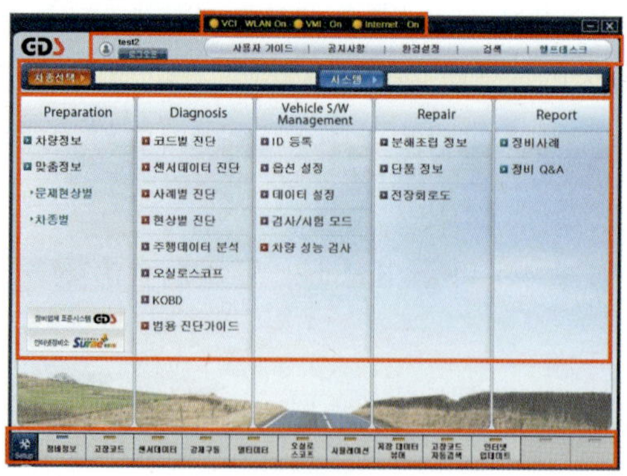

그림 50 | 메인 화면 레이아웃

① 첫번째 탭 메뉴 : 첫번째 탭에서는 VCI와 VMI 연결 상태 및 인터넷 연결 상태를 나타내는 행이다.

아이콘	설명
VCI : WLAN On	VCI의 전원이 ON되어 있으며, 정보 단말기(노트북)와 VCI 사이의 통신이 무선(WLAN)으로 연결된 상태를 표시한다.
VCI : USB On	VCI의 전원이 ON되어 있으며, 정보 단말기(노트북)와 VCI 사이의 통신이 유선(USB)으로 연결된 상태를 표시한다.
VCI : Off	VCI의 전원이 OFF된 상태를 표시한다.
VMI : On	VMI의 전원이 ON되어 있으며, 정보 단말기(노트북)와 VMI 사이의 통신이 연결된 상태를 표시한다.
VMI : Off	VMI의 전원이 OFF된 상태를 표시한다.
Internet : On	정보 단말기(노트북)가 유선 또는 무선으로 인터넷에 연결된 상태를 표시한다.
Internet : Off	정보 단말기(노트북)와 인터넷이 연결 되지 않은 상태를 표시한다.

② 두번째 탭 메뉴 : 두번째 탭에서는 사용자 정보 및 변경, 사용자 가이드, 공지사항, 환경설정, 검색, 헬프 데스크를 나타내는 행이다.

아이콘	설명
로그오프	로그인 창으로 이동하여, 사용자의 정보를 변경 할 수 있는 기능을 제공한다.
로그인	GDS 로그인을 하지 않은 경우에만 표출되며, 사용자 로그인 기능을 제공한다.
사용자 가이드	GDS 사용자 매뉴얼을 제공한다.
공지사항	공지사항은 GDS 사용시 필요한 정보에 대해 공지하여 이를 확인할 수 있는 기능이다.
환경설정	환경설정은 GDS의 정보를 확인할 수 있는 메뉴이며, 6개의 하위 메뉴로 구성되어 있다.
검색	사용자가 입력한 현상(제목)과 관련된 정보를 정비사례, 기술정보, 정비자료실 등에서 검색하는 기능을 지원한다.
헬프데스크	GDS 자주하는 질문, 유용한 유틸리티, GDS 건의사항, 원격 서비스로 구성되어 있다.

③ 세번째 탭 메뉴 : 세번째 탭에서는 차종선택과 시스템 선택을 할 수 있는 행이다.

아이콘	설명
차종선택 ▶	초기화면에서 차종선택 아이콘을 클릭하면 점검하고자 하는 차량의 연식/배기량/시스템 설정 및 고장코드 자동검색 기능의 실행여부 등을 지원한다.
시스템 ▶	현재 진단하고 있는 시스템을 표시해 주며 "시스템"아이콘선택 시 "GDS 시스템 선택" 창이 표출되어 진단하고자 하는 시스템으로 변경할 수 있다.

④ 네번째 탭 메뉴 : 네번째 탭에서는 진단 메뉴 표시 줄인 Preparation, Diagnosis, Vehicle S/W Management, Repair, Report의 5개 분류로 구성되어 해당 기능으로 연결되는 행이다.

• Preparation(준비) 메뉴 설명

아이콘	설명
차량정보	선택 된 차량의 세부 정보 및 고객 세부 정보 등을 확인할 수 있다.
맞춤정보	• 문제현상별 : 차종 선택 시 선택한 현상과 관련된 고장 현상을 수레닷컴 홈페이지와 연동하여 정보를 볼 수 있다. • 차종별 : 해당 차량에 대한 정비사례, 정비Q&A, 정비기술정보, 타이밍벨트정보를 수레닷컴 홈페이지와 연동하여 볼 수 있다.
정비업체 표준시스템 GDS	GDS 홈페이지(GDS.GITAUO.COM)로 접속할 때 사용하는 아이콘이며, 이 기능은 인터넷이 연결되어 있어야 활용 가능하다.
인터넷정비소 Surae	수레닷컴(www.Surae.com)으로 접속할 때 사용하는 아이콘이며, 이 기능은 인터넷이 연결되어 있어야 활용 가능하다.

• Diagnosis(진단) 메뉴 설명

아이콘	설명
코드별 진단	VCI와 ECU간에 통신으로 확인된 고장코드(DTC) 및 관련 정보를 제공한다.
센터데이터 진단	VCI와 ECU간에 통신으로 확인된 센서데이터 및 관련 정보를 제공한다.
사례별 진단	차종선택에서 선택한 문제 현상에 대한 사례를 제공한다.
현상별 진단	차종선택 기능에서 선택한 문제 현상에 대한 진단 지침서를 제공합니다.(본 기능은 현대, 기아의 일부 주요 차종에 대해 특별히 지원하는 기능으로써 쌍용, 르노삼성, GM대우 제조사의 차량은 현상별 진단을 지원하지 않는다.)
주행데이터 분석	차량의 현재 상태를 실시간으로 분석하여 고장코드 발견 시 자동으로 저장하는 기능과 복사, 분석의 기능을 제공한다.
오실로스코프	오실로스코프 기능을 제공한다.
KOBD	KOBD(KOREA ODB-II)규정을 지원하는 차량에서는 자기진단 케이블(DLC 케이블)을 통해 진단이 가능하다.
범용 진단가이드	범용적으로 사용할 수 있는 차량 진단의 가이드를 제공한다.

• Vehicle S/W Management(차량 S/W 관리) 메뉴 설명

아이콘	설명
ID 등록	이모빌라이저 , 인젝터 데이터입력 등 ECU 단품에 고유 ID를 입력하는 기능을 수행한다.
옵션 설정	차량의 각종 컨트롤 모듈의 옵션을 선택 저장하는 기능이다.
데이터 설정	ECU에 기억된 학습값 등을 초기화 작업을 하는 기능이다.
검사/시험 모드	차량의 특정 부분을 정밀하게 진단 할 수 있는 기능이다.
차량 성능 검사	차량의 성능을 다양한 검사 항목을 통하여 빠른 시간 안에 검사할 수 있는 기능이다.

• Repair(수리) 메뉴 설명

아이콘	설명
분해조립 정보	차량의 구성 부품과 탈거 및 장착 절차에 대한 정보를 제공한다.(쌍용, 르노삼성, GM대우 제조사의 차량은 분해조립 정보를 지원하지 않는다.)
단품 정보	차량의 구성 부품 관련 정보를 제공한다(쌍용, 르노삼성, GM대우 제조사의 차량은 단품 정보를 지원하지 않는다.)
전장회로도	전체 전장회로도를 제공합니다.

• Report(보고서) 메뉴 설명

아이콘	설명
정비사례	사용자가 GDS로 차량 진단 시 수리한 차량의 정비사례를 작성, 등록, 조회할 수 있다.
정비 Q&A	사용자가 GDS로 차량 진단 시 차량 정비에 대한 질문과 답변을 사이버 상에서 공유/처리하는 기능을 지원한다.

⑤ 다섯번째 탭 메뉴 : 다섯번째 탭에서는 GDS 기능사용 중 다른 기능으로 바로 이동할 수 있는 핫키(Hotkey)로 구성 되어 있다.

• 핫키(HOTKEY)아이콘 설정 (Setting) 메뉴 설명 : 핫키(HOTKEY)는 GDS기능 사용 중 빠르게 다른 기능으로 이동할 때 사용되는 기능이며, 최대한 화면에 12개까지 보여줄 수 있다.

그림 51 | 핫키(HOTKEY) 메뉴바

핫키 설정은 좌측 하단의 "Setup" 버튼을 클릭하여 아래 그림과 같이 핫키 추가, 제거 및 위치 변경을 할 수 있다.

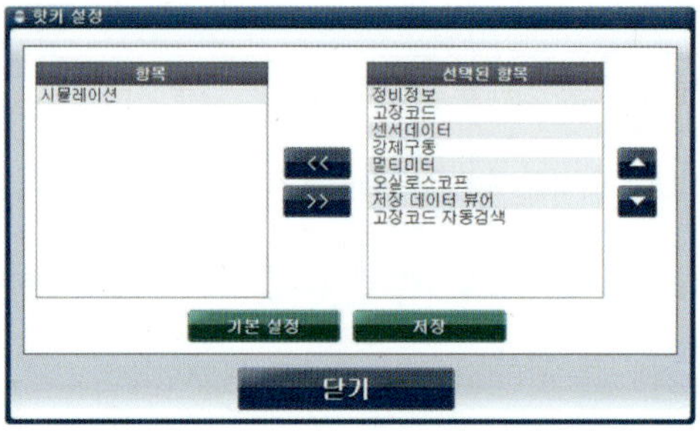

그림 52 | 아이콘에 대한 사용자 설정

• 핫키 설정 아이콘

아이콘	설명
<<	선택된 항목을 핫키 메뉴에서 제거한다.
>>	선택된 항목을 핫키 메뉴에 추가한다.
	선택된 항목을 핫키 메뉴 좌측으로 이동한다.
	선택된 항목을 핫키 메뉴 우측으로 이동한다.
기본 설정	GDS 프로그램에서 설정된 초기 값으로 변경된다.
저장	사용자가 설정한 값을 저장한다.
닫기	핫키 설정 창을 닫는다.

• 핫키 설명

아이콘	설명
정비정보	코드별 진단 가이드 및 정비지침서, 전장회로도 등의 정비정보를 확인할 수 있는 아이콘이다.
고장코드	Diagnosis(진단) 메뉴의 "코드별 진단"기능에 연결되는 아이콘이다.
센서데이터	Diagnosis(진단) 메뉴의 "센서데이터 진단"기능에 연결되는 아이콘이다.
강제구동	차종 선택 시 선택한 시스템에서 지원되는 액추에이터 구동/정지 기능을 수행할 수 있는 "강제구동 테스트"기능의 아이콘이다.

아이콘	설명
멀티미터	멀티미터는 차종선택 없이 바로 연결되는 아이콘이다.
오실로스코프	Diagnosis(진단) 메뉴의 "오실로스코프"기능에 연결되는 바로 가기 아이콘이다.
시뮬레이션	Diagnosis(진단) 메뉴의 "시뮬레이션"기능에 연결되는 바로 가기 아이콘이다.
고장코드 자동검색	• 고장코드 자동검색 : 고장코드 자동검색 기능을 사용하지 않은 상태를 표시한다. • 고장코드 자동검색 : 고장코드 자동검색이 "진행 중"일 때 상태이다. • DTC Found 고장코드 자동검색 : 검색된 고장코드(DTC)가 있음을 표시합니다. 고장코드(DTC)가 검색된 경우 핫키(HOTKEY) 아이콘을 클릭하여 "고장코드(DTC) 목록"을 확인할 수 있다. • No DTC 고장코드 자동검색 : 검색된 고장코드(DTC)가 없음을 표시한다.
저장 데이터 뷰어	저장된 데이터를 차종선택 없이 "GDS Data Viewer"화면에서 간단하게 확인할 수 있는 아이콘이다.
인터넷 업데이트	GDS가 인터넷에 연결되면 최신버전의 프로그램으로 업데이트를 쉽게 할 수 있는 아이콘 이다.

4) 차종선택

GDS 메인 화면에서 "차종선택"버튼을 클릭하면 차종선택 화면이 표시된다. 차종선택은 3가지 방법으로 진단하고자 하는 차량을 선택할 수 있다.

① 차량(고객) 정보를 저장하여 조회를 통해 차종선택
② 차종 및 연식을 사용자가 직접 입력하여 차종선택
③ 이전 차량 버튼을 눌러 차종선택(최종 조회한 차종이 선택되는 기능)

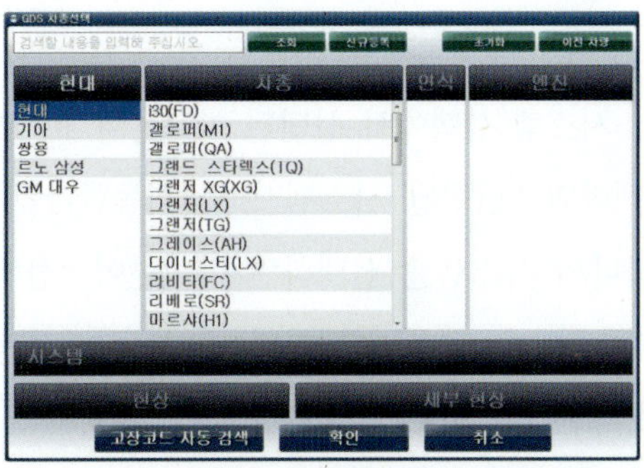

그림 53 | 차종선택

GDS 차종선택을 클릭 시 GDS 차종선택 창이 표출되며 차량 제조사, 차종, 연식, 엔진형식을 순차적으로 선택하고 차종 선택이 완료되면 시스템 선택 창이 표출되며, 진단할 시스템을 선택한다.

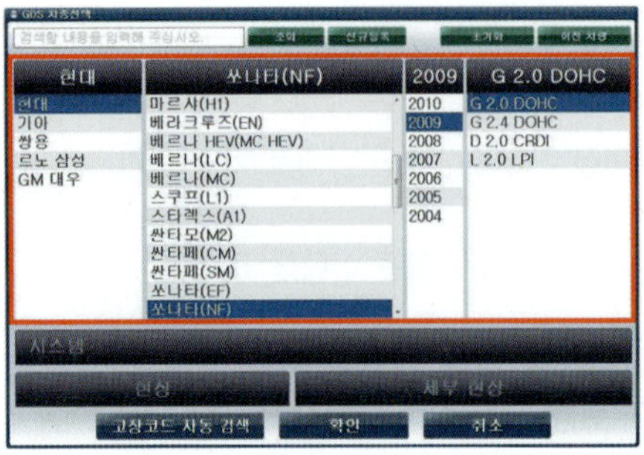

그림 54 | 차종 정보 선택

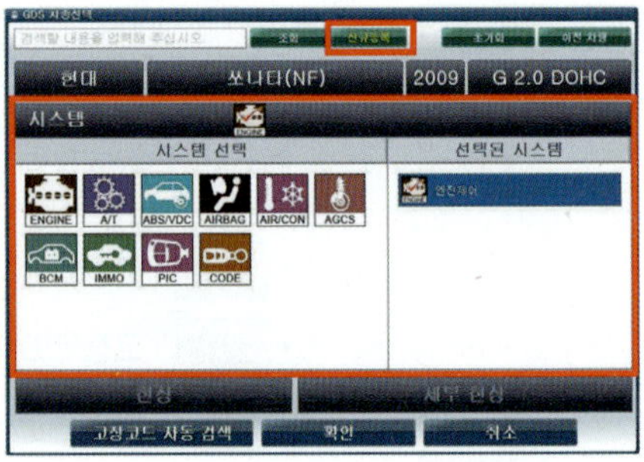

그림 55 | 시스템 선택

차량진단을 위한 시스템 선택은 단일 또는 다중 선택이 가능하며, 하나 이상의 ECU에 대해 고장코드(DTC) 데이터를 검색(고장코드 자동/수동검색) 할 수 있다.

그림 56 | 다중 시스템 선택

① 시스템 선택 (좌측) : 차량에 지원하는 시스템(엔진제어, 자동변속, 제동제어 등) 목록 아이콘이 있다.

② 선택된 시스템 (우측) : 시스템 선택에서 선택된 아이콘이 표시된다. 진단하고자 하는 해당 시스템 아이콘을 선택하면 "선택된 시스템"으로 이동한다.

③ 단일 시스템 선택 : 하나의 시스템을 선택하면 아이콘이 "선택된 시스템"으로 이동한다.

④ 다중 시스템 선택 : 다수의 시스템을 선택하면 아이콘이 "선택된 시스템"으로 이동한다.

⑤ 선택한 시스템을 취소 : 선택된 시스템 상자의 해당 아이콘을 두 번 클릭하면 취소되며, 취소된 시스템 아이콘은 시스템 선택 상자로 다시 복귀한다.

(4) GDS 진단(Diagnosis)

1) 코드별 진단

① 코드별 진단 검색 : "코드별 진단"기능에서는 특정 시스템의 고장코드(DTC)를 검색하고 발견된 고장코드(DTC)에 대한 진단 절차와 진단에 필요한 정비정보들을 검색한다. 이 기능을 실행하기 위해서는 두 가지 방법이 있다.

- 메인 페이지에서 "코드별 진단"을 선택한다.
- 메인 페이지의 하단에서 "고장코드"버튼을 선택한다.

"코드별 진단"메뉴를 선택하면 VCI 본체와 전자 제어 모듈(ECU) 간의 통신을 통해 진단을 시작한다.

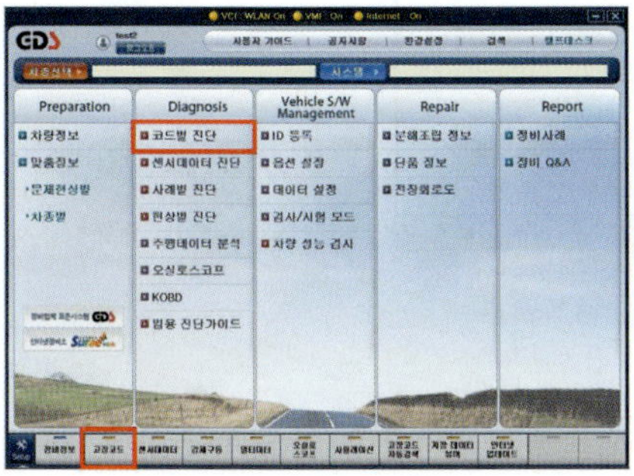

그림 57 | 코드별 진단

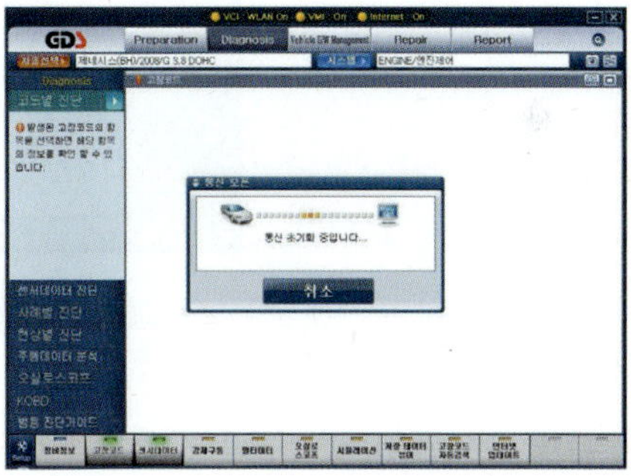

그림 58 | 코드별 진단 - 통신 오픈

② 코드별 진단 검색결과 : 전자제어 모듈(ECU)과 통신하면 화면 상단 부에 고장코드(DTC)가 검색되고 화면 하단 부에 센서출력이 표시된다. 화면 왼쪽 Diagnosis 메뉴에서 코드별 진단 화면은 현재 선택된 차량에서 검색된 고장코드(DTC)항목의 선택에 대해 자동으로 고장코드 정보가 표출된다.(코드별 진단은 모든 차량에서 지원되지 않으며, 최신 차종을 위주로 계속적으로 인터넷업데이트를 통해 지원 예정이다.) 화면 좌측의 메뉴 화면에서 센서데이터 진단, 사례별 진단, 현상별 진단, 주행데이터 분석, 오실로스코프, KOBD, 범용 진단가이드 메뉴를 선택 시 해당하는 메뉴로 바로 이동 한다.

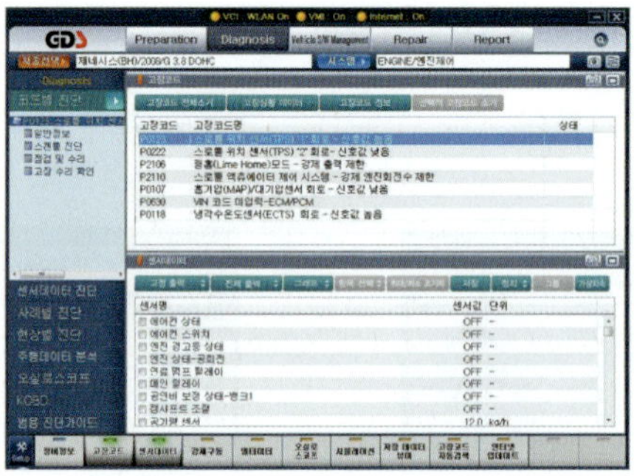

그림 59 | 코드별 진단 검색결과

③ DTC 화면 설명 : 코드별 진단에서 상위 화면 창에는 DTC 진단 화면이 표출되며, 화면구성은 고장코드, 고장코드명, 상태로 표시되고 화면 구성은 디스플레이 오른쪽 상단에 있는 (확대)/(축소) 아이콘을 사용하여 고장코드(DTC) 화면을 확대/축소하여 볼 수 있다.

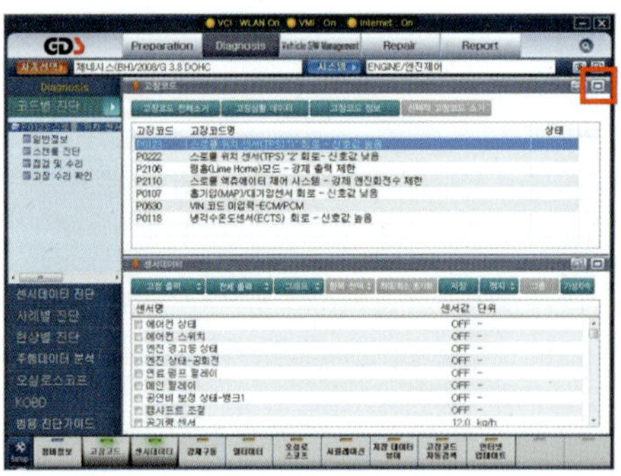

그림 60 | 코드별 진단 축소화면

그림 61 | 코드별 진단 확대화면

고장코드(DTC) 재통신은 일정주기마다 자동으로 갱신되며, 현재상태의 고장코드를 표시해준다. 상태메뉴의 Retry 선택하여 사용자가 원할 때 차량 재 통신을 할 수 있다. 진단 화면 위치는 상하 전환이 가능하며 오른쪽 상단 아이콘을 선택 시 아래 그림과 같이 전환된다.

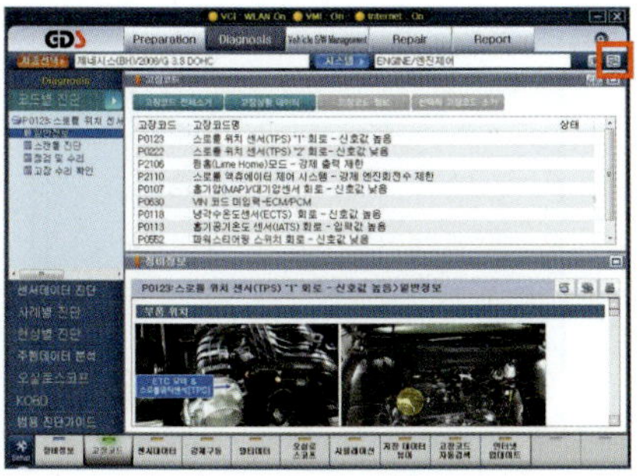

(a) 화면 상하 전환 전

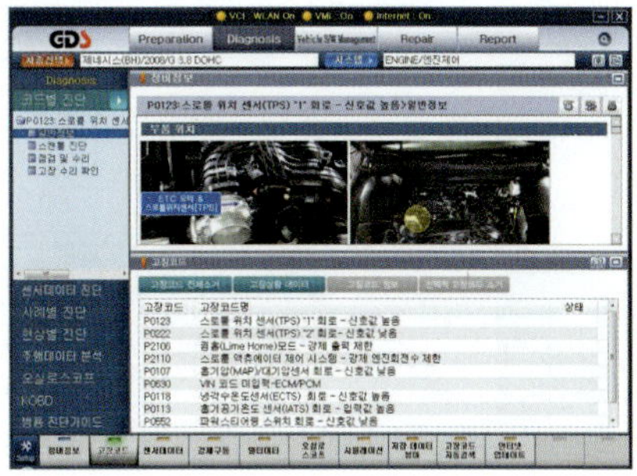

(b) 화면 상하 전환 후

그림 62 | 화면 상하 전환

④ 고장코드 전체 소거 : 코드별 진단 기능 메뉴 중 “고장코드 전체 소거”버튼 기능은 현재 시스템에서 발견된 모든 고장코드(DTC)를 소거하는 기능이다.

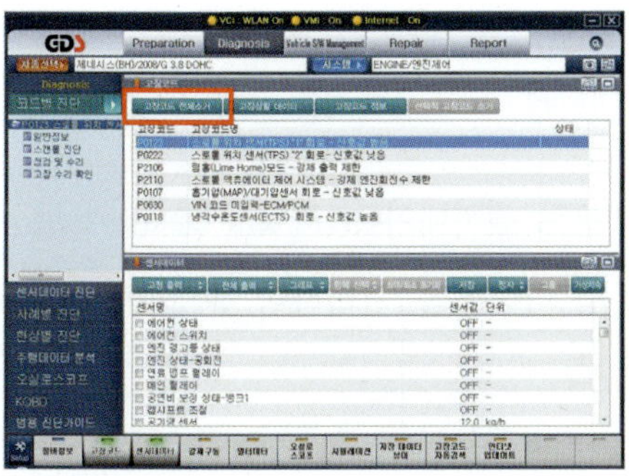

그림 6. | 고장코드 전체 소거 메뉴항목

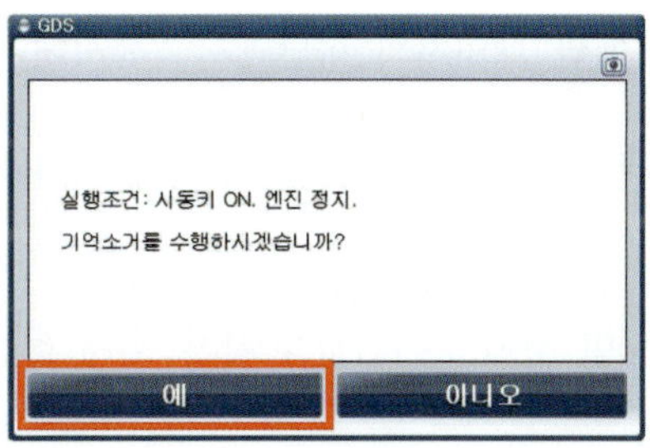

그림 64 | 고장코드 기억 소거

⑤ 선택적 고장코드 소거(Erase Selective DTC) : "선택적 고장코드 소거"기능은 지정된 제어 모듈에서 선택한 고장코드(DTC)만을 소거하는 기능이다.(선택적 고장코드 소거 기능은 차량에서 지원되는 전자 제어 모듈에만 적용된다.) 고장코드(DTC) 항목을 소거하려면 먼저 해당 고장코드 항목을 선택하고 선택적 고장코드 소거 버튼을 누른다.

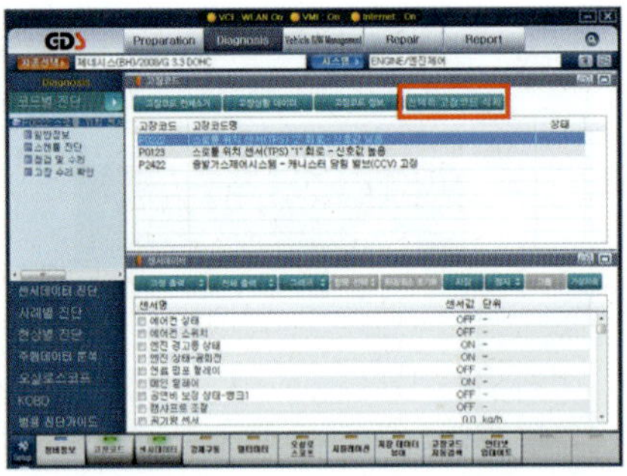

그림 65 | 선택적 고장코드 소거

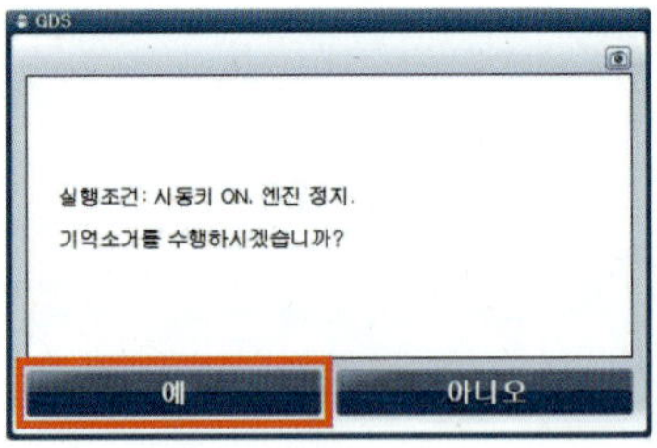

그림 66 | 고장코드 기억 소거

2) 센서데이터 진단

"센서데이터 진단"기능에서는 차량과의 통신을 통하여 차량에 장착된 센서와 액추에이터 등의 상태 및 데이터 결과를 확인한다. 이 기능을 실행하기 위해서는 두 가지 방법이 있다.

① 메인 페이지에서 "센서데이터 진단"을 선택한다.

② 메인 페이지의 하단에서 "센서데이터"를 선택한다.

"센서데이터 진단"을 선택 하게 되면 분할된 화면으로 센서데이터(Current Data) 와 고장코드(DTC) 데이터가 표시된다. 화면 (확대)/(축소) 아이콘을 선택하여 센서데이터(Current Data) 및 고장코드(DTC) 창을 확대/축소 할 수 있다.

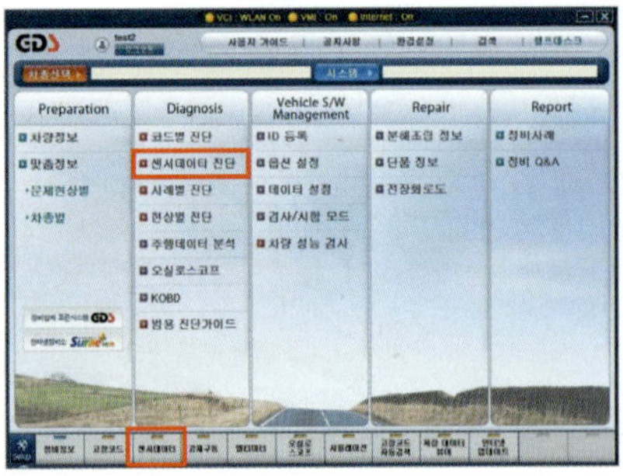

그림 67 | 센서데이터 진단

그림 68 | 센서데이터 진단 초기화면

센서데이터 진단 중 특정 센서 항목만을 고정출력 하고자 할 때 고정출력 기능을 이용하여 출력할 수 있다. 센서 명 옆에 있는 체크박스를 선택한 후 "고정출력"버튼을 클릭하게 되면 센서 항목이 고정 출력되어 표출된다. 기본 모드로 다시 전환하려면 "고정출력 해제"버튼을 클릭한다.

전체 출력은 두 개의 분할 화면으로 모든 센서데이터 값을 표시하는 기능으로 전체 출력으로 보다 다시 한 개의 영역으로 보려면 "표준출력"버튼을 선택하면 된다.("고정출력"및 "그래프 모드"기능은 "전체출력"을 할 수 없다.)

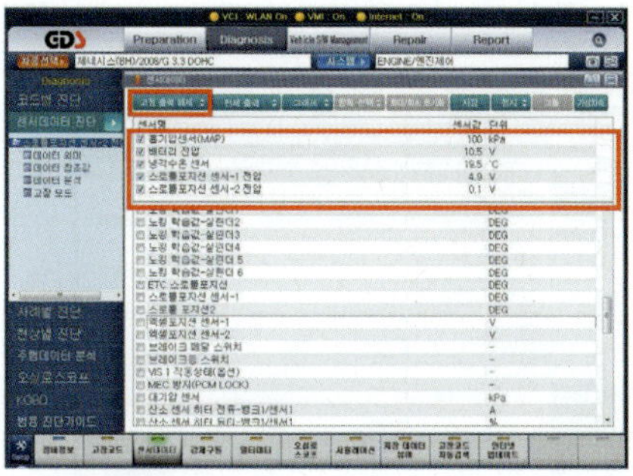

그림 69 | 센서 데이터 고정출력

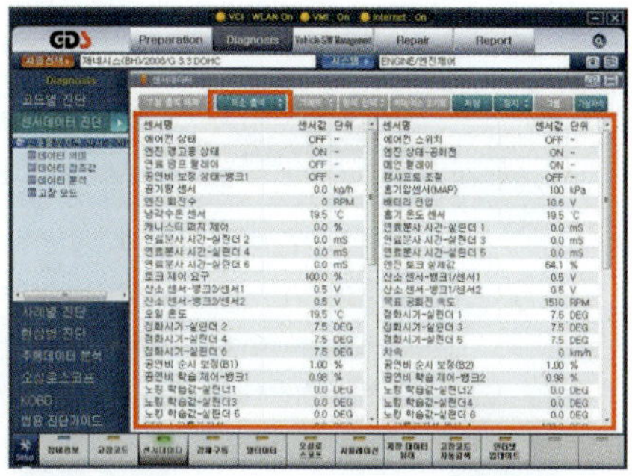

그림 70 | 센서 데이터 전체출력

기본 표시 형식은 "텍스트"모드이며. "그래프"모드로 전환하려면 센서 명 옆에 있는 체크 박스를 체크한 후 "그래프"버튼을 클릭하게 되면 그래프 모드로 전환된다.(텍스트 모드로 다시 전환하려면 "텍스트"버튼을 클릭한다.) Graph 모드는 최대 8개까지 항목선택이 가능하다.

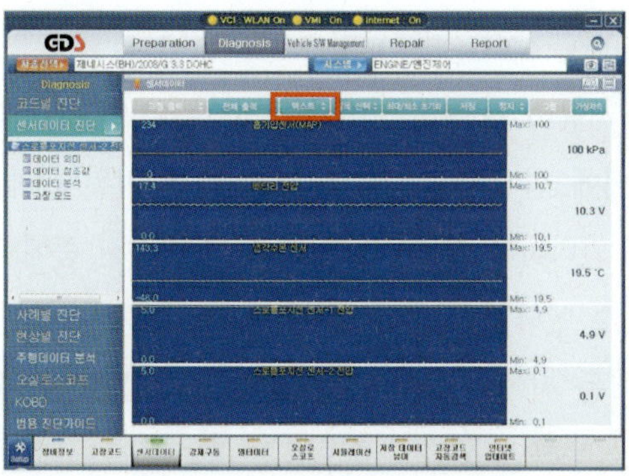

그림 71 | 센서 데이터 그래프

3) 강제구동 테스트

"강제구동 테스트"모드는 차량의 단품을 강제적으로 작동을 시키거나 정지시켜 해당 단품의 이상 유무를 판단 할 수 있도록 하는 기능이다.

강제구동 테스트는 구동항목 별로 검사조건이 다를 수 있으므로 확인 후, 테스트를 진행해야 한다. 구동항목을 선택 후 "시작"버튼을 클릭한다. "정지"버튼을 클릭할 때까지 테스트가 계속된다.(일부 액추에이터는 ECU 특성에 따라 작동구동 시간이 짧게 설정되어 스스로 "정지"할 수 있다.)강제구동 테스트 결과(ECU에 따라 다름)는 "검사결과"항목에서 확인할 수 있으며, 단품의 소리, 시각적 현상 또는 해당 센서데이터를 통해서도 확인할 수 있다.

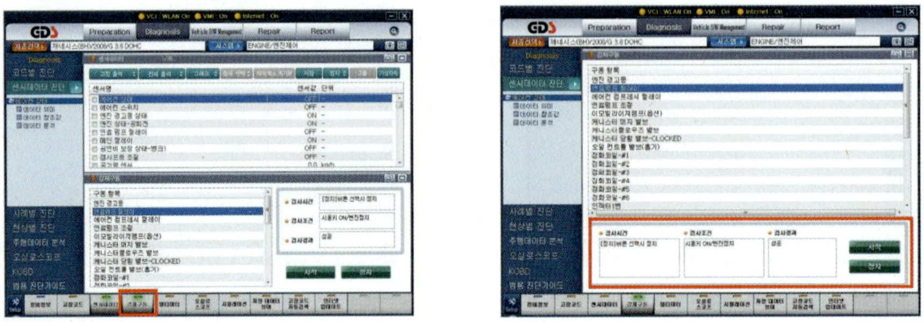

(a) 축소모드 화면 (b) 확대모드 화면

그림 72 | 강제구동

4) 멀티미터

멀티미터 기능에서 측정 가능한 항목은 전압, 저항, 주파수, 듀티(±), 펄스(±) 이며 각 항목별 데이터를 동시에 MAX(최대), AVG(평균) 및 MIN(최소) 값으로 표시하도록 구성되어 있다. 멀티미터 모드는 채널 B만 사용이 가능하며, 전압 등의 기본적인 기능 사용 시 흑색 프로브는(-)에 연결하고 적색 프로브는(+)에 연결한다. 멀티미터는 스펙 범위 내에서 측정 범위와 화면출력 상태가 자동으로 전환된다. 멀티미터 기능은 차량과 스캔툴 통신 중에도 활용이 가능하며, 자유롭게 멀티미터 창을 이동할 수 있다. 단, 오실로스코프 및 시뮬레이션 기능에서는 동시에 사용할 수 없다. 멀티미터 창을 이동 시에는 상단 

부분을 클릭한 상태에서 원하는 위치로 이동하면 된다.

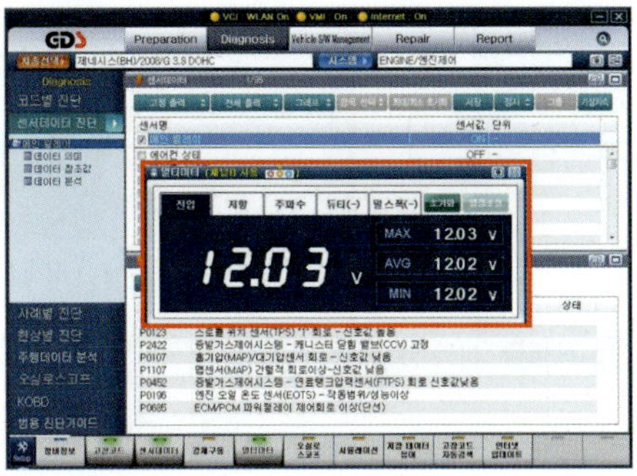

그림 73 | 멀티미터 기능 팝업 화면

① 전압 측정 : 전압은 채널 B를 사용하여 측정하며 출력은 MAX, MIN, AVG로 표시된다. 측정 방법은 (-)프로브와 (+)프로브를 사용하여 두 프로브 사이의 전압 차이를 확인한다. “초기화”를 누르면 모든 전압 값(MAX, MIN, AVG)이 0으로 재설정 되며 VMI에 의해 측정된 현재의 새로운 데이터가 표시된다. 영점조정은 전압측정 모드에서는 지원되지 않는다.

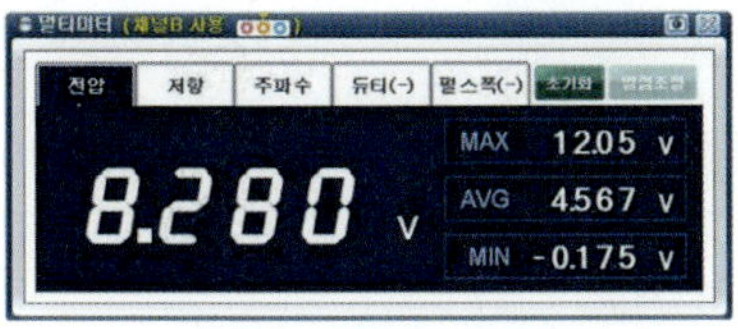

그림 74 | 전압 측정

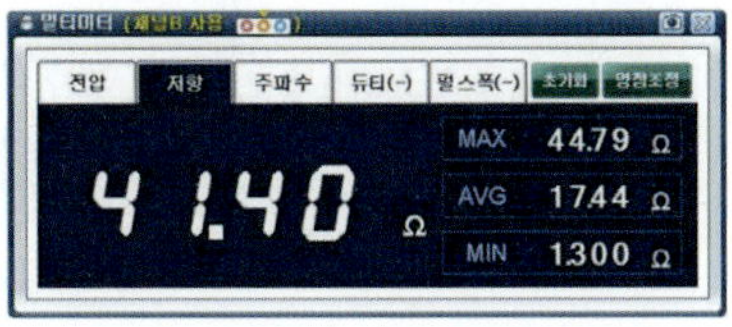

그림 75 | 저항 측정

② 저항 측정 : 저항은 채널 B를 사용하여 측정하며 출력은 MAX, MIN, AVG로 표시된다. 측정 방법은 (-)프로브 와 (+)프로브를 사용하여 두 프로브 사이의 저항을 확인한다. “초기화”을 누르면 모든 저항 값 (MAX, MIN, AVG)이 0으로 재설정 되며 VMI에 의해 측정된 현재의 새로운 데이터가 표시된다. 저항을 측정하기 전에 “영점조정”을 사용하여 0점 조정을 수행한다. 프로브를 연결하지 않으면 “OL”이 표시된다.

정확한 값을 측정하려면 측정을 수행하기 전에 항상 “영점조정”을 사용하여 0점 조정을 수행한다. (+) 와 (-) 프로브를 연결하고 “영점조정”버튼을 누른다.

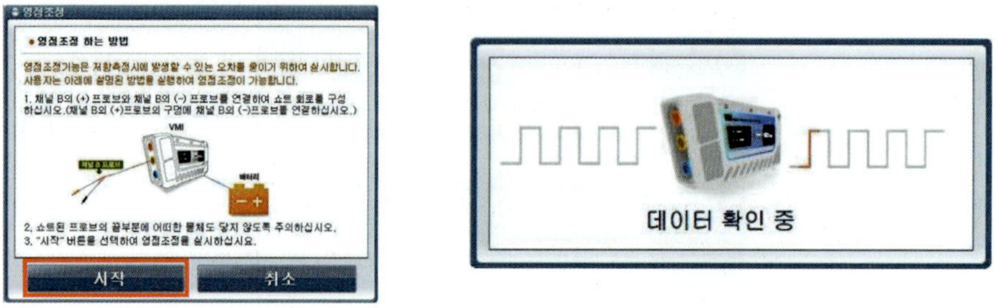

(a) 영점 조정 준비 단계　　(b) 영점 조정 실시 중

그림 76 | 저항 영점 조정

성공적으로 영점 조정이 완료되면 다음 팝업 창이 표시된다. 확인을 눌러 저항 측정을 계속한다.

그림 77 | 영점 조정 완료

③ 주파수 측정 : 주파수는 채널 B를 사용하여 측정하며 출력은 MAX, MIN, AVG로 표시된다. 주파수는 Hz로 표시되거나 1초의 시간 동안 발생되는 사이클 수로 표시된다. 디스플레이가60.10Hz를 표시하는 경우 1초의 시간 동안 60.10사이클이 발생된 것을 의미한다. "초기화"를 누르면 모든 주파수 값(MAX, MIN, AVG)이 0으로 재설정 되며 VMI에 의해 측정된 현재의 새로운 데이터가 표시된다. 영점조정은 주파수 모드에서 지원되지 않는다. 프로브를 연결하지 않으면 "OL"이 표시된다.

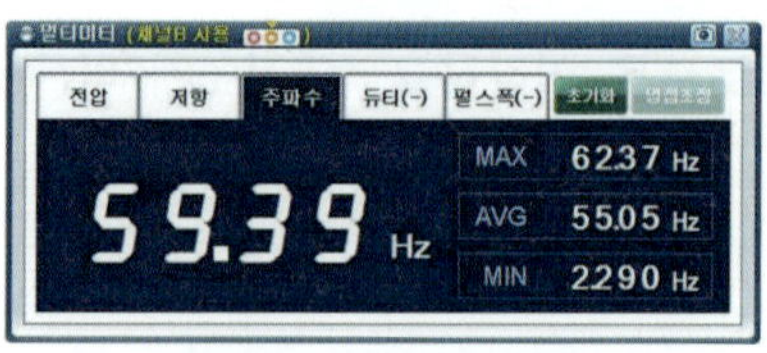

그림 78 | 주파수 측정

④ 듀티 측정 : 듀티는 채널 B를 사용하여 측정하며 출력은 (+)듀티 및 (-)듀티가 0%~100%의 (MAX, MIN, AVG) 으로 표시된다. 듀티를 한 번 클릭하면 실행되고 듀티(-)를 다시 클릭하면 (-)값이 (+)값으로 변경된다. “초기화”를 누르면 모든 듀티 값(MAX, MIN, AVG)이 0으로 재설정 되며 VMI에 의해 측정된 현재의 새로운 데이터가 표시된다. 영점조정은 듀티 모드에서 지원되지 않는다.

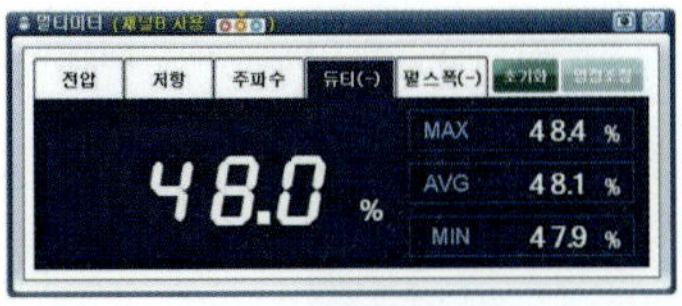

(a) (-) 듀티 측정

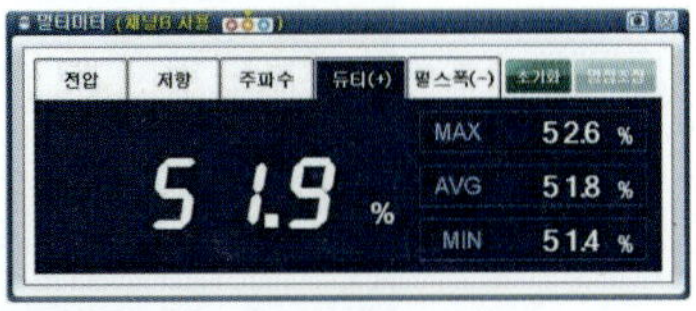

(b) (+) 듀티 측정

그림 79 | 듀티 측정

⑤ 펄스 폭 측정 : 펄스는 채널 B를 사용하여 측정하며 초 단위 시간 함수로 표시된다. 펄스를 한 번 클릭하면 실행되고 펄스 (-)를 다시 클릭하면 (-)값이 (+)값으로 변경된다. “초기화”를 누르면 모든 펄스 값(MAX, MIN, AVG)이 0으로 재설정 되며 VMI에 의해 측정된 현재의 새로운 데이터가 표시된다. 영점조정은 펄스 모드에서 지원되지 않는다.

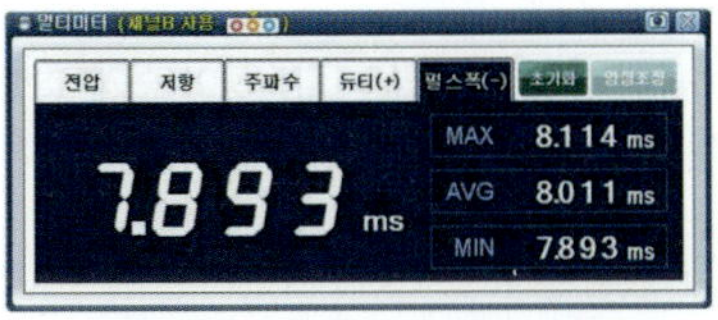

(a) (–)펄스 폭 측정

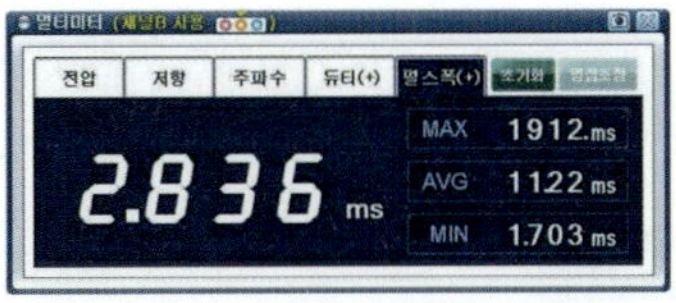

(b) (+)펄스 폭 측정

그림 80 | 펄스 폭 측정

5) 오실로스코프

오실로스코프 기능은 총 4개의 채널을 사용하며 2채널 모드(접지분리)와 4채널 모드(접지공통)로 사용할 수 있다. 채널 프로브를 통해 측정된 파형은 커서 A와 커서 B값과 커서 A와 B사이의 최소값, 최대값, 평균값, 주파수, 듀티(-), 듀티(+) 값을 측정할 수 있다.

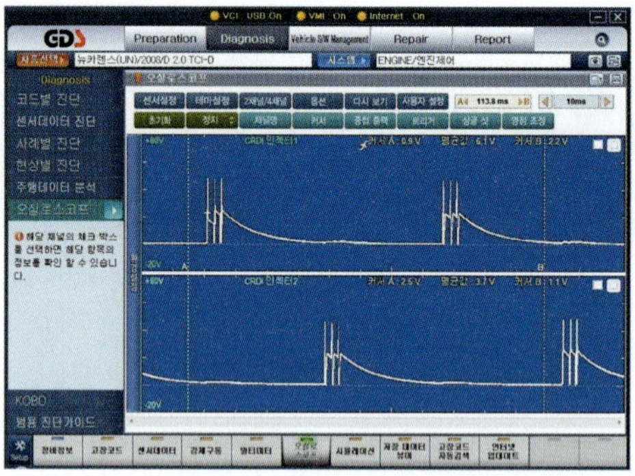

그림 81 | 오실로스코프 기능

① 아이콘 설명

아이콘	설명
센서설정	각 센서의 단품을 쉽게 측정할 수 있도록 적합한 환경을 미리 설정해 주는 기능의 메뉴이다.
테마설정	정비현장에서 자주 사용되는 항목들에 대해 테마별로 지정하여 쉽게 측정할 수 있도록 적합한 환경을 미리 설정해 주는 기능의 메뉴이다.
2채널/4채널	2채널 모드 와 4채널 모드 간에 전환한다.
옵션	VMI의 부가적인 센서(대/소 전류, 압력)를 장착하여 사용할 수 있는 기능이다.
다시 보기	저장된 데이터를 불러온다.
사용자 설정	사용자가 원하는 오실로스코프 측정범위를 설정하여 저장 또는 불러올 수 있는 기능의 메뉴이다.
초기화	측정된 데이터를 적절한 설정으로 재설정한다.
시작 정지	현재 파형의 “시작”또는 “정지”를 제어하는 버튼이다.
채널명	선택한 채널의 이름을 설정한다.
커서	커서 A와 커서 B를 전환하는 기능으로 버튼을 클릭할 때 마다커서 A가 커서 B로 설정되거나 커서 B가 커서 A로 설정되어 커서의 위치를 변경할 수 있다.

아이콘	설명
중첩 출력	한 화면에 모든 채널의 파형을 중첩으로 보여준다.
트리거	"Trig UP" ↔ "Trig DOWN" ↔ "NO TRIG"를 제어하는 트리거 버튼이다.
싱글 샷	사용자에 의해 트리거한 위치에 파형을 고정하고자 할 때 사용하는 기능으로 TPS와 같은 파형을 급가속 시험모드로 측정 시 사용한다.
영점 조정	영점조정 기능으로 옵션 기능에서만 사용 가능하다.
저장	오실로스코프 상에 데이터를 저장한다.(현재 파형이 정지되었을 때 아이콘이 활성화된다.)
	그래프를 왼쪽 또는 오른쪽으로 이동하는 데 사용된다. 현재 화면이 "정지"또는 "다시 보기"모드에 있을 경우에만 사용된다.
A◀ 12.00 ms ▶B	커서 A와 B 사이의 시간을 표시한다.
◀ 1ms ▶	그래프 시간 축 해상도를 변경하는 버튼으로 오실로스코프 시간 축을 한 눈금(구간)당 단위로 설정한다.

② 센서 설정 : 센서 설정 기능은 자동차 진단에 필수적인 센서 및 액추에이터의 단품검사를 스코프를 이용해 신속하고 편리하게 점검할 수 있도록 측정에 적합한 환경을 미리 설정해 주는 기능이다. 이 기능을 실행하면 사용자가 다양한 센서들을 조합하여 측정할 수 있도록 설정할 수 있는 창이 나타난다. 엔진 및 변속기를 지원한다.

그림 82 | 센서 설정

③ 테마설정 : 테마설정 기능은 자동차 진단에 복합적으로 분석해야 하는 센서 및 액추에이터들을 사용자가 신속하고 편리하게 점검 할 수 있도록 측정에 적합한 환경을 미리 설정해 놓는 기능이다.

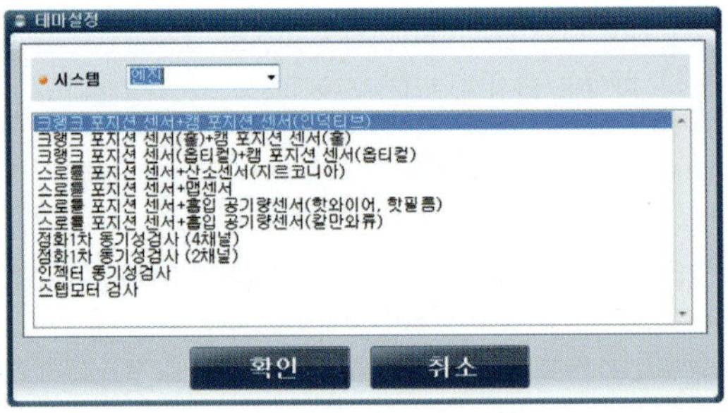

그림 83 | 테마설정

④ 오실로스코프 체크박스 기능설명 : 센서설정 및 테마설정을 사용하는 경우 부품위치도, 일반정보, 기준파형, 단품정보, 단품회로도 및 전체회로도 중에서 선택한 정보를 표시하도록 체크박스를 선택할 수 있다.

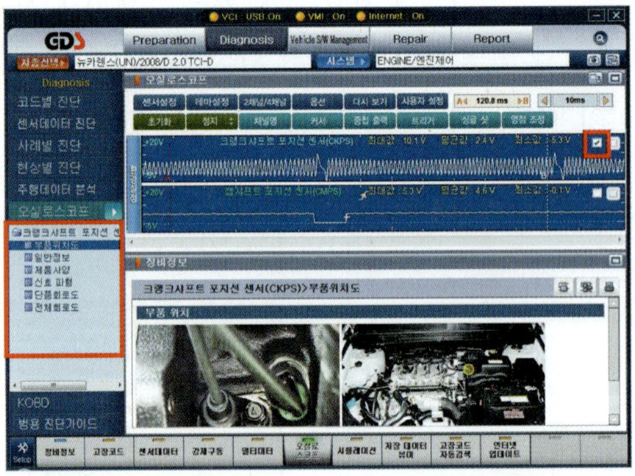

그림 84 | 센서설정 또는 테마설정에서 항목 선택

⑤ 2채널/4채널 : 파형을 측정하기 위해 사용 가능한 채널은 4개의 채널(CH-A1, CH-A2, CH-B1, CH-B2) 및 AUX채널을 포함한 총 5개의 채널이 있다. 2채널 모드에서는 서로 다른 2개의 신호를 측정하기 위한 방법으로 총 2개의 채널 중에서 CH-A가 한 채널을 구성하고 CH-B는 또 다른 채널을 구성한다(개별접지). 4채널 모드에서는 CH-A1, CH-A2, CH-B1, CH-B2의 프로브를 각각의 채널로 사용 가능하다. 따라서 총 4개의 채널을 사용할 수 있으며(공통접지), 이 경우에서는 접지가 VMI 배터리 케이블의(-)집게가 된다.

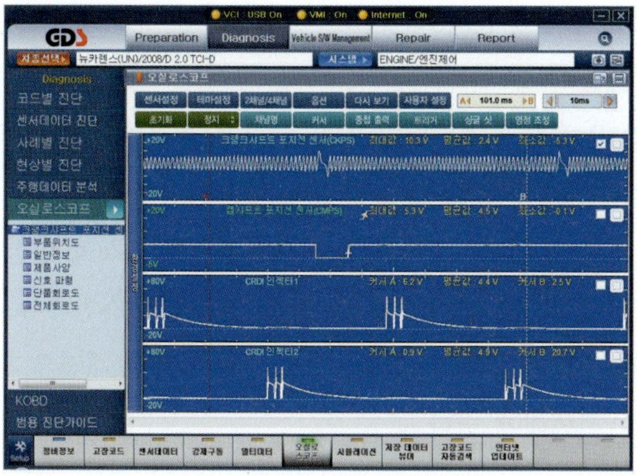

그림 85 | 4 채널 모드 표시

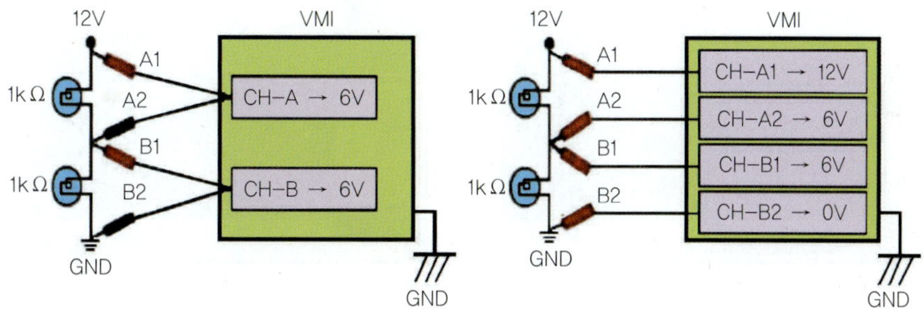

(a) 2CH-개별 접지 모드

(b) 4CH-공통 접지 모드

그림 86 | 2채널 개별 접지 모드 및 4채널 공통 접지 모드

⑥ 옵션 : 이 기능은 VMI 본체의 압력센서 및 전류(대전류 또는 소전류)센서를 부가적으로 장착하여 사용할 수 있는 기능이다.

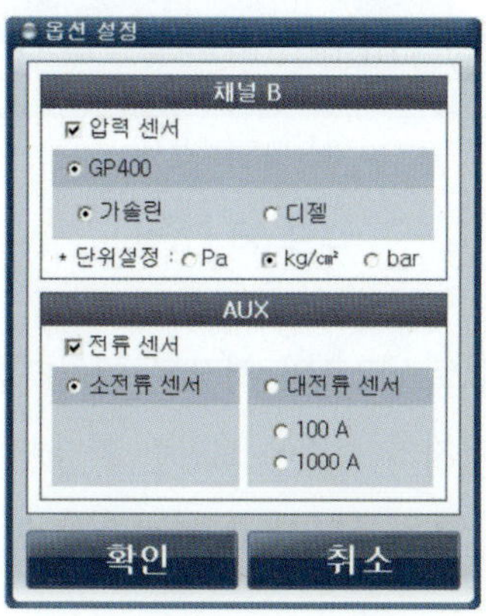

그림 87 | 옵션 선택

• 압력센서 : VMI 본체 채널B(노란색) 단자에 압력센서(GP400)를 연결하여 실린더 압축 압력 등의 압력을 측정 할 수 있다.
• 소전류 센서 : VMI 본체 AUX(파란색) 단자에 소전류 센서를 연결하여 인젝터 전류 등을 측정 할 수 있다.
• 대전류 센서 : VMI 본체 AUX(파란색) 단자에 대전류 센서를 연결하여 보통 20A 이상의 큰 전류를 측정(크랭킹시 배터리 CCA 전류, 발전기 발전전류 등)할 때 사용하며, 최대 100A와 1000A까지 측정할 수 있다. 측정 범위에 따라 대전류 센서의 스위치를 100A 또는 1000A로 선택해야 한다.

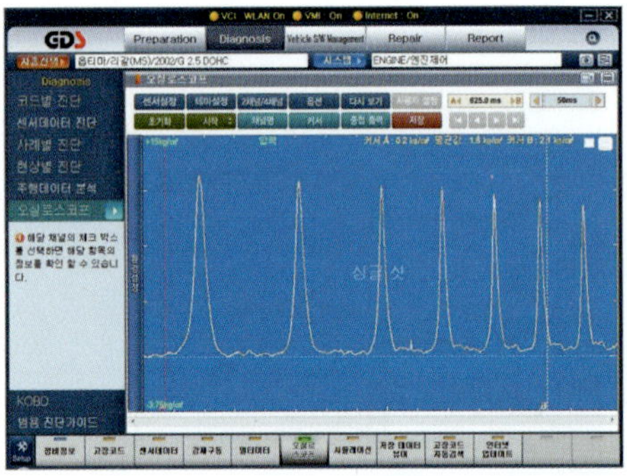

(a) 압력센서

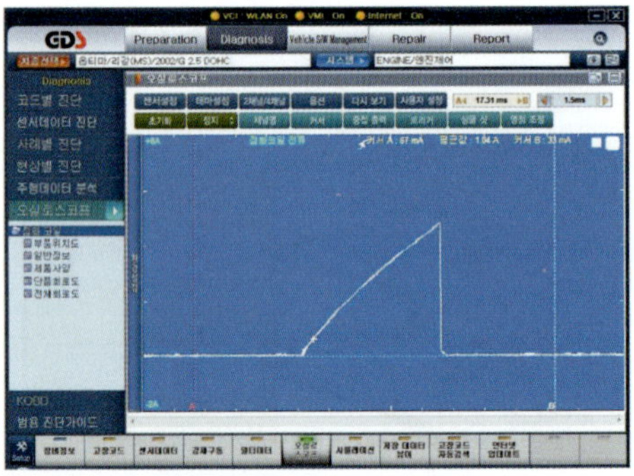

(b) 소전류 센서

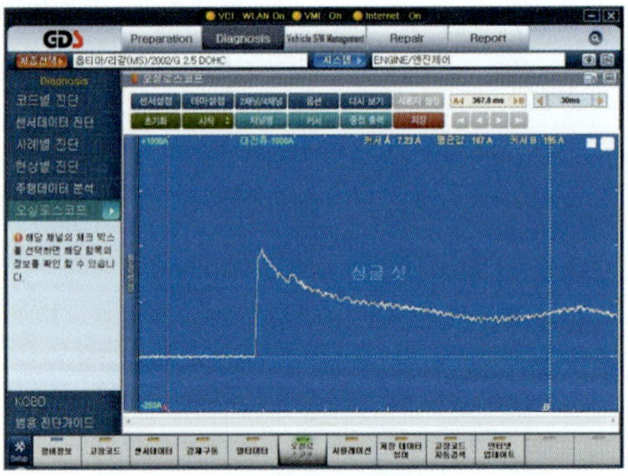

(c) 대전류 센서

그림 88 | 옵션

⑦ 다시 보기 : 이 기능은 오실로스코프의 저장된 데이터를 불러온다.

⑧ 사용자 설정 : 이 기능은 사용자가 측정에 적합한 환경(전압, 시간)을 미리 설정하여 저장하고, 언제든지 저장된 설정 값을 신속하고 편리하게 불러 올 수 있다.

⑨ 초기화 : 이 기능은 출력 파형 표시를 시간(X축)과 전압(Y축)으로 최적화하여 출력되는 파형을 쉽게 분석할 수 있도록 한다. 재설정 후 트리거(Trigger) 및 싱글 샷(Single shot)은 자동으로 취소된다.

⑩ 시작/정지 : 사용자의 판단에 따라 파형 데이터를 정지하거나 다시 시작하여 데이터를 분석할 수 있다.

⑪ 채널명 : 사용자가 측정한 파형에 대해 각 채널별로 이름을 변경 및 저장하여 추후 파형 분석 시 도움이 될 수 있도록 한 기능이다. 2채널 모드와 4채널 모드에 따라 채널명 입력창이 활성화 된다.

그림 89 | 각 채널 이름 지정

⑫ 커서 : 오실로스코프 창에 "커서"버튼을 클릭하여 커서 A와 B를 선택할 수 있다. 선택한 커서는 빨간색 점선으로 표시되고, 마우스 왼쪽 버튼과 오른쪽 버튼을 사용하여 커서 A와 커서 B를 이동할 수 있다.(커서 B가 빨간색 점선일 경우 커서 A는 고정되고 커서 B만을 마우스로 움직일 수 있다.) 두 커서 사이 파형 길이가 1사이클 이하인 경우 주파수 및 듀티가 표시되지 않는다.

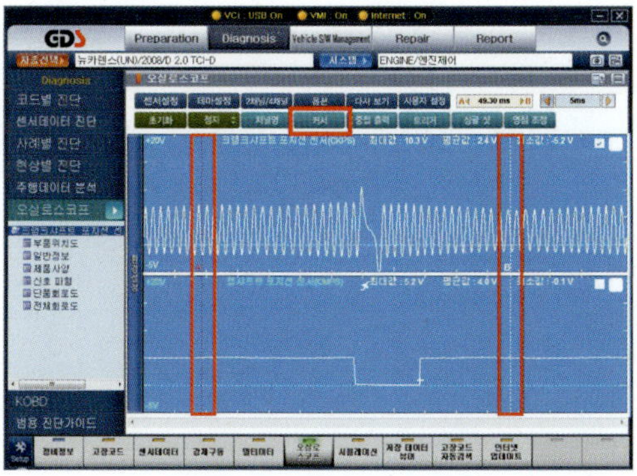

그림 90 | 커서 A 실행

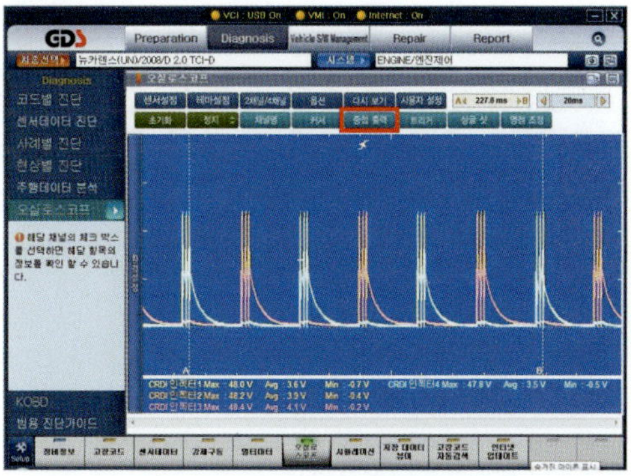

그림 91 | 중첩 출력 화면

⑬ 중첩 출력 : 저장된 데이터를 검색하거나 측정하는 경우 파형 데이터를 쉽게 분석할 수 있도록 하나의 화면에 모든 파형이 겹쳐진다. 사용자가 쉽게 식별할 수 있도록 각 파형 색상 및 이름이 서로 다른 색상으로 표시된다.

⑭ 트리거 : 트리거 기능은 사용자가 원하는 채널 영역에 마우스를 클릭함으로써 움직이는 파형을 고정표출하여 사용자가 분석하기 쉽도록 파형을 보여준다. 트리거 아이콘을 반복하여 클릭함으로써 파형의 상승시점과 하강시점의 트리거를 고정하여 표출하거나 트리거를 해제할 수 있다. 트리거 아이콘을 클릭하여 트리거 모드로 이동하고, 고정하고자 하는 파형 위에 마우스 포인트를 클릭하여 트리거 지점을 선택한다. 트리거 기능을 선택하면 상승하는 파형에서 자동으로 트리거 된다. 트리거 버튼을 다시 클릭하면 하강하는 파형에서 자동으로 트리거 된다. 트리거 버튼을 세 번째로 클릭하면 트리거 기능이 꺼진다. 사용자가 설정한 위치에 파형이 트리거 되지 않을 경우 "NO TRIG"의 메시지가 화면에 표시된다.

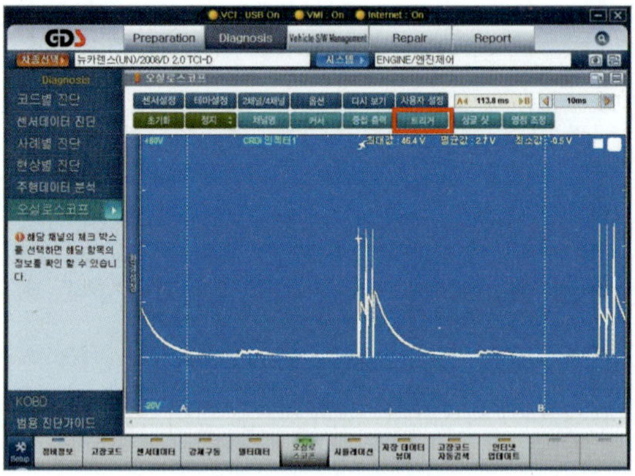

그림 92 | 트리거 모드

⑮ 싱글 샷 : 싱글 샷 모드는 사용자가 설정한 신호 레벨로 측정신호가 일치하는 경우 파형 신호를 자동으로 정지하여 표시한다. APS1 또는 APS2와 같이 임의 발생에 의해 그 시점을 기준으로 데이터를 취득하고자 할 때 싱글샷 모드를 사용한다. 사용자가 파형의 변경 지점을 보다 쉽게 확인하는 데 도움을 준다. 싱글 샷 버튼을 선택하여 이동 가능한 십자 커서를 채널 영역에 놓으면 “싱글 샷 시작”버튼이 깜박거리고 사용자가 원하는 시점에 “싱글 샷 시작”버튼을 누르면 기록하고자 하는 파형이 사용자가 원하는 시점에 위치하면 오실로스코프 화면에 측정된 파형이 출력된다. “데이터 확인”이 완료되면 트리거 된 파형이 오실로스코프 화면에 고정되어 나타난다.

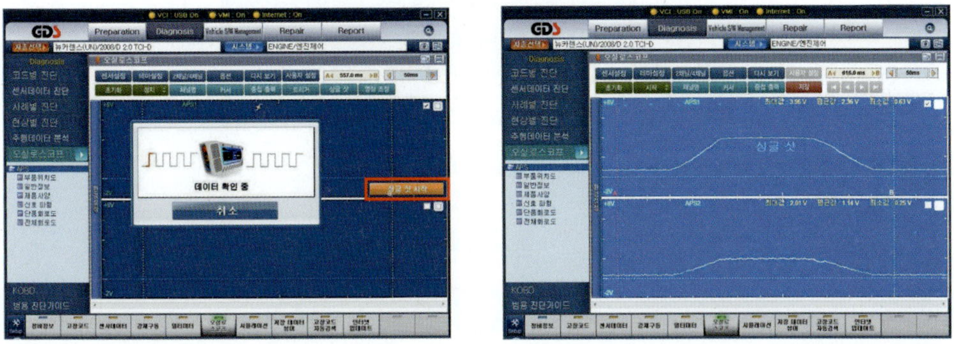

(a) 현재 데이터 확인 중

(b) 싱글 샷을 이용한 APS1 과 APS2 측정 화면

그림 93 | 싱글 샷

⑯ 영점조정 : 이 기능은 옵션 기능의 전류(대전류 또는 소전류)센서 및 압력센서를 사용할 때 정확한 측정을 위해 영점 조정을 진행하는 기능이다.

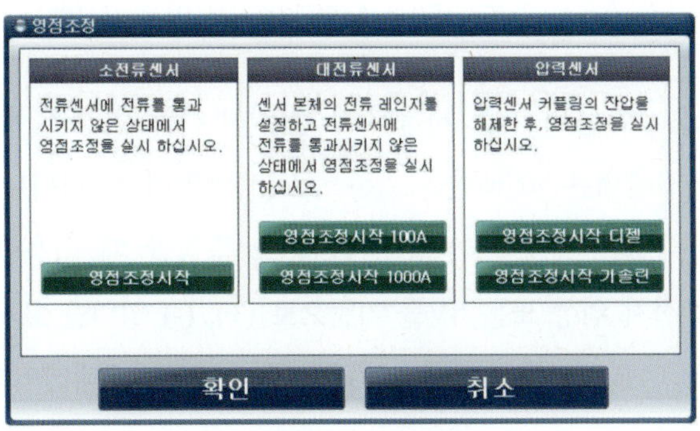

그림 94 | 영점조정

⑰ 환경설정 : 오실로스코프 메인화면에서 “환경설정”을 클릭하여 각 채널(전압축 범위, UNI/BI, PEAK/NORMAL, AC/DC, AUTO/MANUAL 및 DATA)에 대한 설정을 변경할 수 있다.

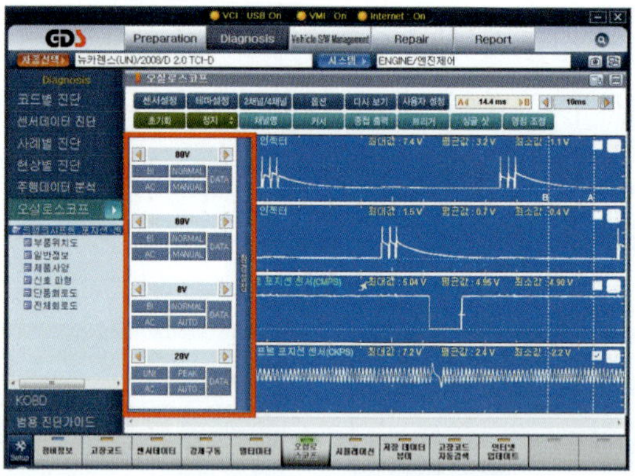

그림 95 | 환경설정 창 실행

[아이콘 설명]

아이콘	설명
◀ 100mV ▶	각 채널의 전압 범위를 조정한다.
UNI BI	“UNI”모드 및 “BI”모드 간에 전환한다.
NORMAL PEAK	“PEAK”모드 및 “NORMAL”모드 간에 전환한다.
AC DC	“교류”및 “직류”간에 전환한다.
AUTO MANUAL	전압(Y축)을 자동(AUTO) 설정 및 수동(MANUAL) 설정으로 조정한다.
DATA	“DATA”버튼을 클릭하여 출력 파형의 값을 [최대값/평균값/최소값], [주파수/듀티(-)/듀티(+)] 또는 [커서 A/평균값/커서 B]로 표시할 수 있다.

- 채널 전압 조정 : 화살표 키를 사용하여 전압 범위를 변경할 수 있다.
- UNI(유니폴라) : 출력은 “0”레벨을 기준으로 (+)영역이 잘 나타나도록 출력되며 대부분의 센서파형이나 액추에이터 파형, 전원 등을 측정할 때 이용한다.
- BI(바이폴라) : 접지 위상 또는 0V를 기준으로 (+), (-) 영역을 표시한다. 이 모드는 인덕티브방식 CKP, ABS휠 스피드센서, 자동변속기 펄스 제네레이터(A, B) 등의 신호를 측정할 때 사용한다.
- PEAK(피크) : 인젝터, 점화코일, 각종 솔레노이드 밸브 등 순간적으로 표출되는 서지전압을 깨끗하고 정확하게 측정하기 위해 사용된다.

- NORMAL(일반) : 이 모드에서는 샘플링 속도(시간/구간)를 화면에 표시하기 위한 최소한의 데이터를 그리는 모드이다. 이 모드에서는 짧은 기간의 서지와 같은 신호는 샘플링하지 않기 때문에 산소 센서와 같이 신호의 출력속도가 느린 센서 또는 액추에이터의 신호 측정에 적합하다.
- AC(교류) : 자동차의 전원은 직류에 가까운 교류이므로 교류성분이 엄연히 존재하게 된다. 직류의 파형을 교류(AC)로 놓게 되면 전원의 레벨을 0으로 다운 시킨 후 파형의 형상을 확대하여 출력하게 된다. 따라서 발전기 다이오드에서 리플 전압을 측정하는 경우 등에 사용한다.
- DC(직류) : 대부분의 파형이 DC에서 측정한다.
- AUTO(자동) : 오실로스코프에 입력되는 파형신호의 레벨이 얼마인지 잘 모를 때 자동으로 설정해 놓으면 출력되는 파형을 최적화된 형식으로 화면에 표시한다.
- MANUAL(수동) : 사용자가 직접 전압 축을 설정하여 파형을 분석할 수 있게 하는 기능으로, 인젝터 파형 등 서지파형 측정 시 파형 분석이 용이하다.
- DATA : "DATA"버튼을 클릭하여 출력 파형의 값을 [최대값/평균값/최소값], [주파수/듀티(-)/듀티(+)] 또는 [커서 A/평균값/커서 B]로 표시할 수 있다.
- 전체화면 파형 표시 모드 : 오실로스코프 우측 상단의 아이콘을 선택 시 오실로스코프 화면이 전체화면으로 변경된다. 오실로스코프 전체화면에서 다시 아이콘을 선택 시 이전 화면으로 변경된다.

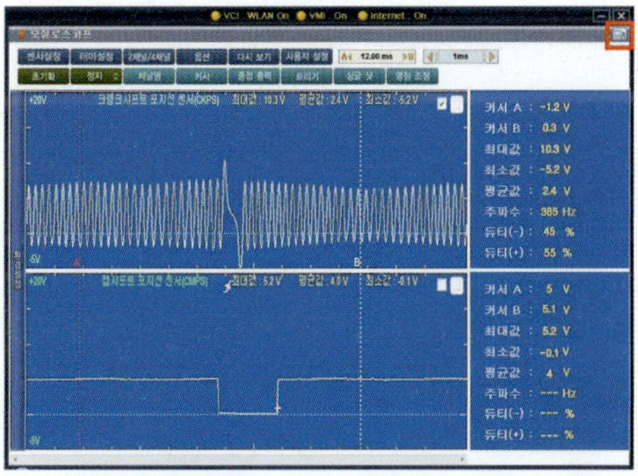

그림 96 | 전체 화면 표시

2 전압 · 전류 · 통전 점검

1 전압점검

전압은 전기장 내의 두 지점 간 전위량 차이를 볼트(V)로 나타낸다. 이는 전기 도체에서 전류를 유발하는 전기장의 전위 에너지를 측정하며, 병렬로 측정하여야 한다. 아나로그 방식은 프로브를 통해 외부에서 인가된 전압은 멀티미터 내부의 저항(고 임피던스)을 거쳐 전압을 내리고 이것을 무빙 코일과 연결하여 전류가 흘러 측정된다. 디지털 방식은 프로브를 통해 외부에서 인가된 전압은 멀티미터 내부의 저항(고 임피던스)을 거쳐 전압을 내리고, 내부 저항에 걸린 전압을 ADC를 통해 수치화 한다.

DC전압 측정 시 주의사항으로는 다음과 같은 예를 들 수 있다.

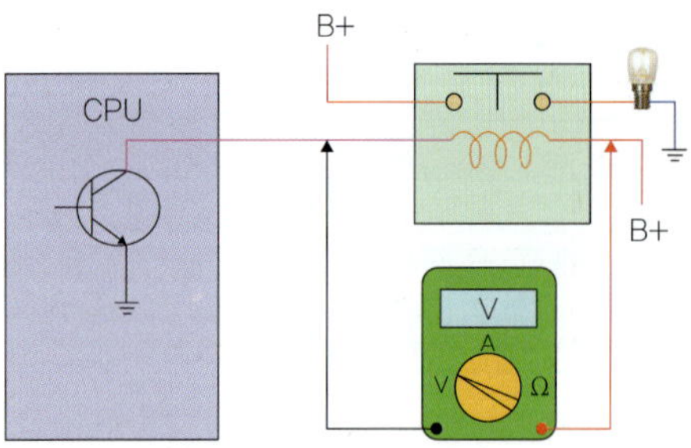

(a) 멀티 테스터로 전압 측정

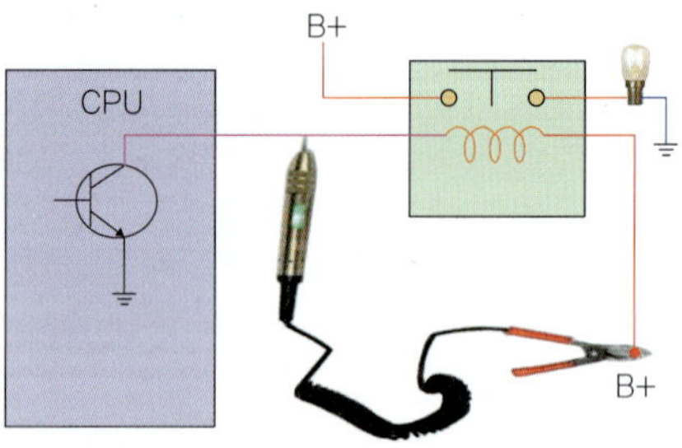

(b) LED 체크 램프 사용

그림 97 | DC 전압 측정

릴레이 OFF 상태에서 그림 (a)와 같이 멀티 테스터로 전압을 측정 한다면 0V가 측정되고 릴레이 작동 시 12V가 측정 되어야 정상이다. 즉, 유니트의 트랜지스터가 OFF되어 있기 때문에 전원부터 제어선 까지 모두 같은 전위인 12V이기 때문에 0V가 측정되어야 하며, 릴레이 작동 시 릴레이 코일에 의해 전압강하가 일어나므로 12V가 측정되어야 하는데 릴레이 OFF상태에서 트랜지스터의 정밀도 때문에 미세 전류가 흐르고 그로 인해 테스터는 반응하여 12V를 표출할 수도 있다. 그러므로 유니트가 제어하는 회로를 점검 할 경우는 멀티 테스터 보다는 그림 97(b)와 같이 LED 체크 램프를 사용하는 것이 정확한 진단에 도움을 준다.

01 교류(AC, Alternating Current)전압

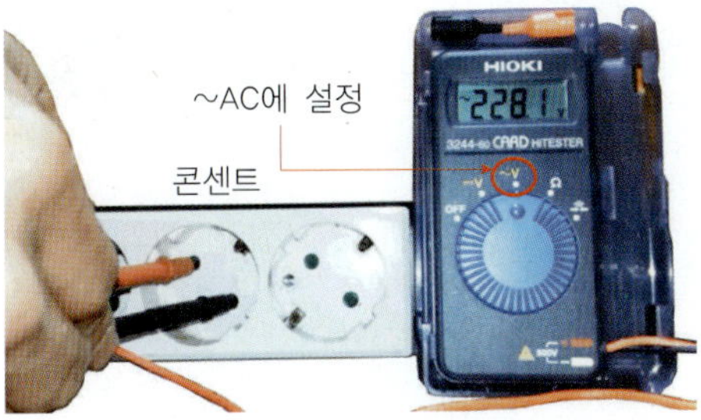

그림 98 | AC 전압측정의 예

셀렉터를 AC V(~AC)에 설정한다. 전압을 측정하고자 할 때 측정 전압을 알지 못하는 경우에는 최고 높은 레인지에 놓고 측정하여 눈금을 읽고 차후 적절한 낮은 레인지로 선택하도록 한다.

02 직류(DC, Direct Current) 전압

(1) 아날로그 테스터기

셀렉터를 직류측정 DC V에 설정한다(DC 전압측정). 셀렉터를 DC 50에 선택하고 적색 리드선은 축전지 (+)단자에, 흑색 리드선은 축전지 (-)단자에 접속한 후 눈금판의 바늘 움직임을 읽는다.

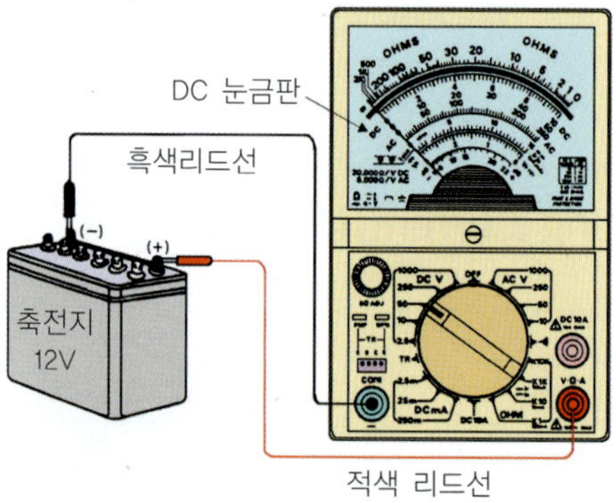

그림 99 | 축전지 단자 전압측정의 예

(2) 디지털 테스터기

1) 전압(V) 측정방법

① 선택 다이얼(selector dial)을 직류측정 DC V(V⎓)에 설정한다. 전압을 측정하고자 할 때 측정 전압을 알지 못하는 경우에는 최고 높은 레인지에 놓고 측정하여 눈금을 읽고 차후 적절한 낮은 레인지로 선택하도록 한다.

② 적색 리드선은 V.Ω 에, 흑색 리드선은 COM에 연결한다.

③ 프로브(probe)를 측정할 부위에 접속하고 전압 값을 읽는다.

④ 일반적으로 "V(V⎓)"모드에서는 축전지 전압, 각종 회로의 전압 및 각종 센서의 입·출력 전압 등을 측정할 수 있다.

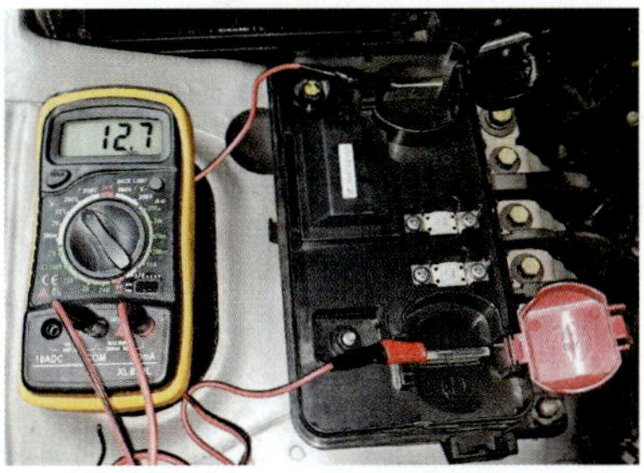

그림 100 | 디지털 테스터기 배터리 전압 측정

2) 밀리볼트(mV) 측정방법

밀리볼트는 0.4V 이하의 미세한 전압을 측정하고자 할 때 사용한다.

① 선택 다이얼을 "mV"모드로 한다.
② 적색 리드선은 V.Ω에, 흑색 리드선은 COM에 연결한다.
③ 프로브(probe)를 측정할 부위에 접속하고 전압 값을 읽는다.

2 전류 점검

측정 대상의 위치에 직렬로 측정기를 연결한다. 예를 들어 특정 노드에 연결된 전선에 전류를 측정하려면 해당 전선을 절단하고 두 프로브를 삽입해야 전류가 측정된다. 만약 전선에 흐르는 전류를 측정하기 위해 전선에 프로브를 대면 저항이 0(이론적으로 0, 실제로 전선도 저항이 존재하나 너무 낮음)인 두 지점에 연결한 결과가 되어 전압이 나타나지 않기 때문에 측정이 불가능하다.

아날로그 방식은 프로브를 통해 외부에서 인가된 전류는 무빙코일과 연결하여 전류가 흘러 측정된다. 전류 크기에 따라 무빙 코일과 다른 저항(병렬)을 결합한 회로를 사용하기도 한다. 디지털 방식은 프로브를 통해 외부에서 인가된 전류는 멀티미터 내부의 매우 낮은 저항을 삽입하여 걸린 전압을 ADC을 통해 수치화 한다.

전류 측정 시, 측정 위치에 삽입된 측정기는 매우 낮은 임피던스 값을 가져야 대상 회로에 영향이 적다. 따라서 측정 모드에 위치시키면 저항이 매우 낮다. 이 상태에서 측정 대상에 병렬로 잘못 프로브를 사용하면 저항이 거의 없어지는 쇼트현상이 발생할 수 있다. 따라서 과전류를 방지하기 위해 내부에 퓨즈를 사용하여 보호한다.

01 아날로그 테스터기

(1) 셀렉터를 DC mA에 놓았을 때

극성 (+), (-)를 맞추어 접속한 후 눈금판의 바늘의 움직임을 읽는다.

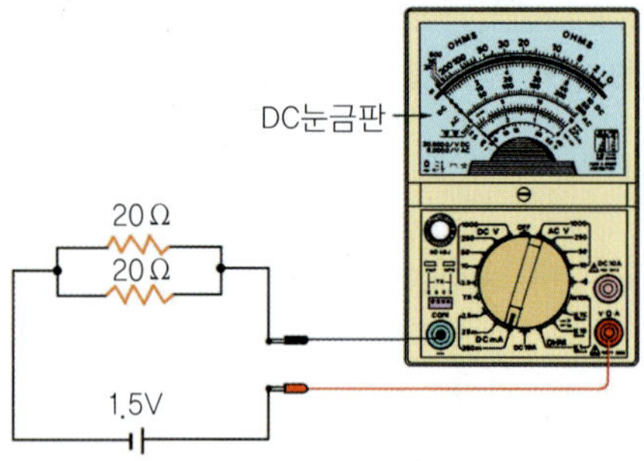

그림 101 | 아나로그 DC mA 측정

(2) 셀렉터를 DC 10A에 놓았을 때

① 셀렉터를 DC 10A에 설정한다.

② 적색 리드선은 10A에, 흑색 리드선은 COM에 연결한다.

③ 적색 리드선은 (+)전류 단자에, 흑색 리드선은 (-)전류방향 단자에 직렬 연결하여 눈금판의 바늘의 움직임을 읽는다.

02 디지털 테스터기

(1) 전류측정

전류측정에서 주의할 사항은 측정대상 회로와 시험기를 직렬로 연결해야 한다.

① 선택 다이얼을 mA 모드로 한다.

② 적색 리드선은 mA에, 흑색 리드선은 COM에 연결한다.

③ 적색 리드선은 (+)전류단자에, 흑색 리드선은 (-)전류단자에 직렬 연결하여 점검한다.

(2) 10A의 전류측정

① 선택 다이얼을 10A모드로 한다.

② DC/AC 버튼을 눌러 적절한 AC나 DC로 선택한다.

③ 적색 리드선은 10A에, 흑색 리드선은 COM에 연결한다.

④ 적색 리드선은 (+)전류 단자에, 흑색 리드선은 (-)전류방향 단자에 직렬 연결하여 점검한다.

그림 102 | 디지털 DC mA 측정

03 클램프 미터

멀티미터의 전류 측정 시 회로에 직렬로 연결해야 하는 번거로움을 없애기 위해 만들어진 장비가 클램프 미터(후크미터)이다. 클램프 미터의 전류 측정원리는 도선에 전류를 흘리면 자장이 발생하는데 전류의 양에 따라 자장의 세기가 변하며 이를 간접 측정한다. 그러므로 전류의 흐름은 감지하기 힘들며, 측정값 또한 정확하지 않다.

① 전류 측정 시 한선만 측정해야 하며 두선 이상을 클램프에 넣으면 측정이 안 된다.

② 클램프에 선을 물리면 안 된다.

③ 클램프는 서로 빈틈이 없이 물려져야 한다. 클램프가 벌어지면 측정이 작게 나온다. 장기간 사용시 스프링 힘이 약해져서 정확히 안 물릴 수 있으니 사용시 항상 확인을 한다.

④ 집게사이에 이물질이 없어야 한다. 이물질이 있으면 제거 후 사용해야 한다.

⑤ 직류 전류 측정시 클램프 방향에 유의하여야 한다. 전류 방향의 반대로 연결시 "-"로 표시 된다.

⑥ 테스터기의 측정 한계이상 측정은 피해야 한다.

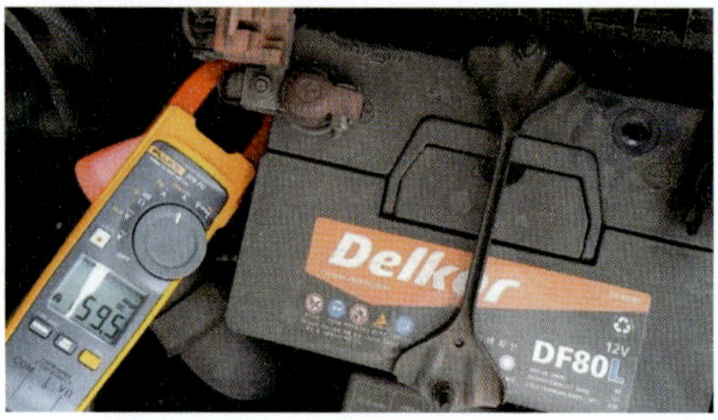

그림 103 | 클램프 사용

3 통전시험

01 아날로그 테스터기

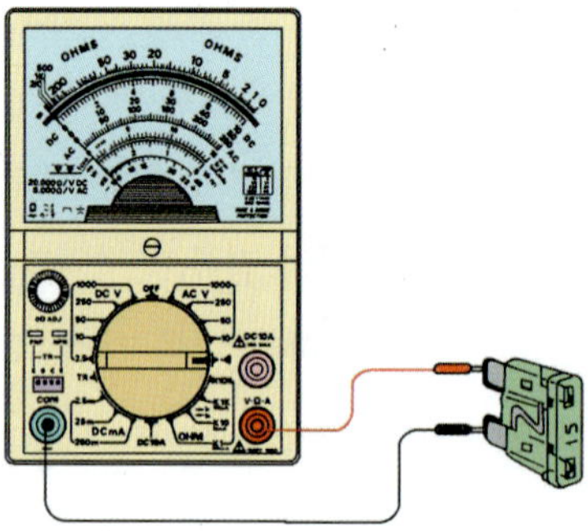

그림 104 | 부저 위치에서 퓨즈의 단선 점검 예

셀렉터를 부저 위치에 설정하고 리드선의 프로브(probe)를 단락 시키면 부저 소리가 난다. 저항 값이 없는 선과 선의 단선 또는 퓨즈, 스위치 등의 접속 상태는 소리로 점검할 수 있다. 부저 측정시 측정대상물의 전원은 OFF가 되어야 한다. 그러나 저항 값(전구의 필라멘트, 코일)이 큰 경우에는 소리가 나지 않는 경우도 있다.

02 디지털 테스터기

·)))(부저) 측정시 적색 리드선은 V/Ω 에 연결하고, 흑색 리드선은 COM에 연결하여 측정대상 통전시험을 한다. 회로의 단선유무 및 전자 부품의 불량 검사시 유용하게 사용되어 진다. 통전시 부저 소리가 들린다.

(a) 단선시 (b) 통전시

그림 105 | 디지털 테스터기 통전시험

03 LED 테스트 램프

LED 테스트 램프 끝의 바늘을 양극부분에 닿게 하면 빨강불이, 음극에 닿게 하면 녹색불이 나온다. 퓨즈 통전 시험에서는 퓨즈가 정상일 때는 전원이 공급되는 부분에는 LED에 불이 켜지고 퓨즈 반대쪽에도 LED에 불이 들어오지만 퓨즈가 단선이 되면 전원 공급되는 부분에는 LED에 불이 들어와도 퓨즈 반대쪽에는 LED에 불이 들어오지 않는다. LED 테스트 램프로 퓨즈 점검 시 단품점검은 어렵고 퓨즈에 전원이 공급된 상태에서 통전 여부 점검이 가능하다.

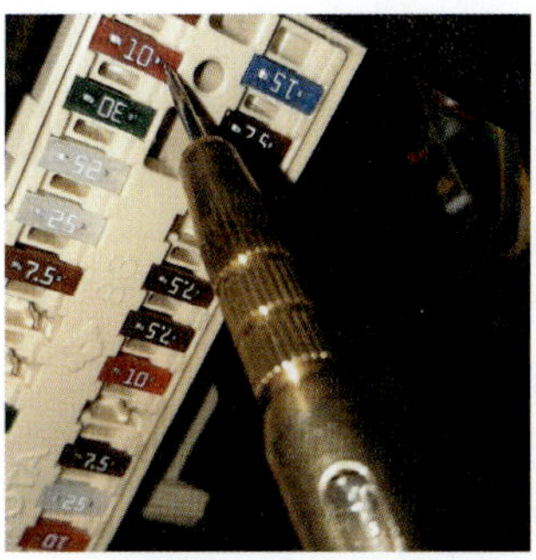

그림 106 | LED 테스트 램프로 퓨즈 통전시험

3 고장진단 방법

1 전기회로 분석요령

회로의 분석은 먼저 고장이 발생된 회로에 대한 고장 내용을 제일 먼저 파악하는 것이 중요하다. 그런 다음 분석의 절차를 밟아 수리하는 과정을 수행하게 된다. 이때 수리회로에 대한 기본적인 항목을 파악한 후 분석절차를 밟아 가면 된다.

회로는 항상 전원회로와 제어회로 그리고 부하회로를 구성되게 되어 있으므로 회로에서 먼저 생각해야 할 부분은 회로의 목적, 회로의(시스템) 기능, 작동, 작동에 따른 전류의 흐름에 대한 구분을 하고 이에 따른 분석을 시작하면 된다.

01 배선 하니스 점검

① 배선 하니스를 점검하기 전에 배선 하니스의 설치 위치를 확인하여 다시 설치하거나 교환할 때 활용한다.

② 꼬임, 늘어짐, 느슨해짐에 대해 점검한다.

③ 배선 하니스의 온도가 비정상적으로 높지는 않은지 점검한다.

④ 회전운동, 왕복운동 또는 진동을 유발하는 부분이 배선 하니스와 간섭하지는 않는지 점검한다.

⑤ 배선 하니스와 단품의 연결 상태를 확인한다.

⑥ 배선 하니스의 피복상태를 점검한다.

02 회로 고장진단

회로는 컴퓨터 제어 인젝션과 함께 사용되는 ECM과 같은 반도체가 포함된 모듈(유니트)을 갖는다. 이러한 회로의 전압은 10MΩ 이나 그 이상의 임피더스를 갖는 디지털 볼트 메타로 테스트해야 한다. 안전 상태의 모듈이 포함된 회로는 테스트 램프 사용 시 내부 회로가 손상될 수 있으므로 테스트 램프를 절대 사용하지 말아야 한다.

열려진 회로를 점검해야 할 때는 점프 와이어를 사용한다. 점프 와이어는 테스트 리드 세트에 인 라인(IN-LINE) 퓨즈 홀더가 연결되어 있다. 점프 와이어는 스몰 클램프 커넥터와 함께 대부분의 커넥터에 손상을 주지 않고 사용가능하다. 테스트 되는 회로 보호를 위해 정격 퓨즈 용량 이상의 것은 사용하지 말아야 한다. ECM, TCM등과 같은 것은 커넥터가 접속된 유니트 상태에서 입출력을 위한 대체용등 어떤 상황에서도 사용해서는 안 된다.

(1) 단선회로

단선회로 발생부분은 통전이나 전압 점검방법으로 고장부위를 찾을 수 있다.

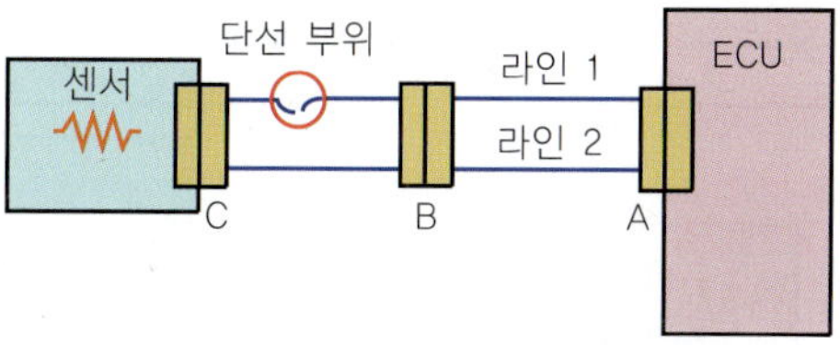

그림 107 I 배선 단선회로

1) 통전 점검방법

① 회로 시험기 셀렉터를 부저위치에 있을 때 : 리드선의 프로브(probe)를 단락 시키면 부저 소리가 난다. 저항 값이 없는 선과 선의 단선 또는 퓨즈, 스위치 등의 접속 상태는 소리로 점검할 수 있다.

② 회로 시험기를 저항(Ω) 위치에 있을 때 : 커넥터 A와 커넥터 C를 분리하고, 커넥터 A와 C사이의 저항을 측정한다. 저항이 1Ω 이하이면 정상 회로, 1MΩ 이상이면 단선회로이다. 그림 108에서 라인 1의 저항 측정값이 1MΩ 이상이고, 라인 2의 저항 측정값이 1Ω 이하라면 라인 1은 단선회로이다(라인 2는 정상). 정확한 단선부위를 찾기 위해서 라인 1의 보조라인을 점검한다.

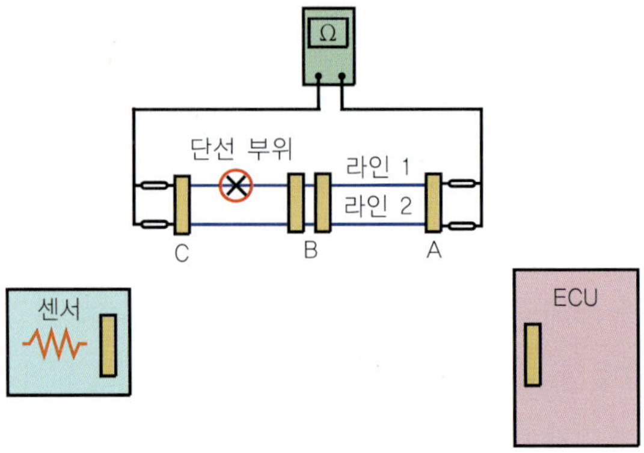

그림 108 | 커넥터 탈거 후 통전 점검방법

그림에서 커넥터 B를 분리하고, 커넥터 C와 B1, 커넥터 B2와 A사이의 저항을 측정한다. 커넥터 C와 B1사이의 저항 측정값이 1MΩ 이상이고, 커넥터 B2와 A사이의 저항 측정값이 1Ω 이하라면 커넥터 C의 1번 단자와 커넥터 B1의 1번 단자사이가 단선회로이다.

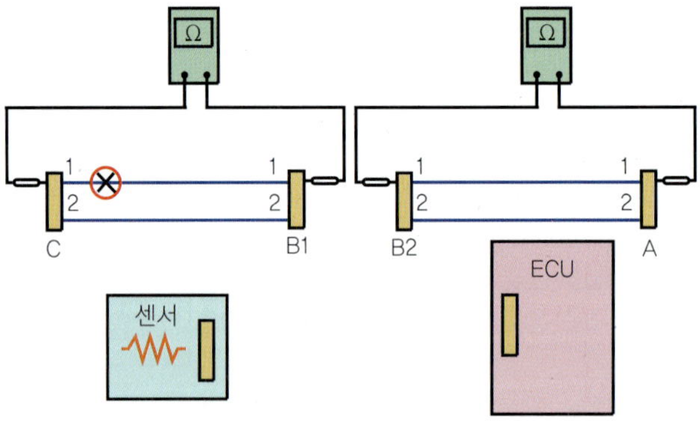

그림 109 | 커넥터 B를 탈거한 후 통전 점검방법

2) 전압 점검방법

커넥터의 전압 측정 시에는 커넥터를 분리시키지 않고 탐침을 커넥터 뒤쪽에서 꽂아 점검한다. 커넥터의 접속표면 사이의 오염, 부식으로 전기적 문제가 발생될 수 있으므로 항시 커넥터의 양면을 점검해야 한다.

① 테스트 램프나 전압계의 한쪽 리드선을 접지 시킨다. 전압계 사용 시는 접지 시키는 쪽에 반드시 전압계의 (-)리드선을 연결해야 한다.

② 테스트 램프나 전압계의 다른 한쪽 리드선은 선택한 테스트 위치(커넥터나 단자)에 연결한다.

③ 각 커넥터 A, B, C의 1번 단자와 접지사이의 전압을 측정한다. 그림에서 전압 측정값이 A커넥터 5V, B커넥터 5V, C커넥터 0V라면 B와 C사이의 회로가 단선되었다. 규정치보다

1V 이상 낮은 경우도 고장이다.

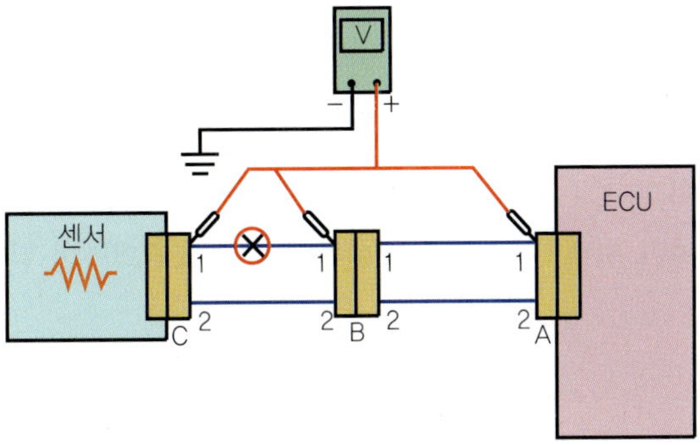

그림 110 | 전압 점검방법

(2) 단락(접지) 회로

단락(접지)회로 발생부분은 접지와 통전 점검방법으로 고장부위를 찾을 수 있다.

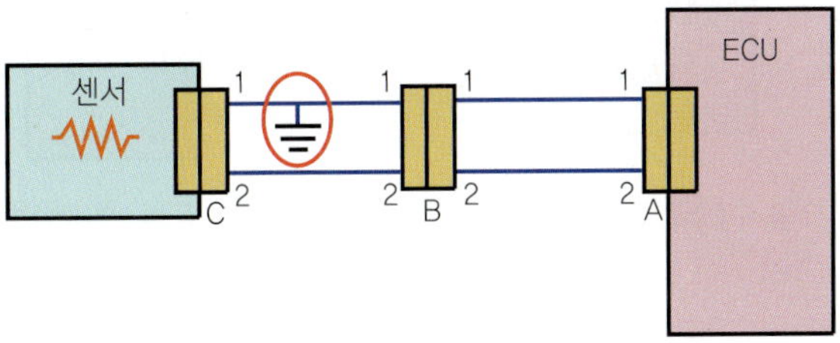

그림 111 | 단락회로

커넥터 A와 커넥터 C를 분리하고, 커넥터 A와 접지사이의 저항을 측정한다. 저항값이 1Ω 이하이면 단락(접지)회로, 1MΩ 이상이면 정상회로이다.

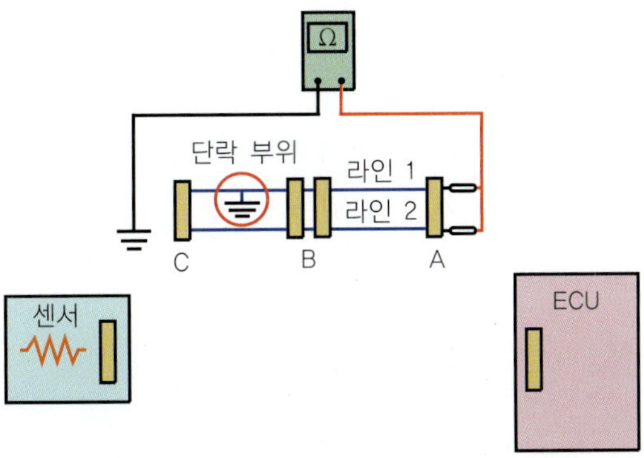

그림 112 | 커넥터 탈거 후 접지와의 통전 점검방법

그림에서 라인 1의 저항 측정값이 1Ω 이하이고, 라인 2의 저항 측정값이 1MΩ 이상이면 라인 1이 단락된 회로이다(라인 2는 정상). 정확한 단락부위를 찾기 위해서 라인 1의 보조라인을 점검한다.

커넥터 B를 분리하고, 커넥터 A와 접지, 커넥터 B1과 접지사이의 저항을 측정한다. 그림 113에서 커넥터 B1과 접지사이의 저항 측정값이 1Ω 이하이고, 커넥터 A와 접지사이의 저항 측정값이 1MΩ 이상이라면 커넥터 B1의 1번 단자와 커넥터 C의 1번 단자사이가 단락(접지)회로이다.

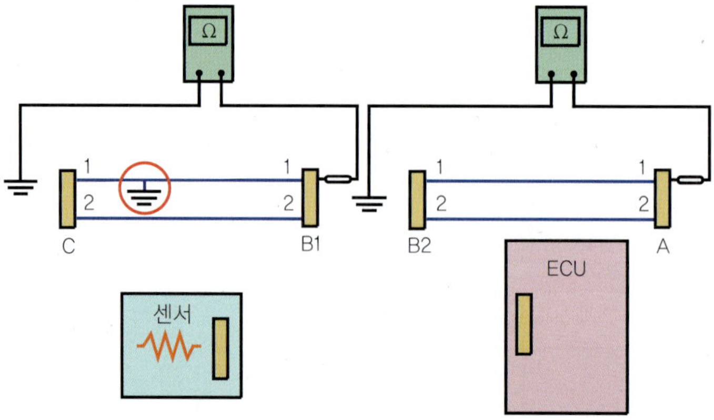

그림 113 | 커넥터 B를 분리 후 접지와의 통전 점검방법

03 직렬회로의 분석

(1) 배터리 전원 중심적 해석

그림과 같이 직렬회로에서 배터리 전원 중심적 해석을 보면 스위치가 OFF일 때 (+)전원은 배터리 → 램프 → 스위치까지 전원이 와있는 상태에서 스위치가 ON되면 (+)전원은 배터리 → 램프 → 스위치 → 접지 순으로 흘러 램프가 점등된다.

이렇게 회로 해석을 할 경우 한 가지 고려해야 할 부분은 마이너스 전원의 해석에 있어 어려운 점이 발생할 수 있다는 점에서 정비시 고려해야 할 부분이다.

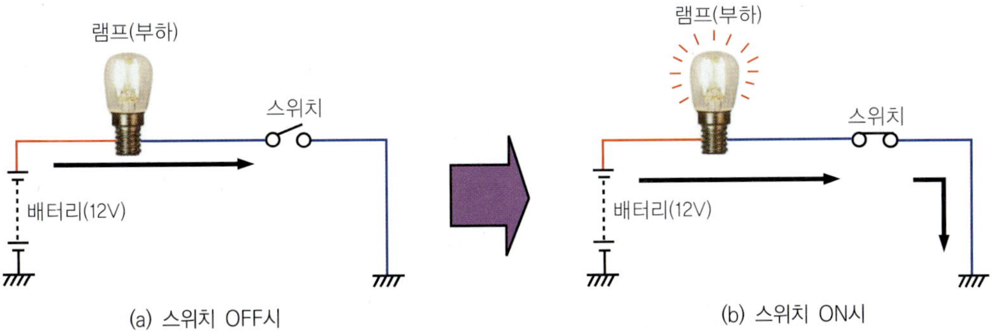

그림 114 | 배터리 전원 중심적 해석

(2) 스위치 중심적 해석

그림 115와 같이 직렬회로에서 회로의 작동을 해석하는 과정에서 스위치 중심적 해석을 보면 스위치가 OFF일 때 (+)전원은 배터리 → 램프 → 스위치까지 전원이 가있는 상태에서 스위치가 ON되면 (+)전원은 스위치의 어스 전원과 만나고 전위차에 의해 배터리 → 램프 → 스위치 → 접지 순으로 흘러 램프가 점등된다.

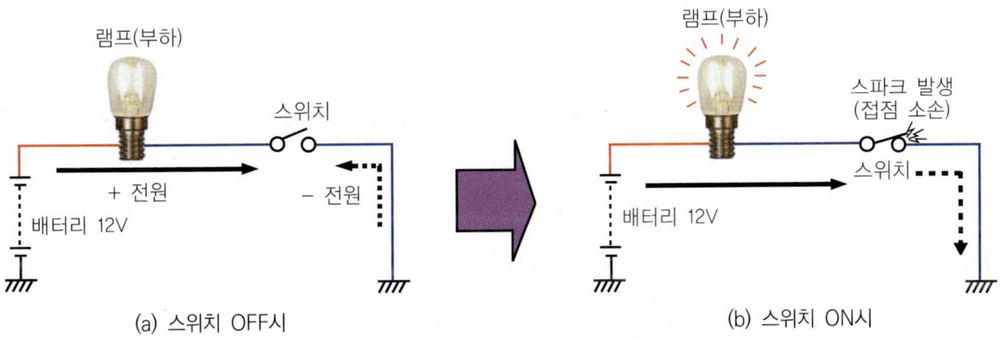

그림 115 | 스위치 중심적 해석

스위치 중심적 해석을 할 경우 한 가지 고려해야 할 부분은 스위치에서의 전원의 해석에 있어 (+)전원과 (-)전원이 만나게 되어 전류의 흐름으로 이어지게 된다는 부분에 있어 순간적인 쇼트(스파크)의 발생으로 이어지게 되고 이러한 원인에 의해 접점의 소손이 되는 부분의 해석이 가능하게 된다. 이 점에서도 정비시 고려해야 할 부분이다.

(3) 부하 중심적 해석

그림과 같이 직렬회로에서 회로의 작동을 해석하는 과정에서 부하 중심적 해석을 보면 스위치가 OFF일 때 (+)전원은 배터리 → 램프 → 스위치까지 전원이 가 있는 상태에서 스위치가 ON되면 (-)전원이 부하로 오게 되고 부하에서 (+)전원과 (-)전원이 만나 램프가 점등된다.

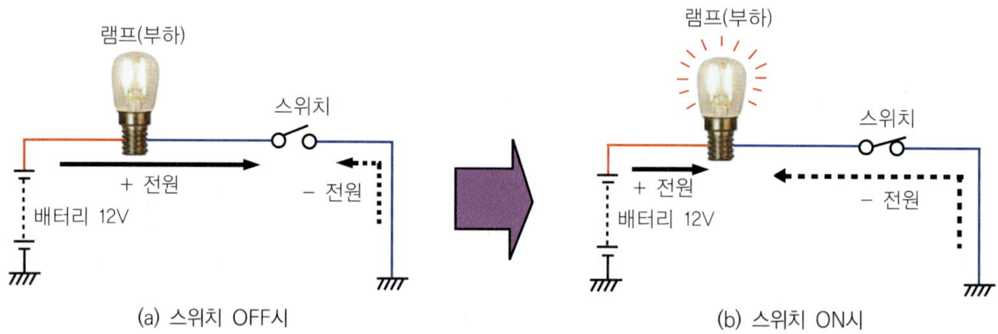

그림 116 | 부하 중심적 해석

부하 중심적 해석할 경우 고려해야 할 부분은 부하에서의 전원의 해석에 있어 (+)전원과 (-)전원이 만나게 되어 전류의 흐름으로 부하의 작동으로 이어지므로 부하의 작동을 해석하는데 에는 용이하나 회로에 있어 여러 개의 부하의 연결이 되어 있을 경우 각각의 부하를 확인해 봐야 한다는 점에서 볼 때 점검방법이 번거로울 수 있다. 이 점에서도 정비시 고려해야 할 사항이다.

04 스위치 ON시 램프가 점등되지 않는 경우의 직렬회로 점검

(1) 전압계를 이용한 방법

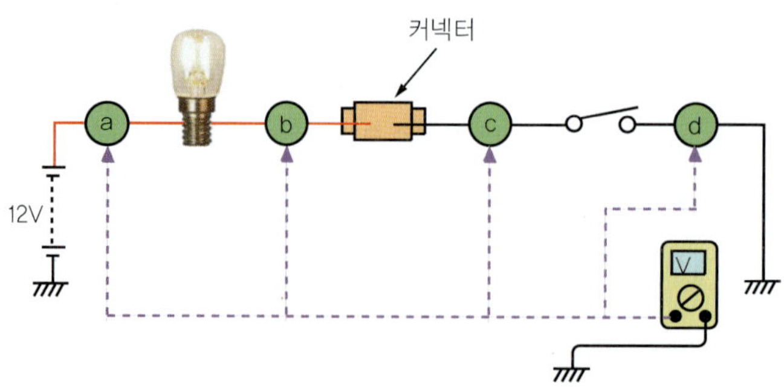

그림 117 | 전압계를 이용한 진단

위의 회로에서 각 지점의 전압을 아래와 같은 상황에서 측정하여 각 지점의 전압은 몇 V인지 확인한다. 회로에 대한 완벽한 분석 후 전압을 측정하면 고장부위를 알 수 있는데 위 회로에서 커넥터의 단선이 있다면 스위치 ON시 위 표처럼 커넥터 이전은 12V, 이후는 0V가 측정된다. 그러나 정상인 회로라면 램프이전은 12V, 이후는 0V가 측정된다.

조건		a	b	c	d
회로 정상시	스위치가 OFF	12V	12V	12V	0V
	스위치가 ON	12V	0V	0V	0V
회로 단선시 (커넥터 단선시)	스위치가 OFF	12V	12V	0V	0V
	스위치가 ON	12V	12V	0V	0V

(2) 테스트램프를 이용한 방법

아래 회로에서 스위치 ON시 테스트램프를 이용하여 아래와 같은 상황에서 각 지점을 점검한다.

조건		a	b	c	d
회로정상시	스위치가 ON	점등	소등	소등	소등
회로단선시 (커넥터 단선시)		점등	점등	소등	소등

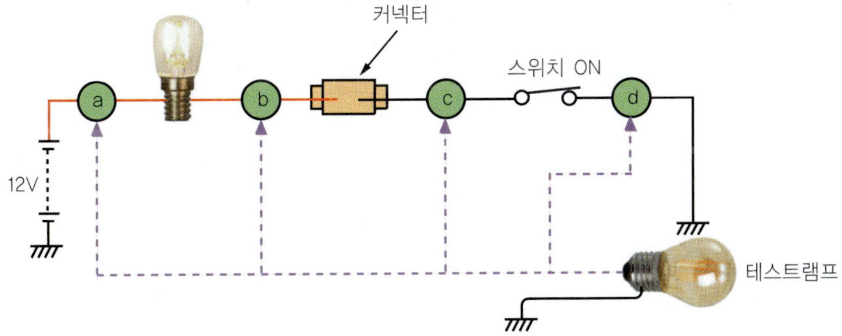

그림 118 | 테스트 램프를 이용한 진단

위와 같이 점검하면 스위치 ON시 b점이 점등된다면 이는 b점과 c점사이의 단선을 의미한다.

일반 테스트램프를 이용하여 단선을 점검 시에는 회로에 비교적 전류가 많이 흐르는 회로에서 유리하다. 만약 미세한 전류가 흐르는 회로의 경우 일반 테스트램프로 점검하면 램프가 점등되지 않으므로 단선 유무를 점검할 수 없다. 따라서 미세한 전류가 흐르는 회로의 단선 유무 점검 시에는 LED 테스트램프를 이용한다.

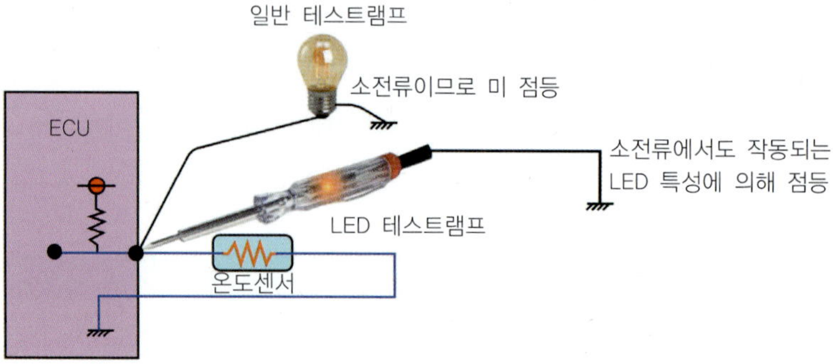

그림 119 | 테스트램프 사용시 주의사항

(3) 전압강하를 이용한 방법

스위치 ON시 램프가 희미하게 점등된다는 것은 램프 단품 불량을 제외한다면 회로의 어딘가에 저항(접촉저항)이 존재한다는 뜻이다. 따라서 이때는 저항계보다 전압계를 이용하여 전압 강하량을 측정하면 쉽게 고장부위를 찾을 수 있다.

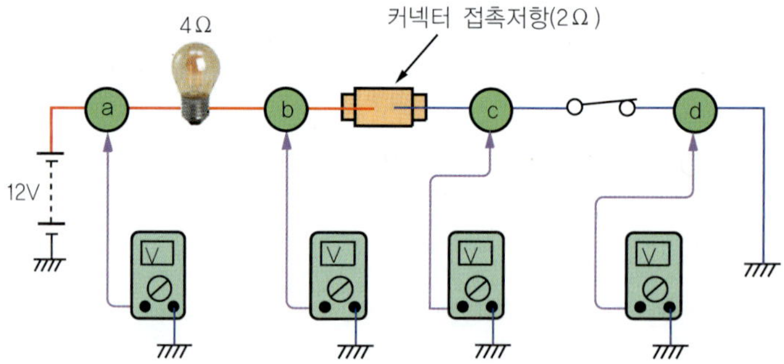

그림 120 | 전압강하를 이용한 진단

위 회로에서 스위치 ON시 멀티미터 전압계를 이용하여 각 지점의 전압을 측정하여 각 지점의 전압은 몇 V인지 확인한다.

조건		a	b	c	d
저항 무	스위치가 ON	12V	0V	0V	0V
저항 유		12V	4V	0V	0V

위와 같은 회로의 커넥터에 저항이 존재할 때 옴의 법칙으로 계산해 보면 b점은 4V이다. 이는 램프 후단에 존재하는 2Ω의 저항에 의한 것으로 램프가 흐리게 점등되는 요인이다.

05 스위치 ON시 램프가 점등되지 않는 경우의 병렬회로 점검

스위치가 ON되면 배터리 (+)로부터 나온 전류는 분기점에서 램프 1과 2로 분류 → 합치는 지점에서 다시 합침 → 스위치 → 접지 순으로 흐른다. 따라서 두 램프 모두 점등된다.

이 경우는 회로분석만으로도 점검이 가능한데 2개의 램프 모두 점등되지 않는다면 먼저 램프 모두 불량, a구간 단선, f구간에서 접지까지 단선을 예상할 수 있다. 이때 고장부위의 점검은 테스트램프 및 전압계를 이용하여 간단하게 점검가능하다.

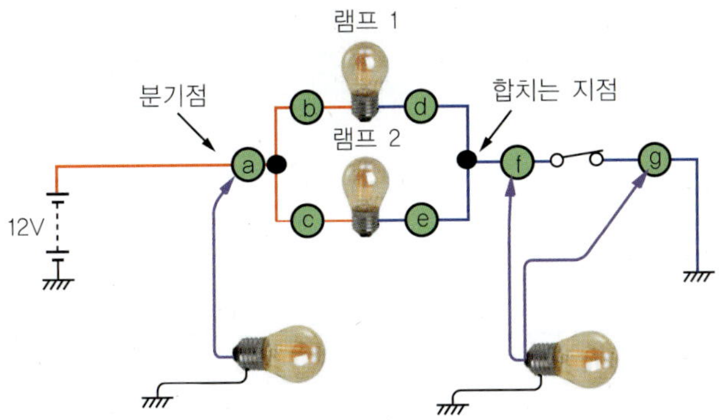

그림 121 | 병렬회로 진단

2 릴레이 적용 회로분석과 진단

01 릴레이 개요

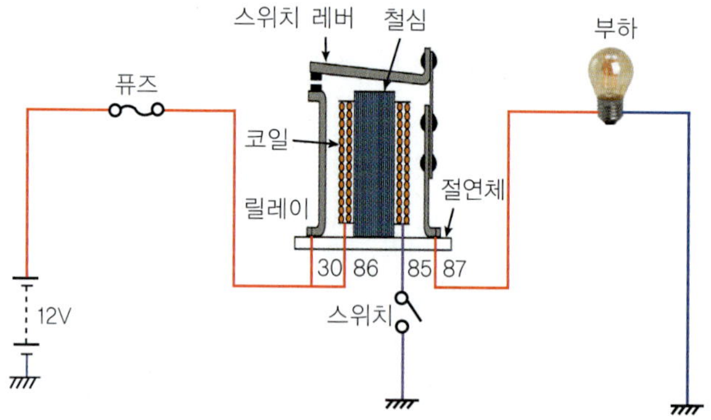

단자	30	85	86	87
기능	상시전원	코일제어	코일전원	부하전원

그림 122 | 릴레이를 이용한 회로

릴레이의 사용은 트랜지스터와 같이 소전류로 대전류를 제어하기 위해서 사용되며 릴레이를 사용하지 않고 회로를 구성하여 스위치 ON/OFF시 부하의 소모전류에 의해 스위치부에 접촉시 아크방전이 발생되어 부품의 수명에 지장을 주게 된다.

이러한 이유로 자동차에서는 릴레이를 많이 사용하게 되었으며 릴레이의 설치 수가 늘어남으로 릴레이를 효율적으로 관리하기 위해 각종 릴레이를 한곳으로 모아서 설계하게 된다. 이렇게 한곳에 릴레이가 모여 있게 됨으로서 회로의 진단에 있어 릴레이를 많이 활용하게 된다. 회로의 진단에 있어 릴레이에서 해당회로의 진단이 가능하게 되는데 이는 릴레이가 제어의 특성인 입력과 출력의 관계를 가지므로 가능하게 된다. 다시 말해 어떠한 회로의 고장진단을 할 경우 릴레이에서 진단의 절차를 밟아갈 경우 고장부위의 방향을 찾을 수 있고 고장점검의 범위를 줄일 수 있으므로 고장 진단시 효율적인 진단을 할 수 있다.

02 릴레이의 종류

(1) 전압 코일 릴레이

작은 전류용 코일로 구성된 릴레이로서 전압 코일을 가진 릴레이라고 한다. 가는 전선으로 코일 권선수를 많이 감아 제어 코일의 저항이 커 제어 전류 회로에 미세한 전류가 흐른다. 일반 스위치 릴레이에 적용된다.

(2) 전류 코일 릴레이

굵은 전선으로 코일 권선수를 적게 감아 코일의 저항이 낮아 제어 전류 회로에 많은 전류가 흐른다. 코일에 흐르는 전류가 많은 릴레이 이런 것을 전류코일을 갖는 릴레이라고 하며 리드 릴레이로서 램프 감시에 사용한다.

03 릴레이의 역할

(1) 제어 스위치 역할

릴레이는 하나의 스위치로서 전자석으로 작동한다. 자기 코일에 흐르는 작은 제어 전류로 스위치 레버를 동작시켜서 접점을 닫아 이 후에 부하 전류 회로를 구성시킨다. 릴레이에 전조등 램프가 접속되어 높은 부하 전류가 흐르는 동안 전조등 스위치를 통하여 작은 제어 전류로 자동차 전조등의 스위치를 닫아서 큰 전류가 흐른다. 작은 제어 전류가 많은 부하전류를 흐르게 한다. 즉 일종의 제어 스위치 역할을 한다.

(2) 부하 전류회로를 단순화 역할

전조등 스위치가 작은 제어 전류를 흐르게 하므로 케이블의 단면적이 작고 접점이 쉽게 손상되지 않으므로 내구성이 높지 않는 스위치를 사용할 수 있다. 부하 전류 회로에서 단면적이 큰 배선을 짧게 사용함으로써 무게나 비용을 최소화할 수 있어 스위치에 많은 비중을 둘 필요가 없다. 부하 전류 회로에 도선과 접촉 저항을 줄일 수 있다. 초기 전류부담으로 부하에 문제가 없는 닫힌회로를 구성할 수 있다.

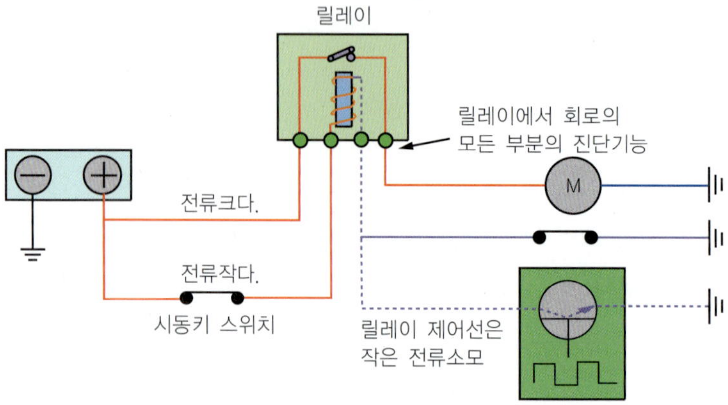

그림 123 | 릴레이에서 회로진단

04 릴레이의 작동원리

(1) 3-pin 릴레이

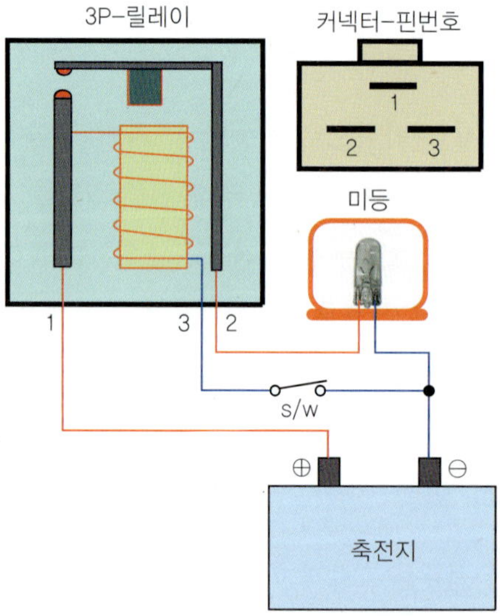

그림 124 | 3-Pin 릴레이를 이용한 회로

① 스위치를 닫았을 때, 1번과 3번 사이에 전류가 흐르게 되면 전자석 작용이 생긴다(연결할 때 "딸깍"하는 소리가 들린다).

② 릴레이 내부의 두 접점이 붙어 릴레이의 1번과 2번이 연결되어 미등에 불이 들어오면 정상이다.

③ 릴레이 단품 점검 : 저항 점검 시 1번 단자와 3번 단자 측정 시 저항값이 나오고, 1번 단자에 축전지(+) 단자를 연결하고, 3번 단자에 축전지(-) 단자를 연결하면 릴레이의 1번 단자와 2번 단자 사이 저항값이 0Ω이 나오면 정상이다.

(2) 4-pin 릴레이

① 스위치를 닫았을 때, 2번 단자와 4번 단자 사이에 전류가 흐르면 전자석 작용이 발생한다(연결할 때 "딸깍"하는 소리가 들린다).

② 1번 단자와 3번 단자가 연결되어 전조등에 불이 들어오면 정상이다.

③ 릴레이 단품 점검 : 저항 점검시 2번 단자와 4번 단자 측정시 저항값이 나오고, 릴레이 4번 단자에 축전지(+) 단자를 연결하고, 2번 단자에 축전지(-) 단자를 연결한다. 릴레이의 1번 단자와 3번 단자 사이에 저항을 측정하였을 때 저항값이 0Ω이 나오면 정상이다.

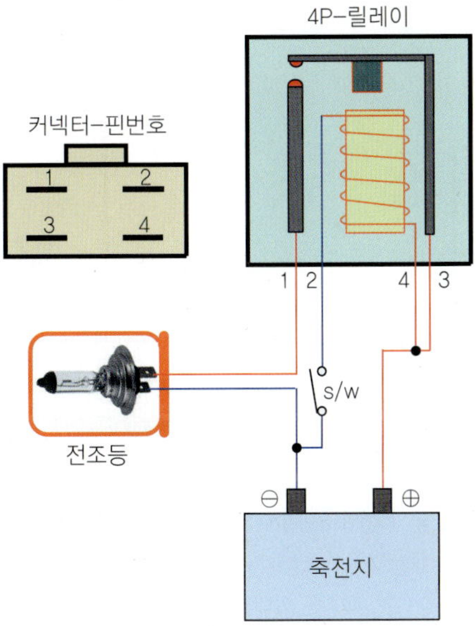

그림 125 | 4-Pin 릴레이를 이용한 회로

(3) 5-pin 릴레이

5p릴레이는 4p릴레이에서 87a가 추가 된 것이다. 87a단자는 87번 단자가 작동하지 않을 때 작동하는 회로에 사용할 때 사용하기도 한다.

① 스위치를 닫았을 때, 86번 단자와 85번 단자 사이에 전류가 흐르면 전자석 작용이 발생한다(연결할 때 "딸깍"하는 소리가 들린다).

② 30번 단자와 87번 단자가 연결되어 전구에 불이 들어오면 정상이다.

③ 릴레이 단품 점검 : 저항 점검시 86번 단자와 85번 단자 측정시 저항값이 나오고, 릴레이 86번 단자에 축전지(+) 단자를 연결하고, 85번 단자에 축전지(-) 단자를 연결한다. 릴레이의 30번 단자와 87번 단자 사이에 저항을 측정하였을 때 저항값이 0Ω 이 나오면 정상이고 86번 단자와 85번 단자의 축전지를 탈거하면 30번 단자와 87a단자 사이에 저항이 0Ω 이 나오면 정상이다.

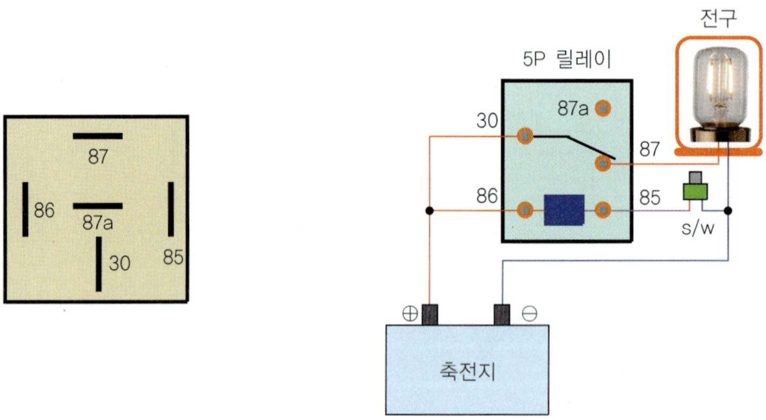

그림 126 | 5-Pin 릴레이를 이용한 회로

3 회로분석에 의한 고장진단

다음은 회로분석에 의한 고장진단으로서 차량고장 시 시스템 고장진단 방법론에 대해 설명하였다.

① 고객 불만 사항을 듣는다.

고객의 불만 사항이 곧 점검해야 할 항목이므로 자세히 듣고 점검 항목을 체크한다.

② 차량 상태를 점검한다.

고객의 말을 믿어야 하지만 직접 확인한다. 또한 차량의 작동 상태를 정확히 구체적으로 인지한다. 예를 들면 와이퍼가 작동 불량인데, 와이퍼 전체가 작동불능인지 아니면 LOW와 HI만 작동하는지 구체적인 차량 상태를 인지한다.

③ 고장 관련 회로분석을 한다.

회로분석을 통해 시스템이 어떻게 작동 되는지 알아야 고장진단이 가능하다.

④ 회로분석이 정확하게 이루어 졌다면, 차량 상태를 보고 정상 작동 되는 기능을 점검 대상에서 제외시킨다.

고장을 찾는데 있어 일부 기능이 정상적으로 작동 한다는 것은 중요한 정보이다. 즉, 작동 시 변화된 모습이 보이므로 점검 할 필요가 없다. 그러므로 점검 대상에서 제외시킨다.

⑤ 회로분석상 고장일 확률이 높은 개소를 찾는다.

회로분석상 현재의 상태로 고장이 발생 된다면 어디가 문제가 생겨야 이러한 고장현상이 발생될까를 생각하면서 확률이 높은 곳을 찾는다. 고장은 1가지 일 가능성이 높다.

⑥ 회로도를 보고 점검해야 할 항목의 점검 편의성을 검토한다.

차량의 고장은 1가지, 즉, 100%의 확률이라고 판단 할 수 있지만 2가지의 고장이 존재 할 수도 있다. 그러므로 회로분석상 현재의 고장 상태에서 점검하기 쉬운 개소를 선택한다. 예를 들어 확률이 높은 개소이지만 많은 분해와 시간이 소요 된다면(답 일 수도 있지만 아닐 수도 있음) 좀 더 쉬운 개소를 먼저 점검하여 확신이 있을 때 분해 및 점검하는 것이 좋다.

⑦ 장비 및 공구 그리고 테스터기를 선정한다.

점검해야 할 항목이 최종적으로 선정이 됐다면 필요한 공구, 장비, 테스터기 등 어떤 것을 사용해야 할지 판단하고 준비한 다음 측정값이 어떻게 나와야 하는지 숙지하고 정상일 경우 다음 측정할 곳을 염두에 둔다.

4

전자부품 역할 및 점검

1 저항 (Resistance)

저항기는 금속이나 비금속 재료를 사용하여 전류의 흐름을 변화시키는 것으로, 전기전자 회로에 가장 많이 사용되는 전기 부품 중 하나이다. 저항기는 전류의 흐름을 방해하는 요인의 총칭인 일반 "저항"과 구분하기 위해 "저항기"라 부르고 있다.

1 저항기의 종류

저항기는 용도에 따라 크게 고정 저항기와 가변 저항기로 나누어진다. 고정저항기란 말 그대로 저항값이 정해져 있어 변하지 않는 저항기를 말하며, 가변 저항(variable resistance)은 저항의 값을 바꿀 수 있는 형태의 저항기로서 대표적인 것이 스피커의 음량을 조절하는 볼륨다이얼이나 TPS(스로틀 포지션 센서), APS(엑셀 포지션 센서)등이 있다.

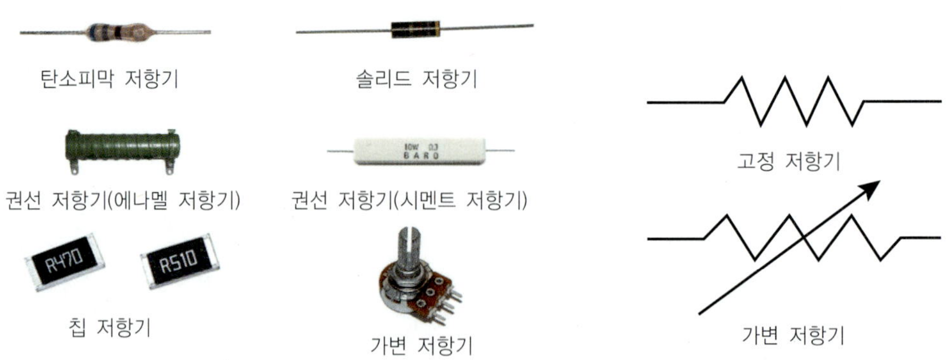

(a) 형상 (b) 기호

그림 1 | 저항기 종류와 기호

2 저항기의 용도

01 전류의 제한

회로에서 저항기는 전류의 흐름을 방해하고 전압 강하를 일으키는 등의 작용을 하게 된다. 따라서 이러한 저항기의 특성을 여러 용도로 사용하는데, 대표적인 것이 전압분배 저항, 전류-전압 변환 저항, 전류제한 저항, 풀업 저항, 풀다운 저항 등이 있다.

저항기는 이 들을 회로 내에서 전류의 흐름을 제한하여, 전류와 전압을 조절하는 역할을 하고 있다. 회로에서 저항기의 첫 번째 용도는 전류의 제한이라 할 수 있는데, 5V전원을 사용하는 어떤 회로에 1A만 흐르도록 해야 한다면, 회로에 5Ω의 저항을 설치하면 옴의 법칙에 의해 회로에 흐르는 전류를 1A로 제한할 수 있다. 이와 같이 저항기는 회로에 필요한 만큼의 전류만 흐르도록 하여, 과전류에 의한 회로의 손상을 방지하기 위해 사용된다.

02 전압의 분배

저항기의 또 다른 용도로는 전압의 분배이다. 이것은 두 개 이상의 저항이 직렬로 연결되었을 때, 전류가 각 저항에 흐르면서 저항의 크기에 비례하여 발생하는 전압강하를 이용한 것인데 그림 2와 같이 5V 전원을 사용하는 회로에서 2Ω의 R1과 3Ω의 R2 저항이 직렬로 연결된 경우, 저항 R1에는 2V, R2에는 3V의 전압강하가 발생된다. 이때 R1과 R2사이의 전압에 주목할 필요가 있는데, 이곳의 전압은 접지를 기준으로 3V가 된다.

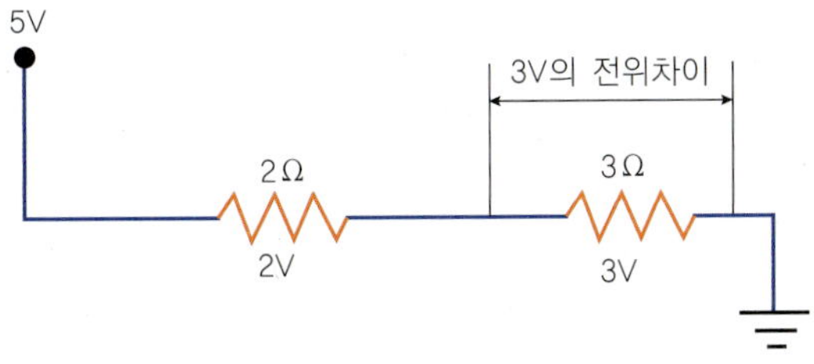

그림 2 | 전압의 분배

따라서 그림과 같이 어떤 부하를 병렬로 연결하면, 연결된 부하는 3V의 전원으로 작동되는 효과를 가져 올 수 있다. 결국 이것은 저항을 이용하여 전원 전압이 나누어지기 때문에 가능한 것이며, 이러한 전압분배는 실제로 매우 많이 사용되는데, 자동차에서는 대표적으로 각종 온도 센서와 가변저항을 이용한 위치감지 센서들의 기본 원리가 된다.

03 저항을 활용한 전류 측정(SHUNT 저항)

전류값을 알고 싶은 곳에 저항을 연결하고 저항의 양단에 걸리는 전압을 측정해보면 오옴의 법칙을 통해서 전류값을 알 수 있다. 실제로 전류 출력을 주는 센서의 신호처리 등의 경우에, 이 전류신호를 전압신호로 바꾸어서 처리하는 경우가 많다. 전류 측정을 목적으로 사용되는 저항을 션트 저항이라고 하며, 션트 저항은 기본적으로 매우 낮은 저항값을 가지고 있다. 전류를 측정하는 방법은 전류가 흐르는 중간에 저항을 직렬로 연결하고 션트 양단간의 전압을 측정하는 방법이다.

그림 3 | 션트 저항기

04 풀업 저항과 풀다운 저항

디지털 회로에서는 풀업 저항/풀다운 저항을 많이 볼 수 있다. 디지털 회로에서는 high(보통 5V를 사용한다.)와 low(보통 GND 전압을 사용한다.) 두 경우만 사용하므로, 어정쩡한 값을 가질 위험이 있는 회로에서 분명하게 5V아니면 0V값을 가질 수 있도록 신호값을 붙들어 매는 역할을 한다.

(1) 풀업 저항

풀업 저항은 일반적으로 접지 제어 회로에서 사용되며, 그림 4의 회로와 같이 스위치가 OFF되었을 경우 외부의 노이즈에 관계없이 항상 5V가 입력되고, 스위치 ON시 0V를 감지하게 된다.

(2) 풀다운 저항

풀다운 저항은 일반적으로 전원 제어 회로에서 사용되며, 그림 5의 회로와 같이 스위치가 OFF되었을 경우 외부의 노이즈에 관계없이 항상 0V가 입력되고, 스위치 ON시 5V를 감지하게 된다.

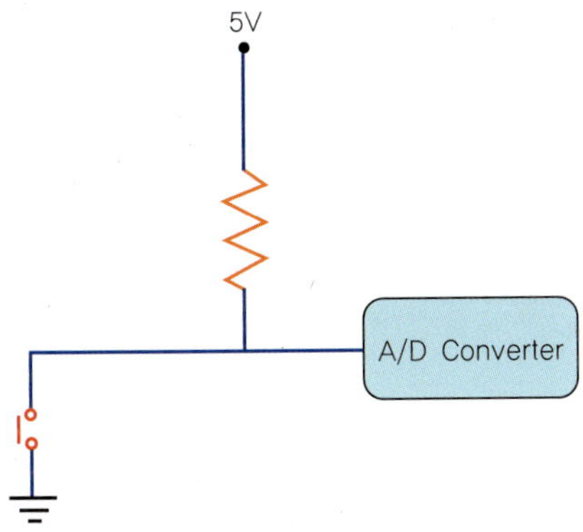

그림 4 | 풀업 저항

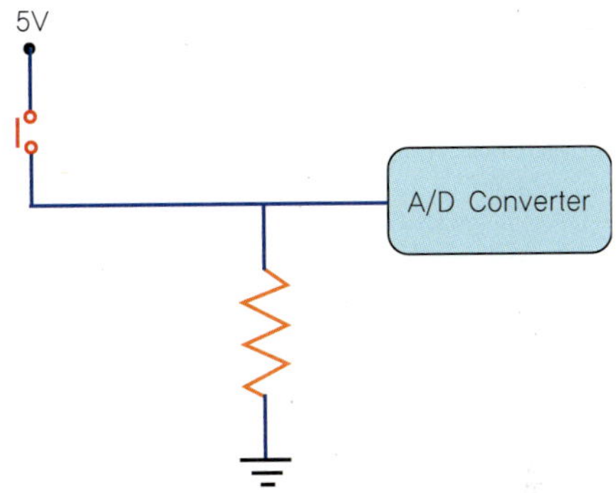

그림 5 | 풀다운 저항

3 저항 점검

[저항 계산법]

색		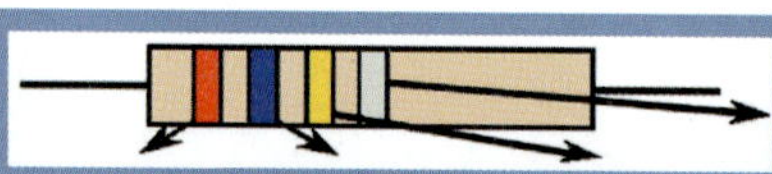			허용오차
		1색대	2색대	3색대	
은색		-	-	10^{-2}	±10%
금색		-	-	10^{-1}	±5%
검정		-	0	10^{0}	-
갈색		1	1	10^{1}	±1%
적색		2	2	10^{2}	±2%
오랜지색		3	3	10^{3}	-
황색		4	4	10^{4}	-
녹색		5	5	10^{5}	±0.5%
청색		6	6	10^{6}	-
보라색		7	7	10^{7}	-
회색		8	8	10^{8}	-
백색		9	9	10^{9}	-
기호		저항			
		가변저항	 		

01 아날로그 테스터기

셀렉터(선택 스위치)를 저항(OHM)의 ×1, ×10, ×1K, ×10K 레인지로 측정 저항에 맞게 변환한다. 리드선의 프로브를 단락시켜 0점 조정 볼륨(0Ω ADJ)을 이용하여 0Ω에 맞춘 다음 측정하고자 하는 저항을 측정하여야 한다. 0Ω으로 조정 안하면 측정값이 틀려진다.

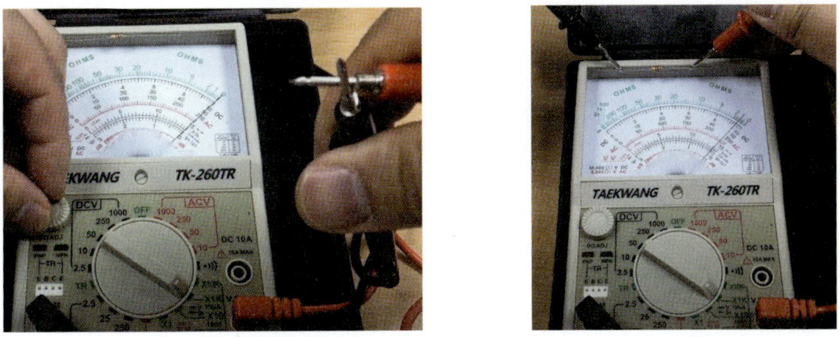

(a) 0점 조정　　　　(b) 저항 측정

그림 6 | 아나로그 테스터기 저항측정

02 디지털 테스터기

① 선택 셀렉터를 "Ω"모드로 한다.

② 적색 리드선은 V.Ω에, 흑색 리드선은 COM에 연결한다.

③ 프로브(probe)를 측정할 부위에 접속하고 값을 읽는다.

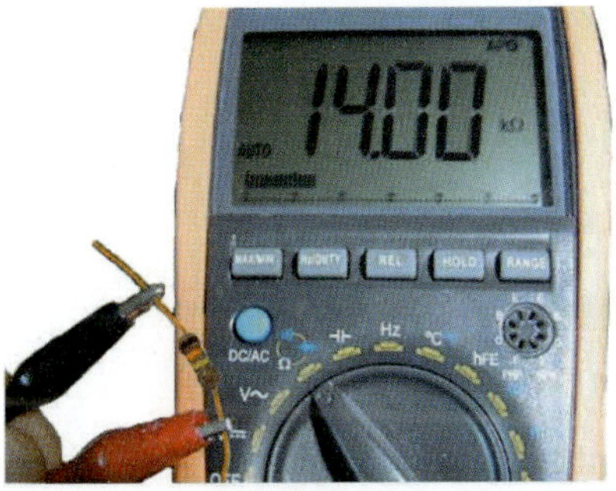

그림 7 | 디지털 테스터기 저항측정

2 다이오드 (Diode)

1 정류 다이오드

01 정류 다이오드 특성

다이오드란 전압을 일정한 방향으로 인가 했을 때만 전류가 흐르는 정류작용을 하는 2단자 반도체이다. 주로 전류를 한 쪽 방향으로 흐르게 하고, 역방향으로는 전류가 흐르지 못하도록 하는 성질을 가지고 있다.

(a) 정류다이오드 (b) 제너 다이오드 (c) 발광 다이오드 (d) 포토 다이오드

그림 8 | 다이오드 기호

다이오드는 순방향일 때는 양단의 전압차가 약 0.7V이상 되면 전류가 급격하게 흐른다. 역방향일 때는 낮은 전압에서는 전류가 흐르지 못하지만, 전압이 상승하여 약 고전압에 도달하면, 급격하게 전류가 흘러 다이오드가 파손된다. 이를 항복전압 또는 제너전압이라 한다.

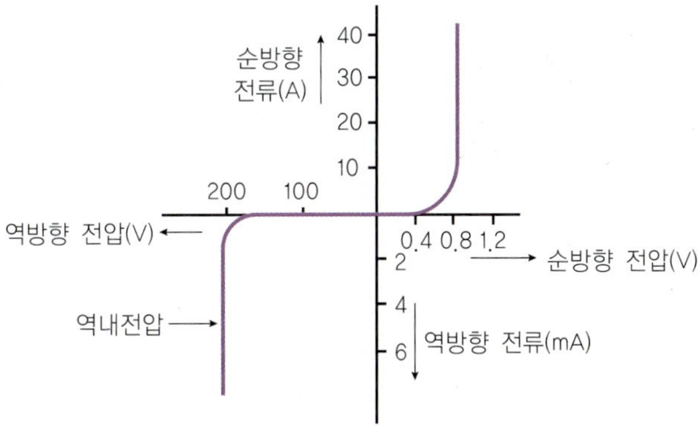

그림 9 | 다이오드 특성

02 다이오드 작동

다이오드는 P형 반도체와 N형 반도체를 마주 대고 접합한 것이며, P형 부분에는 애노드(A), N형 부분에는 캐소드(K)의 전극이 양 끝에 설치되어 있고, P형 부분과 N형 부분이 접하고 있는 면을 접합면이라 한다. 접합면 부근은 캐리어가 결핍한 층이 발생되는데 이것을 공핍층이라 한다.

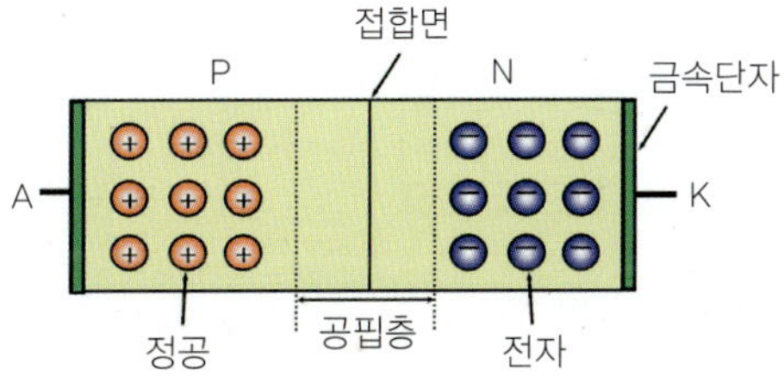

그림 10 | 다이오드 구조

(1) PN접합에 순방향 전압을 가한 경우

전원을 P형에는 (+)을, N형에는 (-)을 접속하면 P형의 홀은 (+)극에 반발하여 N형으로 유입되고, N형의 전자는 (-)극에 반발하여 P형 속으로 유입된다. 이에 따라 다이오드에는 전류가 흐르며 이러한 상태를 순방향 흐름이라 한다.

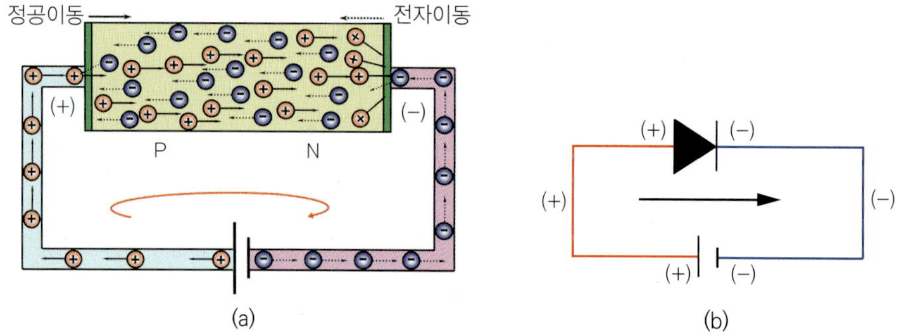

그림 11 | 순방향(전류가 흐를 때)흐름

(2) PN접합에 역방향 전압을 가한 경우

P형 부분에 음(-)전압, N형 부분에 양(+)전압을 가하면 P형 부분의 정공은 음극에, N형 부분의 전자는 양극에 끌려가며, 전위 장벽은 높아지고 더욱 공핍층의 폭도 넓어진다. 따라서 캐리어의 이동이 되지 않으므로 전류는 흐르지 않는다.

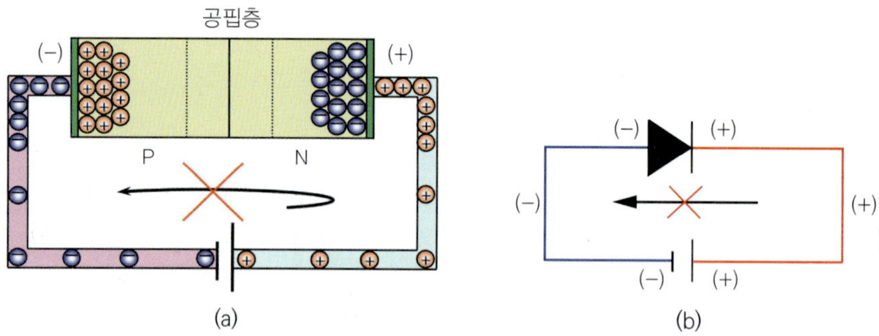

그림 12 | 역 방향(전류가 흐르지 않을 때)흐름

03 다이오드 용도

다이오드의 용도는 전원장치에서 교류 전류를 직류 전류로 바꾸는 정류기로서의 용도, 라디오의 고주파에서 꺼내는 검파용 전류의 ON/OFF를 제어하는 스위칭 용도 등 다양하게 쓰인다.

(1) 서지방지 회로에 사용

부하를 트랜지스터로 제어하는 회로의 경우, 부하에 흐르던 전류가 차단 될 때, 큰 역기전력이 발생하여, 트랜지스터를 손상시키는 원인이 되기도 한다. 하지만 다이오드를 부하와 역방향으로 병렬 연결하면, 역기전력은 다이오드를 통해 부하의 코일로 활류 되어 서지를 방지 할 수 있다.

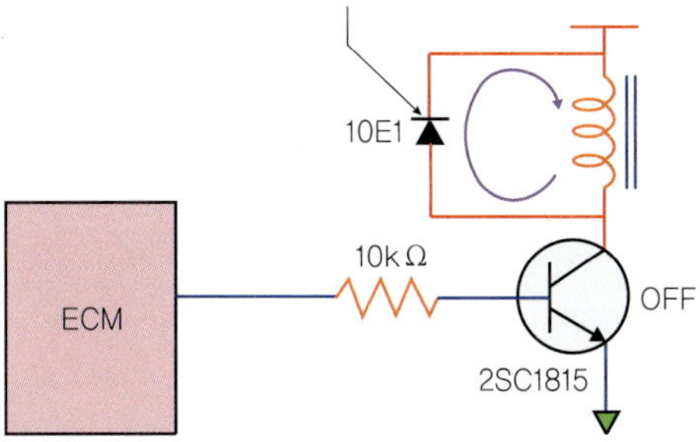

그림 13 | 서지방지 회로

(2) 정류회로에 사용

1) 반파정류 회로

교류의 +또는 -의 사이클만 전류를 흘려서 부하에 직류가 흐르도록 한 회로로 다이오드 1개를 사용하여 여기에 교류전원을 접속하면 반 사이클만 전류가 흐르게 할 수 있다. 이러한 회로를 반파정류 회로라 한다. 이 반파 정류회로는 파형의 절반 밖에 사용하지 못하므로 별로 사용하지 않는다.

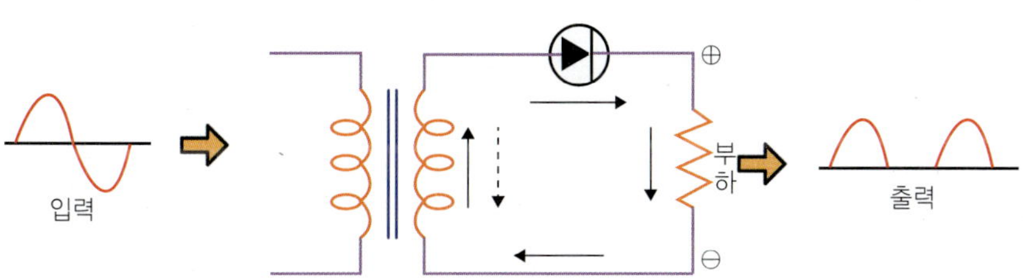

그림 14 | 반파정류 회로

2) 전파정류 회로

다이오드를 사용하여 교류의 +, - 어느 반 사이클에 대해서도 정류를 하고, 부하에 직류 전류를 흘릴 수 있도록 한 회로이다.

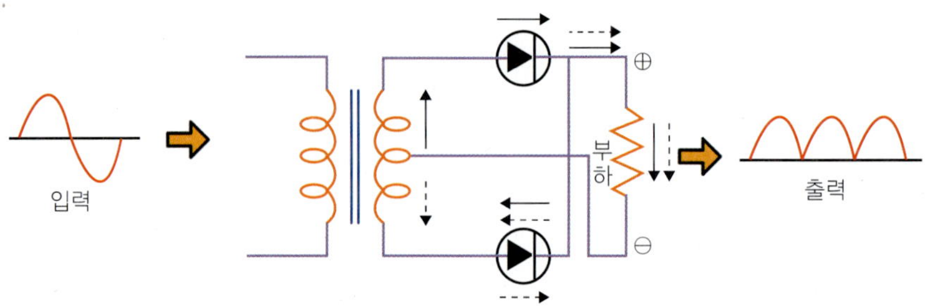

그림 15 | 전파정류 회로

3) 브리지 전파정류 회로

브리지 정류회로는 전파정류 회로의 일종으로, 다이오드 4개를 브리지 모양으로 접속하여 정류하는 회로이다. 전파정류 회로는 다이오드 4개를 사용하여 +쪽과 -쪽을 모두 정류하는 형식의 회로이다.

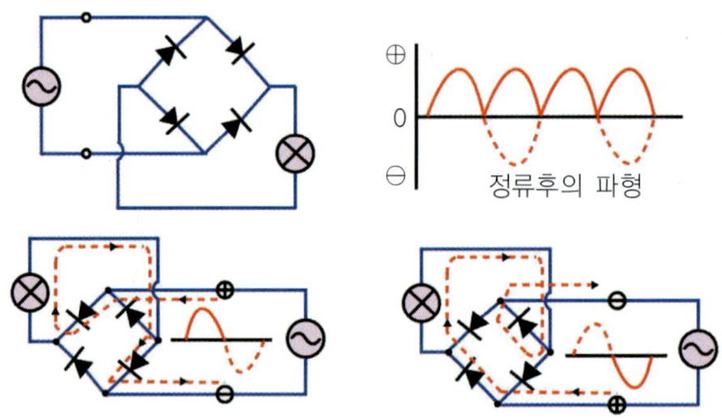

그림 16 | 브리지 전파정류 회로

4) 3상 전파정류 회로

3상 전파 정류회로는 자동차에 사용되는 발전기에 적용되는 회로로 120도 위상마다 전파 정류하여 교류전원을 최대한 직류에 근접되도록 하고 있다.

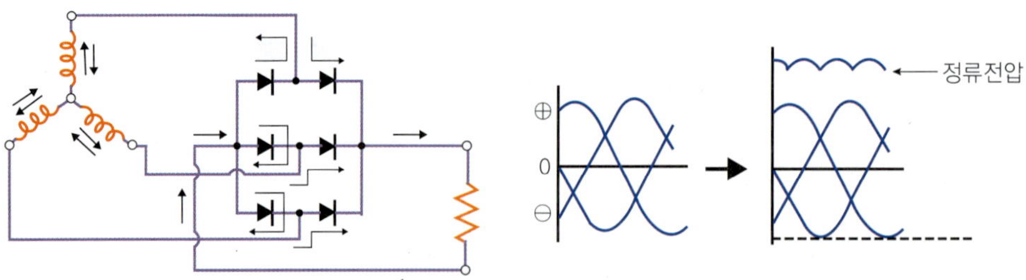

그림 17 | 3상 전파정류 회로

04 다이오드 점검

(1) 순방향 전압 측정

① 디지털 멀티미터 셀렉터를 다이오드 기호에 위치하도록 돌린다.

② 빨간색 프로브는 가장 오른쪽의 다이오드 기호가 있는 빨강 커넥터와 연결하고, 검정 프로브는 COM이라고 적힌 검정 커넥터와 연결한다.

③ 다이오드의 애노드(+) 리드에는 빨강 프로브의 클립과 연결하고, 캐소드(-) 리드에는 검정 프로브의 클립과 연결한다.

④ 화면에 표시되는 순방향 전압 값을 확인하여, 순방향 전압 값이 0.5~0.9V 사이에 측정되는지 확인한다.

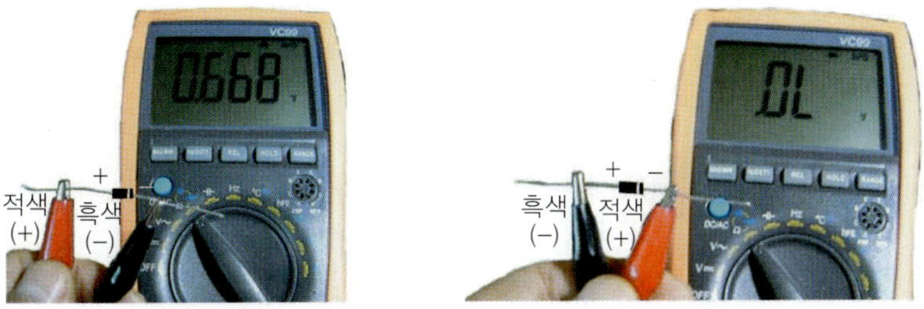

(a) 순방향 점검 (b) 역방향 점검

그림 18 | 다이오드 점검

(2) 역방향 바이어스 확인

① 디지털 멀티미터의 셀렉터를 다이오드 기호에 위치하도록 돌린다.

② 빨간색 프로브는 가장 오른쪽의 다이오드 기호가 있는 빨강 커넥터와 연결하고, 검정 프로브는 COM이라고 적힌 검정 커넥터와 연결한다.

③ 다이오드의 캐소드(-) 리드에는 빨강 프로브의 클립과 연결하고, 애소드(+) 리드에는 검정 프로브의 클립과 연결한다.

④ 화면에 0.L로 표시되는지 확인한다.

2 제너 다이오드

01 제너 다이오드 기능

제너 다이오드는 실리콘 다이오드의 일종이며, 어떤 전압 하에서도 역 방향으로 전류가 통할 수 있도록 제작한 것이다. 즉, 역 방향으로 가해지는 전압이 어떤 값에 도달하면 순방향 흐름과 같이 급격히 전류를 흐르게 한다.

이때의 전압을 제너 전압(브레이크다운 전압 : brake down voltage)이라 부른다. 또 역 방향 전압이 점차 감소하여 제너 전압 이하가 되면 역방향 전류가 흐르지 못한다. 이 제너 전압은 온도 및 사용에 의한 변화가 적으며, 자동차용 교류 발전기의 전압 조정기 전압 검출이나 일정 전압 회로 등에서 사용하고 있다.

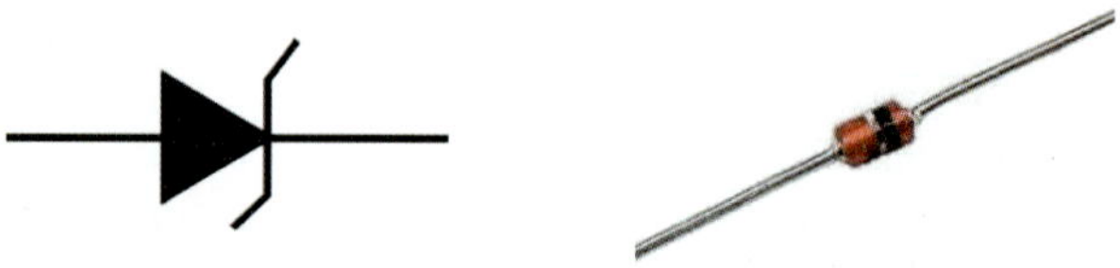

(a) 기호　　(b) 모형

그림 19 | 제너 다이오드

02 제너 다이오드 특성

① 순방향 : 정류 다이오드와 동일하게 0.7V이상이 되면 전류가 흐른다.

② 역방향 : 제너전압(브레이크다운 전압 : brake down voltage)에 도달하면 전류가 흐른다. 제너전압은 소자에 표기되어 있다.

③ 제너전압은 불순물의 첨가량에 따라 양에 따라 1~250V사이의 값으로 제작된다. 이 값은 소자에 쓰여 져 있다.

03 제너 다이오드 점검

(1) 순방향 전압 측정

① 디지털 멀티미터의 셀렉터를 다이오드를 가리키도록 돌린다.
② 제너다이오드 애노드(+) 핀과 디지털 멀티미터의 다이오드 (+)단자와 클립으로 연결한다.
③ 제너다이오드 캐소드(-) 핀과 디지털 멀티미터의 COM (-)단자와 클립으로 연결한다.
④ 순방향 전압값이 0.5~0.9V 사이의 값이 측정되는지 확인한다.

(2) 역방향 바이어스 측정

① 디지털 멀티미터의 가운데 셀렉터를 다이오드를 가리키도록 돌린다.
② 제너다이오드 애노드(+) 핀과 디지털 멀티미터의 COM (-)단자와 클립으로 연결한다.
③ 제너다이오드 캐소드(-) 핀과 디지털 멀티미터의 다이오드 (+)단자와 클립으로 연결한다.
④ 역방향 바이어스 값이 0L로 표시되는지 확인한다.

(a) 순방향 (b) 역방향

그림 20 | 제너다이오드 점검

(3) 시험 결과

제너 다이오드의 순방향 전압값은 정류 다이오드와 동일하므로, 0.5~0.9V 사이의 값이 측정되어야지 정상이다. 위의 제너다이오드 순방향 전압값은 0.7187V로 측정되었으므로, 정상이다. 또한 역방향 바이어스에서 제너다이오드의 제너 전압은 5.1V이다. 하지만 디지털 멀티미터의 다이오드 시험 모드 경우 5.1V 까지 측정할 수 없기 때문에 더 낮은 전압 값에서 쇼트 고장 여부만을 확인할 뿐이다. 그래서 0L로 측정된다면 정확한 제너전압을 측정할 수는 없지만 쇼트에 의한 고장이 아닌 것을 확인할 수 있다.

3 발광 다이오드(LED)

01 발광 다이오드 기능

① 전류가 흐르면 빛을 방출하는 반도체 소자이다.

② 방출되는 빛은 사용화합물에 따라 달라진다. 물질의 특성에 따라 빛의 색깔이 달라지며, 인화갈륨인 경우, 아연 및 산소 원자가 관여하는 발광은 적색이고, 질소 원자가 관여하는 발광은 녹색이다.

③ 전극이 긴 쪽은 애노드, 짧은 쪽은 캐소드 이다.

④ 기호는 순방향으로 전류가 흐를 때 빛을 방출한다는 의미이다.

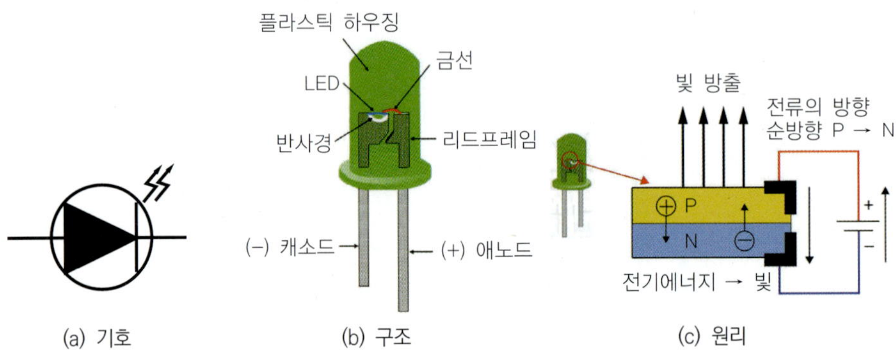

그림 21 | 발광 다이오드

02 발광 다이오드 구조

투명한 몰드 내부에 음전극과 양전극이 있으며, LED칩은 그 중 한 전극 위에 올려 져 있고, LED 칩과 반대쪽 전극은 금으로 만들어진 가는 전선으로 연결되어 있다.

03 발광 다이오드 특성

① 순방향 : 전류가 흘러 빛을 방출

② 역방향 : 전류가 흐르지 못함

③ 매우 작은 전압과 전류로 작동

④ LED 동작 전압 : 1.8~2.0V정도

⑤ LED 허용 전류 : 약 10mA정도로 발광다이오드에 과전류가 흐르게 되면, 파손된다. 따라서 발광다이오드를 회로에 사용할 때는 반드시 다이오드와 직렬로 큰 저항을 연결하여 전류가 정격전류 이상 되지 않도록 해야 한다.

04 발광 다이오드 용도

LED라고 불리는 이 다이오드는 순방향 전압을 인가하면, 에너지가 빛이 되어 방출되어 전기장치의 표시나 조명장치로 많이 사용된다. 용도는 각종 파일럿램프, 배전기의 크랭크 각 센서와 상사점(TDC)센서, 차고 센서, 조향핸들 각속도 센서 등에서 사용한다.

05 발광 다이오드 점검

테스터기 셀렉터를 R(ohm) ×1 혹은 ×10 으로 놓고 테스트 한다. 테스터기로 흑색 프로브를 애노드(+)에 적색 프로브를 캐소드(-)찍었을 때(아나로그 테스터기와 디지털 테스터기는 프로브 위치가 바뀐다.) 테스터의 지침이 움직이며 발광이 된다. 프로브를 반대로 하면 발광이 되지 않는다.

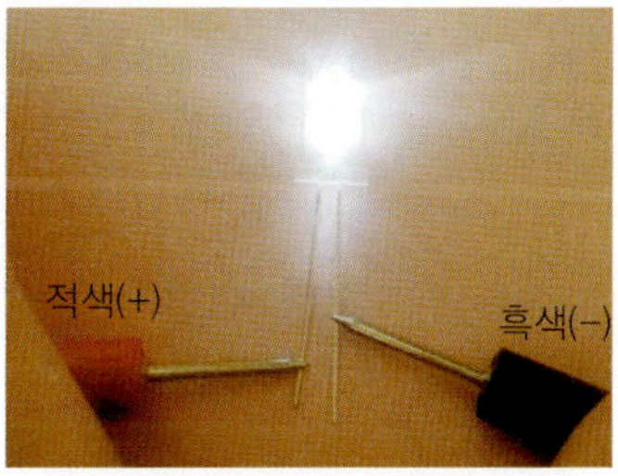

그림 22 I LED 점검

06 적외선 발광 다이오드 점검

측정 방법은 일반적으로 다이오드와 같으나 빛을 볼 수 없다. 테스터기의 레인지 위치를 R×100에 선정하고 순방향은 약 1kΩ 정도이며, 역방향은 무한대이다.

4 포토다이오드

01 포토다이오드 개요

PN다이오드에 역방향 전압을 걸어놓으면 평상시에는 저항 역할을 해 전류가 흐르지 않는다. 하지만 PN다이오드가 빛을 받으면 빛이 저항을 줄여주기 때문에 역방향 전압에서도 전류(역방향 전류)를 흐르게 할 수 있다. 광 다이오드라고 불리며, 광신호를 전기 신호로 변환하는 다이오드로, 빛의 강도에 따라 전류를 변화시킨다.

02 포토다이오드 구조

포토다이오드는 일반 다이오드와 같이 PN 접합으로 되어 있지만, 접합부에는 빛 검출을 위한 수광부가 추가된 구조로 되어 있다.

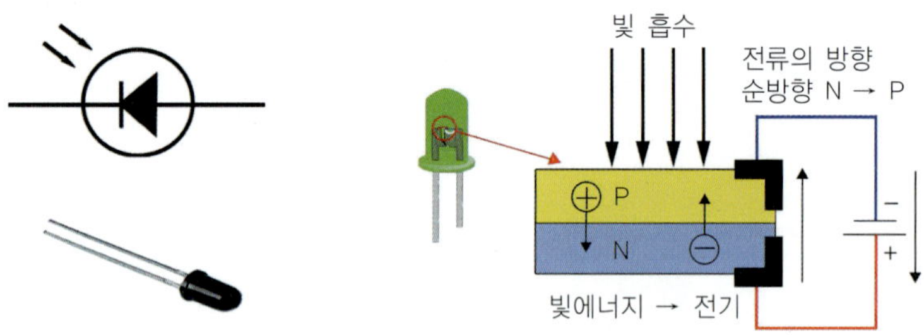

(a) 기호 및 모형　　(b) 원리

그림 23 | 포토다이오드

03 포토다이오드 특성

포토다이오드의 긴 핀인 anode는 멀티미터의 빨간색 프로브에, 짧은 핀인 cathode는 검정색 프로브에 연결한다. 이렇게 하면 포토다이오드는 멀티미터의 내부저항을 거쳐 cathode와 anode가 연결되어서, anode → 멀티미터 → cathode 방향으로 전류가 흐른다. 소형 포토다이오드는 보통 100μA 이하의 작은 전류를 생성한다.

04 포토다이오드 용도

포토다이오드는 빛 에너지를 전기 에너지로 바꿀 수 있는 소재이다. 따라서 다양한 전자기파를 전기신호로 바꾸는 역할을 한다. 이것은 빛의 양에 의해 자유전자, 정공이 활성화되어 빛의 양에 비례하게 역방향 전류가 흐른다. 용도는 광센서와 함께 리모컨, 화재경보기 및 자동차에서는 배전기 내의 크랭크 각 센서와 상사점(TDC) 센서, 차고 센서, 조향핸들 각속도 센서 등에서 사용한다.

05 포토다이오드 점검

손전등으로 포토다이오드를 비췄을 때, 42mV 전압이 포토다이오드 양단에 걸리고 21μA 전류가 흐르는 것으로 측정된다. 멀티미터의 COM 단자에 연결된 검정색 프로브는 포토다이오드의 cathode에 연결되어 있다. 그래서 anode의 전압이 cathode보다 42mV 높고, 21μA 전류는 anode에서 멀티미터 내부를 지나 cathode로 흐른다.

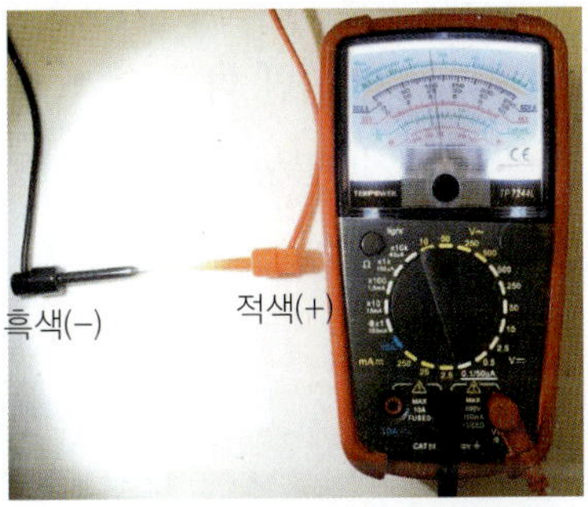

그림 24 | 손전등을 비추어 포토다이오드 점검

3 트랜지스터 (Transistor)

1 트랜지스터 개요

트랜지스터는 전류나 전압흐름을 조절하여 증폭하거나 스위치 역할을 하는 반도체 소자이다. 외부 회로와 연결할 수 있는 최소 3개 단자를 가지고 반도체 재료로 구성되어있다. 전압 또는 전류가 한 쌍의 트랜지스터 단자에 인가가 되면 다른 한 쌍의 단자를 통해 전류를 제어한다. 출력된 전력은 입력된 전력보다 높일 수 있기 때문에 트랜지스터는 신호를 증폭하는 것이 가능하다.

그림 25 | 트랜지스터

2 트랜지스터 구조

트랜지스터는 PN형 다이오드의 N형 쪽에 P형을 덧붙인 PNP형과, P형 쪽에 N형을 덧붙인 NPN형이 있으며, 3개의 단자 부분에는 인출선이 붙어 있다. 중앙부분을 베이스(B, base : 제어부분), 양쪽의 P형 또는 N형을 각각 이미터(E : emitter) 및 컬렉터(C : collector)라고 한다. PNP형은 이미터에서 베이스로 전류가 흐르고, NPN형은 베이스에서 이미터로 전류가 흐른다.

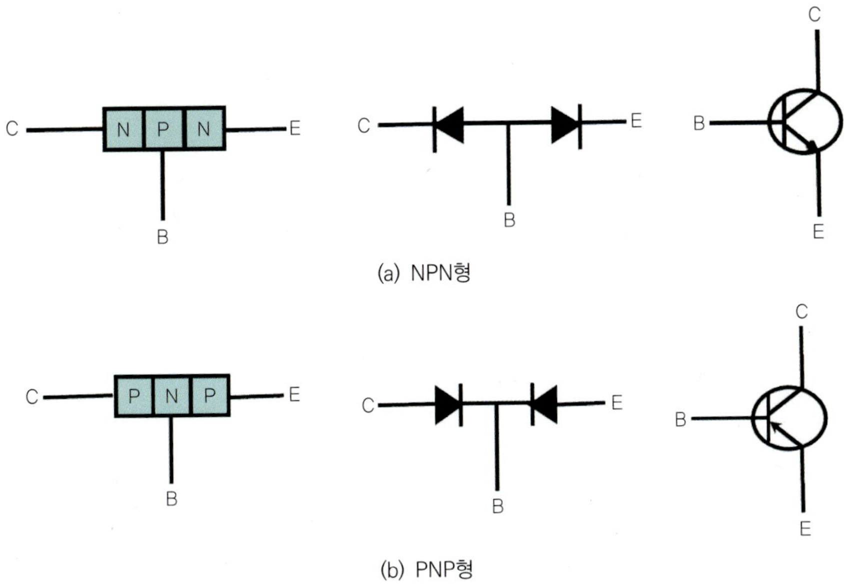

그림 26 | 트랜지스터의 구조 및 기호

3 트랜지스터 작동

01 트랜지스터에 전류가 흐를 때

베이스와 이미터사이에 순방향 전압 V_1을 가하고 있으므로 전위장벽은 낮아지며, 이미터의 N형의 부분은 불순물의 농도가 짙으므로 전자가 다수 발생하고 베이스의 P형 부분은 두께가 얇아 불순물 농도도 저하하고 있으므로 정공은 매우 적다. 이미터의 전자는 전위장벽을 지나 확산하면서 베이스로 향하고 1% 정도가 베이스의 정공과 결합하여 소멸한 베이스의 약간의 정공은 전지의 [+]극이 계속 보급되므로 이것이 약간의 베이스 전류 I_B가 된다. 베이스의 정공과 결합되지 않은 이미터로부터의 99% 정도의 전자는 컬렉터 쪽의 전압 V_2에 의해 컬렉터 쪽으로 이동한다. 이것이 컬렉터 전류 I_C가 된다. 이미터의 전자는 전지의 [-]극에서 계속 보급되므로 이것이 이미터 전류 I_E가 되며, 이미터 전류 I_E의 대부분은 컬렉터 전류 I_C가 되고 베이스 전류 I_B로 되는 것은 매우 적다.

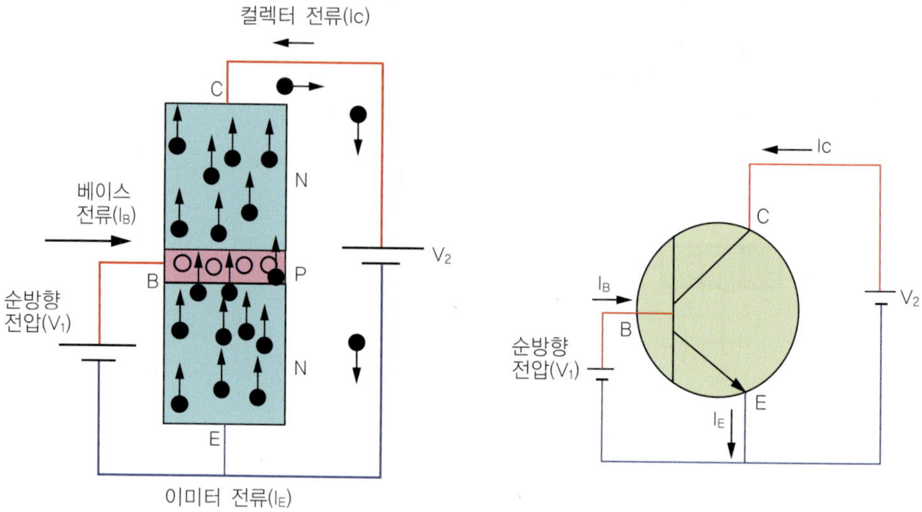

그림 27 | 베이스 전류가 흐를 때(트랜지스터에 전압을 가하는 방법)

02 트랜지스터에 전류가 흐르지 않을 때

베이스와 이미터사이에는 전압이 가해지지 않으므로 베이스 전류가 흐르지 않을 때이며, 컬렉터와 베이스에만 역방향 전압이 가해져 있는 경우 컬렉터와 베이스의 접합면 부근은 장벽이 높아 컬렉터 베이스 사이에 전류는 흐르지 않는다.

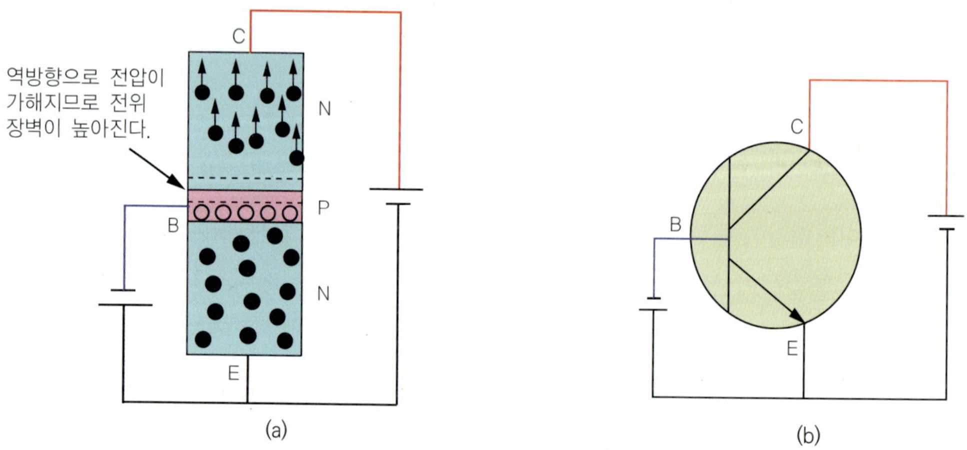

그림 28 | 베이스 전류가 흐르지 않을 때

4 트랜지스터의 작용

트랜지스터의 대표적인 작용으로는 스위칭작용, 증폭작용 및 발진작용 등이 있다.

01 스위칭 작용

트랜지스터의 컬렉터 전류 Ic와 이미터 전류 I_E 사이를 도통 상태로 하려면 베이스 전류 I_B를 흐르게 하면 된다. 반대로 베이스 전류 I_B를 단속하면 컬렉터 전류 Ic와 이미터 전류 I_E를 단속할 수 있다. 이것을 트랜지스터의 스위칭 작용이라 하며 릴레이와 같이 작은 전류로 큰 전류를 제어하며 릴레이는 1초에 100~200회 정도 스위치 작동을 할 수 있지만 트랜지스터는 1초에 1000회 정도 스위칭 작용을 할 수 있고 릴레이와 같이 접점의 마모나 채터링이 없어 동작이 안정된다.

02 증폭 작용

트랜지스터는 베이스 전류 I_B를 약간 변화시키는 것으로 컬렉터 전류 I_C를 크게 바꿀 수 있으며, 베이스 전류 I_B와 컬렉터 전류 I_C의 합은 이미터 전류 I_E가 되고, 컬렉터 전류 I_C와 베이스 전류 I_B의 비율을 직류 증폭률 이라 하며, h_{FE}로 나타낸다. $I_E = I_B + I_C$, $h_{FE} = \frac{I_C}{I_B}$로 h_{FE}의 값은 일반적으로 10～10,000이다.

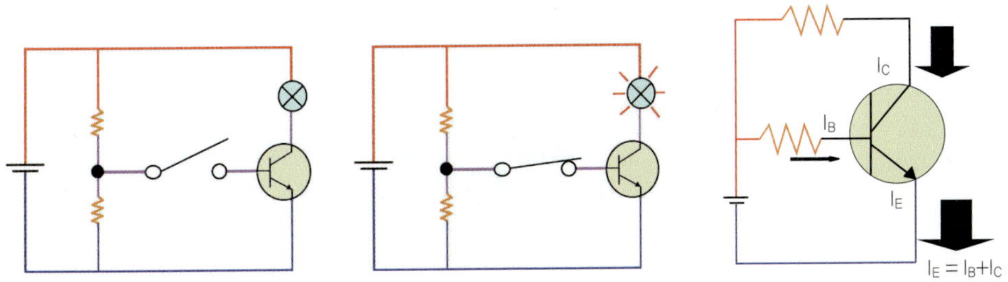

(a) 스위칭 작용 (b) 증폭작용

그림 29 | 랜지스터 작용

5 트랜지스터 점검

01 트랜지스터 읽는 법

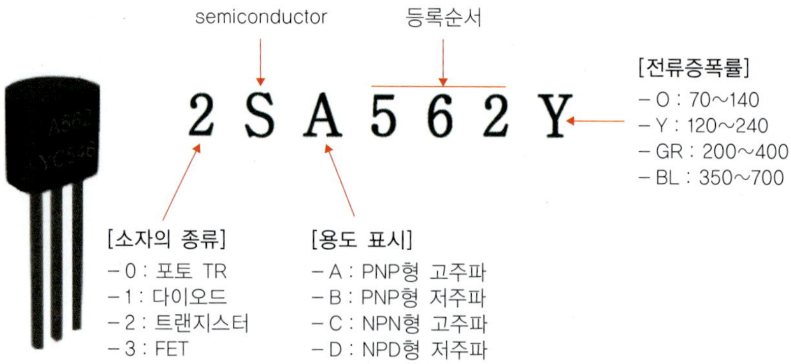

그림 30 | 트랜지스터 읽는 법

02 아날로그 테스터기의 셀렉터를 TR(트랜지스터)위치에 놓았을 때

① 테스터기의 셀렉터 위치를 TR에 선정한다.

② 트랜지스터를 시험기의 트랜지스터 점검 소켓에 꽂아 어떤 램프에 멈추는가를 확인하여 NPN형과 PNP형을 구분할 수 있다.

③ 트랜지스터를 트랜지스터 점검 소켓에 자리를 바꾸어 가면서 점검을 해도 2개(NPN, PNP)의 램프가 점멸하지 않으면 불량이다.

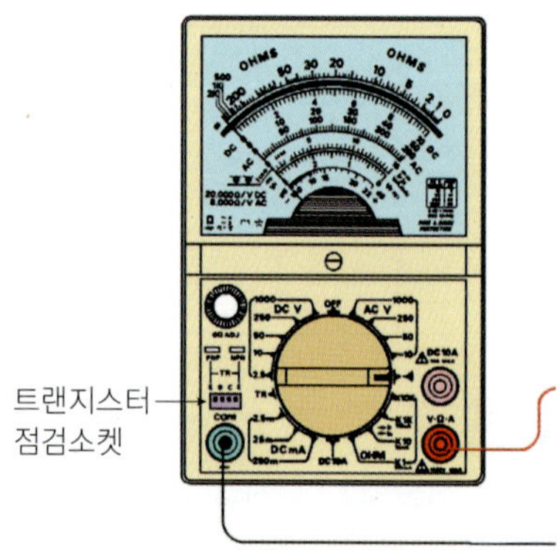

그림 31 | 트랜지스터 점검 레인지

03 디지털 테스터기

트랜지스터의 리드와 형태를 판단하기 위해서는 제일 먼저 방향에 상관없이 트랜지스터가 도통하는 리드를 찾아야 되므로 디지털 멀티미터의 셀렉터를 다이오드 기호에 위치하도록 돌린다.

(1) 경우 1

1) 측정 1

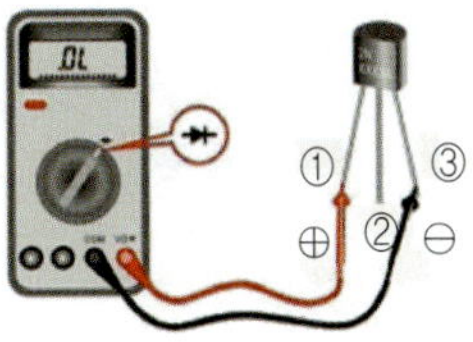

테스터기의 적색 테스터 리드(+)를 트랜지스터 ①번 리드에 접촉하고, 흑색 테스터리드 (-)를 트랜지스터 ③번 리드에 접촉한다. 테스터기 표시창에 숫자가 표시 되는가 확인한 후, 다음 항목을 진행한다.

2) 측정 2

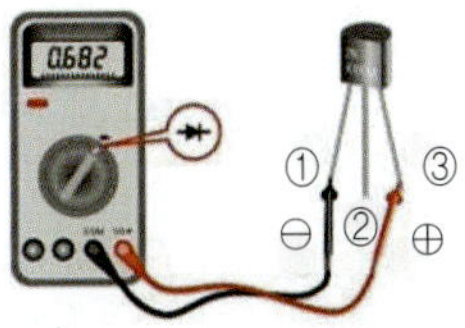

테스터기의 적색 테스터 리드(+)를 트랜지스터 ③번 리드에 접촉하고, 흑색 테스터리드 (-)를 트랜지스터 ①번 리드에 접촉한다. 테스터기 표시창에 숫자가 표시 되는가 확인한다.

3) 측정결과

측정결과 테스터기의 흑색 테스터 리드(-)를 트랜지스터 ①번 리드에 접촉하고, 적색 테스터 리드(+)를 트랜지스터 ③번 리드에 접촉하였을 때 테스터기 표시창에 임의의 숫자가 표시되었으므로, 트랜지스터의 리드 ①에서 리드③으로, 또는 리드③에서 리드①로 도통되었다는 것을 알 수 있다. 트랜지스터는 베이스에서 컬렉터, 베이스에서 이미터 방향으로 도통되므로 트랜지스터 ①번 리드, 또는 ③번 리드가 베이스라고 추정한다.

(2) 경우 2

1) 측정 1

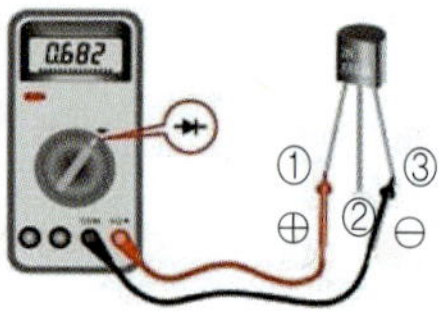

테스터기의 적색 테스터 프로브(+)를 트랜지스터 ①번 리드에 접촉하고, 흑색 테스터 프로브(-)를 트랜지스터 ③번 리드에 접촉한다. 테스터기 표시창에 숫자가 표시 되는가 확인한 후 다음 항목을 진행한다.

2) 측정 2

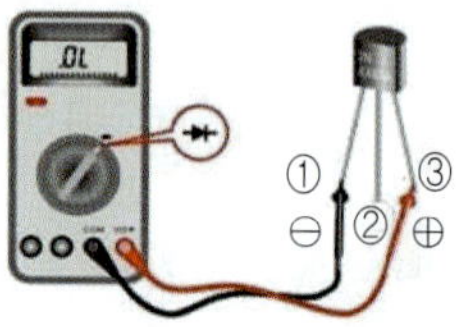

테스터기의 적색 테스터 프로브(+)를 트랜지스터 ③번 리드에 접촉하고, 흑색 테스터 프로브(-)를 트랜지스터 ①번 리드에 접촉한다. 테스터기 표시창에 숫자가 표시 되는가 확인한다.

3) 측정결과

측정결과 테스터기의 테스터 프로브(+)를 트랜지스터 ①번 리드에 접촉하고, 흑색 테스터 프로브(-)를 트랜지스터 ③번 리드에 접촉하였을 때 테스터기 표시창에 임의의 숫자가 표시되었으므로, 트랜지스터의 리드 ①에서 리드 ③으로, 또는 리드 ③에서 리드 ①로 도통되었다는 것을 알 수 있다. 트랜지스터는 베이스에서 컬렉터, 베이스에서 이미터 방향으로 도통되므로, 트랜지스터 ①번 리드, 또는 ③번 리드가 베이스라고 추정한다.

(3) 경우 3

1) 측정 1

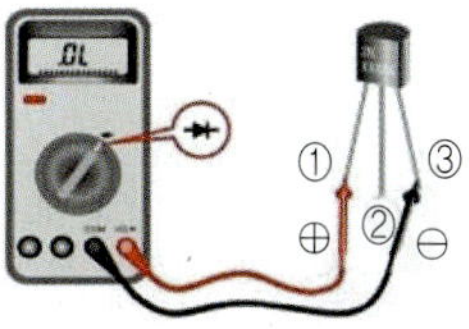

테스터기의 적색 테스터 프로브(+)를 트랜지스터 ①번 리드에 접촉하고, 흑색 테스터 프로브(-)를 트랜지스터 ③번 리드에 접촉한다. 테스터기 표시창에 숫자가 표시 되는가 확인한 후 다음 항목을 진행한다.

2) 측정 2

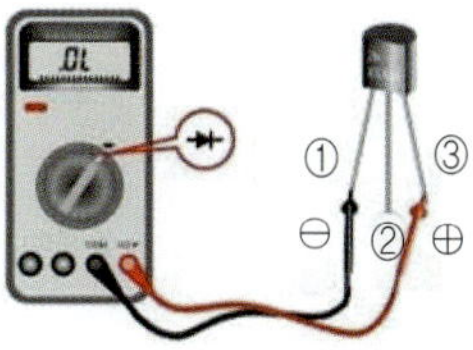

테스터기의 적색 테스터 프로브(+)를 트랜지스터 ③번 리드에 접촉하고, 흑색 테스터 프로브(-)를 트랜지스터 ①번 리드에 접촉한다. 테스터기 표시창에 숫자가 표시 되는가 확인한다.

3) 측정결과

측정결과 측정 1과 측정 2, 모두 테스터기 표시창에 아무것도 표시되지 않았으므로, 트랜지스터의 리드 ①에서 리드 ③으로, 또는 리드 ③에서 리드 ①로 도통되지 않는 다는 것을 알 수 있다. 트랜지스터는 베이스에서 컬렉터, 베이스에서 이미터 방향으로 도통되고, 컬렉터와 이미터는 어느 방향으로도 도통되지 못하므로 트랜지스터 ②번 리드가 베이스거나 트랜지스터가 소손 또는 파손된 것(불량), 트랜지스터의 형태의 다른 부품으로 추정된다.

(4) 경우 4

1) 측정 1

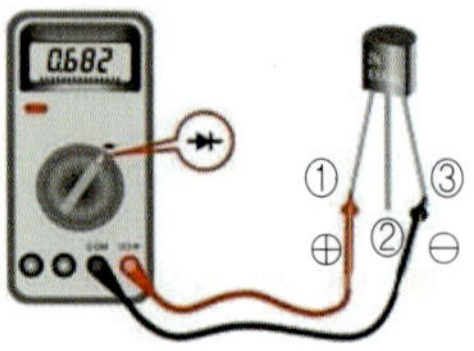

테스터기의 적색 테스터 프로브(+)를 트랜지스터 ①번 리드에 접촉하고, 흑색 테스터 프로브(-)를 트랜지스터 ③번 리드에 접촉한다. 테스터기 표시창에 숫자가 표시 되는가 확인한 후 다음 항목을 진행한다.

2) 측정 2

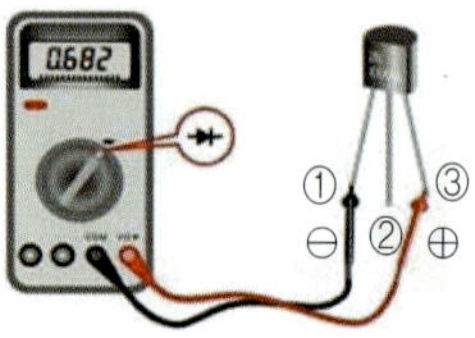

테스터기의 적색 테스터 프로브(+)를 트랜지스터 ③번 리드에 접촉하고, 흑색 테스터 프로브(-)를 트랜지스터 ①번 리드에 접촉한다. 테스터기 표시창에 숫자가 표시 되는가 확인한다.

3) 측정결과

측정결과 측정 1과 측정 2모두 테스터기 표시창에 임의의 숫자가 표시되었으므로, 트랜지스터의 리드 ①에서 리드 ③으로, 또는 리드 ③에서 리드 ①로 도통되었다는 것을 알 수 있다. 트랜지스터는 베이스에서 컬렉터, 베이스에서 이미터 방향으로 도통되고, 컬렉터와 이미터는 어느 방향으로도 도통되지 못하는데 측정 1과 측정 2의 결과 전극의 방향과 관계없이 임의의 숫자가 표시되는 것은 외형이 트랜지스터와 비슷한 형태의 전혀 다른 부품이거나 트랜지스터 내부 회로가 소손 또는 쇼트가 된 불량으로 추정된다.

6 포토트랜지스터(photo transistor)

01 포토트랜지스터 개요

이것은 광 센서로 PN접합부에 빛을 쪼이면 빛 에너지에 의해 발생한 전자와 홀이 외부로 흐른다. 입사광선에 의해 전자와 홀이 발생하면 역 전류가 증가하고, 입사광선에 대응하는 출력 전류가 얻어지는데 이를 광전류라 한다. 빛이 베이스 전류 대용으로 사용되므로 전극이 없고 빛을 받아서 컬렉터 전류를 제어한다. 광 센서의 검출대상은 눈에 보이는 가시광선을 비롯하여, 눈으로 볼 수 없는 자외선과 적외선 등이 있다.

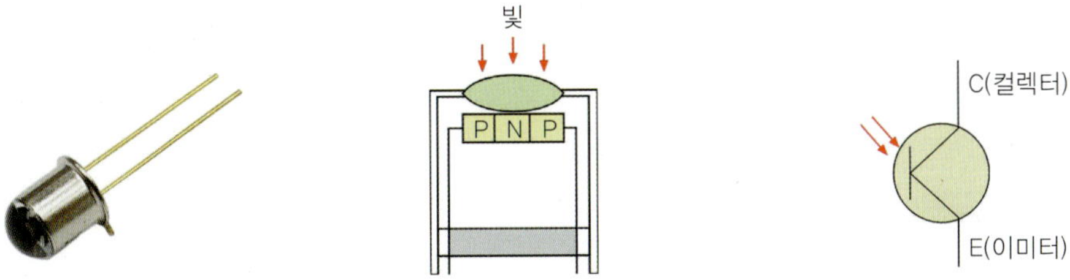

(a) 모형 (b) 구조 (c) 기호

그림 32 | 포토트랜지스터의 구조 및 기호

02 포토트랜지스터 점검

R1~R100 레인지로 측정하면 중간정도 움직이며 빛을 비추거나 그림자가 생기게 하여 저항값이 가변되면 양품이며 저항값은 소자마다 다르게 측정된다. 포토 트랜지스터는 극성이 있으므로 주의해야 한다.

7 전계효과 트랜지스터(field effect transistor)

01 전계효과 트랜지스터 개요

FET란 전계효과 트랜지스터라고도 하며, 접합 트랜지스터에 비해 매우 작게 만들 수 있고 제조공정이 간단하며 비교적 작은 전력으로 동작이 가능하기 때문에 직접회로 설계에 가장 많이 사용되고 있으며, 또한 접합 트랜지스터 보다 큰 전류를 제어하기 위해 사용되는 반도체 소자를 말한다.

FET는 외간상 접합 트랜지스터와 유사한 모양을 가지고 있으며, 구성 단자는 접합 트랜지스터와 같이 3개로 구성되는데, 각 단자의 기능과 역할은 유사하지만 명칭은 다르게 되어 있다. 기호와 명칭은 드레인(D : drain), 소스(S : source), 게이트(G : gate)로 3단자이다.

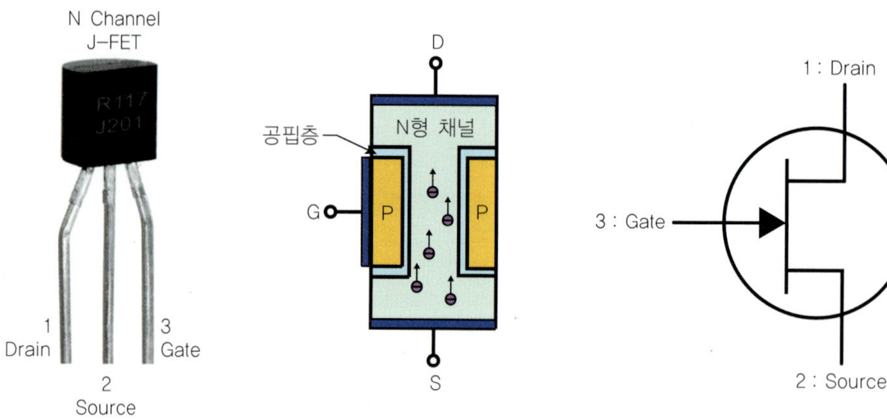

그림 33 | 전계효과 트랜지스터 구조 및 기호

FET 각 단자의 역할을 트랜지스터와 비교해 보면, 드레인은 컬렉터, 소스는 이미터, 게이트는 베이스에 해당한다.

TR	FET
C(Collector)	D(Drain)
E(Emitter)	S(Source)
B(Base)	G(Gate)

02 전계효과 트랜지스터 작동 특성

FET는 회로에서 접합 트랜지스터와 같은 역할을 하고 있지만 내부 구조와 원리는 다르다. FET와 접합 트랜지스터의 가장 큰 차이점 중 하나는 접합 트랜지스터의 경우, 베이스에 흐르는 전류에 의해 컬렉터와 이미터 간 흐르는 전류를 제어하는 반면, FET는 게이트에 공급되는 전압에 의해 드레인과 소스 간에 흐르는 전류가 제어된다는 점이다. 즉 접합 트랜지스터는 전류 제어 형이고, FET는 전압 제어 형이라 할 수 있다.

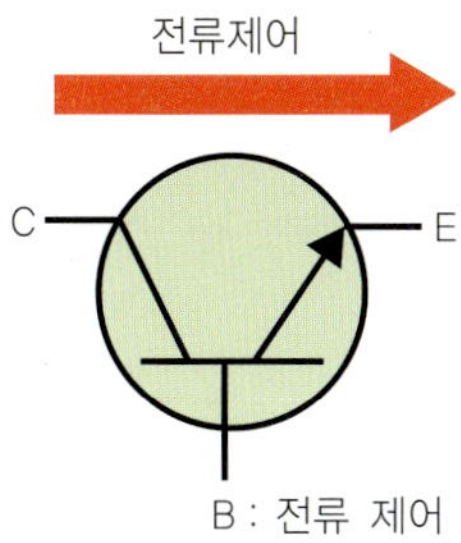

(a) 트랜지스터

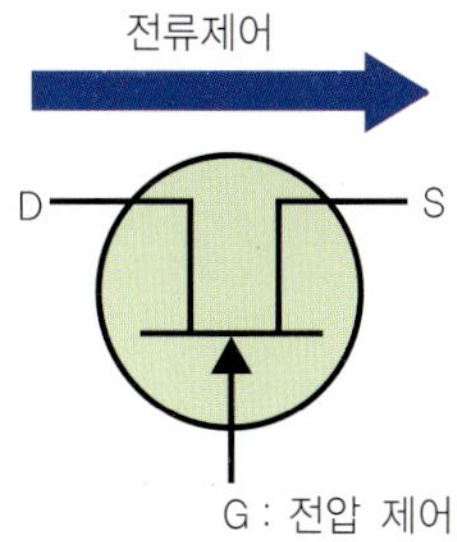

(b) FET

그림 34 | 트랜지스터와 FET의 작동특성

FET는 게이트의 전압 크기에 의해 소스에서 드레인 으로 흐르는 전류량이 증가하는 것이다. FET는 게이트에 흐르는 전류가 작기 때문에, 접합 트랜지스터 보다는 훨씬 작은 전력으로도 제어가 가능하다. 따라서 FET는 작은 소비전력으로 큰 부하를 제어하기 위한 부하회로에 주로 사용되고 있다.

03 모스형(MOS, Metal Oxide Semiconductor) FET 구조 및 원리

(1) 모스형 FET 개요

현대의 집접회로를 기반으로 한 전자제품의 구성에는 MOS FET가 없어서는 안 될 필수적인 기본 소자이다. MOS FET는 전기로 작동하는 스위치 또는 증폭기 이다. 금속과 반도체 간의 E-Field Effect를 이용한다. MOS FET는 다른 반도체 소자들에 비해 집적도가 매우 높고 효율도 비교적 높아 널리 사용되고 있다. 스마트폰, 컴퓨터, 가전제품 등 이 소자를 사용하지 않는 제품을 찾기가 어렵다.

(2) 모스형 FET 구조

공핍형(depletion)의 구조는 P형 반도체의 기판에 N형 반도체를 접합하고, N형 반도체의 표면에 알루미늄으로 된 게이트를 부착시킨 것으로 N형 반도체와 게이트 사이에는 실리콘 산화물의 엷은 막을 형성시켜 절연도를 높인 구조로 되어 있다. N형 반도체 양단과 연결된 두 개의 단자 중 하나는 드레인, 다른 한쪽은 소스라 하고, 알루미늄에 연결된 단자를 게이트라 한다.

증가형(enhancement)의 구조는 공핍형과 유사하지만 N 채널이 없는 것으로 되어있으나 동작 시에는 실리콘 산화물의 엷은 막 옆에 N채널이 형성되는 구조로 되어 있다.

그림 35 | 모스형 FET

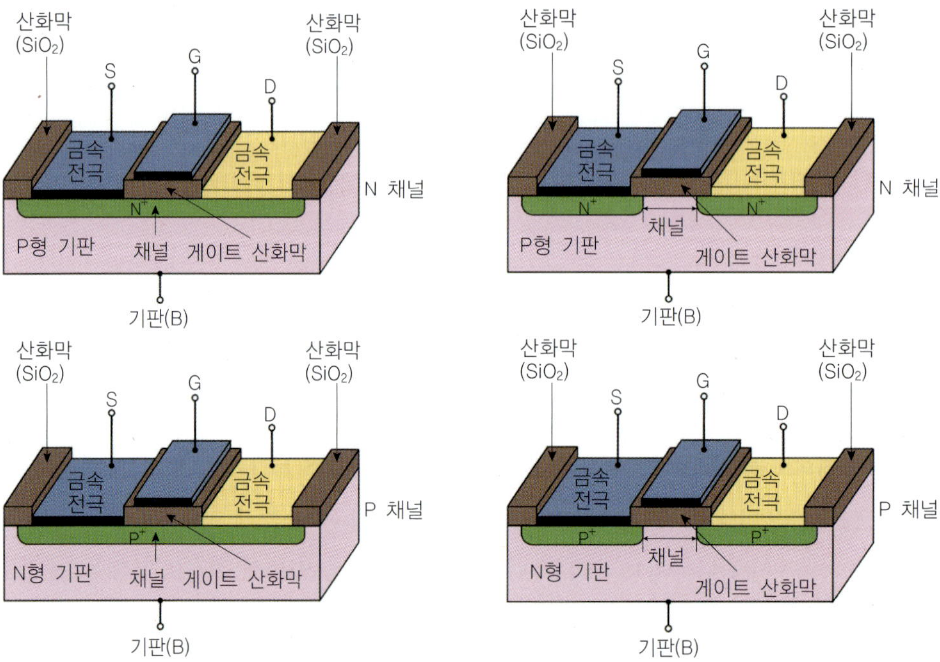

(a) 공핍형 구조　　(b) 증가형 구조

그림 36 | 모스형 FET 구조

(3) 모스형 FET 기호

공핍형은 가운데를 실선, 증가형은 가운데를 점선으로 나타낸다. 또한 화살표의 방향이 안쪽을 가리키면 N채널, 바깥쪽을 향하면 P채널을 의미한다.

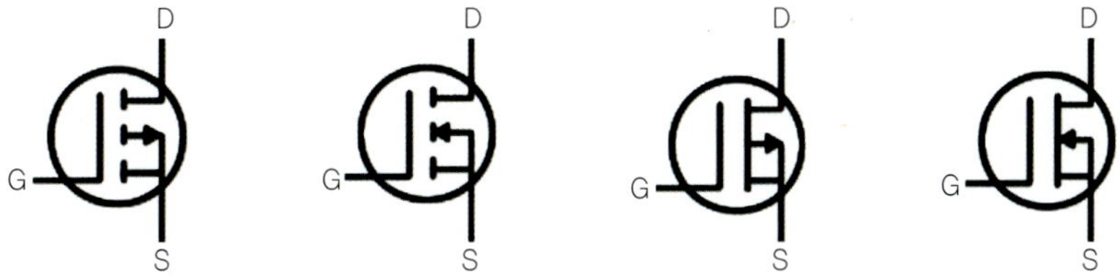

(a) P채널 증가형 (b) N채널 증가형 (c) P채널 공핍형 (d) N채널 공핍형

그림 37 | 모스형 FET 기호

(4) 작동원리

공핍형은 드레인 전류가 흐를 수 있는 채널이 형성되어 있는 구조이기 때문에 드레인과 소스에 전압을 인가하면 항상 전류가 흐르는 특징을 가지고 있다. 즉 게이트 전압이 0V일 때도, 드레인 전류가 흐르게 되는 것인데, 이때 게이트에 역방향으로 전압을 가하면, 즉 게이트에 "-"전압을 가하면 그 크기에 비례하여 드레인 전류는 감소하게 된다.

증가형은 공핍형과 달리 전류가 흐르는 채널이 없는 구조이기 때문에, 드레인과 소스에 전압을 인가해도 전류는 흐르지 않는다. 즉 게이트 전압이 0V일 때는 채널이 형성되지 않기 때문에, 드레인 전류는 흐르지 않지만, 게이트 전압이 증가하면 이로 인해 드레인과 소스간에 채널이 형성되어 드레인 전류도 증가되는 것이다. 이 때 채널이 형성되기 위해 최소한의 전압이 필요한데 약 0.6~0.7V 정도이며, 리를 문턱전압(Threshold Voltage)이라 한다.

04 FET 검사방법

FET의 검사는 트랜지스터와 같은 방법으로 하면 된다. N-CH FET는 NPN TR, P-CH FET는 PNP TR과 같은 방법으로 게이트-드레인, 게이트-소스 간 순방향과 역방향 특성을 검사한다. 단 TR과 다른점은 게이트-소스간 순방향 저항이 게이트-드레인간 순방향 저항보다 약간 작다는 것이다. 이것으로 드레인과 소스를 구분할 수 있다.

4 사이리스터

1 사이리스터 개요

사이리스터는 3개 이상의 P-N접합을 1개의 반도체 기판 내에 형성함으로서 전류가 흐르지 않는 오픈 상태와, 전류가 흐를 수 있는 온 상태 2개의 안정된 상태가 있고, 또한 오픈 상태에서 온 상태로 또는 온 상태에서 오픈 상태로 이행하는 기능이 있는 반도체 소자이다.

사이리스터 중에는 역저지 사이리스터, 역도통 사이리스터, 트라이액 이외에 PUT, SBS등의 트리거 소자가 있다. 그러나 단지 사이리스터라고 말하면 역저지 3단자 사이리스터를 가리킨다.

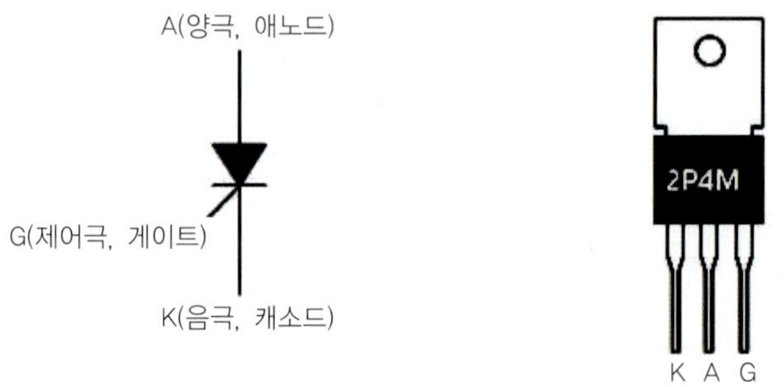

(a) 기호 (b) 사이리스터

그림 38 | 사이리스터 기호와 사이리스터

2 사이리스터 점검

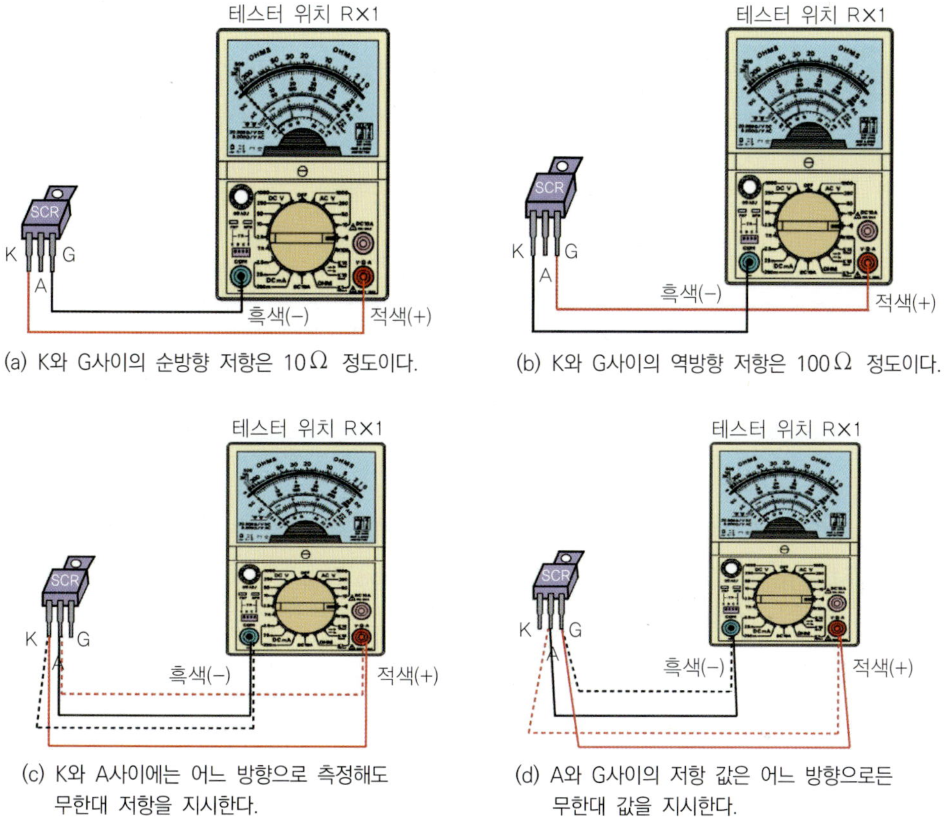

그림 39 | SCR 점검

5 콘덴서 (Condenser)

1 콘덴서 기능

콘덴서란 정해진 용량만큼 전기를 저장하고, 이를 다시 방출하는 기능을 하는 전기 부품으로, 전기 회로에서는 전압을 일정하게 유지시키거나 전기 신호에 섞인 잡음을 제거하고, 특정한 주파수를 골라낸다. 콘덴서는 직류는 흐르지 못하게 하지만 교류는 통하게 하며 용량이 클수록, 그리고 주파수가 높을수록 잘 통하게 된다. 콘덴서가 전기를 저장한다는 의미는 실제로는 전기의 전하를 저장하는 것이며, 용량 단위는 F(패럿)이지만 그 단위가 너무 커서 pF(피코패럿), μF(마이크로패럿)의 단위를 주로 쓴다.

(a) 일반적인 콘덴서 (b) 전해 콘덴서

그림 40 | 콘덴서 기호

2 콘덴서의 기능

01 전원 안정화 회로

일반적으로 (+)와 (-)가 주기적으로 변하는 교류 전원을 다이오드를 이용하여 정류하면, (+)만 존재하는 맥류가 된다. 맥류는 (-)성분이 제거된 직류이긴 하나 여전히 교류 성분이 많아 전압이 일정하지 않고 굴곡이 있기 때문에 완전한 직류라 할 수 없다. 따라서 이러한 맥류를 그대로 전원으로 사용하면 전원이 불안정하게 된다.

이 경우 콘덴서를 전원과 병렬로 연결하면, 전압이 높은 구간에서는 콘덴서가 충전되고, 전압이 0V가 되는 부분에서는 콘덴서가 방전되어 전압을 보상하게 된다. 이 때문에 출력 전압은 굴곡이 없는 직류에 가까운 안정적인 전원을 얻을 수 있다. 우리가 흔히 사용하는 충전용 어댑터는 이러한 원리를 이용하여 안정적인 직류 전원을 만들게 된다. 이러한 회로를 평활 회로라 한다.

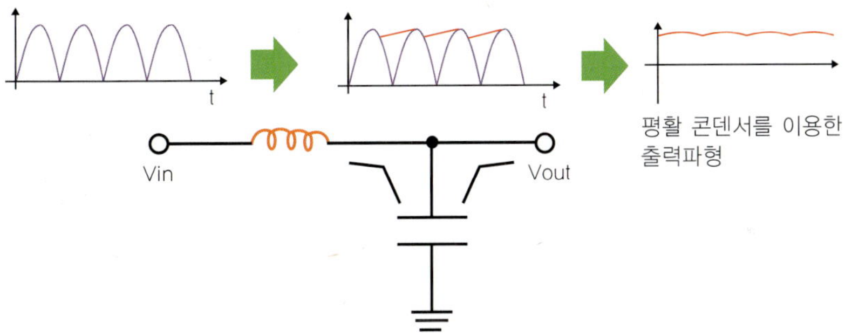

그림 41 | 평활 회로

02 필터 회로

콘덴서는 잡음 제거용으로도 많이 사용된다. 콘덴서를 회로에 병렬로 연결하면, 입력 신호상의 고주파 신호는 콘덴서를 통해 접지로 흐르기 때문에 출력 파형은 고주파 신호가 제거된 깨끗한 파형으로 나타나게 된다. 이는 직류와 같은 저주파 신호는 흐르지 못하게 하지만, 교류와 같은 고주파 신호는 쉽게 흐르게 하는 콘덴서의 특성 때문이다. 이러한 회로는 저주파 신호만 통과시키는 역할을 하기 때문에 로우패스 필터라고 한다.

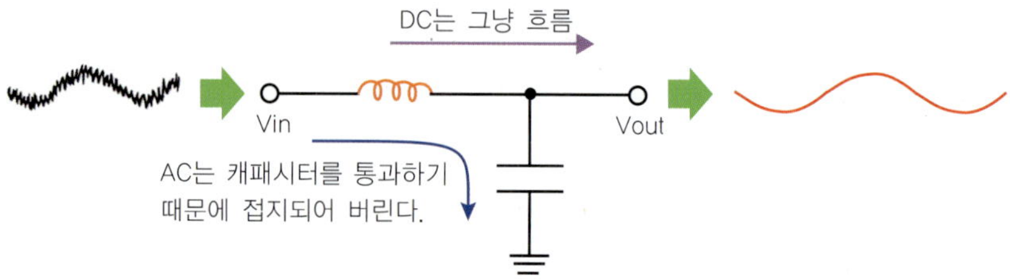

그림 42 | 로우패스 필터

3 콘덴서 점검

아날로그 테스터기를 저항측정 레인지에 놓을 경우 테스트 프로브 에는 (-)흑색 프로브에는 (+)전압이 (+)적색 프로브에는 (-)전압이 출력된다(R1~R100 = DC 3V, R1000 = DC 9V출력).

정상적인 콘덴서 측정시 콘덴서에 멀티 테스트 프로브(리드봉)를 연결하면 순간 전류가 흘러 테스터의 바늘이 올라간 후 곧바로 바늘이 0상태로 되고, 초기에 전류가 흐르지만 충전 후 전류가 흐르지 않는다. 콘덴서가 불량일 경우에는 아날로그 테스터의 지침이 올라갔다가 내려오지 않으면 내부 쇼트이고, 테스터기의 지침이 전혀 올라가지 않으면 내부 단선이다.

그림 43 | 콘덴서 점검

6 광전도 셀 (Cds)

1 광전도 셀 구조

Cds는 카드늄과 황의 혼합물인 황화카드늄의 광전도 효과를 이용한 것으로 빛의 밝기에 따라 저항이 변화되는 수광 소자를 말한다. 즉, 밝은 곳에서는 저항이 증가하고, 어두운 곳에서는 저항이 감소하는 특성을 가진 소자로, 주로 주변의 밝기를 측정하는 용도로 사용되기 때문에 조도센서라고도 한다.

Cds 셀은 단자에 극성이 없는 무극성 소자로, 세라믹 기판 위에 S자 형태로 Cds 분말을 소결하여 제작한다. Cds 셀은 지름이 클수록 조도 측정 범위가 넓어지고 허용전류도 커지게 된다. 경우에 따라서는 소형 릴레이를 직접 제어할 수 있는 용량의 Cds 셀도 있다.

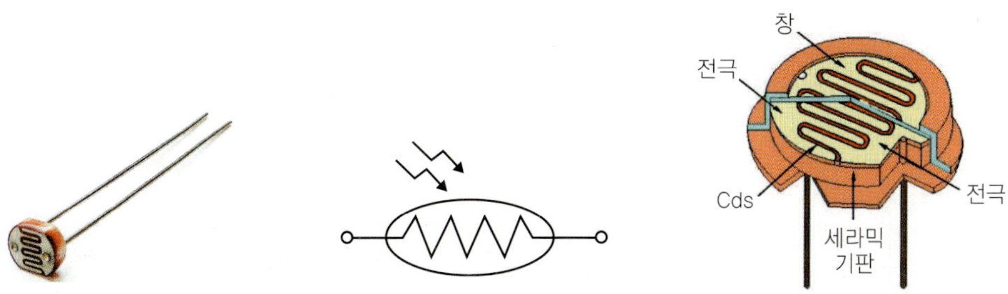

그림 44 | Cds

2 광전도 셀 감광 범위

Cds 셀의 감광 범위는 인간의 눈과 유사하게 가시광선 영역 정도이다. 따라서 가시광선이 없는 암실에서는 저항이 증가하여 절연체와 같은 상태가 되기 때문에 전류가 흐르지 않는다. 하지만 가시광선에 노출되면 저항이 감소하기 때문에 도체와 같이 전류가 잘 흐르게 된다.

3 광전도 셀 출력 특성

Cds는 포토다이오드나 포토트랜지스터와 달리 가시광선만을 감지할 수 있는 소자로, 밝기에 비례하여 저항이 선형적으로 감소하는 특성이 있다. 즉 저항은 밝을수록 낮아지고, 어두울수록 커지게 된다. 하지만 Cds는 빛의 변화에 반응하는 응답속도가 느리다는 단점을 가지고 있다.

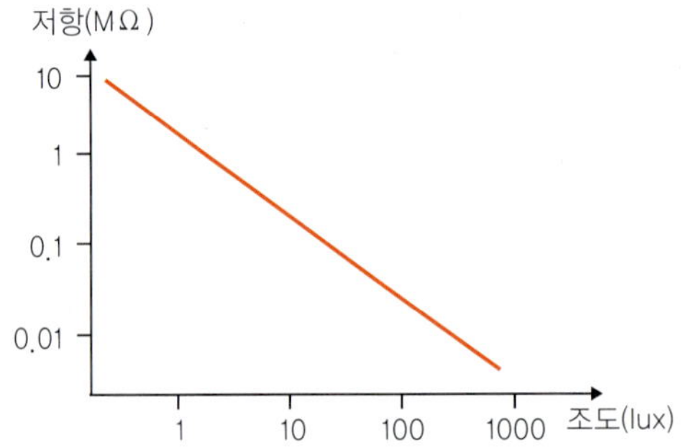

그림 45 | Cds 특성

4 광전도 셀 용도

Cds 셀은 고감도 회로에는 사용되지 않고, 카메라의 노출계나 가로등의 자동점멸을 위한 광전 스위치 등에 사용되고 있으며, 자동차에서는 오토라이트나 공조장치의 조도센서로 사용되고 있다.

5 광전도 셀 점검

R1~R100 레인지로 측정하면 중간정도 움직이며 빛을 비추거나 그림자가 생기게 하여 저항값이 가변되면 양품이며 저항값은 소자마다 다르게 측정된다. CDS는 무극성이다.

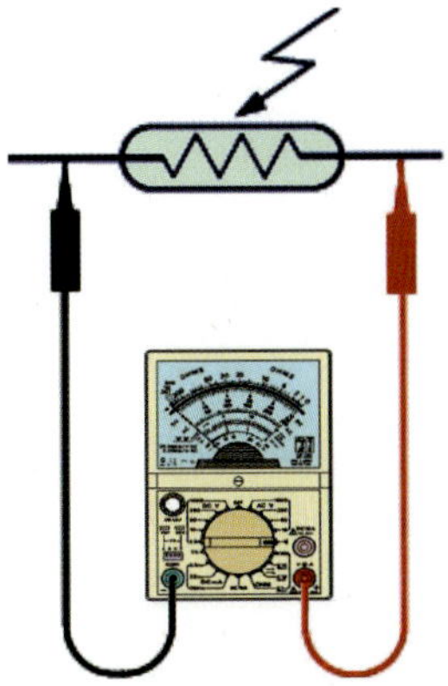

그림 46 | Cds 점검

7 서미스터 (thermistor)

1 서미스터 개요

서미스터는 온도에 따라 저항이 변화되는 반도체 소자로, 열에 따라 자체 저항이 변하기 때문에 열 가변 저항기라고도 한다.

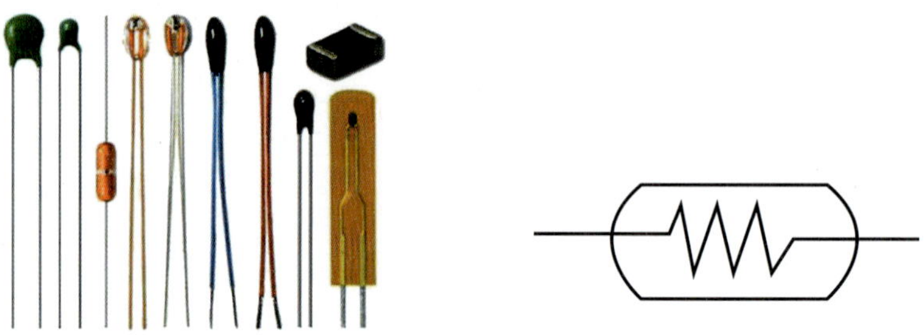

그림 47 | 서미스터

서미스터는 3가지 종류가 있다.

① PTC : 온도가 상승되면 저항 증가(정특성)

② NTC : 온도가 상승되면 저항 감소(부특성)

③ CTR : NTC와 유사, 특정 온도 이상에서 저항이 급격히 감소

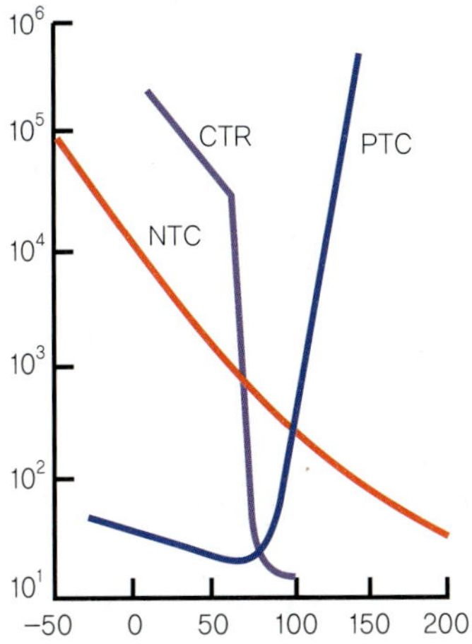

그림 48 | 서미스터의 특성

이중에서 가장 널리 사용되는 것은 NTC 서미스터로 온도 센서로 널리 사용된다. 서미스터 소자의 온도 측정 범위는 -50℃~500℃까지 다양하지만 실제로는 실온 부근의 온도 측정에 가장 많이 사용된다.

2 PTC 서미스터

01 PTC 서미스터 개요

PTC는 낮은 온도에서는 비교적 작은 저항값을 갖지만, 일정한 온도에 도달하면 저항이 급격히 증가하여 부도체에 가까워지는 특성이 있다. PTC는 이러한 특성 때문에 주로 과전류나 과열방지 회로에 사용되고 있다. 과전류 방지회로의 경우 PTC는 부하의 전원부와 직렬로 연결된다.

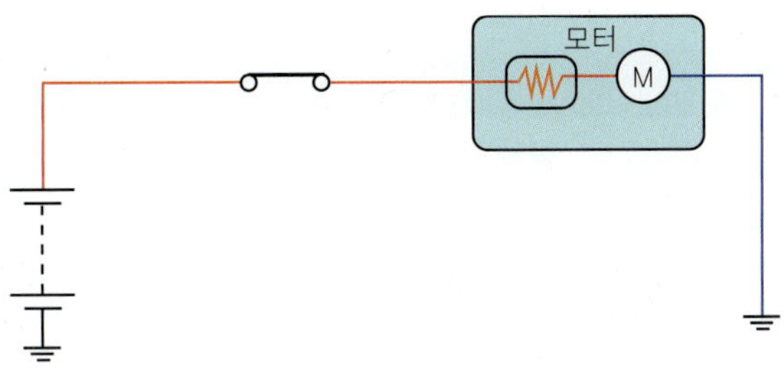

그림 49 | PTC 서미스터 회로

평상시에는 저항이 작아 전류가 잘 흐르지만, 과전류가 흐르면 자기발열에 의해 저항이 급격히 증가하게 된다. 이로 인해 회로에 흐르는 전류도 차단되어 과전류로 인해 발생되는 열로부터 회로 및 부하를 보호할 수 있다. 또한 과전류의 원인이 사라져 온도가 정상 범위로 내려가면 저항도 감소하여 수초 내에 다시 정상적으로 작동된다.

02 PTC 서미스터 용도

PTC는 히터로도 사용된다. 특히 EV차량은 엔진이 없기 때문에 엔진 냉각수를 이용한 히터가 없기 때문에 PTC 히터를 사용한다. PTC는 전류가 흐르면 온도가 급격하게 상승되지만 일정온도 이상이 되면 저항이 급격하게 증가하여 스스로 전류를 제한하기 때문에 일정온도로 유지할 수 있다. 따라서 PTC를 이용한 히터는 별도의 제어 장치를 사용하지 않고도 정온 발열 제어가 가능하다는 장점을 가지고 있다.

그림 50 | PTC 히터

03 PTC와 퓨즈의 차이점

PTC는 자기발열에 의해 저 저항영역에서 고 저항영역으로 저항이 상승하여 전류를 차단하는 역할을 하기 때문에 재사용이 가능한 온도 퓨즈 또는 온도스위치 기능을 수행한다고 할 수 있다.

구분	퓨즈	PTC
사용가능 횟수	일회성	Reset 기능
동작 후 누설 전류	회로 Open	100mA(일반적)
단락차단 능력	수A~수천A	10A 이하
정격 전압(유사조건)	600V	60V 이하

구분	퓨즈	PTC
정격전류	20A	11A 이하
사용가능 온도	125℃	85℃
융단 특성	Fast Blow, Slow Blow 모두 가능	Only Slow Blow

3 NTC 서미스터

NTC 서미스터는 PTC와 반대로 온도가 상승하면, 저항은 감소하는 특성을 가진 소자이다. NTC는 영하 90℃에서 영상 130℃정도의 비교적 넓은 영역에서 미세한 온도 변화에도 저항의 변화가 크게 일어나는 특성이 있다. 이러한 특성 때문에 NTC는 주로 온도검출요 센서로 사용되고 있다. 현재 자동차에서 사용하는 대부분의 온도센서는 NTC 서미스터를 이용하고 있다.

그림의 A점의 전압은 고정저항과 NTC가 직렬로 연결되어 있기 때문에, 온도에 따라 변화되는 NTC의 저항 값에 따라 달라지게 된다. 즉 온도가 낮은 경우는 NTC의 저항이 증가하여 A점에는 높은 전압이 출력된다 하지만 온도가 높은 경우에는 NTC의 저항이 감소하기 때문에 A점에는 낮은 전압이 출력된다.

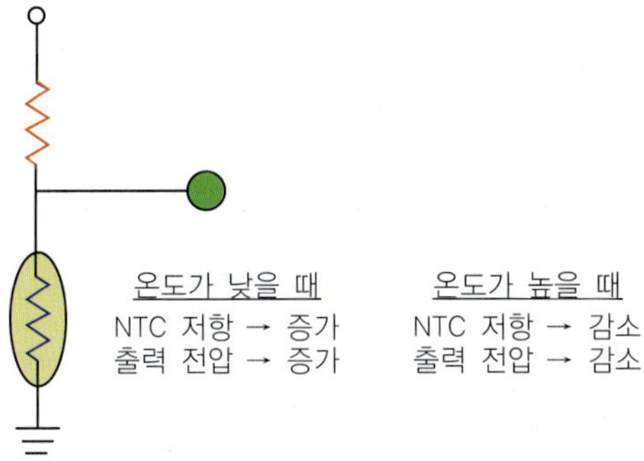

그림 51 | NTC 서미스터 회로

8 압전(피에조) 소자

1 압전(피에조) 소자 개요

압전소자는 피에조 소자라고도 한다. 압전 소자는 기계적 변화를 전기적 변화로 바꾸거나 반대로 전기적 변화를 기계적 변화로 바꿀 수 있는 반도체 소자이다.

그림 52 | 압전효과의 원리

즉 외부로부터 힘이 가해지면, 소자에 가해진 힘의 방향과 크기에 따라 전기가 발생하기도 하고, 반대로 소자에 전기를 인가하면 전류가 흐르는 방향에 따라 소자가 수축하거나, 팽창을 하기도 한다. 이러한 현상을 압전효과 또는 피에조 효과라 한다.

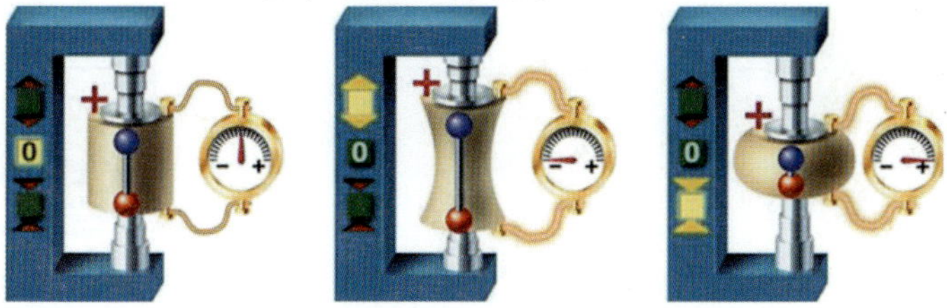

그림 53 | 노크센서의 원리

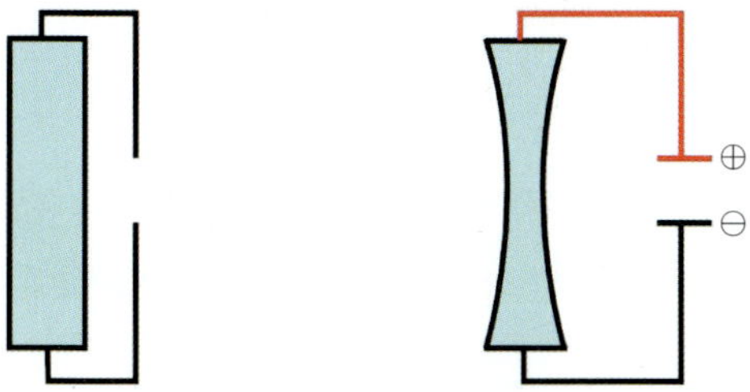

그림 54 | 피에조 인젝터의 원리

2 압전(피에조) 소자 응용 분야

압전효과는 스위치를 누름으로써 내부의 압전 소자에 순간적인 힘이 가해지고, 이로인해 압전 소자는 높은 전압이 발생하게 된다. 자동차에서는 주로 노크센서나 피에조 인젝터, 그리고 각종 압력센서에 압전소자가 사용되고 있다.

(a) 노크센서

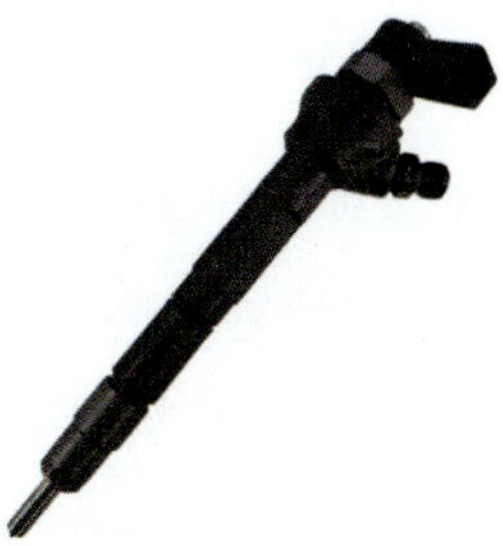

(b) 피에조 인젝터

그림 55 | 압전소자 사용 예

9 열전 소자

1 열전 소자 개요

열전 소자란 열에너지와 전기 에너지를 변환하는 금속 또는 반도체 소자로, 열 발전이나 전자냉동 소자로 사용되고 있다. 열전 소자에 의해 발생하는 현상을 열전 효과라 하는데, 그 종류로는 제벡 효과와 펠티어 효과가 있다.

01 제벡 효과(Seebeck effect)

제벡 효과는 서로 다른 두 개의 금속과 반도체를 접속한 후 접속된 두 접속점에 온도차이를 주면, 열이 전달되면서 기전력이 발생하는 현상으로, 열전 발전 분야에 응용되고 있다.

02 펠티어 효과(Peltier effect)

펠티어 효과는 제벡 효과와 반대의 현상이다. 서로 다른 금속과 반도체를 접속한 후 직류 전류를 흐르게 하면, 접속점의 한쪽에는 열이 발생하고, 다른 한쪽은 열을 흡수하는 냉각 작용이 일어나게 된다. 이때 전류의 방향을 바꾸면 열의 발생과 흡수도 반대가 된다.

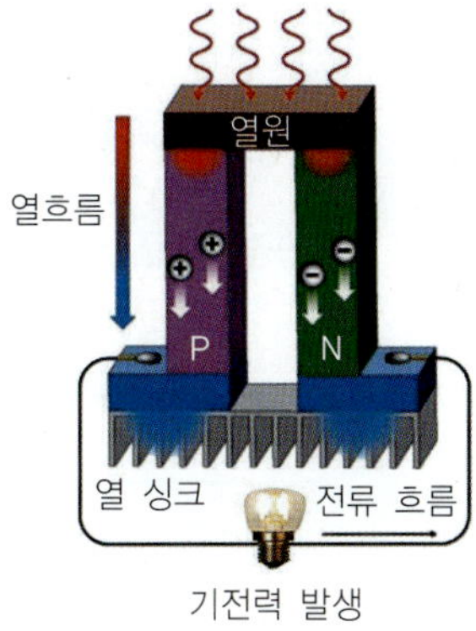

그림 56 | 제벡 효과

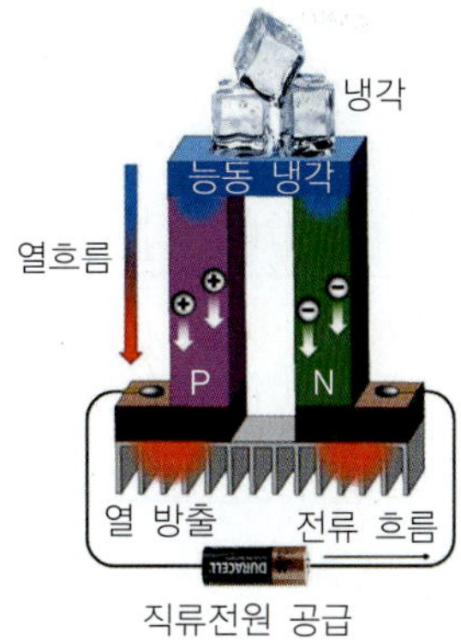

그림 57 | 펠티어 효과

03 톰슨효과

동일한 금속에서 부분적인 온도차가 있을 때 전류를 흘리면 발열 또는 흡열이 일어나는 현상

① 부Thomson효과 : 만약 고온에서 저온부로 전류 → 흡열Pt, Ni, Fe

② 정Thomson효과 : 만약 고온에서 저온부로 전류 → 발열Cu, Sb

2 열전 소자 응용분야

펠티어 효과는 일부 차종의 냉난방 통풍 시트나, 차량용 쿨 박스와 같은 전자 냉각장치에 활용되고 있다. 펠티어 소자를 이용하여 냉·난방을 구현하기 위해서는 하나의 펠티어 소자로는 큰 냉각효과를 기대하기 어렵다. 따라서 실제로는 여러 개의 펠티어 소자를 직렬로 이어붙인 형태로 모듈화 하여 사용하는데 이를 TEM(Thermo Electric Module)이라 한다.

냉·난방 통풍시트의 핵심 부품인 TEM은 열전 장치로 시트 쿠션 및 쿠션 백에 각각 장착된다. TEM은 펠티어 효과를 이용하여 블로워 에서 송출된 공기를 냉각 또는 가열하는 역할을 한다. TEM에는 2개의 통로가 있는데, 냉방이나 난방을 선택하면, 열전 소자에 흐르는 전류 방향이 바뀌게 되고, 이로 인해 방열과 냉각 현상도 반대가 된다. 따라서 냉방 시에는 시트 공급 통로를 냉각, 난방시 에는 시트 공급 통로를 발열이 되도록 하고, 이때 반대편의 사용하지 않는 차가운 공기나 뜨거운 공기는 배출통로를 통해 외부로 배출하게 된다.

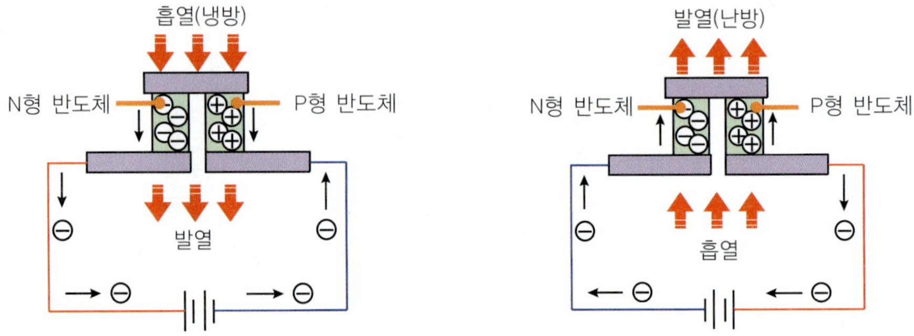

(a) 냉방시 (b) 난방시

그림 58 | TEM 작동

3 전자부품 기호

명칭	약호	회로도 기호	기능
저항	R		전압이나 전류를 제어하기 위해 작동
가변 저항	VR	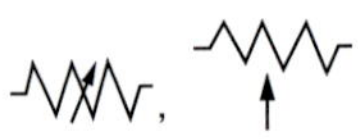	저항값이 변함, 볼륨, TPS등에 사용
다이오드	D	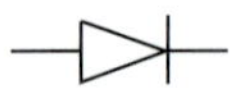	한쪽 방향으로 전류 흐름
발광 다이오드	LED	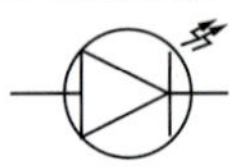	빛을 발하는 다이오드
포토 다이오드	APD	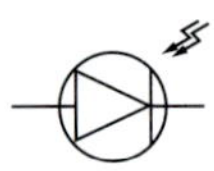	빛이 통과하면 전기가 흐름
제너 다이오드	ZD	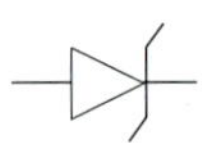	평상시에는 전기가 흐르지 않으나 어떤 조건이 되면 전기가 흐름
트랜지스터	TR	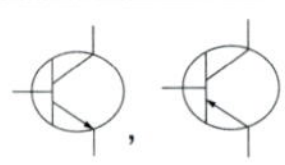	증폭, 스위칭 용
축전기	C		고주파 바이패스용
전해 축전기	C	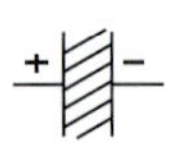	저주파 바이패스용이나 평활용으로 극성과 내전압에 주의
접지(어스)	E	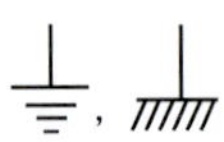	전기장치, 겉의 케이스 등의 전위를 대지의 전위와 같게 하는 것

명칭	약호	회로도 기호	기능
스위치	SW		전원 ON, OFF
퓨즈	FUSE		회로 보호
전자석		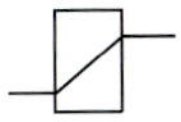	전기를 통하면 자석이 됨
사이리스터	SCR	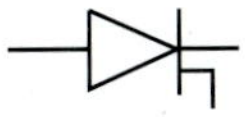	전류를 제어하는 기능
코일	L		전기도선을 원통형으로 감은 것
변압기	T	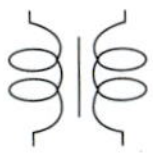	전압을 필요한 값으로 변환시키는 장치
포토 트랜지스터	PT	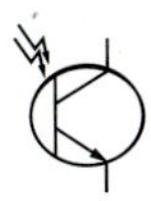	빛이 통과하면 전류가 흐름
전지(배터리)	BAT	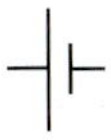	
접속하지 않는 배선			
압전소자		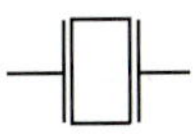	결정에 변형력을 가하면 그 힘에 비례하는 전하가 생김
접속하는 배선			
논리회로	AND	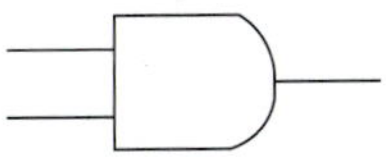	논리적
	OR	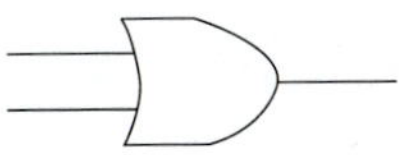	논리합
	NOT	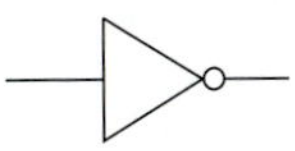	논리 부정
	NAND	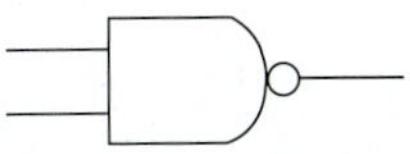	논리적 부정
	NOR	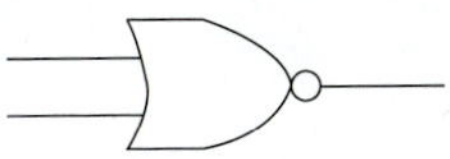	논리합 부정

5

배터리
(Battery)

1 배터리(축전지)의 개요

화학적 에너지를 전기적 에너지로 변환시키는 것을 방전(放電)이라 하고 또 다른 전원으로부터 전기에너지를 공급하여 화학에너지로 변환시켜 축적하는데 이 상태를 충전(充電)이라 한다. 이와 같이 충전과 방전이 반복되는 전지를 배터리 또는 2차전지라고 한다. 1차 전지는 충전과 방전이 반복되지 않는다.

내연기관 자동차가 운행 중에는 충전장치가 자동차의 각종 전기장치의 부하에 전기를 공급하지만 시동시 또는 엔진 정지시에는 충전장치가 작동되지 않기 때문에 배터리가 전원으로서 전기적 에너지를 공급하고 주행 중일 때에는 발전기의 출력과 부하와의 부조화를 조정하는 역할을 하는 2차 전지이다. 전기 자동차는 자동차의 모든 전기장치의 부하의 전원으로 전기적 에너지를 공급하며, 전기자동차용 배터리는 각형 또는 원형 배터리 셀(cell)이 만들어지고 셀 여러 개를 모아 모듈(module)을 이루고, 모듈은 다시 여러 개를 모아 하나의 팩(pack)을 만들어 팩 상태로 전기자동차에 배터리가 들어가게 된다. 배터리는 전극의 작용물질과 전해액이 가지는 화학적 에너지를 전기적 에너지로 변환시키는 역할을 하며, 반대로 전기적 에너지를 공급하면 다시 화학적 에너지로 변환된다.

(a) 내연기관 납산 배터리 (b) 전기자동차 리튬이온 배터리 팩

그림 1 | 배터리

1 배터리의 구비조건

01 내연기관 배터리

① 소형·경량이고 수명이 길어야 한다.

② 심한 진동에 견딜 수 있어야 하며, 다루기가 쉬워야 한다.

③ 전기 부하의 증가에 따라 용량이 크고, 가격이 저렴하여야 한다.

④ 고온 내구성이 있어야 한다.

02 전기 자동차 배터리

① 소형·경량이고 수명이 길어야 한다.

② 에너지 밀도와 출력이 크고, 가격이 저렴해야 한다.

③ 충전효율이 좋아야 한다.

④ 충전 용이성이 좋아야 하고 충전시간이 짧아야 한다.

⑤ 고온 및 저온 성능이 좋아야 한다.

⑥ 안정성이 좋아야 한다.

2 내연기관 배터리의 기능

① 시동장치의 전기적 부하를 부담한다.

② 발전기가 고장할 때 주행을 확보하기 위한 전원으로 작동한다.

③ 주행상태에 따른 발전기의 출력과 부하와의 불균형을 조정한다.

2 배터리의 종류

1 납산 배터리(lead-acid battery)

납산배터리의 기본구성은 이온화 경향이 서로 다른 2종류의 금속을 전극(극판)으로 하여 케이스 내에 전해액과 함께 넣은 것이다. 이와 같이 하면 양극과 음극의 양쪽 전극 사이에 전위차가 발생된다. 여기에 전극 사이에 부하를 접속하면 전극과 전해액 사이에 화학반응이 발생하여 전위가 높은 쪽에서 전위가 낮은 곳으로 전류가 흐른다.

납산 배터리 전해액으로는 묽은 황산, 양극판에는 과산화납을 음극판에는 해면상납을 사용하며 충전과 방전은 극판의 화학작용에 의해서 이루어진다.

01 납산 배터리의 장점

① 화학반응이 상온에서 일어나므로 위험성이 적다.

② 신뢰성이 크고, 원재료 구입이 용이하여 제조 원가가 낮다.

③ 대용량이 가능하며 다양한 크기로 제작 가능하다.

④ 저온, 고온 방전 특성이 우수하다.

⑤ 충전 효율(방전/충전 = 70%이상)이 우수하다.

⑥ 과 충전 저항력이 강하다.

02 납산 배터리의 단점

① 배터리의 단위무게 당 충전 가능한 에너지의 양인 에너지 밀도가 30~40Wh/kgf 정도로 적다.

② 수명이 짧고, 충전시간이 길다.

③ 자기방전에 의해 충전상태 지속성이 낮다.

④ 방전 후 장기 보존이 어렵다.

⑤ 수소가스가 발생 하므로 화기에 주의해야 한다.

2 리튬이온 배터리(Li-ion Battery)

리튬 이온 전지는 금속 박지에 전극 재료를 도포하여 만들어져 있다. 리튬 이온 전지는 2개의 전극(+, -극), 분리막, 전해질로 구성되어 있고 +극 전극물질은 리튬 이온이 쉽게 들락거릴 수 있는 공간을 포함하는 결정 구조(crystal structure)를 지녀야 되고, 산화와 환원이 될 수 있는 금속 이온이 포함되어 있는 특징을 가지고 있다. +극으로 사용되는 물질로는 리튬코발트산화물($LiCoO_2$), 리튬철인산염($LiFePO_4$), 리튬망간산화물($LiMn_2O_4$) 등이 있으며, -극으로 이용되는 전극물질은 금속 리튬과 최근에 많이 사용되는 천연흑연(graphite)등이 있으며, 흑연은 마치 종이가 겹쳐 있는 것과 같은 구조를 이루고 있는데, 이를 층상구조라고 한다. 양극에서 빠져나온 리튬이온이 이 층상구조 사이에 들어간다.

리튬이온 배터리는 양극(+)과 음극(-) 물질의 "산화 환원 반응"으로 화학에너지를 전기에너지로 변환시키는 장치이다. "산화 환원 반응"이란 반응물 간 "전자(e-) 이동"으로 일어나는 반응으로 전자를 잃은 쪽을 산화됐다고 하고 전자를 얻은 쪽을 환원됐다고 표현한다.

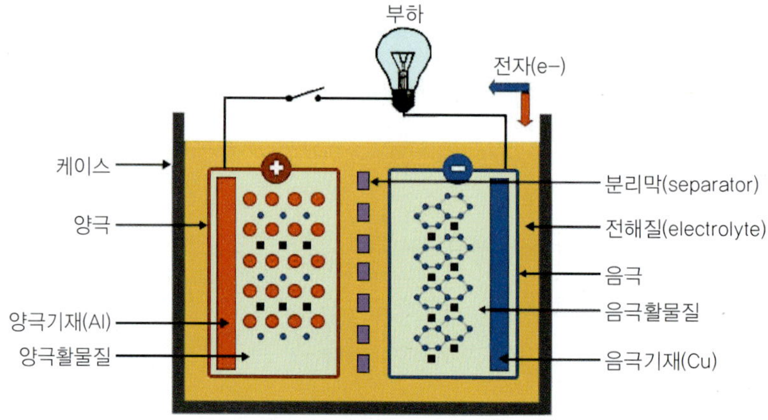

그림 2 | 리튬이온 배터리 구조

산화 환원 반응에서, 리튬이온과 분리된 전자(e-)가 도선을 따라 음극과 양극 사이를 오갈 때 전기가 발생한다. 리튬이온 배터리는 리튬이온에서 분리된 전자가 양극에서 음극으로 이동하면 충전이 되고(음극에서 환원이 일어나 에너지를 저장), 반대로 음극에서 양극으로 이동하면 방전(양극에서 환원이 일어나 에너지 방출)이 되는 원리로 작동한다.

배터리 양극과 음극 사이에는 분리막(separator)이 있다. 분리막은 미세한 구멍이 있어 리튬이온이 양극과 음극을 오갈 수 있게 한다. 하지만 양극과 음극의 물리적 접촉은 너무 뜨겁게 반응해서 폭발할 위험이 있다. 전해질(electrolyte)은 리튬 이온 염을 물이 전혀 없는 유기용매에 녹인 것을 사용하여 양극과 음극 간의 이온 이동을 가능케 하는 중간 매개체로 리튬이온의 원활한 이동을 돕는 역할을 한다. 전해질에 물이 있다면 리튬 금속과 폭발적인 반응이 일어난다.

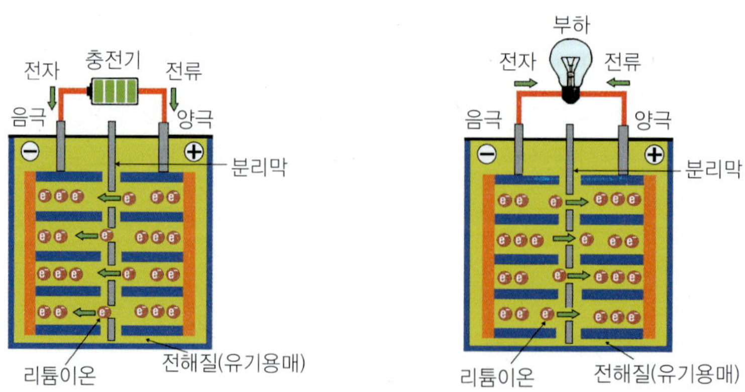

양극(+)에 있는 전자(e−)는 외부에서 힘(전압)을 받아 음극(−)으로 이동

(a) 충전

음극(−)과 양극(+)을 도선으로 연결하면 음극(−) 전자(e−)가 양극(+)으로 이동

(b) 방전

그림 3 | 리튬이온 배터리 충·방전 원리

01 리튬이온 배터리의 장점

① 에너지 밀도가 높은 데 비해, 무게가 가볍고 원하는 모양으로 제작이 가능하다.

② 크기에 비해 용량이 많고, 전압이 높다.

③ 재충전할 때 완전 방전이 되지 않은 배터리를 다시 충전하여 사용할 때, 기존의 구동 시간보다 구동 가능한 시간이 줄어드는 현상인 메모리 효과가 없기 때문에 다 쓰지 않은 상태에서도 보충 충전이 가능하다.

④ 배터리를 사용하지 않아 에너지가 방전되는 현상인 자연 방전률이 적기 때문에 사용에 유리하다.

02 리튬이온 배터리의 단점

① 과 충전하면 빠른 속도로 열화 되고, 화재나 폭발 위험성이 있어 전용 충전기로 충전해야 한다.

② 과 방전시 위험하여 전지 내부에 보호회로가 내장 되어 있다. 보호회로의 필요성으로 리튬이온 배터리는 일정전압(4.5V) 이상이거나 이하일 때(3V), 일정온도 이상일 때는 폭발 위험성이 있으며 또한 각 셀이 일정 전압 이하로 유지될 경우 배터리 수명에 영구적 손상을 입을 수 있다. 그래서 과충전(4.5V) 및 과방전(3V) 방지 보호회로가 필요하며 보호회로가 보호해도 자연적 방전에 의해 과방전이 일어날 수 있다.

③ 충격에 위험하다.

④ 제작이 어렵고 고도의 정밀도가 요구된다.

⑤ 충전이나 사용시, 온도가 높아져 과열되기 쉽고, 발화성이 강한 유기용매를 전해액으로 사용하기 때문에 과열시 발화 가능성이 높다.

⑥ 일정온도 이상시 또는 4.5V이상 과 충전시 전해액이 분해되어 가스가 발생되어 전해액 누출 및 폭발성이 있어 견고한 외부 구조가 필요하다.

⑦ 과 방전 될 경우 음극에 손상을 입는다.

3 알칼리 배터리(Ni-Cd Battery)

전해액으로 알칼리 수용액을 사용하는 배터리로 일반적으로 양극에 수산화니켈을 사용하고 음극에 철을 사용한 에디슨배터리와 음극에 카드뮴을 사용한 융너배터리가 있으며, 그 밖에 음극에 아연을 사용한 드럼배터리와 넓게는 양극에 산화은, 음극에 아연 또는 카드뮴을 사용한 것도 포함되나 대체로 융너배터리가 널리 사용된다.

융너배터리는 기전력이 약 1.33V이며 방전 중의 평균전압은 1.2V로 납 배터리보다 낮으나 기계적으로 튼튼하여 심한 사용조건에 잘 견디며 자기방전도 적고 수명이 길다는 장점을 가지고 있다. 카드뮴 음극의 전위가 수소의 전위보다 낮아서 카드뮴 전극이 전해액에 대해 완전히 불활성으로 된다. 따라서 유동전류가 아주 낮고 순간적인 방전에 유리하며 안정적으로 최대방전상태를 유지한다.

알칼리 배터리는 충전 상태에서 알칼리 배터리의 양극 활물질은 옥시 수산화니켈(NiOOH)이며, 음극 활물질은 금속 카드뮴(Cd)이지만 방전하면 화학반응이 일어나서 양극 활물질은 환원되어 수산화니켈($Ni(OH)_2$)이 되고 음극 활물질은 산화되어 수산화카드뮴($Cd(OH)_2$)이 된다. 최근, 전해액인 수산화칼륨(KOH, potassium hydroxide)은 방전되면 수산기(OH)가 양극에서 음극으로, 충전되면 음극에서 양극으로 이행하는 반응을 돕는 매개 역할을 하지만, 직접 활물질과는 반응하지 않는다. 방전된 배터리를 충전할 때는 이것과 반대의 전기화학반응이 일어나 충전 상태가 된다. 화학반응식은 다음과 같다.

[알칼리 배터리 화학반응식]

양극		음극	방전	양극		음극
$2NiOOH$	+	$Cd+2H_2O$	$\rightleftarrows$	$2Ni(OH)_2$	+	$Cd(OH)_2$
옥시수산화니켈		카드뮴	충전	수산화니켈		수산화카드뮴

01 알칼리 배터리의 장점

① 과충전, 과방전, 장기 방치 등 가혹한 조건에 잘 견딘다.

② 고율방전 성능이 매우 우수하다.

③ 출력밀도가 크다.

④ 수명이(10~20년) 매우 길다.

⑤ 충전시간이 짧다.

02 알칼리 배터리의 단점

① 에너지 밀도가 25~35Wh/kgf 정도로 적다.

② 전극에 사용하는 금속의 가격이 비싸다.

③ 자원 상 대량공급이 어렵다.

4 수소 연료전지(hydrogen fuel cell)

수소 연료전지는 반응물질을 지니고 있는 화학적 에너지를 연소(燃燒)라는 과정을 거치지 않고 직접 전기적 에너지로 변화시키는 장치이다. 이러한 에너지 형태의 변환이 전기·화학적 반응에서 이루어진다는 점에서는 현재 사용되고 있는 배터리와 비슷하지만 연료전지는 전지의 구성요소 또는 전지 내에 비축된 재료는 일체 반응에 참여하지 않는 점에서는 단순한 에너지 변환장치이다.

따라서 수소 연료전지가 작동되기 위해서는 외부로부터 적절한 수소의 공급이 이루어져야 하며 수소의 공급과 함께 반응 생성물질이 제거된다면 지속적인 발전이 가능하게 된다. 에너지 형태의 변환을 위하여 일어나는 수소 연료전지에서의 반응은 물의 전기분해 반응($H_2O \rightarrow H_2 + \frac{1}{2}O_2$)의 역반응이며, 외부에서 공급되는 수소와 공기 중의 산소가 반응하여 전기와 물이 생성되는 반응이다. 실제 연료전지에서 수소는 천연가스, 메탄올, 석탄가스 등 탄화수소 계열의 화석(化石) 연료로부터 개질반응을 통하여 공급된다.

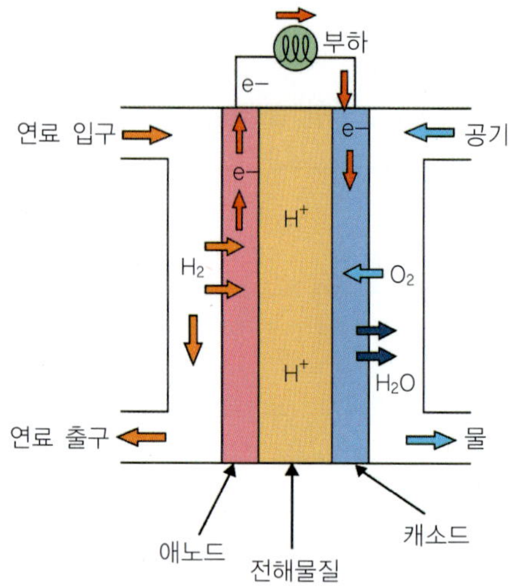

그림 4 | 수소 연료전지의 원리

수소 연료 전지가 전기를 생성하는 원리는 수소(H_2)가 저장되어 있는 상태에서 양극(anode : +극)에서 수소(H_2)는 수소 이온(H+)과 전자(e-)로 나눠진다. 전자는 윗부분의 도선을 통해 음극으로 이동해 외부에서 유입된 산소(O_2)를 만나 음이온이 되며, 수소는 전해질(electrolyte)을 지나 음극으로 이동해 음이온이 된 산소와 만나 물(H_2O)이 된다. 이런 방식으로 물과 전기가 함께 생성되고 전기는 사용 부하에 사용되고, 발생하는 열과 물로 난방과 온수를 사용할 수 있고 또한 소음과 공해가 거의 발생하지 않지만 그러나 연료인 수소를 값싸게 생산할 수 없고 물은 외부로 배출된다.

01 수소 연료전지의 장점

① 에너지 효율이 높다.

② 발생하는 열과 물로 난방을 할 수 있다.

③ 소음과 공해가 거의 방생하지 않는다.

④ 수소 연료전지의 경우 화학물질을 저장하고 있는 것이 아니라 외부에서 공급받아 전기를 발생하기 때문에 반영구적이다.

⑤ 응답성이 좋다.

⑥ 연비가 좋다.

02 수소 연료전지의 단점

① 용기의 체적이 크고 형상 변경이 용이하지 않아 공간제약을 받는다.

② 수소를 대량으로 안전하게 보관하기 어렵다.

③ 촉매인 팔라듐, 백금, 세륨 등의 가격이 비싸 차량 가격이 비싸다.

④ 충전소가 적다.

⑤ 대량의 산소와 접촉하면 폭발할 위험이 있다.

3 납산배터리

1 납산배터리의 작동원리

납산배터리는 과산화납으로 된 양극판과 해면상납으로 된 음극판 및 묽은 황산인 전해액으로 구성되어 있다. 전해액인 묽은 황산은 물속에 용해되면서 (-)황산이온과 (+)수소이온으로 분리되어 존재한다.

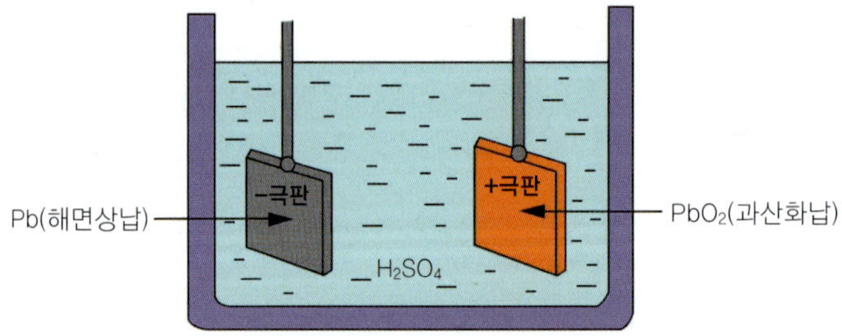

그림 5 | 납산배터리의 구성

01 방전 중의 화학작용

납산배터리를 방전시키면 내부에서 화학적 변화를 일으켜 전해액 중의 황산이 양극판과 음극판에 작용한다. 이에 따라 양극판의 과산화납, 음극판의 해면상납 모두가 황산납($PbSO_4$)이 된다. 한편, 전해액인 묽은 황산 속의 수소는 양극판 속의 산소와 화합하여 물(H_2O)을 생성한다. 따라서 전해액 중의 비중은 방전이 진행됨에 따라서 점차 낮아진다.

02 충전 중의 화학작용

방전된 납산배터리에 발전기나 충전기를 접속하여 전류를 배터리로 공급하면 양쪽 극판과 물이 화학변화를 일으켜 극판의 표면에 부착되어 있던 황산납이 분해되어 전해액 속으로 방출된다. 이에 따라 양극판은 과산화납으로 음극판은 해면상납으로 환원이 된다. 또 전해액은 양쪽 극판에서 황산이 나오기 때문에 그 비중이 점차 증가하고 양극과 음극사이의 전압도 상승한다.

충전이 완료되면 그 이후의 충전전류는 전해액 중의 물을 전기 분해하여 양극판 쪽에서는 산소를 음극판 쪽에서는 수소를 발생시킨다.

배터리를 충전할 때의 화학반응은 방전할 때 설명한 진행과정의 역진행이 된다. 그러나 약간의 (+)수소이온은 양극판에서 전자상태로 이탈되어 증발된다. 또 물이 분해되어 발생한 약간의 산소이온은 양극판에 전자를 공급하고 산소로 환원되어 증발한다.

[납산 배터리 화학반응]

양극판	전해액	음극판	방전	양극판	전해액	음극판
PbO_2	H_2SO_4	Pb	$\rightleftarrows$	$PbSO_4$	H_2O	$PbSO_4$
과산화납	묽은 황산	해면상납	충전	황산납	물	황산납

2 납산 배터리의 구분

01 유형별 구분

(1) MF 배터리(MF, maintenance free)

1) MF 배터리의 특징

MF축전지는 정상적으로 사용할 때 수명이 완료될 때까지 전해액 보충과 보수 등 점검 관리가 거의 필요치 않은 습식 상태의 축전지이다. 이는 특수합금 처리된 재질의 부품을 사용하여 가스 발생이 거의 없도록 하여 전해액 증발을 방지하고 특수배기 구조를 가진 벤트 플러그로 발생가스를 제거하여 커넥터의 부식이 거의 없도록 하였기 때문이다. 또 MF(무보수) 배터리는 가스발생과 충전 중 부수적 전해액 손실을 감소시키기 위해 소량의 안티몬(주석)을 함유한 납 합금이나 납-칼슘 격자를 사용한다.

또 MF 배터리는 자기방전이 작기 때문에 최초에 완전 충전된 상태였다면 사용치 않고 몇 개월간 방치하여도 큰 지장이 없다. MF 배터리를 재충전할 때는 충전전압이 셀당 2.3~2.4V를 넘어서는 안 된다. 만약 과충전시에는 증류수가 소모되기도 한다.

2) 충전 인디케이터(charge indicator)

배터리의 점검관리 포인트가 되는 전해액 비중을 눈으로 확인할 수 있도록 인디케이터가 부착되어 있어 비중계 없이 축전지의 충·방전 상태 및 전해액 유무를 파악할 수 있도록 한 것으로 인디케이터가 없는 배터리도 있으며, 인디케이터에 따른 배터리 상태 및 조치사항은 아래와 같다.

[배터리의 충전과 인디케이터의 색상]

배터리의 충전상태	인디케이터의 색상	조치사항
GOOD CONDITION(정상)	녹색(green)	충전상태 양호, 배터리 즉시 사용 가능
UNDER CHARGE(충전부족)	흰색(white)	방전상태, 시동이 가능하더라도 인디케이터가 녹색이 될 때까지 충전요망
SHORT OF FLUID(전해액 부족)	적색(red)	증류수 주입 후 인디케이터가 녹색이 될 때까지 충전요망

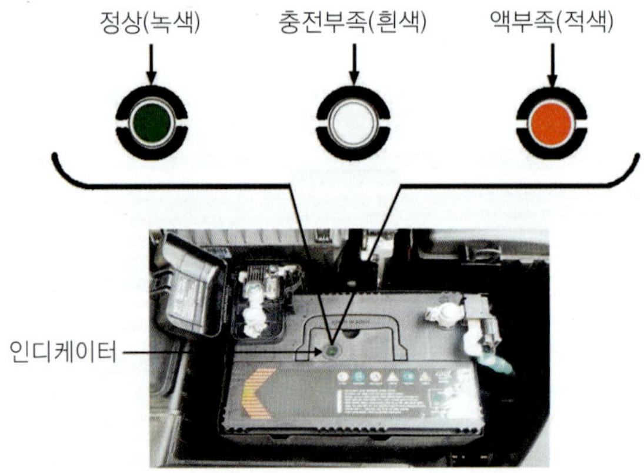

그림 6 | MF 배터리 인디케이터

[배터리의 비교]

구분	특성비교	
	MF배터리	일반 배터리(드라이차지식 배터리)
취급 및 장착	• 전해액이 주입되어 있어 취급할 때 주의 요함 • 습식 충전방식으로 전해액이 주입되어 있어 자동차에 즉시 장착가능 • 전해액 상태 인디케이터로 충전 상태를 눈으로 확인	• 규정 전해액 주입 • 주입 후 20분 이상 방치 후 장착 • 운반이 용이 • 전해액 별도 구입
증류수 보충	• 가스발생에 의한 전해액 증발량이 적어 증류수 보충이 거의 필요 없으나 과충전에 의한 전해액 부족시에는 보충 • 월 1회 정도 인디케이터 확인 요망	• 가스 발생이 심해 수시로 전해액 보충해야 함. • 주 1회 전해액 수준상태 확인 요함.
저온시동 능력	전기저항이 낮은 격리판과 납-칼슘의 기판을 사용하여 특히 저온시동 능력이 기존 일반용 축전지보다 약 20% 높음	연-안티모니 합금의 기판을 사용함으로써 기온이 낮아지면 축전지내의 저항이 증가하여 시동능력이 극히 약해짐.
자기방전 방전	• 납-칼슘기판을 사용하여 자기방전율이 매우 낮다. • 장기 보관 시간이 길다.	• 납-안티몬 기판을 사용하여 자기방전율이 높다. • 장기, 보관시간이 짧아 수시로 보충전을 행하여야 한다.
마개구조	• 3개의 주액구를 갱벤트(gang vent)마개로 막게 되어 있으며 배기구가 하향으로 되어 있어 오물의 유입을 방지 • 배기석과 안전밸브 장치로 전해액 유출이 없으며 과도한 압력이 걸릴 경우 안전밸브 작동으로 배터리 폭발의 위험성이 거의 없음	6개의 개별마개로 되어 있으며 배기구가 상향으로 흙 또는 먼지 등으로 전해액을 오염시킬 우려가 있음.
충전 수입성 및 수명	사용 중 배터리가 과방전 되었을 경우는 충전수입성이 낮기 때문에 충전회복이 늦으며 과충전 사용시에는 수명이 짧아진다.	일반적으로 충전수입성이 양호한 편이며 정상적으로 사용시 MF 배터리와 비슷하다.

(2) 내(耐) 사이클 배터리(cycle-proof battery)

일반적으로 자동차용 배터리는 극심한 방전과 충전이 반복되므로 작용물질의 분리와 침적이 반복되기 때문에 양극판의 수명이 짧아지게 된다. 내 사이클 배터리는 침전물 형성을 방지하기 위해 격리판에 글래스 매트(유리 섬유매트)가 포함되어 있고 포켓 격리판과 펠트 층(felt layer)을 갖고 있어 일반적인 배터리보다 수명이 길다.

(3) 내 진동 배터리(Vibration proof battery)

내 진동 배터리는 성형수지 플라스틱 앵커가 극판이 케이싱 내에서 움직이지 못하도록 잡아주는 구조이다. 내 진동 배터리는 주파수 22Hz, 수직방향 최대 가속도 6g(g = 9.8m/s^2)로 20시간에 걸친 사인파 진동시험에 견딜 수 있는 구조이다.

이러한 조건은 기존의 배터리에 비해 약 10배 정도의 내 진동성능을 강화한 것이다. 이 형식은 대형 디젤엔진 자동차나 건설기계와 트랙터 등에서 주로 사용한다.

(4) HD 배터리(heavy duty battery)

HD 배터리는 내 사이클 배터리와 내 진동 배터리를 결합시킨 형식으로 높은 진동과 사이클 스트레스에 노출되는 상용차량(대형 디젤엔진 자동차 등)에서 사용된다.

(5) AGM 배터리(absorbent glass mat battery)

배터리 내에 AGM이라는 흡수성 유리 섬유 격리판에 전해액을 흡수함으로써 전해액을 비유동적으로 조절하며, 배터리 상단에 밸브를 적용하여 충전 중 발생한 가스가 전조 밖으로 빠져나가지 못하고 방전 중에 재결합하여 전해액으로 다시 돌아가기 때문에 가스방출을 최소화시켜준다. AGM 배터리는 진동 저항성이 뛰어나며, 완전히 밀봉되어 있고 배터리에 압력이 가해져 파손이 되더라도 전해액이 흘러내리지 않는다. 또한 특수 유리섬유 격리 기판에 전해액을 흡수시켜 전해액 유동을 방지한다. 극판 사이에 매트가 삽입된 형태로 punch 기판을 적용하고 고밀도 배합 흡습성 격리판을 설치하여 긴압 강화가 가능하며, 온도차에 의한 성층 화 방지가 가능하다.

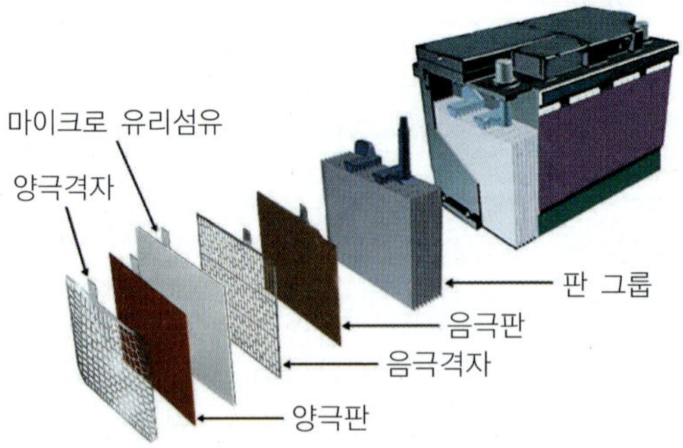

그림 7 | AGM 배터리 구조 및 각부 명칭

(6) EFB(Enhanced Flooded Battery) 배터리

이 배터리는 모든 납축 배터리와 동일한 원리로 작동하며, 전류는 이산화납과 산 사이의 화학 반응에 의해 생성되고 내부에 붓는 것은 액체 전해질이다.

불순물이 없는 순수한 납만 사용하여 내부 저항을 줄이고, EFB의 플레이트는 기존 납산보다 두 배 두껍다. 양극판은 액체 전해질을 흡수하고 유지하는 특수 극세사 소재로 싸여 있으며 이것은 활성 물질의 집중적 인 흘림을 방지하고 황화 과정을 상당히 느리게 한다. 이 배열은 전해질의 비율을 줄이고 배터리를 실질적으로 유지 보수 할 필요가 없도록 만들었다. 증발은 발생하지만 거의 발생하지 않고 또 다른 차이점은 전해질 순환 시스템이다. 이들은 차량의 자연스러운 움직임으로 인해 혼합을 제공하는 배터리 하우징의 특수 깔때기이다. 전해질은 그것들을 통해 올라간 다음 다시 캔 바닥으로 떨어진다. 액체는 균질 한 상태를 유지하여 전체 서비스 수명을 늘리고 충전 속도를 향상시킨다.

EFB 배터리의 개발로 인해 엔지니어는 시동-정지 엔진(Start-Stop Engine) 시동 시스템을 갖춘 자동차의 확산으로 이어졌다. 차량이 브레이크를 밟아 정차하면 엔진이 자동으로 꺼지고 클러치 페달을 밟거나 브레이크를 놓으면 엔진이 자동으로 시동된다. 이 모드는 전체 부하가 배터리에 떨어지기 때문에 배터리에 과부하가 걸린다. 기존의 배터리는 운전 중에 충전 할 시간이 없다. 이는 시작하는 데 많은 양의 충전을 포기하기 때문이다. 심방 전(딥사이클, Deep Cycle - 용량의 80% 또는 그 이상을 방전하고 또 충전하기를 수백회 이상 반복할 수 있는 배터리를 딥사이클 배터리라 한다.)은 납축 배터리에 해로울 수 있다. 반면에 EFB는 용량이 크고 심방전에 강하기 때문에 이 모드에서 좋은 작업을 수행한다. 판의 활성 물질은 부서지지 않고 EFB 충전 조건은 AGM과 유사하자만 과충전 및 단락을 시켜서는 안 되기 때문에 충전 조건을 엄격히 준수해야하며 전압을 초과하지 않아야하고 전해질이 끓지 않도록 해야 한다. 따라서 특수 충전기를 사용하는 것이 좋으며 전압은 비례 적으로 공급되며 14.4V를 초과하지 않아야한다. 제조업체는 일반적으로 배터리 특성, 작동 조건, 용량 및 허용 충전 전압에 대한 정보를 배터리 케이스에 표시한다. 이러한 데이터는 작동 중에 준수해야한다. EFB 배터리의 장점은 다음과 같다.

① 60A * h의 용량에서도 배터리는 최대 550A의 시작 전류를 제공한다. 이것은 엔진을 시동하기에 충분하며 기존 250~300A 배터리의 매개 변수를 크게 초과한다.

② 서비스 수명이 두 배로 늘어난다. 적절하게 사용하면 배터리는 최대 10~12년 동안 사용할 수 있다.

③ 더 두꺼운 순수 납과 극세사 플레이트를 사용하면 배터리 용량과 충전 속도가 향상된다. EFB 배터리는 일반 배터리보다 45% 더 빠르게 충전된다.

④ 적은 전해질 부피로 인해 배터리는 사실상 유지 보수가 필요 없다. 가스는 흡수되지 않는다. 최소 증발 속도, 이러한 배터리는 자동차 또는 가정에서 안전하게 사용할 수 있다.

⑤ 배터리는 저온에서 잘 작동한다. 전해질이 결정화되지 않는다.

⑥ EFB 배터리는 과방 전 방지 기능이 있다. 최대 100% 용량을 복구하며 파괴되지 않는다.

⑦ 배터리는 큰 용량 손실 없이 최대 2년 동안 보관할 수 있다.

⑧ Start-Stop Engine 시스템이 있는 차량에 사용하기에 적합합니다. 낮 동안 많은 수의 엔진 시동을 견딜 수 있다.

⑨ 최대 45°의 각도로 작동 할 수 있으므로 EFB 배터리는 모터보트, 보트 및 오프로드 차량에 자주 사용된다.

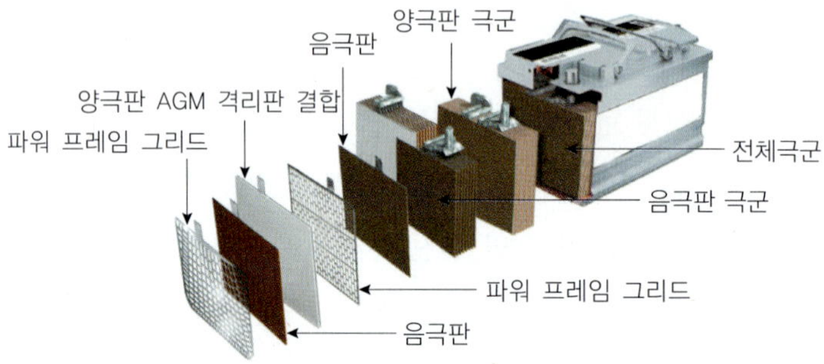

그림 8 | EFB 배터리

[MF, EFB, AGM 배터리 비교]

구분	MF	EFP	AGM
주요 기능	시동용	• 다수의 반복적 엔진 시동용 • 엔진 정지 기간 제한적	• 다수의 반복 엔진 시동용 • 엔진정지 시간이 김
연비제어 기술	-	엔진 Start/Stop	• 엔진 Start/Stop • Regenerative Braking System • 향상된 전력 관리 시스템
적용 차량	일반차량	중소형 Start/Stop	고급형 및 디젤 Start/Stop
연료절감 효과	-	약 2~5% up	약 5~10% up
CCA	100%(표준)	150%(표준 대비)	150%(표준 대비)

구분	MF	EFP	AGM
수명	100%(표준)	200%(표준 대비)	300%(표준 대비)
유동액 有, 無	○	○	×
보액 여부	보액 가능	보액 불필요	보액 불필요
제조원가	100%(표준)	135%	200%

02 제조 과정별 분류

(1) 건식 충전 배터리(dry charged battery)

자동차용 배터리의 주된 제조방법이며, 충전된 극판을 특별한 방법으로 건조시킨 후 조립하고, 사용할 때 전해액을 주입하여 사용하도록 한 배터리이다. 저장·운반이 용이하며, 충전장비 없이도 사용이 가능하나 장기간 저장된 것은 사용할 때 전해액을 넣고 약간의 보충전을 행하여야만 배터리의 성능을 유지시킬 수 있다.

(2) 건식 미충전 배터리(dry uncharged battery)

산업용 배터리의 제조에 주로 사용하는 방법이며, 화학적 조성, 건조된 극판을 조립한 것으로 전해액 미주입, 충전되지 않은 배터리이다. 활성물질 중 일부가 산화납, 황산납으로 변한 음극판을 해면상납으로 부활시키기 위해 배터리 용량의 300~400% 초충전을 행하여 사용해야 한다. 최근에는 제조기술의 발달로 인하여 산업용 배터리 중 일부가 건식 충전으로 제조·실용화되고 있다.

(3) 습식 충전 배터리(wet changed battery)

습식 충전 배터리는 조립 후 전해액을 주입하여 충전시킨 것으로 즉시 사용이 가능하도록 한 배터리이다. 주로 주문자 공급용(O.E.M.) 제품이 생산되며 보관할 때에는 자기방전에 의한 용량 감소와 비중저하를 일으키며, 전해액 감소를 초래한다. 따라서 장기간 보관할 때에는 보충전을 행하여야 하며, 배터리를 사용하지 않더라도 2개월에 1회 정도는 보충전을 실시하여야 한다.

3 납산배터리의 구조

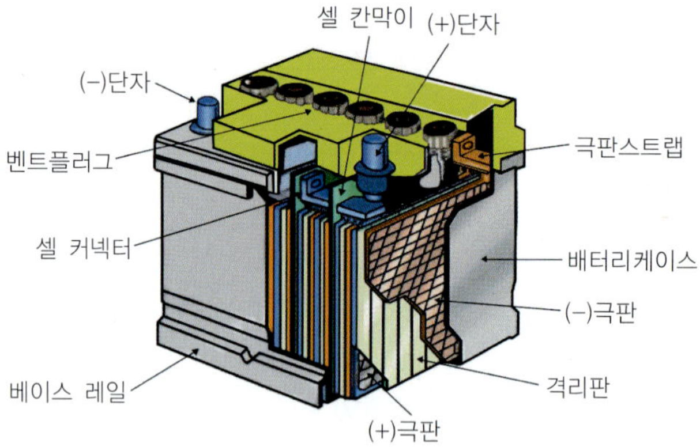

그림 9 | 배터리의 구조

12V 배터리의 경우에는 케이스 속에 6개의 셀(cell : 단전지)이 있고, 이 셀 속에 양극판, 음극판 및 전해액이 들어 있으며 이들이 화학적 반응을 하여 셀마다 약 2.1V의 기전력을 발생시킨다. 그리고 양극판이 음극판보다 더 활성적이므로 양극판과의 화학적 평형을 고려하여 음극판을 1장 더 둔다.

01 극판

① 기판(grid, 격자) : 활물질을 지지하고 발생된 전기를 전도해 주는 납(Pb)과 안티몬(Sb)의 납합금판으로 과산화납이나 해면상납의 탈락을 방지한다.

② 활물질(active material) : 황산과 반응하여 충 방전 반응을 하는 물질

③ 양극판(positive plate) : 기판에 활물질을 도포한 상태(과산화납(PbO2))

④ 음극판(negative plate) : 기판에 활물질을 도포한 상태(해면상납(Pb))

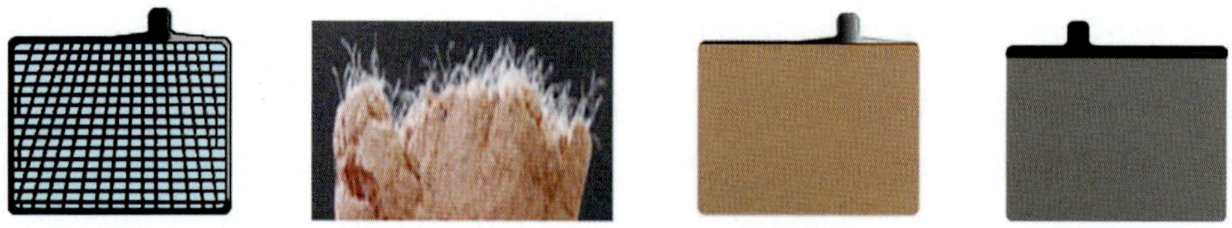

(a) 기판 (b) 활물질 (c) 양극판 (d) 음극판

그림 10 | 극판 구조

(a) 극판군 (b) 격리판 (c) 커버 (d) 전조

그림 11 | 극판군, 격리판, 커버, 전조

02 격리판

양극판과 음극판 사이에 위치하여 직접 접촉에 의한 Short를 방지. 특히, 봉투 식 격리판은 음극판을 감싸고 있어 활물질에 의한 양극판과의 Short를 방지하고 격리 판은 합성수지로 가공한 강화 섬유 격리판, 고무를 주재료로 한 매우 작은 구멍을 지닌 고무 격리판 등이 사용된다. 그리고 격리 판의 구비조건은 다음과 같다.

① 비 전도성일 것
② 구멍이 많아서 전해액의 확산이 잘 될 것
③ 기계적 강도가 있고, 전해액에 부식되지 않을 것
④ 극판이 좋지 못한 물질을 내 뿜지 않을 것

03 극판군

양극판, 격리판, 음극판의 순으로 쌓아 스트랍에 용접한 극판 뭉치로 Cell당 기전력은 약 2.1V이며 전압은 극판 크기나 매수에 관계없이 일정 하다. 차량용 12V Battery에는 이 극판군이 전조 안에 6개가 직렬로 연결되어 있어 12V배터리의 경우에는 6개의 셀이 직렬로 연결되어 있다. 그리고 극판의 장수를 늘리면 극판의 대항 면적이 증가하므로, 배터리 용량이 증가하여 이용 전류가 많아진다.

04 전조(Container)

전조는 케이스(case)라고도 하며, 전해액 및 극판군을 저장하는 용기로, 플라스틱 재질을 주로 사용한다. 내부는 격벽에 의해 분할되어 있으며(12V → 6등분/6V → 3등분) 전조의 바닥에는 안장이 붙어있다.

05 커버와 벤트플러그(Cover & Vent Plug)

커버는 합성수지로 제작하며, 커버와 케이스는 접착제로 접착되어 있으므로 기밀을 유지하고 있다. 또 커버의 가운데에는 전해액이나 증류수를 주입하거나, 비중계용 스포이트(spuit)나 온도계를 넣기 위한 구멍과 이것을 막아 두기 위한 벤트플러그가 있으며 이 플러그의 중앙이나 옆에는 작은 구멍이 있어 배터리 내부에서 발생한 산소와 수소가스를 방출한다.

06 단자기둥(Terminal Post)

단자기둥은 납 합금이며, 외부회로와 확실하게 접속되도록 하기 위해 테이퍼(taper)되어 있다. 양극판이 과산화납이므로 쉽게 산화가 발생되어 양극 단자기둥은 부식되기 쉽다. 만약 부식(녹)되었을 경우에는 깨끗이 세척한 후 그리스(greese)를 얇게 발라 준다. 그리고 양극과 음극 단자기둥에는 문자, 색깔 및 크기 등으로 표시하여 잘못 접속되는 것을 방지하고 있으며, 단자기둥의 식별방법은 다음과 같다.

① 양극 단자기둥은 (+), 음극 단자기둥은(−)의 부호로 분별한다.
② 양극 단자기둥은 적색, 음극 단자기둥은 흑색의 색깔로 분별한다.
③ 양극 단자기둥은 지름이 굵고, 음극 단자기둥은 가늘다.
④ 양극 단자기둥은 POS, 음극 단자기둥은 NEG의 문자가 표시된다.
⑤ 부식물이 많은 쪽이 양극 단자기둥이다.

또, 배터리 단자기둥으로부터 케이블을 분리할 경우에는 반드시 접지단자의 케이블을 먼저 분리하고, 설치할 경우에는 나중에 설치하여야 한다.

(a) 음극기둥 (b) 양극기둥 (c) 인디케이터 (d) 폭발 방지 장치

그림 12 | 단자기둥과 인디케이터

07 인디케이터(Indicator)

상 커버 상단에 장착되어 Battery의 상태를 표시하는 부품

① Green : 50% 이상의 충전 상태로 정상

② Black : 50%이하 충전 상태로 충전 요함

③ White : 수명종지 (B/T 교체)

08 폭발 방지 장치(Flame Arrester)

상 커버 내부에 장착되어 폭발 방지 기능을 하는 부품. 배출된 Gas(수소, 산소)는 연소성이 있는데, Vent Hole을 통해 외부로 배출되기 전에 고밀도 기포 구조로 구성된 Flame Arrestor를 통해, 배출 단면적을 줄여 폭발을 방지하는 기능을 함.

4 납산배터리의 여러 가지 특성

01 납산배터리의 기전력

배터리의 셀당 기전력은 2.1V이며, 이것은 전해액의 비중, 온도, 방전 정도에 따라서 조금씩 다르다.

기전력은 전해액 온도 저하에 따라 낮아지며, 이것은 전해액의 온도가 낮아지면 배터리 내부의 화학반응이 늦어지고, 전해액의 고유 저항이 증가하기 때문이다. 또 전해액의 비중이 낮거나 방전량이 많은 경우에도 조금씩 기전력이 낮아진다.

02 방전 종지전압

방전 종지전압이란 배터리를 어떤 전압 이하로 방전해서는 안 되는 것을 말하며, 1셀당 1.7~1.8V이다. 방전 종지전압 이하로 방전을 하면 극판이 손상되어 배터리의 기능을 상실(喪失)한다. 방전과 더불어 전압이 낮아지는 이유는 처음에는 극판의 표면이 황산납이 되고, 방전이

계속되면 극판의 중심부에 전해액이 침투되어야 하므로 화학변화가 완만(緩慢)하게 되어 전압이 내려간다. 다시 방전을 계속하면 표면에 생성된 황산납이 중심부의 작용물질로 들어가는 전해액의 통로를 막기 때문에 방전을 할 수 없게 되므로 급격히 전압은 강하(降下)한다.

03 납산배터리 용량

축전지의 용량은 완전히 충전시킨 축전지를 일정전류로 연속 방전하여 방전 중의 단자전압이 규정의 방전종지 전압에 달할 때까지 꺼내어 쓸 수 전기량이나 전력량을 말한다. 이때 전기량을 AH용량(AH, ampere hour)으로 표시하며, 전력량을 WH 용량이라 한다. 축전지의 용량은 극판의 크기, 극판의 장수, 전해액의 양에 따라 결정되며 배터리 용량을 표시하는 방법에는 20시간율, 25암페어율, 냉간율 등이 있다.

- AH 용량 = 일정 방전전류(A)×방전 종지전압까지의 연속 방전시간(H)
- WH 용량 = AH 용량(AH)×방전 종지전압까지의 평균 방전전압(V)

(1) 20시간율

20시간율이란 일정 방전전류를 연속 방전하여 셀당 방전 종지전압이 1.75V될 때까지 20시간 방전시킬 수 있는 전류의 총량이며, 일반적으로 사용하는 방전율이다. 예를 들어 20시간율 100AH 용량이라고 함은 5A의 전류로 연속 방전하여 방전 종지 전압에 이를 때까지 20시간(H)이 소요된다는 의미이다.

20시간율 전류는 자동차의 점등전류나 주차램프의 부하와 같다. 방전 중 축전지의 전압과 비중은 큰 변화가 없으나 방전말기에는 전압과 비중이 급속히 저하되는 특성을 나타낸다.

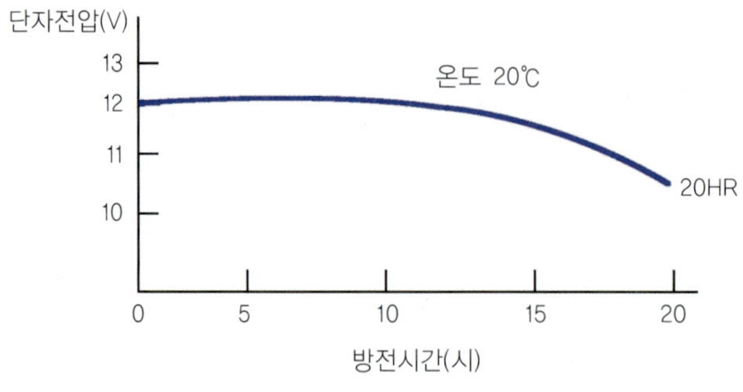

그림 13 | 20시간 율 방전특성

그리고 배터리는 큰 전류로 방전할수록 용량이 감소한다. 이것은 큰 전류로 방전하면 화학반응이 전해액의 확산보다 빠르게 진행되어 그 반응에 요하는 황산이 미처 공급되지 못하기 때문이다. 즉, 큰 전류일 때는 비교적 표면의 작용물질만 화학반응을 일으키므로 용량이 감소한다. 이 상태에서 방전을 잠시 멈추면 이 사이에 전해액이 확산되어 다시 방전 기능이 회복되는데 이를 잉여(剩餘)용량이라고 한다.

(2) 25암페어율

25암페어율은 26.6℃(80℉)에서 일정 방전전류(25A)로 방전하여 셀당 전압이 1.75V에 이를 때까지 방전하는 것을 측정하는 것으로 자동차의 충전장치가 고장 났을 때 축전지로 점등, 점화할 수 있는 전류를 공급하기 위한 배터리 능력을 표시한다.

(3) 냉간율

냉간율은 -17.7℃(0℉)에서 300A로 방전하여 셀당 전압이 1V 강하하기까지 몇 분(分)정도 소요되는가를 표시한다.

(4) 온도와 용량의 관계

배터리의 용량은 전해액의 온도에 따라서 크게 변화한다. 즉, 일정의 방전율, 방전 종지전압 하에서 방전을 하여도 온도가 높으면 용량이 증대되고, 온도가 낮으면 용량도 감소한다. 용량 표시에는 25℃를 표준으로 한다.

온도가 낮아졌을 때 배터리 용량이 감소하는 원인은 화학반응이 천천히 진행되기 때문이다. 즉, 황산분자 또는 황산이온의 확산이나 이동도가 낮아지므로 기전작용이 없어진 이온의 보급이 신속히 이루어지지 않아 전지 전압이 낮아지기 때문이다.

배터리 전압의 저하는 저온(低溫)에 따르는 전해액의 고유저항 증대에 따른 내부저항의 증대에서 오는 전압 강하도 중요한 요인이 된다.

04 납산배터리의 내부저항

배터리 고유의 내부저항은 극판, 격리판, 전해액 등의 저항의 총합이며, 매우 작은 값이다. 그러나 전류가 흐를 때는 전기화학 반응으로 인하여 내부저항이 약간 증대한다. 배터리의 내부저항은 충·방전의 진행 상태와 축전지온도 등에 따라 다르다. 이것은 방전이 진행됨에 따라 양극사이의 활성물질이 전도성이 불량한 황산납으로 변화하기 때문이다.

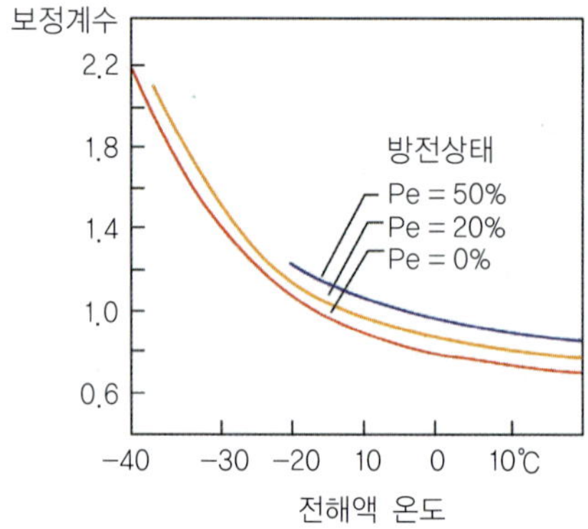

그림 14 | 배터리 내부저항(전해액 및 방전상태와의 관계)

05 납산배터리의 효율

배터리의 효율은 용량의 경우와 마찬가지로 주로 AH(ampere hours) 효율과 WH (watt hours) 효율로 표시한다. AH효율은 방전한 전기량(AH)과 방전전과 같은 상태로 충전하는데 요하는 전기량(AH)과의 비율을 말하고 WH효율은 방전한 전력량(WH)과 방전전과 같은 상태로 충전하는데 요하는 전력량(WH)과의 비율을 말한다.

- $\text{AH 효율} = \dfrac{\text{방전전류} \times \text{방전시간}}{\text{충전전류} \times \text{충전시간}}$
- $\text{WH 효율} = \dfrac{\text{방전 평균 전압}}{\text{충전 평균 전압}} \times \text{AH 효율}$

5 전해액(electrolyte)

01 전해액 비중

전해액은 순도가 높은 묽은 황산(H_2SO_4)을 사용한다. 전해액은 극판과 접촉하여 충전을 할 때에는 전류를 저장하고, 방전될 때에는 전류를 발생시켜 주며, 셀 내부에서 전류를 전도하는 작용도 한다.

전해액의 비중은 20℃에서 완전 충전되었을 때 1.260~1.280이며. 이를 표준 비중이라고 한다. 전해액이 표준 비중일 때 황산의 도전성이 가장 높다. 또 완전 방전되었을 때에는 비중이 1.050 정도이다. 그리고 전해액은 온도가 상승하면 비중이 작아지고, 온도가 낮아지면 비중은 커진다. 전해액 비중은 온도 1℃ 변화에 대하여 0.0007이 변화한다.

$$S_{20} = St + 0.0007 \times (t - 20)$$

S_{20} : 표준 온도 20℃로 환산한 비중
St : t℃에서 실제 측정한 비중
t : 측정할 때 전해액 온도

축전지가 방전될 때 방전량에 비례하여 비중이 낮아진다. 따라서 전해액의 비중을 측정하면 충전상태를 알 수 있게 된다. 축전지는 방전상태에서 사용하면 고장이 발생하는 경우가 많으므로 비중이 1.200(20℃) 정도가 되면 보충전하여 주는 것이 좋다. 축전지 비중 측정은 비중계를 사용한다.

$$\text{방전량(AH)} = \text{축전지 용량(AH)} \times \frac{\text{만충전시 비중 - 측정비중}}{\text{만충전시 비중 - 방전종지 비중}}$$

1Ah의 방전량에 대해 전해액 중의 황산(H_2SO_4)은 3.660g 소비되며, 0.67g의 물이 생성된다. 또 같은 1Ah의 충전량에 대해서도 0.67g의 물이 소비되고 3.660g의 황산이 생성된다. 1.280(20℃)의 묽은 황산 1ℓ에 약 35%의 황산과 65%의 물(증류수)이 포함되어 있으며 묽은 황산 속에 포함되어 있는 황산의 양(중량, %)과 비중과의 관계를 알면 충·방전에 따르는 비중의 변화를 계산으로 구할 수 있다.

[전해액 비중과 잔존(殘存) 용량]

단자전압(V)	전해액 비중(20℃)		잔존용량(%)
	A	B	
2.1V 이상	1.280	1.260	100
2.00	1.230	1.210	75
1.95	1.180	1.160	50
1.85	1.130	1.110	25
1.75 이하	1.080	1.060	0

주) A : 완전히 충전되었을 때의 비중이 1.280(20℃)의 축전지 경우
B : 완전히 충전되었을 때의 비중이 1.260(20℃)의 축전지 경우

02 전해액의 빙결점

전해액의 빙결점은 전해액의 농도나 비중에 따라 변하므로 빙결점은 축전지의 방전량에 따라 변화한다. 완전히 충전된 상태의 전해액은 빙결점이 매우 낮으나 비중이 1.100부근으로 방전된 축전지는 한냉 지방에서 사용하는 경우 전해액이 쉽게 빙결되게 된다. 빙결된 축전지는 재사용이 불가능하다.

그림 15 | 묽은 황산의 빙결점

6 자기방전

충전된 배터리를 사용하지 않고 방치해 두면 조금씩 자연 방전하여 용량이 감소되는 현상을 자기방전(自己 放電, 자연방전)이라 한다.

01 자기방전의 원인

(1) 화학적인 반응으로 인한 자기방전

음극판의 해면상납은 전해액과 반응하여 서서히 황산납으로 변화하면서 자기방전을 일으킨다. 또 충전할 때 음·양극판에 발생하는 수소와 산소가 반대 극에 닿을 때 이것이 환원·산화를 일으켜 자기방전이 되기도 한다.

(2) 전기 화학적인 반응으로 인한 자기방전

극판이나 전해액에 존재하는 불순물 금속은 국부전지를 구성하여 자기방전이 일어난다. 또 극판에 닿은 전해액의 온도 차이와 농도차이로 인하여 기전력이 다르기 때문에 국부 전지가 구성되어 자기방전이 일어나기도 한다.

(3) 전기적인 반응으로 인한 자기방전

1) 축전지 커버가 젖어 있을 때

축전지 커버에 황산이 묻어 먼지가 붙어 있을 때 축전지를 장치한 캐리어 등에 전기회로가 형성되어 전류가 흐르게 된다. 이 현상을 일반적으로 누전(leakage)이라 한다. 누전 되는 축전지는 전해액 중에 전류가 흐를 때 전류가 흘러나오는 측의 금속은 점차 전해액에 용출(溶出)되고 전류가 흘러 들어가는 측의 금속은 석출(析出)되는 현상인 전식현상(電飾現像)이 일어나 축전지의 (+)측 부근의 커넥터나 커넥터가 벌레 먹은 것처럼 점차 부식되어 얇아진다.

2) 내부 단락이 생겼을 때

탈락한 활성물질이 축전지의 하부나 측면에 쌓이는 경우 또 격리판이 파괴되었을 경우 단락이 일어나 자기방전이 생긴다. 이 현상은 수명이 다된 축전지에서 많이 볼 수 있다.

02 자기 방전량

자기 방전량은 배터리 용량에 대한 백분율(%)로 표시하며, 24시간 동안 실제 용량의 0.3~1.5%이다. 자기 방전량은 다음의 요소에 관계된다.

① 자기 방전량은 전해액의 온도가 높고, 비중 및 용량이 클수록 크다.

② 자기 방전량은 시간이 경과할수록 많아지나 그 비율은 충전 후의 시간 경과에 따라 점차 낮아진다.

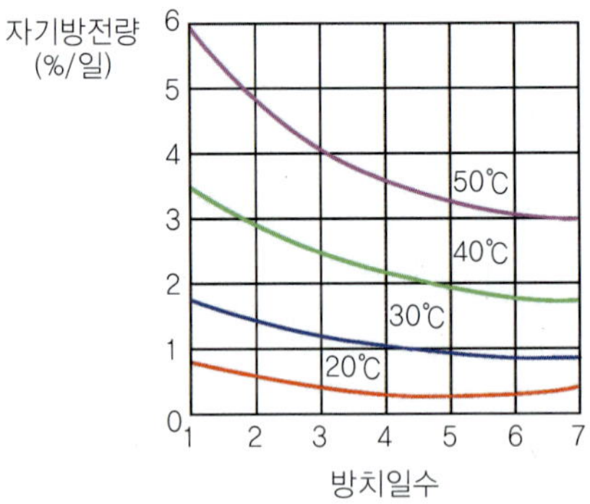

그림 16 | 자기 방전량(방치일수 전해액 온도 관계곡선)

③ 온도와 자기 방전량과의 관계는 다음 표와 같다.

온도	자기 방전량	비중 저하량
30℃	1일당 1.0%	1일당 0.0020
20℃	1일당 0.5%	1일당 0.0010
5℃	1일당 0.25%	1일당 0.0005

4 배터리 점검 및 충전

1 배터리 일반사항

01 배터리 오래 쓰는 방법

① 시동이 걸려있지 않을 경우에는 DMB, 오디오, 시트, 윈도 등 전장품 사용을 자제한다.
② 운행이 적은 차량은 일주일에 한 번 이상, 30~40분 정도 시동을 걸어 놓는다.
③ 장시간 주차할 경우에는 블랙박스 작동으로 방전이 잦으므로 블랙박스 전원을 OFF 한다.
④ 여행, 출장 등 장기간 주차할 경우에 음극(-) 단자를 분리해 놓으면 방전이 되지 않는다.

02 배터리 라벨 표시

표시 내용		표시 예
Model	배터리 상단을 확인하면 배터리 모델명이 표시되어 있으며, 배터리의 +극의 위치에 따라서 모델명이 달라진다. +극이 왼쪽에 있으면 모델명이 L로 끝나고, 오른쪽에 있으면 모델명이 R로 끝난다.	CMF45L
CCA (저운 시동능력, 단위 : A)	배터리는 25도씨를 기준으로 1도가 떨어질 때마다 0.8%의 성능저하가 발생한다. 그래서 낮은 저온에서도 배터리가 견딜 수 있는 능력을 나타내는 수치이다. 규격은 영하 18도에서 30초 동안 최대 방전하였을 경우 7.2V이상을 유지할 수 있는지 확인하는 것이다. CCA 수치가 높다는 것은 저온시동능력이 좋다는 것이고 고율방전 또는 급속방전이 잘된다는 것이다. 그래서 순간적인 파워가 필요한 오디오시스템용 배터리로 많이 사용된다.	410A

표시 내용		표시 예
AH(20HR)	20시간 동안 방전 시켰을 때 전압이 12V에서 10.5V로 변경되는 시점을 확인하여 측정하는 방식이다. 60Ah보다 80Ah가 더 큰 용량이다. 용량이 커지면 크기도 커지므로 무조건 크다고 좋지는 않다. 내차에 알맞은 용량을 선택하는 것이 좋다.	45Ah
RC (보유용량, 단위 : 분)	방전시간을 분단위로 표시한 것. 방전을 24A씩 방전하면서 12V의 전압이 10.5V가 되는 시간을 측정하는 방식이다. 수치가 클수록 배터리가 좋다.	80min

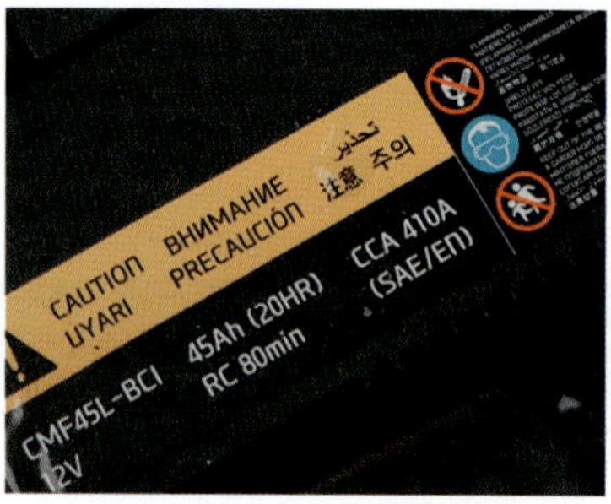

그림 17 | 배터리 라벨

2 배터리 외부점검 및 커버 청소

01 배터리 외부점검

① 커버 및 케이스의 균열 및 오염상태 점검

② 벤트 플러그 공기구멍의 막힘 상태 및 과 충전에 의한 솟아오름 점검

③ 단자 및 케이블의 부식상태

④ 전해액 기준 높이

02 배터리 커버 및 터미널 청소

① 배터리 커버의 부식이 심할 경우 베이킹 소다와 물을 섞은 반죽을 걸레에 묻혀 닦아내며 배터리가 베이킹 소다로 인해 젖지 않도록 주의한다. 그리고 베이킹 소다를 닦아내기 위해 천에 창문 청소액을 묻혀 닦아주는 것으로 마무리한다. 베이킹 소다가 배터리 표면에 남으

면 이후에 배터리 터미널과 근처 금속 부식의 원인이 될 수 있다.

② 절대로 배터리를 닦는 용액이 배터리 주입구 안으로 들어가지 않도록 한다.

③ 배터리 터미널을 배터리로부터 분리해서 매우 뜨거운 물 컵에 담가 두어도 좋다. 뜨거운 물이 부식을 녹여 표면을 깨끗하게 만들어줄 수 있고 단자기둥의 부식은 브러시와 걸레로 청소한다.

④ 터미널을 배터리에 다시 끼워주기 이전에 완전히 마른 상태인지 확인하고 배터리 단자에 그리스를 발라주어 조립을 한다. 그리스는 습기 및 부식 유발 요인으로부터 배터리 단자를 보호해준다.

(a) 부식상태

(b) 터미널 및 단자기둥 청소

그림 18 | 배터리 터미널 및 단자기둥 청소

3 배터리 탈착 및 장착

01 배터리 교체 시기

① 시동 시 엔진 돌아가는 소리가 현저하게 약하다고 느껴질 때

② 시동 시 평소보다 시간이 지체되며 늦게 걸릴 때

③ 시동 시 끼릭 끼릭, 따다닥 소리가 나면서 시동이 안 걸릴 때

④ 리모컨으로 문이 열리지 않을 때

⑤ 계기판에 아무런 경고등도 점등되지 않을 때

⑥ 4만 km 이상을 주행하였거나, 배터리를 교체한지 2~3년이 경과된 경우

02 배터리 탈거시 주의사항

① 배터리 작업을 할 때 특히 반지나 목걸이 같은 액세서리는 착용하지 않는다.

② 하이브리드 자동차 또는 전기 자동차의 배터리에는 매우 치명적일 수 있는 300볼트 이상의 전압이 생성된다. 하이브리드 자동차 또는 전기 자동차의 전기 부품 작업을 해야 한다면, 꼭 제일 먼저 자동차 뒷면에 있는 고압 배터리를 분리시켜야 한다. 배선은 보통 주황색으로 색깔 처리되어 있다. 고압 충격의 위험을 덜어줄 수 있도록 절연 처리가 된 도구와 장갑을 사용한다. 하이브리드 자동차 또는 전기자동차 배터리를 분리 시는 제조사의 절차를 정확하게 따르도록 한다.

③ 일반적인 자동차 배터리는 몇백 암페어에 달하는 전류를 생성한다. 이는 용접 아크에서 생성되는 전류량과 비슷하다. 배터리의 양극과 음극 터미널에 금속 도구를 접촉해서 배터리 충전이 완료되었는지 확인하지 않는다. 높은 전류가 도구뿐 아니라 사람에게도 큰 해를 입힐 수 있다.

④ 눈 보호 고글과 절연 처리가 된 장갑을 착용한다.

⑤ 배터리 케이블이 배터리 단자에 닿아서 스파크나 감전 사고가 일어나지 않도록 케이블 타이를 사용해서 케이블을 배터리에서 먼 곳에 묶어준다.

⑥ 가스가 누적되지 않도록 실외에서 작업한다.

03 배터리 탈거

① 자동차 엔진 전원 및 시동을 끈다. 만일을 대비하기 위하여 자동차 키는 호주머니에 넣어둔다.

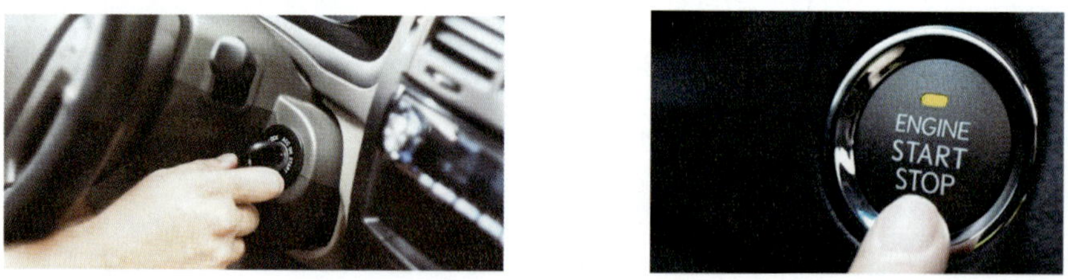

그림 19 | 시동 Off

② 배터리 상단으로 에어 인테이크 라인이 지나가면, 이 부품부터 탈거해줘야 한다.

③ 사용하고 있는 배터리의 (-)단자 케이블을 스패너를 이용해 분리한다.

④ 배터리 (-)단자 케이블 분리 후, (+)단자 케이블을 이어서 분리한다.(주의 : 단자 케이블 순서를 바뀔 경우 (+)단자가 금속에 닿으면 불꽃(스파크)이 발생해 사고가 발생할 수 있어 주의가 필요하다.)

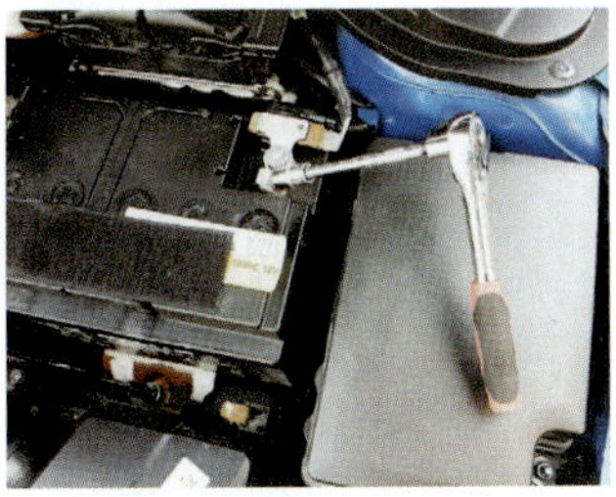
(a) (−)단자 탈거

(b) (+)단자 탈거

그림 20 | (-), (+)단자를 탈거

⑤ 배터리 고정 브래킷은 12mm T복스나 복스렌치 연장대를 이용하여 배터리 고정 브래킷을 탈거한다. 에어크리너에 가려져 있을 때는 에어크리너를 탈거하고 배터리 고정 브래킷을 탈거한다. 배터리를 감싸고 있는 고정걸이 방식은 고정걸이의 너트를 T복스 및 스패너를 이용해 푼다.

(a) 고정 브래킷 탈거

(b) 고정걸이 너트 탈거

그림 21 | 배터리 고정 브래킷 탈거

⑥ 기존 배터리를 차량에서 분리한다.

04 배터리 장착

① 새 배터리를 이전과 동일하게 (+)양극과 (-)음극의 방향을 맞춘다.

② 배터리를 장착걸이를 끼우고 나사 또는 너트를 꽉 조여 준다. 손으로 배터리가 완전히 고정되었는지 확인한다.

③ 새 배터리의 가스 배출구의 스티커 혹은 마개를 제거한다. 스티커 혹은 마개를 제거지 않을 경우 배터리가 부풀어 올라 파손될 수 있어 주의가 필요하다.

④ 새 배터리 단자에서 단자 보호커버를 탈거하고, 케이블은 (+)양극을 먼저 연결하고, 다음은 (-)음극을 연결한다. 단자에는 그리스를 살짝 도포한다. 단자의 케이블 연결 순서를 지켜야 한다. 안 그러면 스파크가 발생할 수 있다.

⑤ 시동을 걸어 정상적으로 작동하는지 확인한다.

4 배터리 암전류(누설전류) 점검

01 암전류(누설전류)

암전류 란 차량 전원이 OFF된 상태에서 소비되는 기본 전류로, 시계, 오디오, 네비게이션, 블랙박스, 각종 전자제어 유니트는 백업 전원 등의 기본적인 전류공급이 필요하다. 암전류가 크게 되면 배터리 방전의 원인이 된다. 차량의 적정 암전류는 보편적으로 약 30mA이하로 관리한다(차종마다 차이가 있다.).

02 암전류 측정

암전류를 측정하기 위해서는 디지털 멀티미터 또는 후크미터로 측정이 가능하나 일반적으로 후크미터 보다 디지털 멀티미터로 측정을 많이 한다.

① 테스터기 빨간색 리드선은 A(암페어) 위치에 그리고 검은색 리드선은 COM단자에 설치한다.

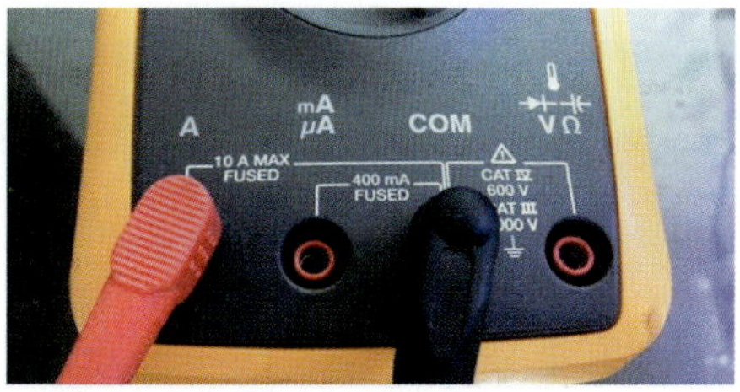

그림 22 | 디지털 멀티미터에 커넥터 연결

② 디지털 멀티미터의 레인지도 A(암페어)로 변경한다.

③ 자동차 배터리의 마이너스 단자를 풀고 배터리에는 검은색 리드선을 그리고 단자 커넥터에는 빨간색 리드선을 연결하고 디지털 멀티미터에 표시된 숫자를 확인한다.

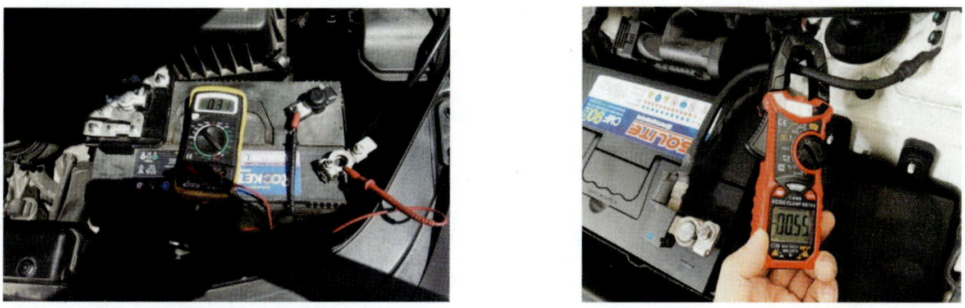

(a) 멀티미터로 점검 (b) 후크미터로 점검

그림 23 | 배터리 암전류 점검

03 암전류 불량시 암전류 발생 개소 찾는 법

차량의 퓨즈 박스를 연다. 퓨즈의 위치를 보면서 의심이 가는 퓨즈(암전류와 근접한 퓨즈)를 하나씩 뽑아본다. 이때 암전류가 급격히 작아지는 퓨즈가 있으면 해당하는 부품을 점검한다.

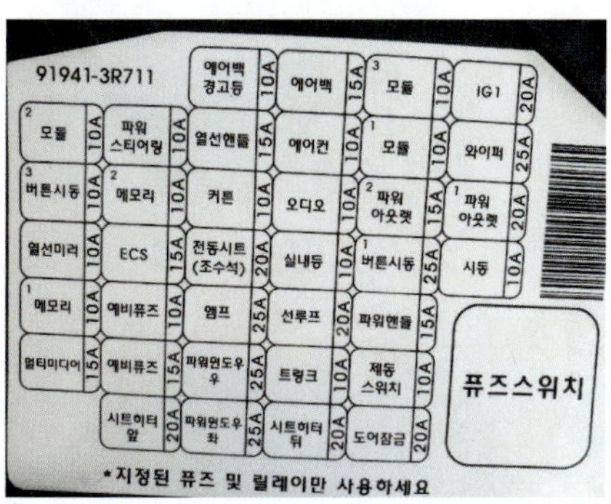

그림 24 | 퓨즈박스 퓨즈 위치

5 전해액

01 전해액 양 점검

(1) 전해액 양 육안검사

배터리 케이스에 표시된 최고선(up)과 최저선(low) 중간부분에 있으면 정상이며 벤트 플러그에 확산 링이 있는 경우에는 확산 링이 검은 색과 투명한 색이 보이면 정상이다.

(2) 주입구 열기

① 배터리 윗부분에 배터리 셀 주입구를 잠가 주는 보통 2개의 플라스틱 포트 뚜껑이 있다. 플라스틱 퍼티 나이프나 드라이버를 사용해서 조심스럽게 비틀면 뚜껑이 열린다. 뚜껑이 바로 헐거워지지 않으면, 뚜껑의 가장자리 부분을 돌아가며 여러 번 비틀어본다.

② 6개의 주입구의 뚜껑이 모두 있는 배터리가 있기도 하다. 이와 같은 경우 뚜껑을 반시계 방향으로 돌려서 연다.

③ 배터리에 "메인터넌스 프리(maintenance free)"표기가 있다면, 주입구가 열리지 않도록 제조된 배터리이다. 이와 같은 배터리는 전해액을 추가하지 않아도 되도록 제작되었기 때문에 더 이상 작동하지 않는 배터리는 교체해주어야 한다.

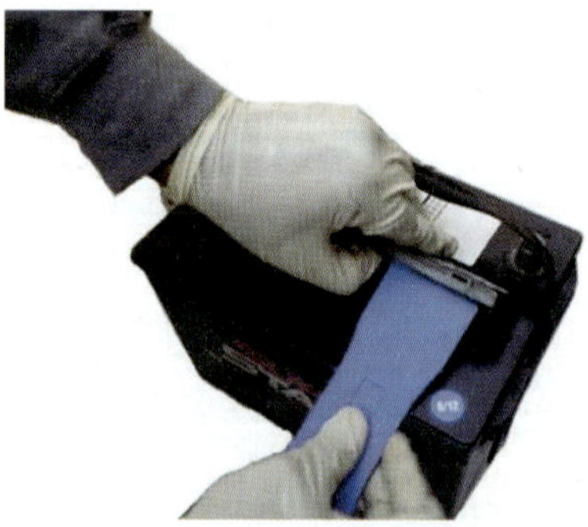

그림 25 | 주입구 열기

(3) 측정기구에 의한 점검

전해액과 화학반응을 하지 않는 물질(나무젓가락, 플라스틱 막대)이나 유리관을 이용하여 벤트 플러그를 열고 전해액 주입구 내로 극판에 가볍게 닿을 때까지 넣었다가 꺼내어 액이 잠기었던 높이를 측정자로 측정한다. 유리관을 사용할 경우에는 전해액에 담근 후 위 부분의 구멍을 손가락으로 막고 조심스럽게 꺼낸 후 측정한다.

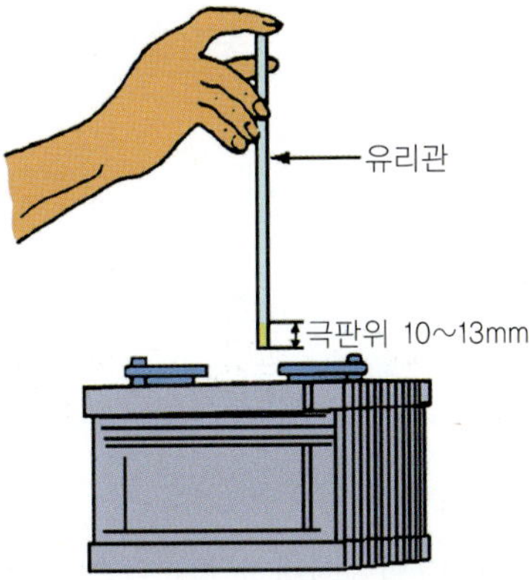

그림 26 | 전해액 높이 측정

(4) 판정 및 조치

전해액 규정 높이는 약 10~13mm(대형 차량은 13~20mm) 정도이며, 부족하면 극판의 산화 및 용량 감소를 초래하고, 과다하면 전해액의 넘쳐흐름 및 자기 방전량이 증대된다. 전해액이 부족 시에는 규정에 맞도록 증류수를 보충한다.

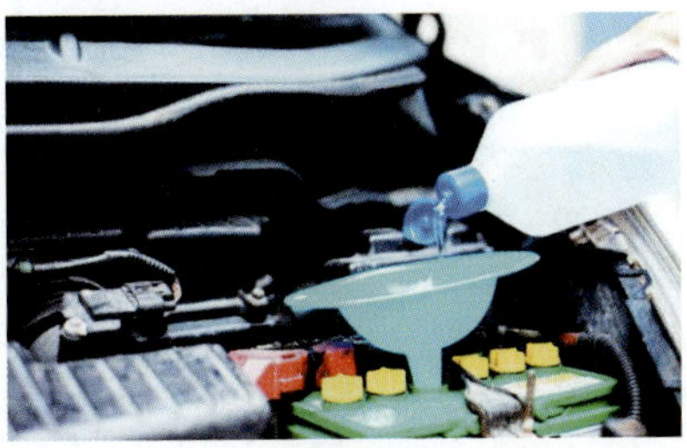

그림 27 | 증류수 보충

02 전해액 비중측정

(1) 전해액 비중과 충전상태

전해액의 비중은 방전량에 비례하여 저하된다. 그리고 배터리를 방전 상태로 오랫동안 방치해 두면 극판이 영구 황산납이 되거나 여러 가지 고장을 유발하여 배터리의 기능을 상실한다. 따라서 비중이 1.200(20℃) 정도 되면 보충 충전을 실시하여야 하며, 한 번 사용하였던 배터리를 사용하지 않고 보관 중일 경우에는 15일에 1번씩 보충 충전을 하여야 한다.

(2) 흡입식 비중계 사용방법

비중계는 배터리의 전해액 비중을 측정하여 충전 상태를 알아보는데 사용한다.

① 배터리의 벤트 플러그를 연다.

② 비중계를 배터리의 전해액 주입 구멍으로 넣는다.

③ 고무 벌브를 조용히 눌렀다가 놓아 비중계의 유리관 속으로 전해액을 흡입시킨 후 뜨개가 유리관 중심부에 뜨도록 한다.

④ 눈의 높이가 유리관 속의 전해액 높이와 평행이 되게 한 후 뜨개의 눈금을 읽는다.

⑤ 전해액의 온도를 측정한다.

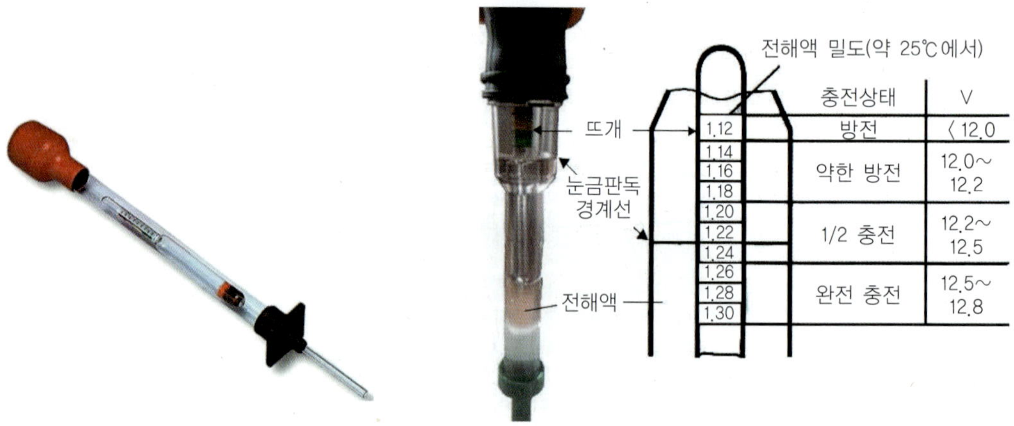

(a) 흡입식 비중계 (b) 뜨개 읽는 법

그림 28 | 흡입식 비중계 사용법

(3) 광학식 비중계 사용방법

① 광선 굴절 덮개(커버 플레이트)를 열고, 덮개와 측정 유리면을 잘 닦는다.

② 계심봉으로 전해액을 찍어 측정 유리면(프리즘)에 충분히 바른다.

③ 광선 굴절 덮개를 닫고 가볍게 누른다.

④ 광선 굴절 덮개를 빛이 있는 곳을 향해서 측정을 한다.

⑤ 명암 경계선상에 보이는 일치된 왼쪽 눈금이 측정값이다.

⑥ 측정을 한 후 깨끗한 천으로 프리즘 표면 및 계심봉을 닦아 건조시킨다.

(a) 광학식 비중계

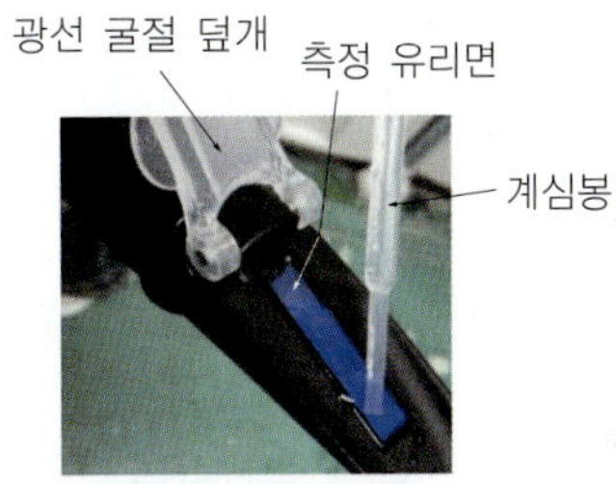

(b) 전해액 바르기

그림 29 | 광학식 비중계 및 전해액 바르기

(a) 측정방법

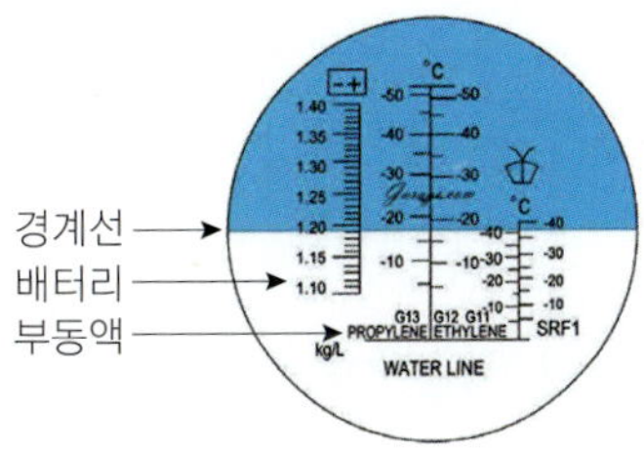

(b) 눈금 판독

그림 30 | 광학식 비중계 측정

(4) 판정

도표를 참조하여 3/4충전(75%) 이하일 경우에는 보충전을 실시한다.

① 규정보다 비중이 높을 때에는 전해액을 덜어내고 증류수를 주입하여 규정 전해액 높이에 맞춘다.

② 규정보다 비중이 낮을 때는 보충전을 실시하여 비중을 측정하며 충전 후에도 비중이 낮으면 묽은 황산을 넣어 규정의 비중으로 맞춘다.

③ 셀당 비중 차이 : 셀당 비중 차이는 0.025 이내이어야 정상이며 0.025 이상일 때는 불량하므로 비중을 모두 같게 맞춘다.

전체(V) 단자전압	셀당(V) 단자전압	20℃		충전상태		판정
		A	B			
12.6 이상	2.1 이상	1.260	1.280	완전충전	100%	정상(사용가능)
12.0V	2.0V	1.210	1.230	3/4충전	75%	양호(사용가능)
11.7V	1.95V	1.160	1.180	1/2충전	50%	불량(충전요망)
11.1V	1.85V	1.110	1.130	1/4충전	25%	불량(충전요망)
10.5V	1.75V	1.060	1.080	완전방전	0	불량(교환요망)

03 전해액 취급시 예방조치방법

(1) 보안경을 착용해서 눈 보호하기

배터리 전해액은 황산 성분을 띄기 때문에 눈에 들어가면 피해가 크고 심지어 시각에도 큰 영향을 줄 수 있으니 매우 조심해야 한다. 콘택트렌즈는 눈을 보호하지 못하며, 오히려 더 문제를 복잡하게 만들 수 있다. 일반 안경의 경우도 얼굴의 측면은 보호하지 못한다. 그러므로 보안경을 착용하는 것이 매우 중요하다.

(2) 폐기 가능한 장갑으로 손 보호하기

황산에 견딜 수 있는 재질의 장갑을 선택한다. 라텍스나 비닐장갑은 산 성분을 오래 견디지 못한다. 라텍스나 비닐장갑을 사용할 때 전해액이 묻은 즉시 장갑을 교체한다. 시간이 지나면 장갑에 묻은 전해액이 스며들어 피부 화상을 입을 수 있다. 네오프렌 장갑은 한 시간 이상 보호가 가능하지만, 일반 철물점에서 쉽게 구입하기 어렵다. 나이트릴 재질은 네오프렌과 동일한 재질이 아니며, 나이트릴 장갑은 라텍스보다 황산 보호 기능이 약하기 때문에 사용하지 않는 것이 좋다.

(3) 피부 보호하기

소매가 긴 오래된 옷, 긴 바지, 발을 완전히 감싸주는 신발을 신고, 최대한 피부를 노출하지 않는다. 전해액이 옷에 튀면 구멍을 남기는 경우도 있으니 버려도 무방한 오래된 옷을 입도록 하자.

(4) 전해액이 피부에 닿았을 때

전해액이 피부에 닿으면 흐르는 물에 비누를 사용해서 바로 닦아낸다. 피부 어딘가가 화끈거리고 얼얼하다면 전해액이 피부에 묻었을 수 있다. 전해액 한 방울만으로도 화상이 일어날 수 있다. 피부가 붉어지거나 상처가 나타나기 시작하면 너무 늦은 것일 수 있으니, 전해액이 묻었다고 의심되는 즉시 하던 일을 그만두고 바로 흐르는 물에 씻어내도록 한다. 심할 경우에는 즉시 병원에서 치료를 받아야 한다.

04 전해액 만들기

① 전해액은 묽은 황산(H_2SO_4)과 증류수(H_2O)를 적당한 비율로 혼합하여 20℃에서 1.260~1.280되게 혼합하여 사용한다.

② 혼합할 때 용기는 전해액에 화학적 또는 물리적으로 변화가 없는 질그릇, 유리 그릇 등을 사용한다.

③ 반드시 증류수에 황산을 조금씩 부어 저으면서 혼합한다.

④ 혼합비율은 묽은 황산(비중 1.400, 원액은 1.835임) 35%, 증류수(비중 1) 65% 정도로 한다.

6 배터리의 전압, 용량 측정

01 단자 전압측정

① 회로시험기를 사용하여 단자사이의 전압을 측정하며 이 전압으로 충전상태를 알 수 있다.

② 회로시험기의 셀렉터를 DC 50V로 선정한 후 배터리(+)단자에 리드선의 적색 프로브를, (−)단자에 흑색 프로브를 연결한 후 시동을 걸기 전 냉간 시에 배터리의 전압을 측정한다. 배터리의 전압이 최소 12V 이상이면 정상이다. 그 이하라면 충전이 필요하거나 이미 성능이 저하되어 수명이 얼마 남지 않은 배터리라고 볼 수 있다.

그림 31 | 시동 전 배터리 전압 점검

③ 배터리의 전압이 정상적이라면 시동을 걸어본다. 시동이 걸린 직후에는 전압이 약 14.4V로 유지되면 정상이다. 이 전압은 배터리의 전압이 아니고 알터네이터(발전기)의 전압이다. 이후 엔진이 워밍업 되고 부하가 걸리게 되면(에어컨 동작, 열선 동작, 등화류 점등 등의 상황) 전압 강하가 일어나는데, 이것은 정상이다. 다만 최대 부하시 에도 전압이 대략 13.3V 이하로 떨어진다면 알터네이터에 문제가 있는 것이므로 점검이 필요하다.

그림 32 | 시동 후 배터리 전압 점검

02 셀(cell)전압 측정

(1) 측정 방법

① 회로시험기의 셀렉터를 DC 2.5V로 선정한다.

② 배터리의 모든 벤트플러그를 연다.

③ 회로시험기 리드선의 적색 프로브는 배터리 (+)단자에, 흑색 프로브는 각 셀의 전해액에 넣고 회로시험기 지침이 가리킨 값을 읽는다.

(2) 결과 분석

① **정상** : 셀당 전압이 1.95V이상, 각 셀당 전압차이가 0.05V 이하

② **불량** : 셀당 전압이 1.95V이하, 각 셀당 전압차이가 0.05V 이상

③ 불량하면 비중을 조정한 후 다시 측정하였을 때 이상이 있으면 배터리를 교환한다.

03 배터리 용량

배터리 용량이란 완전 충전된 배터리를 일정한 전류로 연속 방전하여 방전 중의 단자 전압이 규정의 방전 종지전압이 될 때까지 방전시킬 수 있는 용량이며 단위는 AH (ampere hour)이다.

(1) 배터리 용량 측정

① 테스터 리드선의 적색 클립을 배터리 (+)단자에, 흑색 클립을 (-)단자에 연결한다.

② 용량선택 스위치로 시험 배터리의 용량을 확인하여 조정한다.

③ 시험기의 테스트 버튼을 5초간 누르고 시험기의 지침이 지시하는 값을 판독한다.

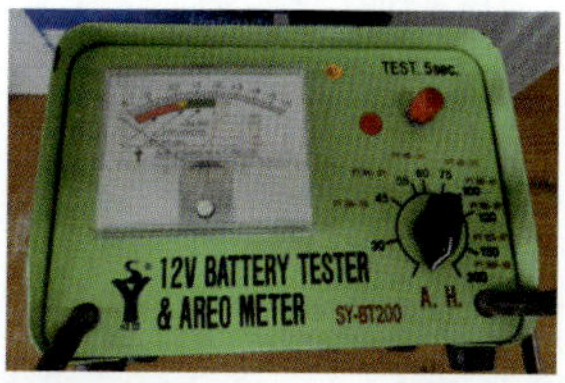

(a) 용량시험 테스터기

(b) 테스터 리드선 연결

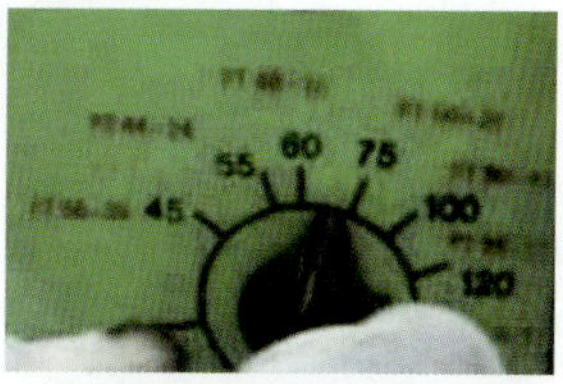

(c) 배터리 용량 확인 후 용량선택 스위치 조정

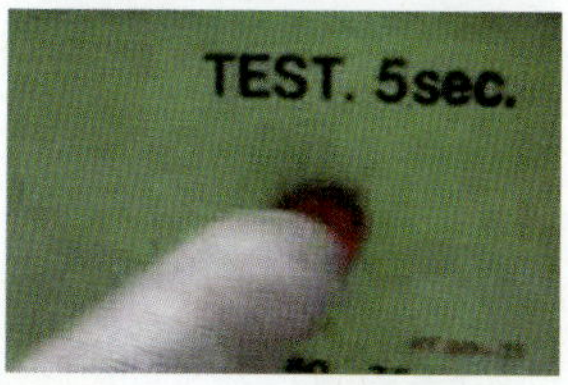

(d) 테스트 버튼 누름

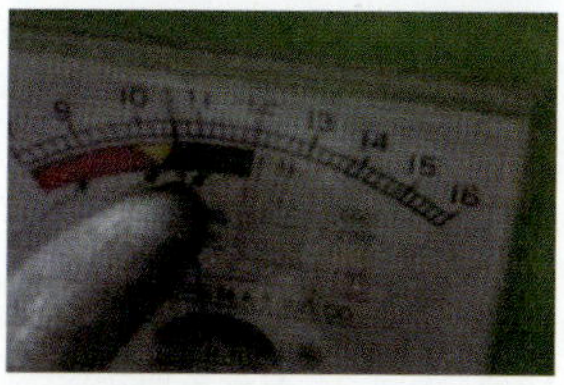

(e) 테스터기 눈금 확인

그림 33 | 용량테스터 사용방법

(2) 판정

녹색 범위	비중 1.250~1.280	양호
황색 범위	비중 1.215	요 충전
적색 범위	비중 1.140~1.185	불량

7 배터리의 충전

01 납산배터리를 충전할 때 주의사항

① 충전하는 장소는 반드시 환기장치를 하여야 한다.

② 배터리는 방전 상태로 두지 말고 즉시 충전한다.

③ 충전 중 전해액의 온도를 45℃ 이상으로 상승시키지 않는다.

④ 충전 중인 배터리 근처에서 불꽃을 가까이해서는 안 된다(수소가스가 폭발성 가스이다).

⑤ 배터리를 과다 충전시켜서는 안 된다(양극판 격자의 산화가 촉진된다).

⑥ 용량이 다른 배터리의 동시 충전시는 충전 전류는 용량이 적은 배터리의 충전 전류를 기준 한다.

⑦ 직렬접속 충전법은 배터리 용량이 서로 다를 때도 동시 충전이 가능하나, 병렬접속 충전방법은 배터리 용량이 동일한 경우에만 가능하다(단, 가변저항 사용 시의 병렬접속 충전방법은 용량이 다른 배터리나 방전량이 다른 다수의 배터리를 동시에 충전할 수 있다).

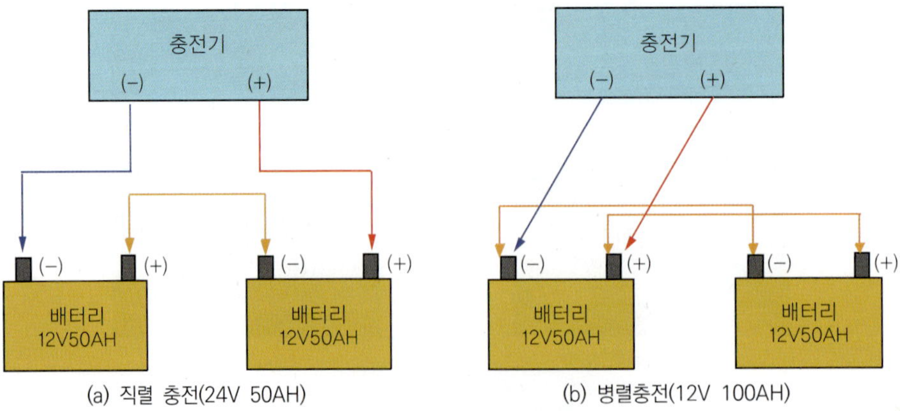

그림 34 | 축전지를 충전할 때 연결방법

⑧ 배터리와 충전기를 서로 역 접속해서는 안 된다.
⑨ 암모니아수 및 탄산소다 등의 중화제를 준비해 둔다.
⑩ 배터리를 자동차에서 떼어내지 않고 급속충전을 할 경우에는 반드시 배터리와 기동전동기를 연결하는 케이블을 분리하여야 한다(이것은 발전기 다이오드를 보호하기 위함이다).
⑪ 각 셀의 벤트 플러그를 열어 놓는다.

02 배터리 충전 방법

(1) 보충전

보충전이란 자기방전에 의하거나 또는 사용 중에 소비된 용량을 보충하기 위하여 실시하는 충전이다.

1) 보충전이 필요한 경우

① 주행거리가 짧아 충분한 충전이 되지 않았을 경우
② 주행 충전만으로는 충전량이 부족할 경우(전기 사용량이 과다하거나 누전될 경우)
③ 발전기 및 발전기 조정기 고장이나 조정불량으로 충전이 행해지지 않는 경우
④ 사용하지 않고 보관 중인 배터리는 15일에 1번씩 보충전을 하여야 한다.

2) 보충전의 종류

① 정전류 충전 : 이것은 충전의 시작에서 끝까지 전류를 일정하게 하고, 충전을 실시하는 방법이며, 충전을 할 때 전류는 다음과 같이 결정한다.
- 표준 충전전류 : 배터리 용량의 10%
- 최대 충전전류 : 배터리 용량의 20%
- 최소 충전전류 : 배터리 용량의 5%

그리고 일정 전류로 충전할 때의 특성은 다음과 같다.
- 단자 전압은 최초에는 급상승하고, 이후에는 천천히 상승하다가 2.4V부근에서 급상승하여 2.6~2.7V에서 일정 값을 유지한다.
- 비중은 가스가 발생하기 시작하면서 급상승하여 1.280부근에서 일정 값을 유지한다.
- 충전이 진행되어 셀당 전압이 2.4V에 이르면 가스 발생이 매우 활발해진다. 이것은 완전히 충전된 후에 공급된 전기가 물을 분해하여 양극에서는 산소를, 음극에서는 수소를 발생시키기 때문이다.

② 정전압 충전 : 이것은 충전의 전체 기간을 일정한 전압으로 충전하는 방법이며, 충전특성은 다음과 같다.

- 충전 초기에 큰 전류가 흐르나 충전이 진행됨에 따라 전류가 감소한다.
- 가스 발생이 거의 없으며 충전 능률이 우수하나 충전 초기에 큰 전류가 배터리 수명을 단축시키는 단점이 있다.
- 충전을 완료한 후 일정 전류충전으로 전해액 비중을 조정하여야 한다.

③ 단별 전류충전 : 이것은 일정 전류 충전방법의 일종이며, 충전 중의 전류를 단계적으로 감소시키는 방법이다. 전특성은 충전 효율이 높고 온도 상승이 완만하다.

3) 보충전(정전류 충전) 방법

자기 방전 또는 소비된 배터리 용량의 보충전시 충전방법으로, 충전전압은 배터리 전압보다 1~2V 높게 선택하고 보통 4시간 정도 또는 밤샘 충전을 실시한다.

① 배터리 벤트 플러그를 전부 연다.
② 전해액량을 확인한다(부족시 보충).
③ 전원 스위치 OFF 상태로 한다.
④ 충전기의 리드선을 접속한다(적색 → 배터리 단자, 흑색 → 배터리 단자).
⑤ 충전기의 전원 코드선을 연결한다.
⑥ 전원스위치를 ON 시킨다.
⑦ 충전 정도를 확인하기 위해 스위치를 시험위치로 선택한다.
⑧ 전압계에서 충전상태를 확인하여 충전시간을 결정한다.
⑨ 위치 스위치를 선택한다(12V, 24V).
⑩ 충전시간 조정스위치를 수동위치로 선택한다.
⑪ 전압 정밀 조정스위치를 배터리 용량의 1/10에 선택한다(예 : 45AH 1/10 = 4.5A).

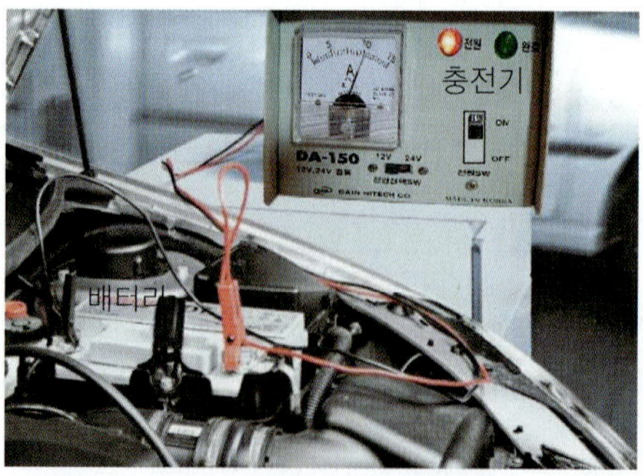

그림 35 | 충전기 연결

(2) 배터리 급속충전

이것은 급속 충전기를 사용하여 시간적 여유가 없을 때 하는 충전이며, 충전전류는 배터리 용량의 50% 정도 한다. 충전특성은 짧은 시간 내에 매우 큰 전류로 충전을 실시하므로 배터리 수명을 단축시키는 요인이 된다. 따라서 긴급한 경우 이외에는 사용하지 않는 것이 바람직하다.

1) 급속 충전기 계기판 설명

① 볼트미터 : DC출력 전압 미터로 시동 및 충전시 DC 전압을 지시

② 암페어 미터 : DC출력 전류 미터로 시동 및 충전시 DC 전류를 지시

③ 전원 스위치 : 전원 개폐 스위치로 과부하 시 자동 전원 차단 스위치의 기능

④ 선택 스위치

- OFF 위치는 모든 기기 명령 중지
- 시동 위치는 차량 시동시 사용하는 스위치
- 충전 스위치는 배터리를 충전하기 위한 스위치

⑤ 위치 스위치

- OFF위치는 출력 전압 OFF
- 12V, 24V 위치는 시동 및 충전시 출력전압(DC 12V, DC 24V)
- 시험위치는 배터리 시험 위치(충전할 배터리를 측정할 때 사용)

⑥ 전압 정밀 조정 : 시동 및 충전시 12V, 24V 전압 정밀 조정자로 정확한 DC 전압 조정

⑦ 충전시간 조정

- 자동위치 : 충전시간 자동조정자 0~60분까지 조정(충전완료시 충전완료 멜로디 및 자동으로 OFF)
- 수동위치 : 수동 충전시 배터리의 다량 충전시나 계속 사용하고자할 때 위치

⑧ 램프

- 전원 램프 : 전원 표시 램프
- 기타 : 12V 또는 24V 램프는 위치하는 곳에 램프가 점등된다.

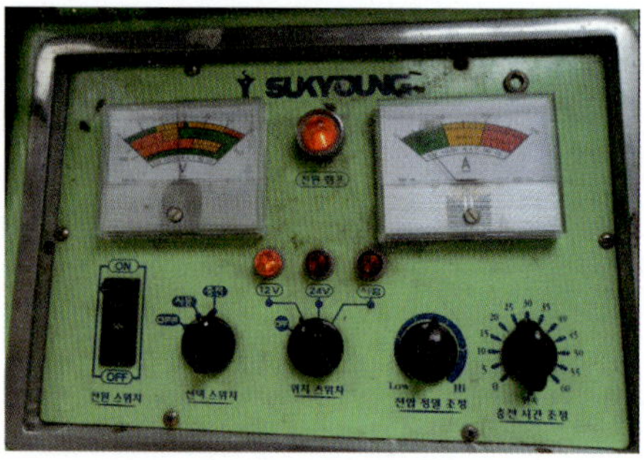

그림 36 | 급속충전기 계기판

2) 급속충전 방법

충전시간의 이유가 없을 때 급속히 충전하는 응급처치 충전방법으로 충전전류는 배터리 용량의 1/2, 충전전압은 배터리 전압보다 1~2V 높다.

① 충전할 배터리의 벤트플러그를 모두 푼다(전해액을 점검하여 부족한 경우 보충한다).
② 충전기의 전원스위치, 선택스위치, 위치스위치, 전압 정밀 조정기, 충전시간 조절기를 모두 OFF시킨다.
③ 충전기의 AC 전원 케이블을 AC전원 플러그에 연결한다.
④ 충전기의 배터리 연결 케이블의 적색 클립은 배터리 (+)터미널에, 흑색 클립은 (-)터미널에 접속한다.
⑤ 전원 스위치를 ON시킨다.
⑥ 선택 스위치를 시험 위치에 셀렉터를 선정하여 전압계의 지침을 6, 5, 4, 3, 2, 1의 지시 눈금에 ×10을 하여 충전시간을 선정한 다음 선택 스위치 셀렉터를 충전에 위치시킨다.
⑦ 위치 스위치를 배터리 전압(12V 또는 24V)에 셀렉터를 선정한다.
⑧ 전압 정밀 조정 셀렉터를 사용하여 전류계를 보면서 충전기의 출력 전류를 배터리 용량의 50%가 되도록 조절한다(예 60Ah인 배터리의 충전전류는 30A).
⑨ 충전시간 조절 셀렉터를 자동위치의 시간에 선택한다(전압계의 지침이 6, 5, 4, 3, 2, 1의 지시 눈금에 ×10을 하여 시간을 설정한다).
⑩ 충전이 완료되면 멜로디가 울린다.
⑪ 멜로디가 울리면 모든 스위치를 OFF시킨다.
⑫ 전원 케이블 및 배터리 연결 케이블을 분리한다.
⑬ 배터리의 벤트 플러그를 닫는다.

그림 37 | 급속충전기 및 설치상태

8 배터리 점프방법

① 점프 케이블을 연결할 수 있도록 전원 공급차를 이동시키고 시동을 건 상태로 놓아둔다.

② 차대차 연결시 피 차량은 모든 전원스위치를 OFF상태에서 점프 케이블을 연결한다.

③ 배터리 연결 방법은 충전된 차량과 방전된 차량의 플러스(+) 터미널 끼리, 충전된 차량의 마이너스(-) 터미널과 방전된 차량의 차체에 연결을 하고 난 후 1~2분 후에 시동을 건다.

④ 근래에는 배터리의 마이너스(-) 터미널에 연결하는 것 보다는 차체에 연결하는 것이 더 안전하다. 마이너스 터미널 쪽에 IBS(intelligent battery sensor)가 장착되어 있기도 하지만, 겨울철 방전이 심할 경우 배터리에 연결하는 순간 급격한 전류의 이동으로 인해 쇼트가 발행하는 경우도 있다.

⑤ 점프 케이블 연결시 (-)와 (+)단자를 절대 접촉시키지 않도록 주의하고 극성이 바뀌지 않도록 확실하게 연결한다.

⑥ 배터리 단자에서 케이블을 분리하고자 할 경우에는 접지 케이블부터 분리하고 설치할 경우에는 접지 케이블을 나중에 연결하여야 한다.

9 IBS(intelligent battery sensor)센서 초기화

IBS는 배터리의 (-)단자에 장착되어 있는데, IBS 용도는 마이너스 선에 흐르는 전류량을 IBS센서가 전압으로 감지하여 발전기(알터네이터)의 동작여부를 결정하는 장치로 자동차에는 알터네이터(발전기)동작을 조절하는 두가지방식 즉 "전압제어방식과 전류제어방식"이 있다.

① 전압제어방식 : 주로 예전에 나온 승용차와 버스·트럭 등에 사용되는 방식으로 시동이 걸리면 알터네이터가 지속적으로 전기를 만드는 방식이다. 장점으로는 전류제어방식에 비해 전압이 일정하여 배터리전압이 안정적이라는 것이고, 단점으로는 지속적인 알터네이터 동작으로 전류제어방식에 비해 연비가 떨어진다.

② 전류제어방식 : 배터리 마이너스 선으로 흐르는 전류량을 IBS기능이 전압으로 감지하여 ECU로 보내면 ECU가 이 신호를 가지고 알터네이터의 동작 여부를 결정짓는 방식이다. 장점으로는 연비를 개선하기 위함이고, 단점은 전압변동이 잦아 배터리수명이 단축 되며, 배터리성능이 떨어지면 알터네이터가 지속적으로 동작을 하게 되므로 ISB기능이 무용지물이 되어 버린다. 따라서 "ISB기능의 절대적인 조건은 무엇보다 배터리성능이 좋아야"한다는 전제가 깔려 있으므로 이론보다는 실제적인 효과는 전압제어방식보다 못하다.

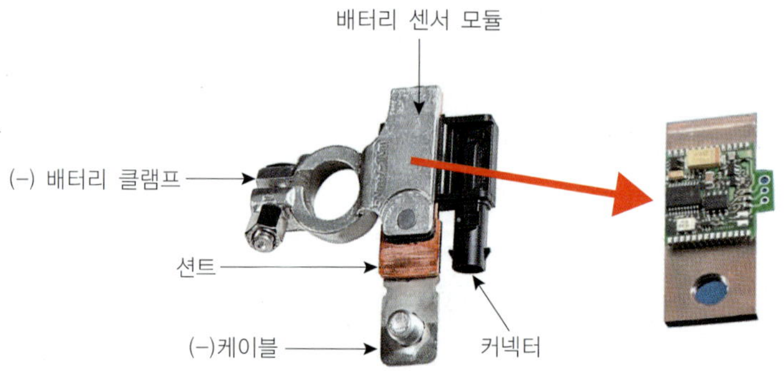

그림 38 | IBS 센서

IBS 센서는 배터리 초기 설정값과 전류 변화량을 적분한 값을 더하여 충전 상태를 계산한다. 슬립모드가 일정시간 유지된 후, 일반모드로 전환되었을 때 배터리 무부하 상태 전압을 초기로 설정하여 비교한다. 이 무부하 상태는 암전류 상태 인근으로 대략 제조사별로 50mA~200mA까지 다양하다. 이러한 암전류 상태를 알아야 배터리의 현재 상태를 계산할 수 있다. 배터리 교체를 하면 배터리 센서 초기화는 필수적이다.

배터리 센서의 비활성화를 위해서는 붙어있는 센서의 전원 커넥터를 분리하고 (-)단자에서 재장착하면, 배터리 센서가 비활성화 된다. 배터리 센서 비활성화로 인하여 ISG기능이 제한됨에 따른 경고등이 점멸할 수 있으므로 만일 위와 같은 행위 이후에는 배터리센서 활성화 조건을 참조하여 반드시 활성화 시켜야 한다.

일반적으로 알려진 배터리 센서 초기화 방법은 아래와 같다.

① 자동차 (-)극에 있는 배터리 센서를 커넥터에서 분리하고 2~5분대기 후 커넥터 조립.
② 본넷을 닫고 자동차에서 떨어져 스타트 리모컨을 이용해 [문 열기] 누름. 그리고 기다렸다가 차가 자동으로 문을 잠그게 기다려야 합니다. 그리고 이 상태를 4시간 정도 차량을 세워둔다. 이때, 리모컨 조작 등 전자기기를 사용하는 어떠한 행동도 하지 말아야 한다.
③ 4시간 경과 후 리모컨으로 도어를 열고, 브레이크를 밟지 않은 상태에서 ACC, 키ON, 키 OFF를 3번 반복하고 시동을 걸어준다.

이렇게 하면서 유의할 점은 연결해두었던 블랙박스를 포함한 모든 전자기기를 빼야 한다. 그리고 ③번까지 한 후에 전장품을 다시 연결하면 된다.

5 하이브리드 고전압장치

1 전기동력 시스템 구성

① HEV(Hybrid Electric Vehicle)는 차량 내 타 시스템(HCU(Hybrid Control Unit), MCU(Motor Control Unit) 등)과의 통신을 통하여 배터리 SOC(State Of Charge), 파워제한, 자기진단, 셀 밸런싱, 냉각제어 등을 수행한다.

② 전기동력 시스템은 DC 180V의 고전압 배터리와 AC 180V/15kW급 3상 교류 동기모터, 인버터(모터 제어기), LDC(Low DC-DC Converter), 파워 케이블 등으로 구성되어 있다.

③ 기존의 DC 12V 배터리는 HEV 차량에서는 일반 바디전장이나 각종 제어 ECU 동작을 위한 보조 배터리이다.

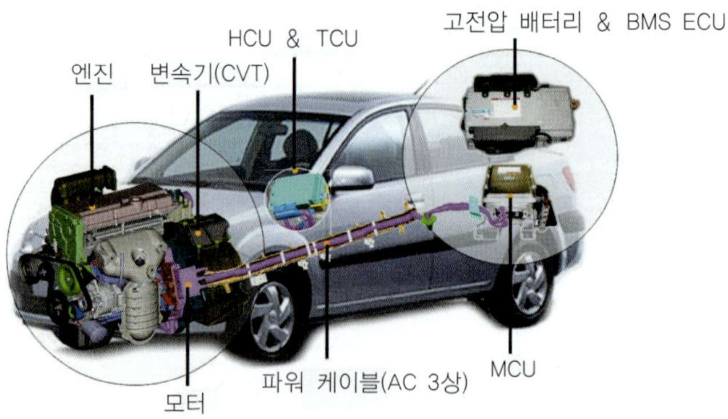

그림 39 | 고전압 배터리 시스템 구성도

2 고전압 배터리 시스템 구성

01 하이브리드 전기자동차 제어

하이브리드 전기자동차(Hybrid Electric Vehicle)는 차량내의 타 제어 시스템(하이브리드 차량 제어기, 모터 제어기 등)과의 통신을 통하여 아래의 항목을 제어한다.

① 에너지의 입/출력 제어 : 에너지 잔량 정보 표시(SOC), 가용 입/출력 파워 제한
② 안전 제어 : 배터리 소손 및 폭발 등의 위험성 방지를 위한 제어
③ 배터리의 최적 동작 환경 조성 : 냉각 제어 등

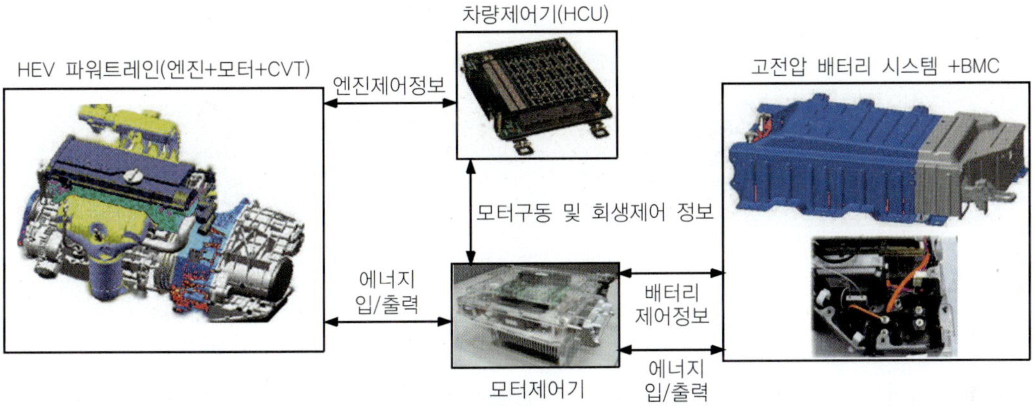

그림 40 | 고전압 배터리 시스템 제어 구성도

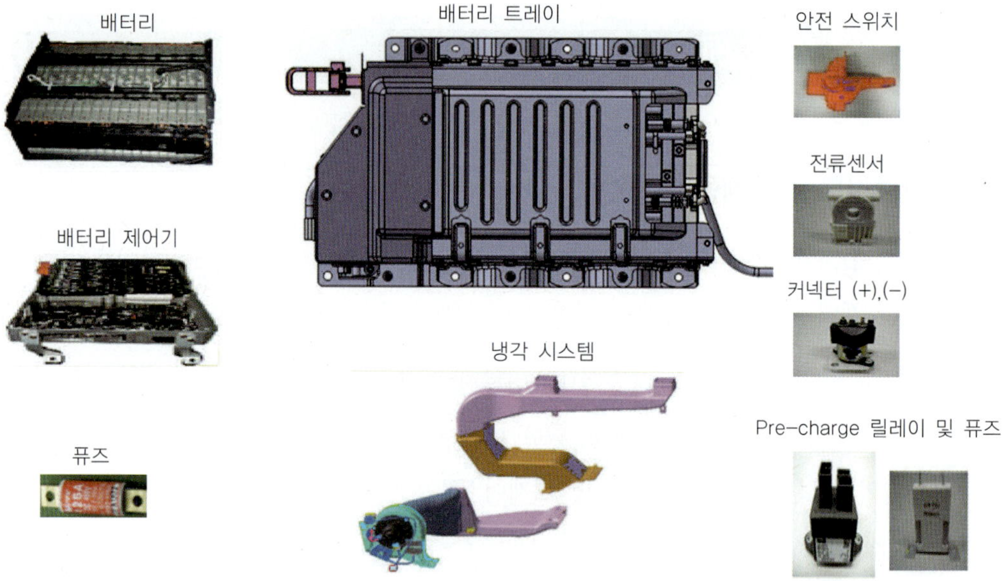

그림 41 | 고전압 배터리 구성도

02 고전압 배터리

(1) 구성

DC 144V 리튬폴리머(Li-PB) 배터리는 DC 1.2V의 셀 6개가 1개의 모듈(7.2V)로 구성되어 있으며 2개의 모듈을 1개의 블록(14.4V)이 직렬로 10개가 연결되어 144V배터리 이다. 즉, DC7.2V의 배터리를 모듈 총 20개가 직렬로 연결되어있는 구조이다. 전기 자동차에 사용하는 고전압 배터리에는 제작 회사마다 다를 수 있지만 각형 또는 원형 리튬이온 배터리(3.7~4.2V, 3000mAh 내외)셀(cell)이 96개 정도가 들어가고 12개 정도의 셀이 하나로 묶인 모듈(module)이 8개, 모듈 8개가 하나로 묶인 팩(pack) 1개가 들어가 있다.

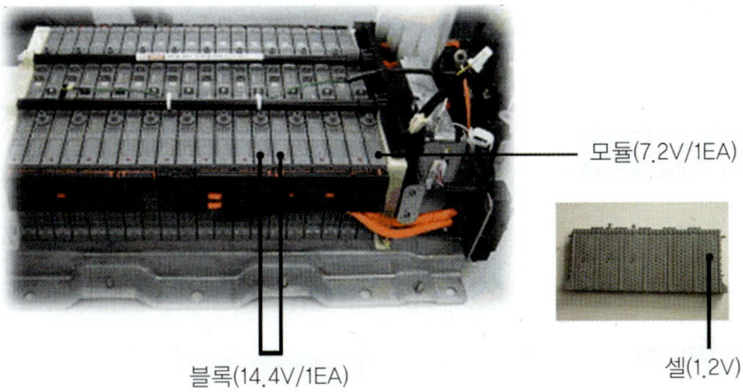

그림 42 | 블록, 모듈, 셀

(2) 배터리 Pack 어셈블리

1) 외기온도 센서

① 배터리 Pack 상단에 장착되어 있다.

② 부특성 NTC소자이다.

③ 배터리 주변온도를 감지하여 BMS ECU(배터리 제어 유니트)로 정보를 입력한다.

④ 외기온도센서 규정 저항값 : 1kΩ±1%(25℃ 기준)

2) 배터리 내부 모듈온도 센서

총 4개의 센서가 일정 간격을 두고 모듈에 삽입되어 있다.

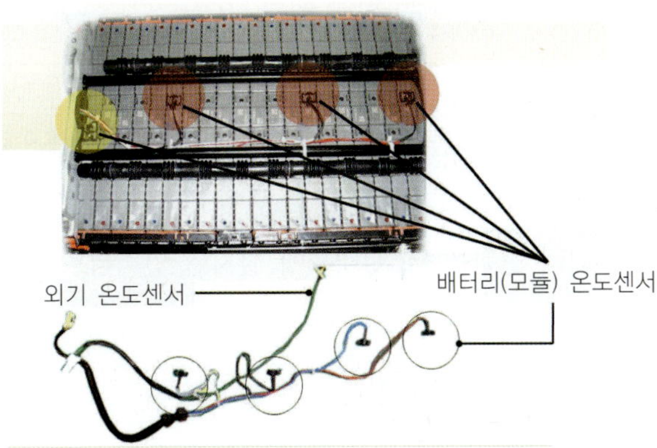

그림 43 | 외기온도센서, 배터리 온도센서

03 배터리 제어기(BMS ECU, Battery Management System ECU)

① 입·출력 에너지 제한 및 안전제어 그리고 에너지 잔존 용량 계산 등을 한다.

② 고전압 배터리 제어를 위한 컴퓨터이다.

③ 배터리 성능 유지를 위한 전류 온도전압 사용시간 등 각종 정보를 모니터링 한다.

④ 종합적으로 연산된 배터리 에너지 상태 정보를 HCU또는 MCU로 송신한다.

⑤ BMS는 배터리의 총 10개의 블록으로부터 전압을 모니터링 하여 각각의 블록 전압을 확인할 수 있다.

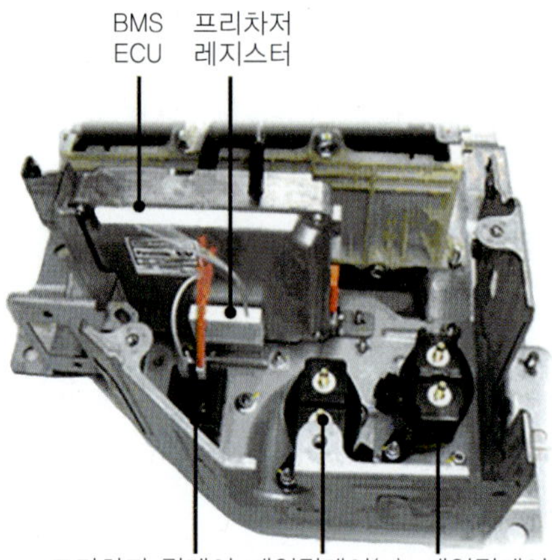

그림 44 | BMS, 프리차저 레지스터, 프리차저 릴레이, 메인릴레이

04 메인 릴레이

① 고전압 배터리의 DC144V 전원을 MCU(motor control unit)측으로 공급한다.

② 이스니션 키가 ON되고 고전압 전기 동력 시스템이 정상일 경우 MCU는 메인 릴레이를 작동시키고 고전압 배터리 전원을 MCU내부에 설치된 인버터로 공급하여 모터를 이용한 엔진 시동을 한다.

③ 메인 릴레이 저항값은 약 25Ω 정도이다.

05 프리차저 릴레이 및 레지스터

① 프리차저 릴레이는 메인 릴레이(+)와 병렬 회로로 되어있다.

② MCU는 프리차저 릴레이를 먼저 동작하여 (+)전원을 공급한다.

③ 프리차저 레지스터는 인버터 손상을 방지한다.

④ MCU는 프리차저 릴레이 작동 직후 완만한 전압 상승을 완료하고 메인 릴레이(+)를 작동시켜 정상적인 144V전원 공급을 완료 즉시 프리차저 릴레이를 OFF한다.

⑤ 프리차저 릴레이 저항값은 약 110Ω 정도이고 프리차저 레지스터는 약 10Ω 정도이다.

06 전류센서

① 고전압 배터리(-)케이블 측에 설치되어있다.

② 홀 효과를 이용해 전류량을 검출한다.

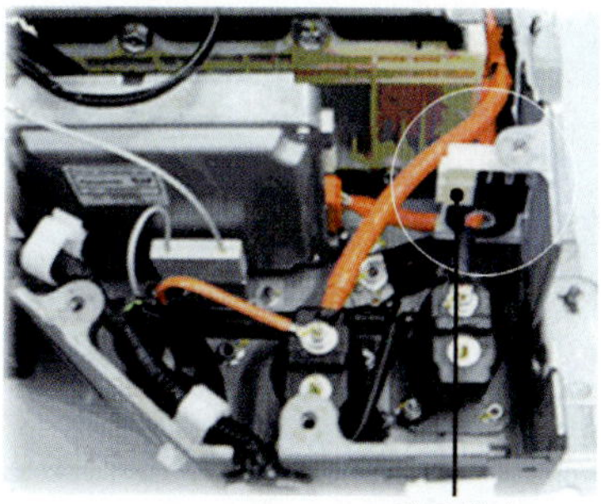

그림 45 | 전류센서

07 세이프티 플러그

① 고전압 배터리 전원을 임의로 차단시킬 수 있는 전원 분리 장치로 과전류 방지용 퓨즈를 포함하고 있다.

② 고전압 전기 동력 시스템과 관련된 부품을 탈 부착하거나 정비 점검시 세이프티 플러그를 탈거하면 114V 고전압을 차단시킬 수 있다.

③ 엔진 시동상태 또는 이그니션 ON 상태에서는 세이프티 플러그를 탈거하지 말아야 한다.

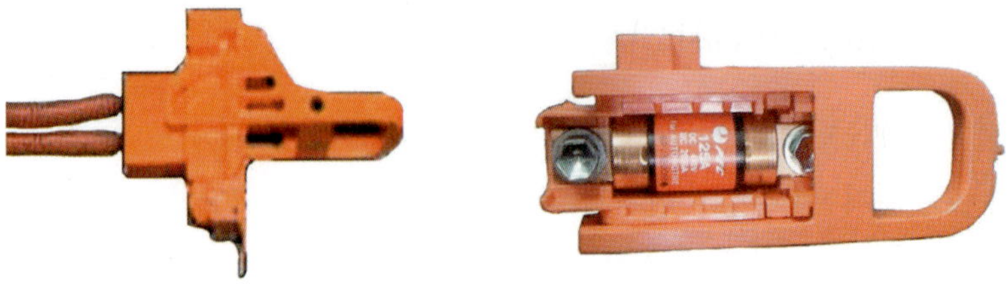

그림 46 | 세이프티 플러그

3 고전압 배터리 주요 제어 특성

01 SOC 제어 특성

하이브리드 모드 제어를 위한 최적의 배터리 사용 영역에서의 제어한다.

SOC 영역	제어 내용
고 SOC 영역 :	방전 지향, 충전 금지
동작 SOC 영역 : ~70%	방전 지향, 충전 허용
최적 SOC 영역 : 55%~65%	충·방전 제어
동작 SOC 영역 : 20%~	충전 지향, 방전 허용
저 SOC 영역 :	충전 지향, 방전 금지

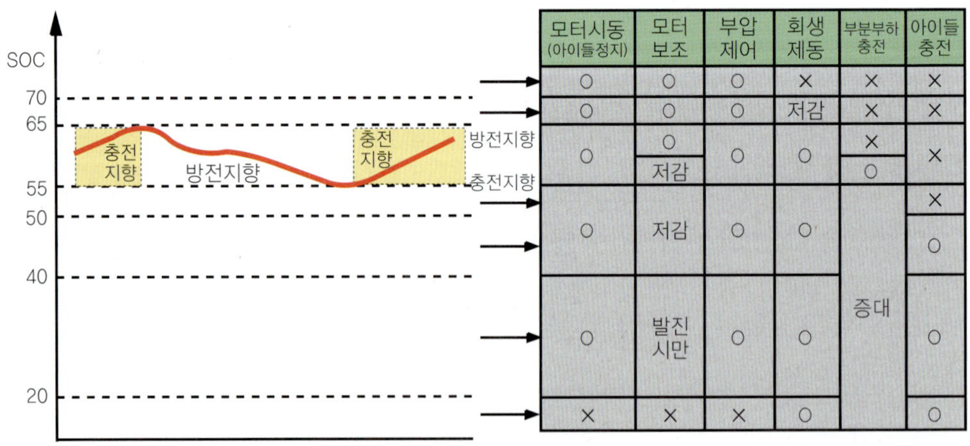

그림 47 | SOC 제어 특성

02 SOC(State Of Charge) 게이지

게이지수	SOC(%)	게이지수	SOC(%)	게이지수	SOC(%)
28	≥ 77	18	61	8	51
27	75	17	60	7	50
26	73	16	59	6	47.5
25	71	15	58	5	45
24	69	14	57	4	42.5
23	67	13	56	3	40
22	65	12	55	2	37.5
21	64	11	54	1	35
20	63	10	53	0	< 35
19	62	9	52		

그림 48 | 게이지

03 HEV모터 게이지

게이지수	모터상태(100% = 12kW)		게이지수	모터상태(100% = 12kW)	
	Assist(%)	Charge(%)		Assist(%)	Charge(%)
24	95.9~100	95.9~100	18	70.9~75.0	70.9~75.0
23	91.8~95.8	91.8~95.8	17	66.8~70.8	66.8~70.8
22	87.6~91.7	87.6~91.7	16	62.6~66.7	62.6~66.7
21	83.4~87.5	83.4~87.5	15	58.4~62.5	58.4~62.5
20	79.3~83.3	79.3~83.3	14	54.3~58.3	54.3~58.3
19	75.1~79.2	75.1~79.2	13	50.1~54.2	50.1~54.2

게이지수	모터상태(100% = 12kW)		게이지수	모터상태(100% = 12kW)	
	Assist(%)	Charge(%)		Assist(%)	Charge(%)
12	45.9~50.0	45.9~50.0	5	16.8~20.8	16.8~20.8
11	41.3~45.8	41.3~45.8	4	12.6~16.7	12.6~16.7
10	37.6~41.2	37.6~41.2	3	8.4~12.5	8.4~12.5
9	33.4~37.5	33.4~37.5	2	4.3~8.3	4.3~8.3
8	29.3~33.3	29.3~33.3	1	1.0~4.2	1.0~4.2
7	25.1~29.2	25.1~29.2	0	0.0~0.9	0.0~0.9
6	20.9~25.0	20.9~25.0			

04 BMS(Battery Management System) ECU 제어기능

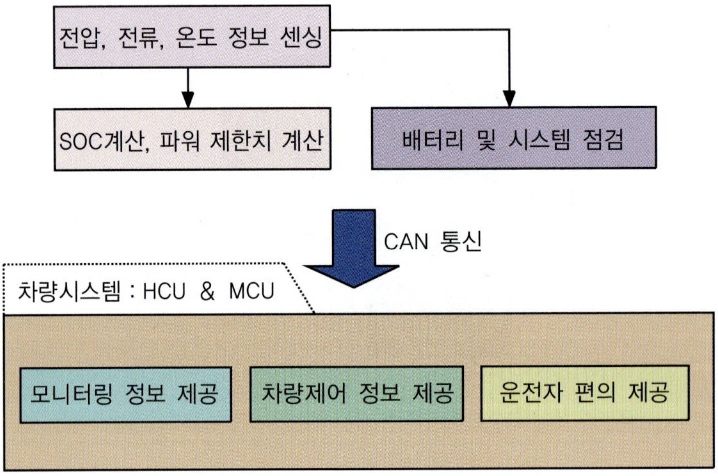

그림 49 | MS ECU 제어기능

05 BMS 쿨링팬

(1) 팬 제어 구성부품

① 냉각팬 어셈블리

② 팬 컨트롤러

③ 블로워 릴레이

④ 파워 트랜지스터

⑤ BMS ECU

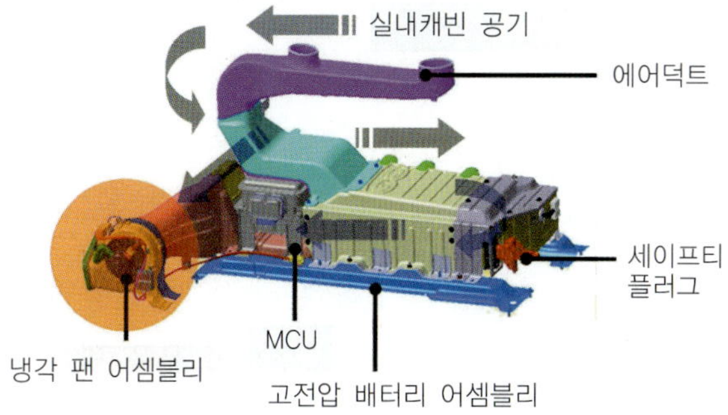

그림 50 | BMS 쿨링팬 구조

(2) BMS 쿨링팬 제어

① 강제통풍 방식(블로워 모터 이용)

② 배터리의 효율 최적화하기 위해 온도 다운시킴

③ 외기와 실내공기를 배터리 측을 통과시켜 냉각시킨다.

④ 배터리 온도를 BMS가 감지하여 팬 컨트롤러에게 구동신호를 출력한다.

⑤ 블로워 모터의 속도제어는 팬 컨트롤러가 파워TR 게이트 신호에 출력하여 제어한다.

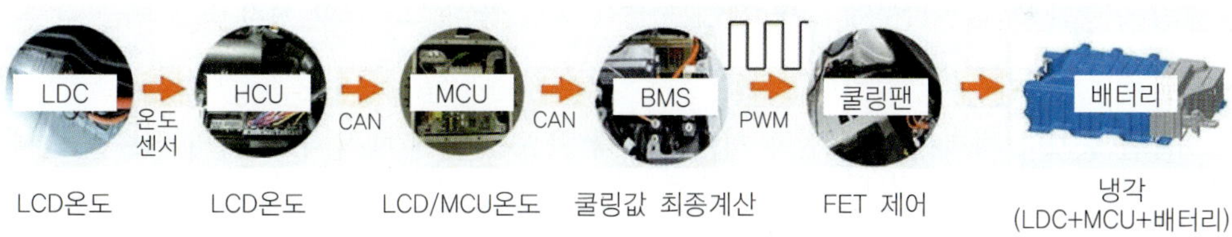

그림 51 | BMS 쿨링팬 제어 흐름도

(3) 쿨링팬 제어값

NO	단계	쿨링팬 제어값	제어듀티율(%)
1	1단계(저속)	3.25V < VB-VM < 4.9V	20%
2	2단계	4.15V < VB-VM < 5.8V	30%
3	3단계(중속)	4.75V < VB-VM < 6.4V	40%
4	4단계	5.75V < VB-VM < 7.4V	50%
5	5단계(고속)	7.55V < VB-VM < 9.2V	70%

4 고전압 배터리 취급시 유의사항

01 배터리 시스템 화재 발생시

① 차량 시동 키 OFF : 에너지 입·출력 금지

② SAFETY PLUG 분리(화재 초기에는 신속 분리, 화재 진행 중 에는 불가)

③ 차량 위치가 실내 일 경우 수소가스 방출을 위하여 문을 열어 환기한다.

④ 화재 진압을 위하여 액체 물질 사용을 금지하고 분말소화기 또는 모래를 이용한다.

02 가스 및 전해질 유출시

① 차량 시동키 OFF : 에너지 입·출력 금지

② SAFETY PLUG 분리(화재초기 또는 유출량이 적을 때 신속 분리, 화재 진행 중 에는 불가)

③ 가스 발생시 가스는 수소 및 알카리성 증기이므로 만일 차량 위치가 실내일 경우 즉각 환기를 시키고 안전한 장소로 대피한다.

④ 만일 누출된 액체가 피부에 접촉 시에는 즉각 붕산 용액으로 중화 시키고, 흐르는 물 혹은 소금물로 환부를 세척한다.

⑤ 누출된 증기나 액체가 눈에 접촉 시에는 즉각 흐르는 물에 세척 후 의사의 진료를 받아야 한다.

⑥ 만일 고온에 의한 가스 누출일 경우 배터리가 완전히 상온으로 식을 때까지 사용을 금지 한다.

03 차량 장기 방치시

① 차량 시동키 분리 : 암 전류 등에 의한 배터리 방전 방지

② 장기 방치가 필요 할 때에는 방치 초기 배터리 SOC가 30%이상 되어야 한다(클러스터내의 배터리 SOC 게이지가 적색구간 이상).

③ 2달이상의 장기 방치 시 에는 배터리 보호 및 관리를 위하여 균등 충전 실시한다.

④ 보조 배터리 방전 여부 점검 및 교체 시 SOC 초기화에 따른 문제점을 점검한다.

5 하이브리드 고전압장치 정비

01 고전압 차단

① 점화 스위치를 OFF하고 보조 배터리 12V의 (-)케이블을 탈거한다.

② 트렁크 내 고전압 배터리에서 장착 볼트를 풀고 안전 스위치 커버를 탈거한다.

③ 잠금 후크를 들어 올린 후 레버를 잡아 당겨 안전 스위치를 탈거한다.

④ 안전 스위치를 제거한 후 고전압 부품을 취급하기 전 인버터 내 콘덴서에 충전되어 있는 고전압 방전시 까지 일정시간 5~10분이상 대기해야 한다.

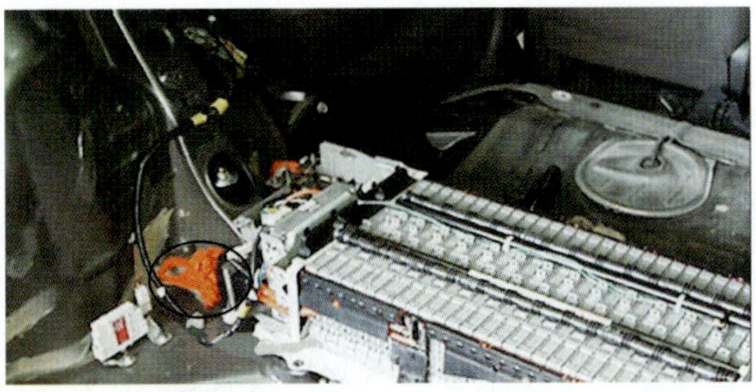

그림 52 | 고전압 차단 안전 스위치

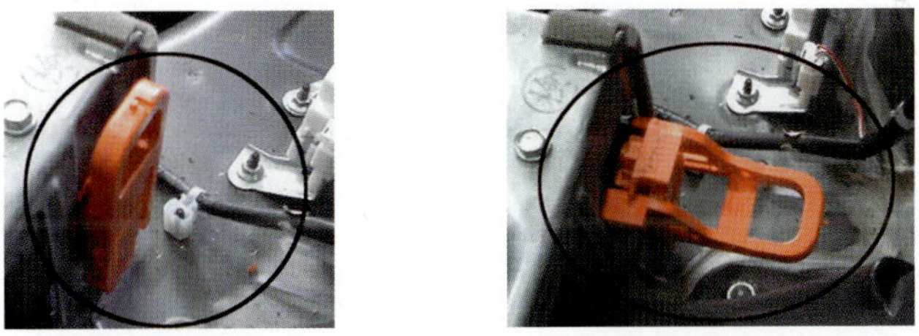

(a) 스위치 ON (b) 스위치 OFF

그림 53 | 안전 스위치 탈거

02 고전압 배터리 시스템 점검

(1) 고전압 배터리

1) 전압 점검

① 고전압 배터리 측의 안전 플러그 상단(+) 단자와 [고전압 배터리- PRA] 연결케이블(-)단자 간 전압을 측정한다. 정상 전압값 : 약 150V이상

② 고전압 배터리 측의 안전플러그 하단(-) 단자와 [고전압 배터리-PRA]연결 케이블(+) 단자 간 전압을 측정한다. 정상 전압값 : 약 150V이상

2) 온도이상 점검(비접촉식 온도계 이용)

① 배터리 팩 케이스의 외부 온도 확인

② 최초 온도 30분 후 온도 측정 후 온도변화 확인

③ 정상기준 : 온도변화 3℃이하, 최대온도 30℃이하

④ 최대온도 35℃이상시 : 건냉한 장소에 자연 방전 후 35℃부근에서 온도 점검 진행

⑤ 최초 온도와 30분 후 온도 차이가 3℃ 이상 상승할 경우 즉시 염수침전 실시

⑥ 30분 간격으로 온도측정 결과 온도 지속 상승시 즉시 염수침전 실시

3) 절연저항 점검(메가옴 테스터기 사용)

① 파워 릴레이 (+)단자와 배터리 팩 커버 간 절연저항 측정

② 파워 릴레이 (-)단자와 배터리 팩 커버 간 절연저항 측정

③ 정상기준 : 절연저항 5MΩ 이하(500V 전압 적용시)

④ 절연저항 불량시 절연처리 및 외부 절연체 포장

4) 염수 침전 방전 방법

① 대형 용기에 약 200리터의 물을 붓는다.

② 소금물의 농도가 약 35% 정도가 되도록 소금을 부어 소금물을 만든다.

③ 코끼리형 리프트 잭을 이용하여 고전압 배터리를 소금물에 담근다.

④ 소금물에 약 12시간 이상 방치한 후 고전압 배터리를 용기에서 꺼내어 건조한다.

⑤ 2개 이상의 고전압 배터리를 절대로 염수에 함께 넣지 말 것.

(2) 메인 퓨즈 점검

① 안전 플러그 레버를 탈거한다.

② 안전 플러그 커버를 탈거한 후 메인 퓨즈를 탈거한다.

③ 메인 퓨즈 끝 단자 사이의 저항을 측정한다.

④ 규정값 : 1Ω 이하(20℃)

⑤ 규정값을 벗어나면 메인 퓨즈를 교환한다.

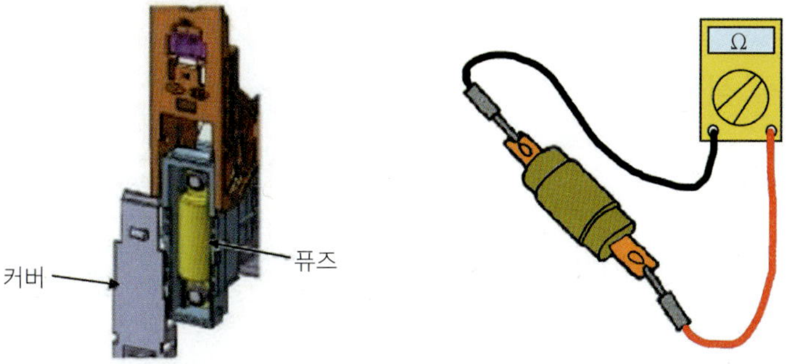

(a) 커버 및 퓨즈 탈거 (b) 퓨즈 점검

그림 54 | 메인 퓨즈 점검

(3) 프리 차지 릴레이 점검

1) 회로 점검(릴레이 OFF)

① 고전압 전원단자 (+)와 인버터 전원단자(+) 사이의 저항을 측정한다.

② 규정값 : 단선

③ 규정값을 벗어나면 정비지침서에 따라 파워 릴레이 어셈블리(PRA)를 교환한다.

그림 55 | 프리차지 릴레이 고전압 전원단자(+)와 인버터 전원단자(+)

2) **회로 점검(릴레이 ON)**

① 점화스위치를 ON한다.

② GDS강제 구동 기능을 이용하여 프리 차지 릴레이를 작동한다. 릴레이 ON시 릴레이 음이 발생한다.

③ 고전압 전원단자 (+)와 인버터 전원단자(+) 사이의 저항을 측정한다.

④ 규정값 : 약 40Ω (20℃)

⑤ 규정값을 벗어나면 정비지침서에 따라 파워 릴레이 어셈블리(PRA)를 교환한다.

(4) 메인 릴레이(–) 점검

1) **회로 점검(릴레이 OFF)**

① 고전압 전원 단자(-)와 인버터 전원단자(-) 사이의 저항을 측정한다.

② 규정값 : 단선

③ 규정값을 벗어나면 정비지침서에 따라 파워 릴레이 어셈블리(PRA)를 교환한다.

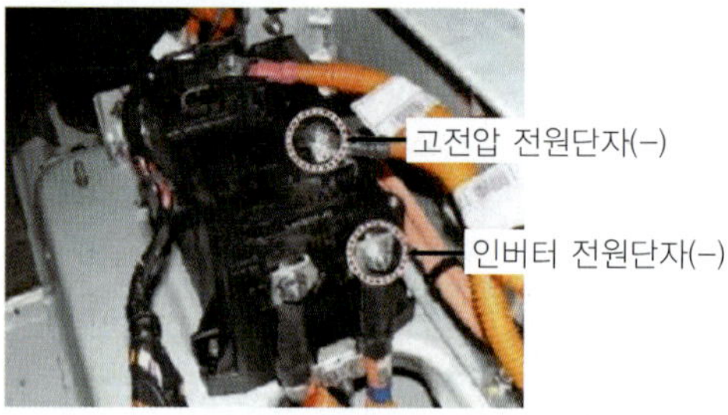

그림 56 | 프리차지 릴레이 고전압 전원단자(-)와 인버터 전원단자(-)

2) **회로점검(릴레이 ON)**

① 점화스위치를 ON한다.

② GDS강제 구동 기능을 이용하여 메인 릴레이(-)를 활성화시킨다.

③ 고전압 전원 단자(-)와 인버터 전원단자(-) 사이의 저항을 측정한다.

④ 규정값 : 1Ω 이하(20℃)

⑤ 규정값을 벗어나면 정비지침서에 따라 파워 릴레이 어셈블리(PRA)를 교환한다.

03 고전압 배터리 고장진단

(1) 고전압 배터리 고장진단 기능

① 배터리 시스템 진단 통신기능
- 진단 및 고장 환경 데이터 저장
- 고장 이력 저장

② 고전압 배터리 & MCU 쿨링 팬 작동 점검

③ 소프트웨어 버전 관리 및 Upgrade
- 배터리 제어기 초기화 기능
- 배터리 제어기 SOC setting 기능
- 배터리 제어기 S/W update 기능

(2) BMS 자기진단 고장항목

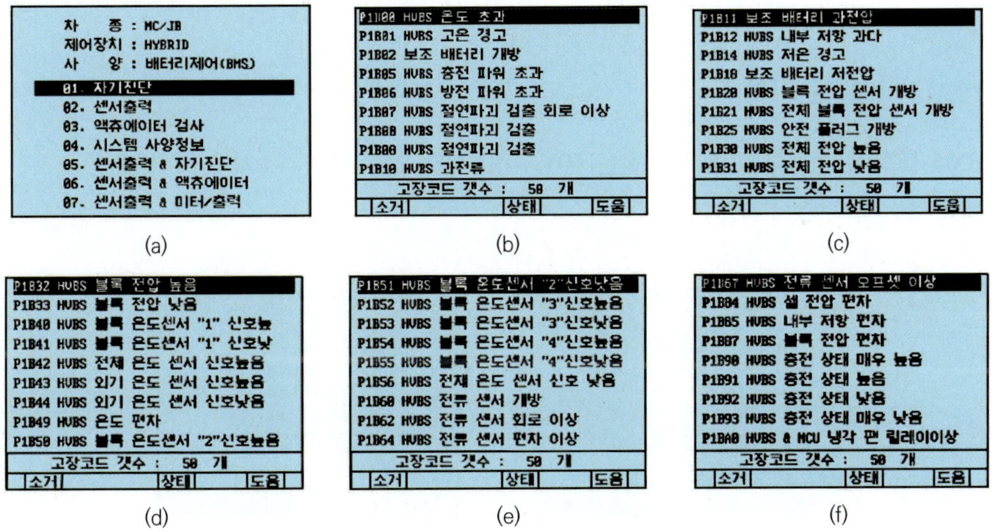

그림 57 | 자기진단 고장항목

(3) BMS 액추에이터 검사 항목

그림 58 | 액추에이터 검사항목

(4) BMS ECU 초기화

BMS ECU를 초기화 하면 SOC값은 60%고정, A/S 공급 배터리 초기 SOC 60%공급(시간에 따라 변함)

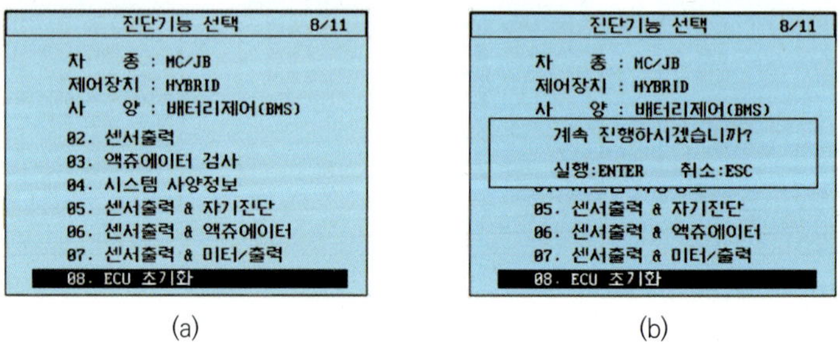

그림 59 | BMS ECU 초기화

6

발전기
(Generator)

그림 1 | 충전장치의 구성

자동차에 부착된 모든 전장부품은 발전기나 축전지로부터 전력을 공급받아 작동한다. 그러나 축전지는 방전량에 제한이 따르고, 엔진 시동을 위해 항상 완전 충전상태를 유지하여야 한다. 이를 위해 설치된 발전기를 중심으로 한 일련의 장치들을 충전장치라 한다. 교류발전기(alternator)의 특징은 다음과 같다.

① 저속에서도 충전이 가능하다.
② 회전부분에 정류자가 없어 허용 회전속도 한계가 높다.
③ 실리콘 다이오드로 정류하므로 전기적 용량이 크다.
④ 소형·경량이며, 브러시 수명이 길다.
⑤ 전압 조정기만 필요하다.
⑥ 발전기 자체에는 극성을 주지 않아도 된다.

1 발전기(alternator)의 원리

1 플레밍의 오른손법칙

유도기전력의 방향은 (+), (-)도체를 움직이는 운동의 방향과 자력선의 방향에 따라서 결정이 되는데 이들 방향의 관계는 다음과 같다.

오른손 엄지손가락, 인지, 장지를 서로 직각이 되게 하고 인지를 자력선의 방향에, 엄지손가락을 도체의 운동방향에 일치시키면 장지가 유도 기전력방향을 표시한다. 이 법칙을 플레밍의 오른손법칙이라 한다. 도체에 전류계를 접속한 후 도체를 상하로 움직이면 전류계의 지침은 좌우로 흔들리며, 도체의 움직임이 빠르면 빠를수록 전류계의 지침이 크게 흔들리게 되는데 이것은 기전력이 발생하기 때문이다.

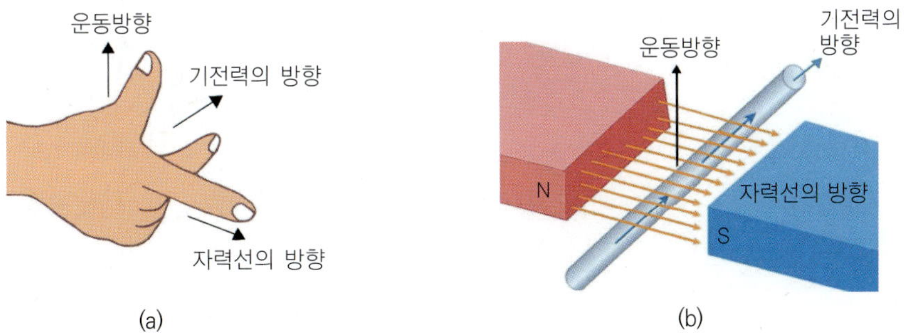

그림 2 | 플레밍의 오른손법칙

2 발전기와 렌츠의 법칙(lenz's law)

발전기의 이론은 렌츠의 법칙을 통해서도 알 수 있다. 전기 회로에서 발생하는 유도 기전력은 폐회로를 통과하는 자속의 변화에 반하는 유도 자기장을 만드는 방향으로 발생한다. 아래그림과 같이 자석을 오른쪽으로 회전시키면 자력선은 자석을 왼쪽으로 회전시키려고 한다.

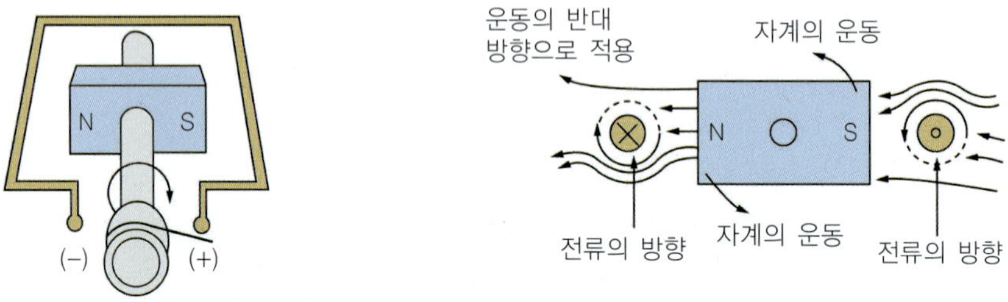

그림 3 | 렌츠의 법칙에 의한 발전기의 원리

2 교류발전기의 구조

교류 발전기는 고정부분인 스테이터(고정자), 회전하는 부분인 로터(회전자), 로터의 양끝을 지지하는 엔드 프레임(end frame) 그리고 스테이터 코일에서 유기된 교류를 직류로 정류하는 실리콘 다이오드로 구성되어 있다.

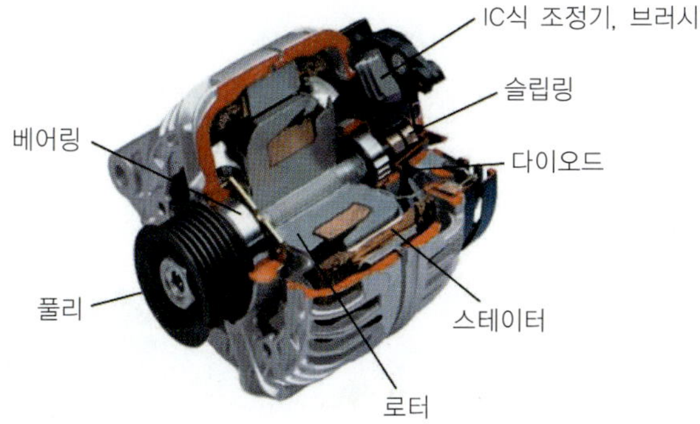

그림 4 | 교류 발전기

1 스테이터(stator)

스테이터에는 독립된 3개의 코일이 감겨져 있고 여기에서 3상 교류가 유도된다. 스테이터 코일의 접속방법에는 Y결선(또는 스타 결선)과 삼각형결선(델타결선)이 있으며, Y결선이 삼각형 결선에 비하여 선간 전압이 각 상 전압의 $\sqrt{3}$배가 높아 엔진이 공전할 때에도 충전 가능한 전압이 유도된다.

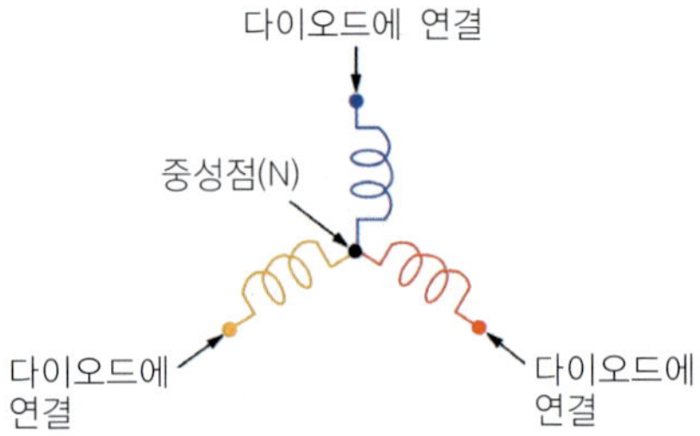

(a) Y결선 회로

(b) Y결선 스테이터

그림 5 | Y 결선

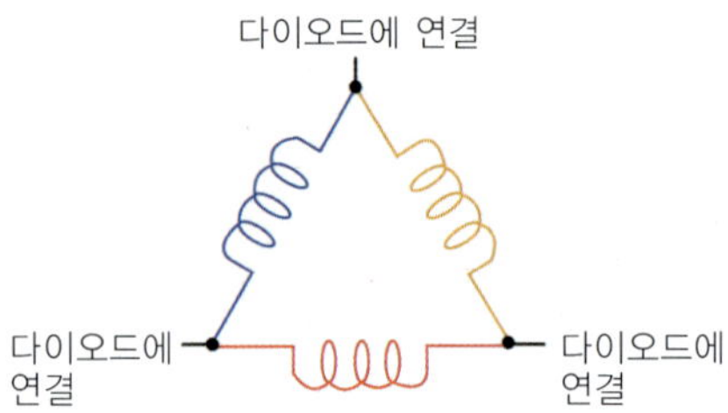

(a) 델타 결선회로

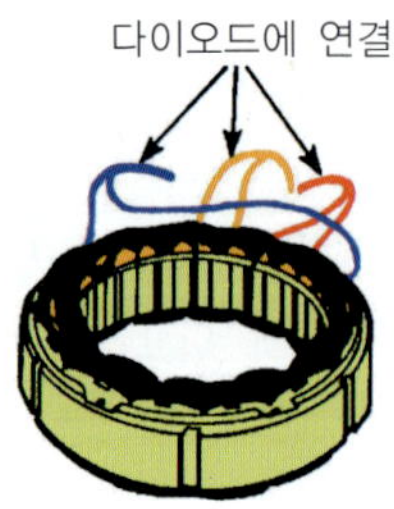

(b) 델타 결선 스테이터

그림 6 | 삼각형 결선

2 로터(rotor)

로터는 자극을 형성한다. 코일에 여자 전류가 흐르면 N극과 S극이 형성되어 자화되며, 로터가 회전함에 따라 스테이터 코일의 자력선을 차단하므로 전압이 유도된다. 그리고 슬립 링(slip ring)은 축과 절연되어 브러시가 미끄럼 운동하면서 로터 코일에 여자 전류를 공급한다.

그림 7 | 로터의 구조

3 정류기(rectifier)

교류발전기에서는 실리콘 다이오드를 정류기로 사용한다. 교류 발전기에서 다이오드의 기능은 스테이터 코일에서 발생한 교류를 직류로 정류하여 외부로 공급하고, 또 축전지에서 발전기로 전류가 역류하는 것을 방지한다. 다이오드 수는 (+)쪽에 3개, (-)쪽에 3개씩 6개를 두며, 여자 다이오드를 3개 더 두고 있다. 그리고 다이오드의 과열을 방지하기 위해 엔드 프레임에 히트 싱크(heat sink)를 두고 있다.

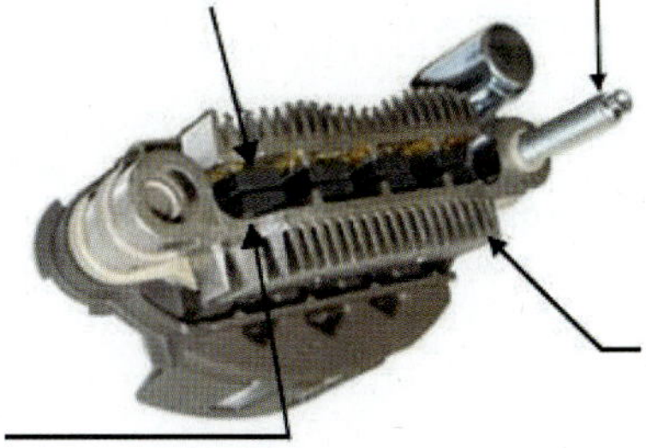

그림 8 | 다이오드의 구조

4 브러시(brush)

브러시의 재질은 내마모성이 우수하고 전압강하가 낮으며, 슬립링을 마모시키지 않는 조건이어야 한다. 일반적으로 슬립링의 재질이 구리인 경우에는 전기흑연 또는 금속흑연이 스테인리스인 경우에는 금속흑연이 사용된다. 브러시 홀더는 합성수지 성형부품이 사용되며, 전압조정기를 발전기 내부에 내장하는 경우에는 브러시홀더와 전압조정기를 일체로 하는 경우가 많다.

그림 9 | 브러시와 전압조정기

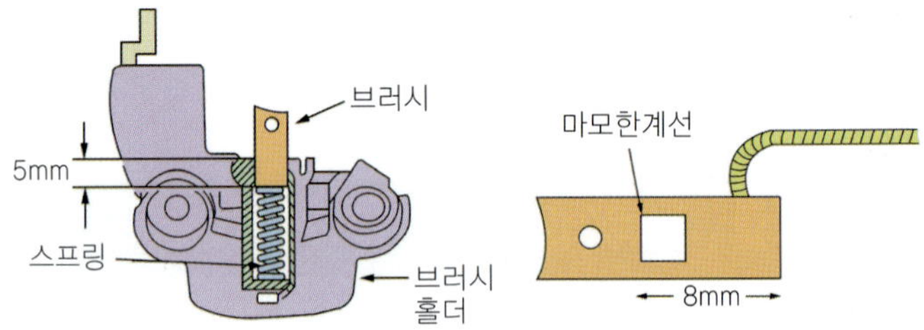

그림 10 | 브러시의 구조

5 교류발전기 조정기

발전기의 출력은 스테이터 코일의 권수, 로터의 세기, 단위 시간당 자속을 자르는 횟수에 따라 결정된다. 따라서 엔진의 회전속도가 증가하면 발전기의 발생전압과 전류가 모두 증가한다.

이에 따라 발전기 조정기가 필요하며, 교류발전기의 조정기는 전압조정기만 필요하다. 전압조정기는 발전기의 발생전압을 일정하게 유지하기 위한 장치이다.

3 시동 발전기 (HSG : hybrid starter generator)

하이브리드 자동차는 2종류의 배터리를 사용한다. 하나는 일반 차량과 같은 납산 배터리이며 나머지 하나는 리튬이온 고전압 배터리를 사용한다. 시동발전기를 사용하지 않는 차량은 납산 배터리의 전원을 이용해 스타터 모터로 시동을 걸지만 엔진과 벨트로 연결된 시동발전기 설치 차량은 고전압 배터리의 전기에너지를 이용하여 엔진 시동을 걸어주고 고전압 배터리의 충전율 저하시 엔진의 동력을 이용하여 발전하고 고압 배터리에 전기 에너지를 공급시킨다. 시동발전기는 영구자석형 동기모터(PMSM : permanent magent synchronous motor)로 수냉식이다.

그림 11 | 시동 발전기(HSG)

1 HSG 특징

① 하이브리드 차량에서 납산 배터리(시동배터리)의 역할은 각종 제어기(ECU, HPCU등), 오디오, 등화류, 도어록, 썬루프 등에 사용된다.

② 엔진 시동은 납산 배터리(시동배터리)가 아닌 리튬이온 배터리로 전원을 공급받아 HSG(일반 차량의 스타트 모터 역할)가 시동을 건다. 역으로 리튬이온 배터리 충전이 필요한 상황에서는 엔진의 힘으로 HSG가 역회전하며 알터네이터 처럼 작동하여 리튬배터리로 충전을 한다. 리튬이온 배터리는 정차 시 히터의 온수공급을 위한 펌프, 에어컨 컴프레서, 자동변속기 오일펌프, 브레이크 유압을 만드는데도 사용된다.

③ HSG를 구동하고 제어하는 것은 HPCU(hybrid power control unit)가 담당을 하는데 HPCU는 납산 배터리(시동배터리)로 전원을 공급받기 때문에 납산 배터리(시동배터리) 방전시 하이브리드 차량도 시동이 불가하다.

④ HPCU 내부에 LDC(DC-DC컨버터)가 리튬이온 배터리의 고압전기를 변환시켜 납산 배터리(시동배터리)를 충전시킨다.

2 HSG 작동

01 첫 시동 후 저속주행(모터로만 주행)

① 납산 배터리의 전력을 통해서 HPCU를 가동한다.

② HCPU가 리튬전지를 제어한다.

③ 리튬이온 전지는 납산 배터리를 충전하는 동시에 변속기 내부의 구동 모터에 전력을 공급한다.

④ 구동모터는 차량의 바퀴를 구동시킨다.

02 가속 혹은 언덕 등판시

① 가속을 시작하여 엔진과 모터 모두 자동차를 움직인다.
② 첫 시동 후 저속주행(모터로만 주행)은 유지된다.
③ 리튬이온 배터리가 HSG에 전력을 공급한다.
④ HSG가 엔진을 스타트(일반 내연기관 차량의 스타터 모터 역할) 한다.
⑤ 엔진이 바퀴를 함께 움직인다.

03 정속 주행시

① 정속 주행으로 엔진이 차량 구동과 리튬이온 배터리 충전을 진행 한다.
② HPCU와 납산 배터리(시동 배터리)는 동일하게 역할 한다.
③ 엔진의 구동력을 통해서 HSG 회전하며 내연기관 차량의 발전기 역할을 한다.
④ HSG로 발전된 전력으로 리튬이온 전지를 충전한다.

04 악셀 오프시

① 악셀을 땐 상황에서 차량의 타력(관성)을 통한 회생제동과 엔진에 의한 발전이 동시 작동 중이다.
② 엔진의 구동으로 HSG가 회전하므로 리튬전지를 충전시킨다.
③ 차량의 타력(관성)으로 구동모터를 회전 시킨다.
④ 바퀴가 구동모터를 회전시키므로 회생제동으로 전기에너지를 리튬전지를 충전시킨다.

05 엔진 정지 후 회생제동 단독 작동

① 차량의 타력(관성)으로 구동모터를 회전 시킨다.
② 바퀴가 구동모터를 회전시키므로 회생제동으로 전기에너지를 리튬이온 전지를 충전시킨다.
③ 엔진과 HSG 작동은 중지된다.

4 발전기 점검

1 발전기 탈·부착 및 벨트 장력 조정

① 차량의 후드를 열고 배터리 ⊖케이블을 탈거한다.

그림 12 | ⊖케이블 탈거

그림 13 | 에어컨 벨트 탈거

② 에어컨 벨트 텐션의 고정 볼트를 이완시키고, 에어컨 벨트 장력 조정볼트를 돌려 벨트 장력을 느슨하게 한 후 에어컨 벨트를 탈거한다.

③ 발전기 B단자 보호 커버를 열고 공구를 사용하여 B단자를 탈거한다.

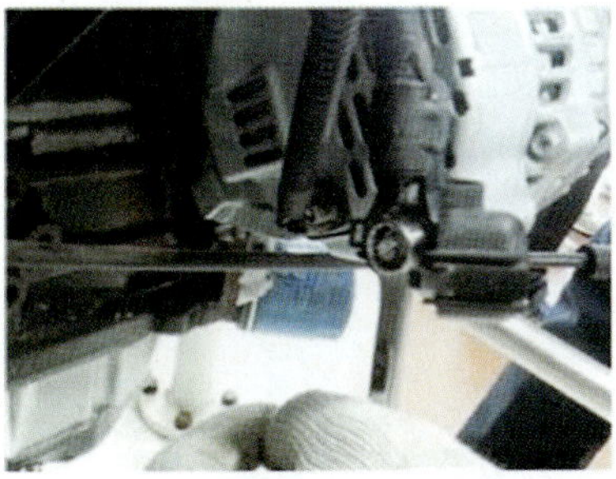

그림 14 | B단자 탈거

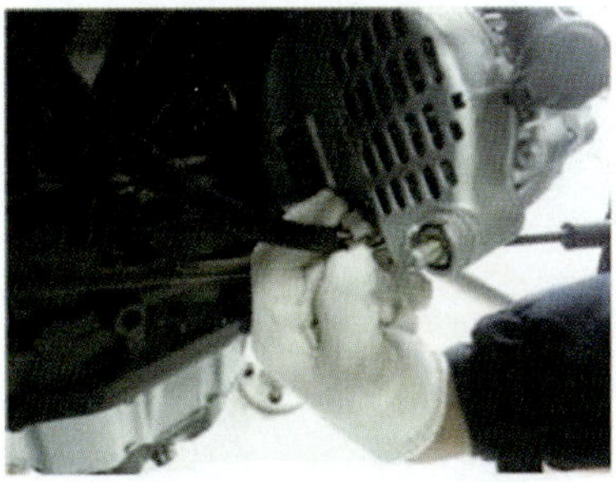

그림 15 | 발전기 커넥터 탈거

④ 발전기 커넥터를 탈거한다.

⑤ 발전기 고정 관통볼트의 너트를 공구를 사용하여 이완시킨다.

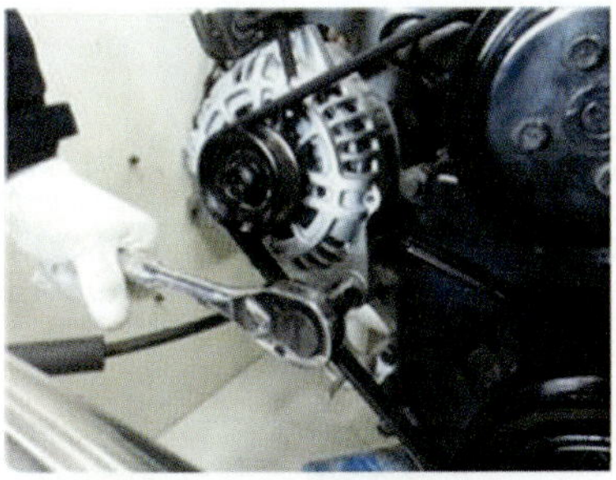

그림 16 | 관통볼트의 너트 이완

그림 17 | 벨트장력 고정 볼트 이완

⑥ 벨트장력 고정 볼트를 이완시킨다.

⑦ 벨트장력 조정볼트를 풀어 벨트 장력이 느슨해지도록 풀어준다.

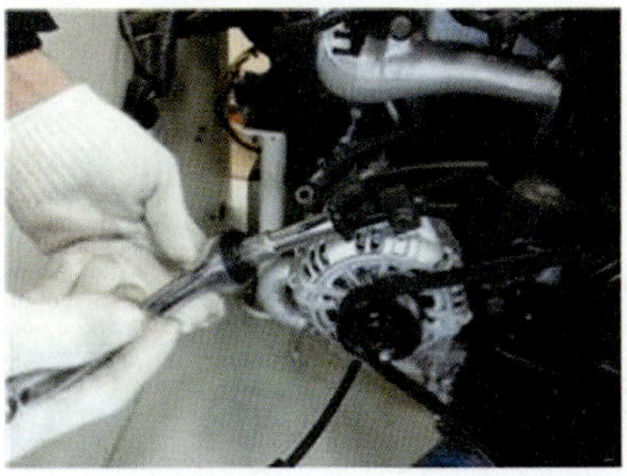

그림 18 | 벨트장력 조정볼트로 장력이완

그림 19 | 벨트 탈거

⑧ 발전기를 엔진 몸체방향으로 들어 올리고 벨트를 탈거한다.

⑨ 발전기 벨트장력 고정 볼트를 풀어 탈거한다.

그림 20 | 고정 볼트 탈거

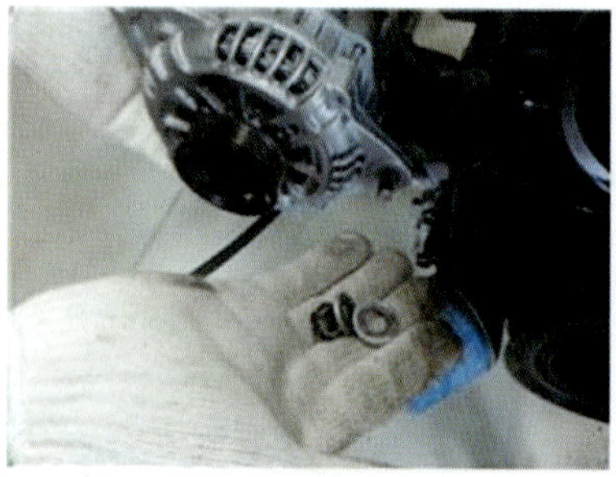

그림 21 | 관통볼트 탈거

⑩ 발전기 고정 관통볼트의 너트를 풀고 관통볼트를 탈거하고 발전기를 탈거한다.

⑪ 신품의 발전기에 관통볼트를 체결한다. 장착시 반드시 평 와셔와 스프링 와셔를 장착한다.

⑫ 발전기 벨트를 장착한다.

⑬ 벨트 장력조정 고정 볼트를 체결한다. 완전히 조이는 것이 아니고, 벨트 장력을 조정한 후에 규정의 토크로 조인다.

⑭ 벨트 장력 조정볼트를 돌려 벨트의 장력을 조정한다.

⑮ 물펌프와 발전기 중간에서 벨트를 눌렀을 때 10mm 정도의 헐거움이면 적당하다.

그림 22 | 장력점검

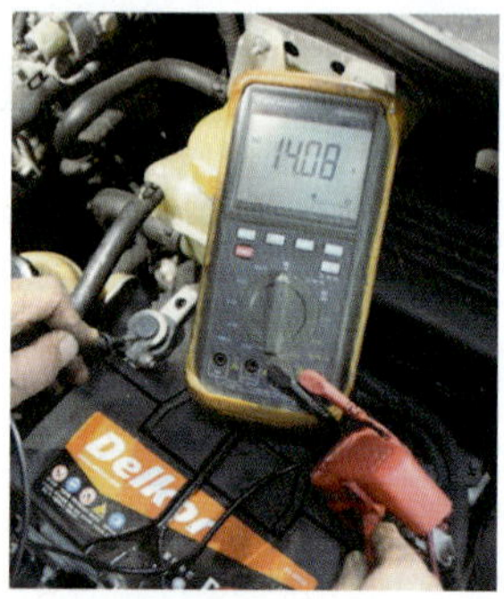

그림 23 | 발전기 출력전압 점검

⑯ 장력조정이 끝나면 관통볼트의 너트 및 발전기 장력조정 고정너트를 공구를 사용하여 조인다.

⑰ 발전기 커넥터 및 발전기 B단자를 공구를 사용하여 고정한다.

⑱ 배터리 ⊖케이블을 연결한 후 시동을 걸고 발전기 출력전압(13.8~14.8V)을 확인한다.

2 발전기의 분해·조립

01 분해

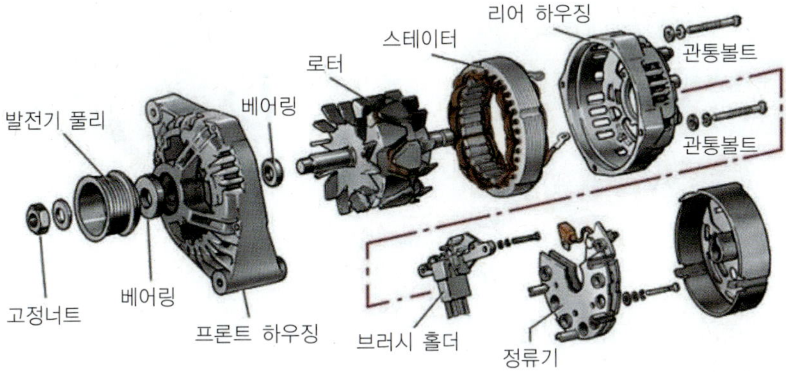

그림 24 | 발전기 분해도

① 관통볼트를 푼 다음 그림 26과 같이 프런트 브래킷과 스테이터 사이에 드라이버를 넣고 분리한다. 이때 스테이터 코일을 손상시킬 염려가 있으므로 드라이버를 너무 깊게 넣지 않도록 한다.

그림 25 | 관통볼트 탈거

그림 26 | 프런트 브래킷과 스테이터 분리하기

② 로터를 바이스에 물린 후 고정 너트를 풀고 풀리를 분리한다. 이때 로터에는 헝겊이나 구리판 등을 대고 바이스에 물리도록 한다. 또한 불필요한 경우에는 풀리의 분해는 생략한다.

그림 27 | 풀리 탈거

그림 28 | 로터 탈거

③ 스테이터와 다이오드 접합 납땜부분을 분리한다.

④ 스테이터를 분리한다.

⑤ 전압조정기 및 다이오드 고정용 볼트를 푼다.

⑥ 전압조정기를 분리한 후 단자 L, B 접합 납땜부분을 분리한다.

그림 29 | 스테이터와 다이오드 접합 납땜부분 분리

그림 30 | 다이오드 납땜부분 분리

그림 31 | 전압조정기 분리

그림 32 | L, B 접합 납땜부분 분리

02 조립

조립은 분해의 역순으로 시행하되 다음 사항을 주의한다.

① 로터를 리어 하우징에 설치하기에 앞서 철사를 리어 하우징의 작은 구멍에 넣어 브러시를 잡아준다.

② 로터를 조립한 후에는 철사를 빼낸다.

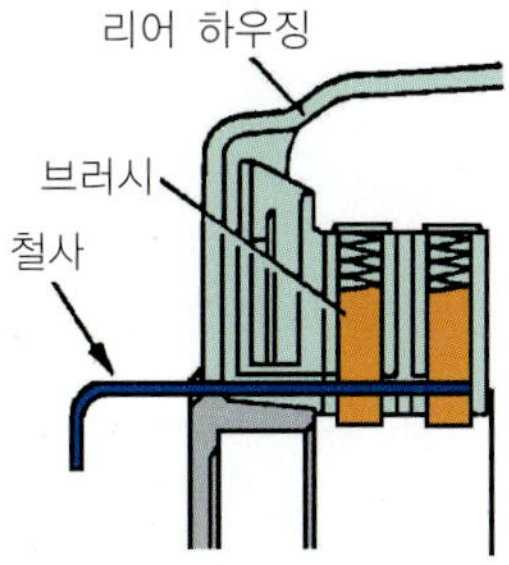

(a) 브러시를 누르고 철사삽입

(b) 조립 후 철사를 뺀다.

그림 33 | 철사를 끼운 상태

3 발전기 점검

01 스테이터 및 로터코일 점검

(1) 스테이터 코일점검

① 스테이터 코일의 통전 여부를 점검한다.

- 코일과 코일사이가 통전되는가를 점검하여 통전이 되지 않으면 스테이터 어셈블리를 교환한다.

② 스테이터 코일의 접지를 점검한다.

- 코일과 스테이터 철심사이의 통전 여부를 점검하여 통전이 되면 스테이터 어셈블리를 교환한다.

(a) 단선점검 (b) 접지시험

그림 34 | 스테이터 코일점검

(2) 로터코일 점검

① 로터코일의 통전여부를 점검한다. - 로터코일과 슬립링 사이가 통전되는가를 점검하여 저항 값이 너무 낮으면 회로가 단락된 상태이며, 저항 값이 너무 높으면 회로가 개방된 상태이므로 로터 어셈블리를 교환한다.

② 로터코일의 접지를 점검한다. - 슬립링과 로터 철심사이의 통전 여부를 점검하여 통전이 되면 로터 어셈블리를 교환한다.

(a) 단선시험 (b) 접지시험

그림 35 | 로터코일 점검

02 다이오드 점검

(1) 교류(AC)발전기의 정류기 구성 및 점검

① (+)다이오드 : 발전기의 출력(B) 단자인 축전지의 (+)단자 쪽에 연결되어 있다.

② (-)다이오드 : 접지 쪽에 연결되어 있다.

③ 다이오드 트리오 : 보조 출력장치로서 충전 경고등 L단자에 연결되어 있다.

(2) (+)다이오드 점검

B단자와 히트싱크를 통전 시험하여 통전이 되면 (+)다이오드이다. 회로시험기 레인지를 다이오드로 선택하고 (+)다이오드 히트 싱크와 스테이터 코일 연결단자 사이의 통전을 점검하였을 때 회로시험기의 바늘이 한쪽방향에서만 통전되어야 한다. 만약 양쪽방향으로 모두 통전되거나 통전이 안 되면 다이오드가 단락 또는 단선된 상태이므로 다이오드를 교환 한다.

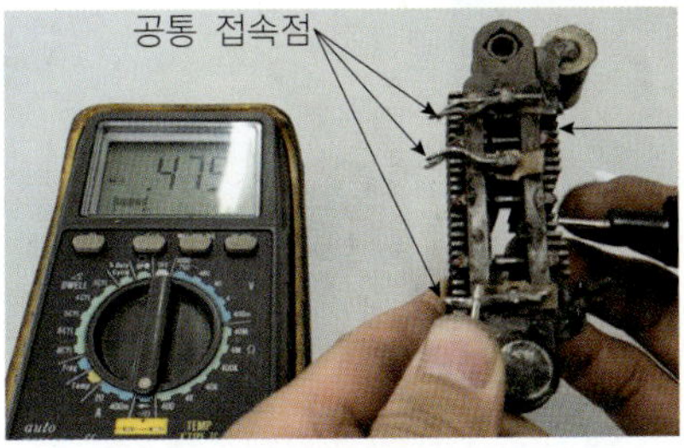

(a) 정방향(통전)

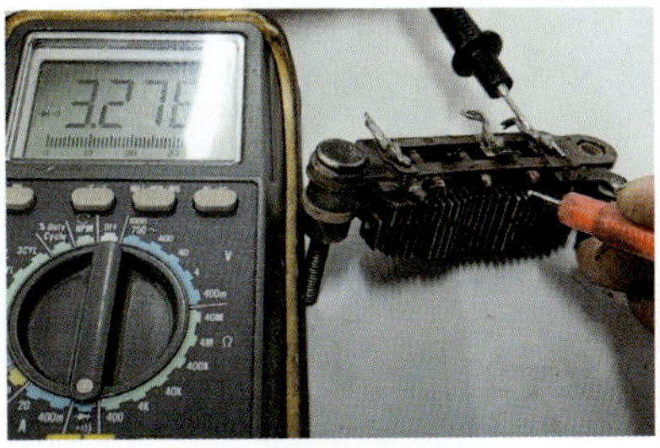
(b) 역방향(비통전)

그림 36 | (+)다이오드 점검

(3) (-)다이오드 점검

회로시험기 레인지를 다이오드로 선택하고 회로시험기로 (-)다이오드 히트 싱크와 스테이터 코일 연결단자 사이의 통전을 점검하였을 때 회로시험기의 바늘이 한쪽방향에서만 통전되어야 한다. 만약 양쪽방향으로 모두 통전되거나 통전이 안되면 다이오드가 단락 또는 단선된 상태이므로 다이오드를 교환하여야 한다.

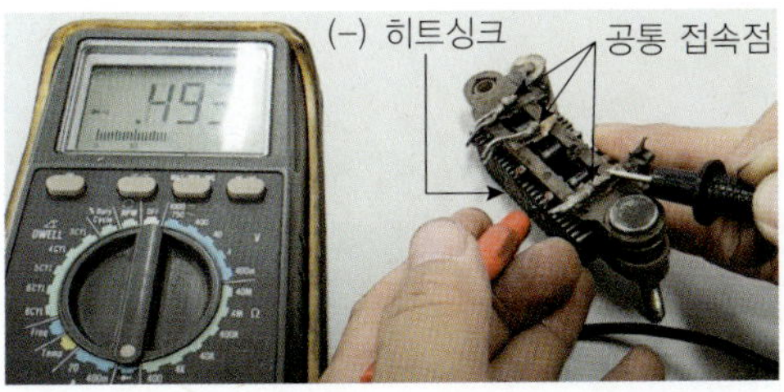

(a) 정방향(통전)

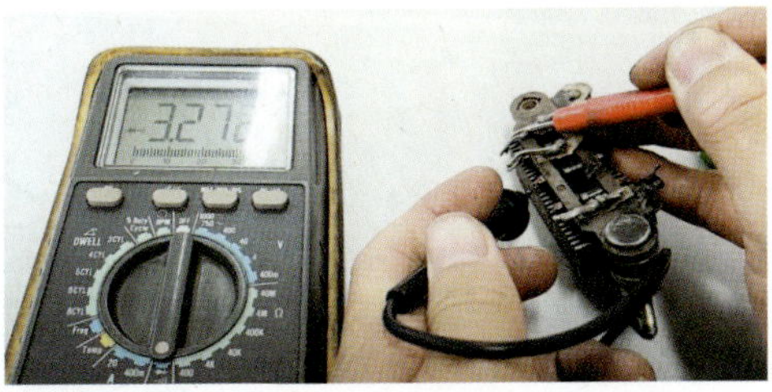
(b) 역방향(비통전)

그림 37 | (-)다이오드

(4) 트리오 다이오드 시험

3개의 다이오드사이에 회로시험기를 연결하여 통전을 점검하였을 때 회로시험기의 바늘이 한쪽 방향에서만 통전되어야 한다. 만약 양쪽 방향으로 모두 통전되거나 통전이 안 되면 다이오드가 손상된 상태이므로 다이오드 어셈블리를 교환하여야 한다.

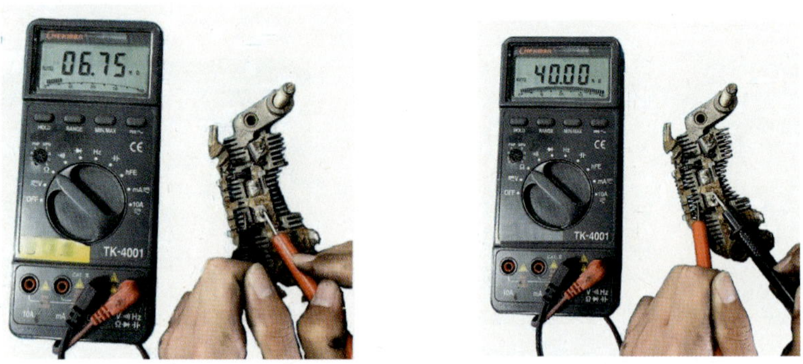

(a) 정방향 (b) 역방향

그림 38 | 트리오 다이오드 점검

03 브러시점검

브러시 길이를 점검하여 마모 한계선까지 마모되었으면 다음 순서로 브러시를 교환한다.

① 브러시 홀더에서 피그 테일(pig tail)의 납땜부분을 분리하고 구품 브러시와 스프링을 떼어 낸다.

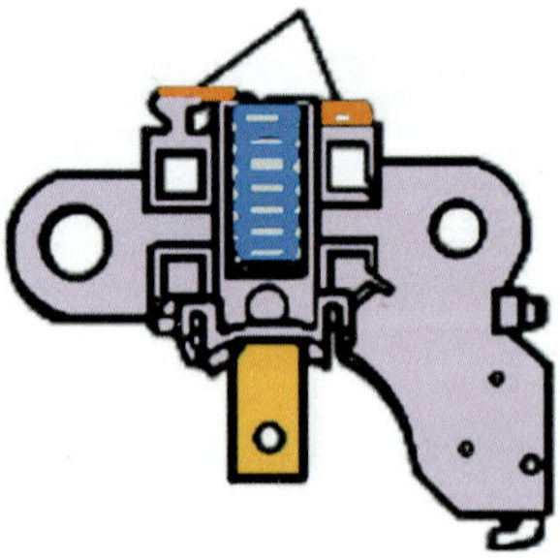

그림 39 | 전압조정기(브러시 부착)

② 브러시 홀더에 신품 브러시와 스프링을 설치한다.

③ 마모 한계선과 브러시 홀더 끝과의 간격이 2~3mm가 되도록 브러시를 끼운다.

④ 브러시 홀더에 피그 테일을 납땜한다.

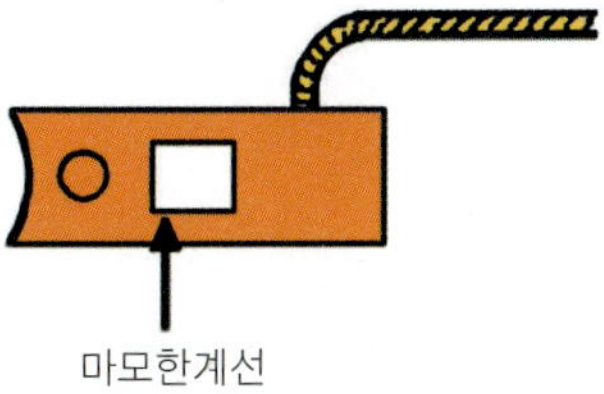

그림 40 | 브러시 마모 한계선

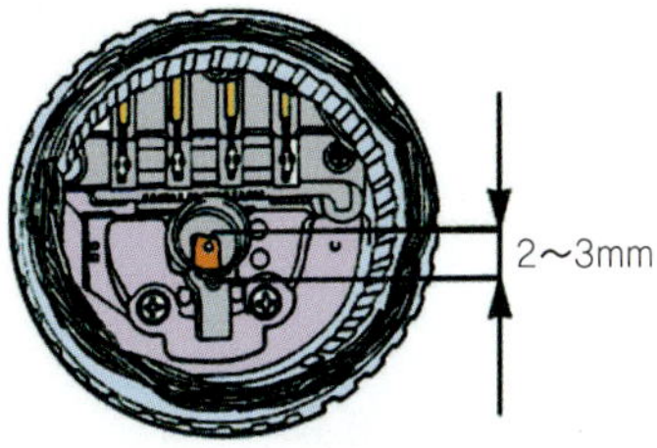

그림 41 | 조립된 브러시상태

4 발전기 충전 전류와 전압 측정

01 발전기 출력 배선의 전압 강하시험

이 시험은 발전기 B단자와 축전지 ⊕단자 사이의 배선이 정확히 연결되어있고 과열로 인한 하니스의 변색 등을 점검할 때 실시한다.

발전기 출력 배선의 전압강하 점검은 먼저 점화 스위치를 OFF시킨 후 축전지 ⊕단자와 발전기 B단자의 체결 상태를 확인하고 전압계를 이용하여 축전지 ⊕단자와 발전기 B단자의 전압을 측정하여 전압 수치가 일반적으로 0.2V이내의 차이를 보이면 정상이고 전압 수치가 0.2V이상이면 배선 불량으로 판단한다.

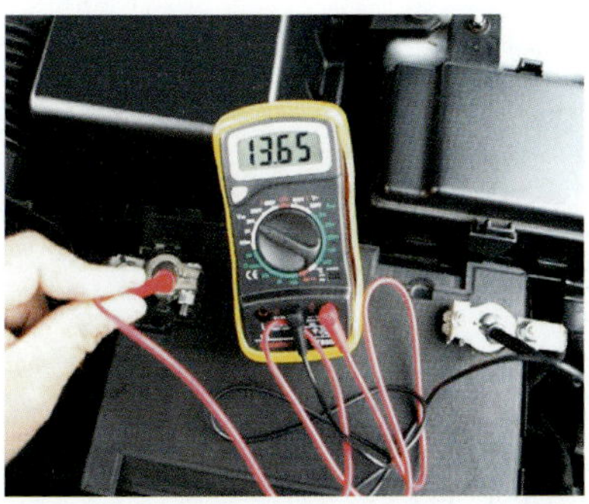

(a) 배터리 (+)단자 전압 측정

(b) 발전기 B단자 전압 측정

그림 42 | 발전기 출력 배선의 전압 강하시험

02 발전기 출력(충전) 전압 시험

① 아날로그 전압 테스터기 또는 디지털 전압 테스터기를 DC V에 선정한다.

② 테스터기 전압계 ⊕리드선을 발전기 B단자에 연결한다.

③ 테스터기 전압계 ⊖리스선을 차체에 접지 또는 축전지 ⊖단자에 연결한다.

④ 테스터기를 발전기 B단자에 접속하기 어려우면 축전지에 설치한다.

⑤ 엔진을 시동한 후 출력 전압을 판독한다.

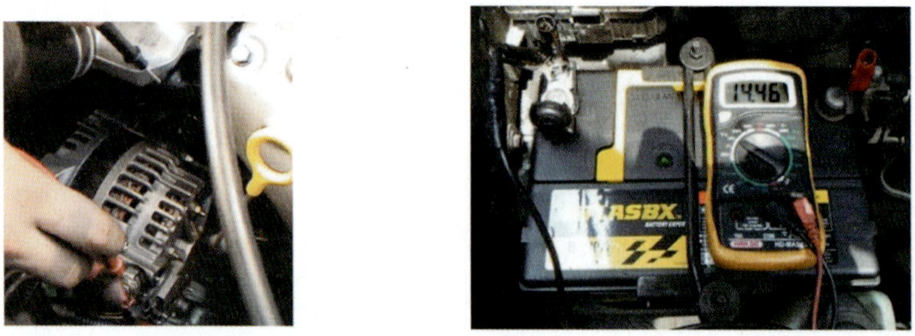

(a) 발전기 B단자 에서 측정　　(b) 축전지에서 측정

그림 43 | 전압 측정

03 발전기 출력(충전) 전류 시험

① 발전기의 출력용량을 확인한다.

② 배터리 전압을 측정한다. 충전 전류를 측정할 때에는 약간 방전된 축전지를 사용하는 것이 좋다.

③ 전류계를 DC A레인지에 설정하고 0점 조정버튼 으로 0점을 조정한다.

④ 발전기 B단자에 최대한 가까이 전류계를 설치한다. 발전기 B단자에 설치가 안 될 때는 축전지 ⊕단자에서 발전기로 가는 배선에 설치한다.

⑤ 전조등 스위치를 ON으로 하여 3분 정도 방전시킨다.

⑥ 엔진을 시동한다. 이때 에어컨이나 히터 송풍기를 High로 켠다.

⑦ 엔진의 회전 속도를 2000~2500rpm으로 높인다.

⑧ 전류계의 눈금을 판독한다.

⑨ 측정 후 모든 상태를 원위치 시킨다.

⑩ 충전 전류는 발전기 정격 전류의 70%이상이면 정상이다.

그림 44 | 전류 측정

[차종별 발전기 출력전압]

차종	정격 전류(A)	정격 전압(V)	회전수(rpm)
아반떼 XG	80	13.5	1,000~18,000
엑센트	75	13.5	1,000~18,000
EF 쏘나타	95	13.5	1,000~18,000
쏘나타	90	13.5	1,000~18,000
베르나	75	13.5	1,000~18,000
뉴 세피아	70	12	2,500~3,000
스포티지	70	12	2,500~3,000
에스페로	70	12	2,000
투스카나 2.0	90	13.5	1,000~18,000
프라이드	50	12	2,000~3,000

04 충전계통 고장진단 방법

(1) 기관을 정지시킨 상태로 점화스위치를 ON으로 하였을 때 충전 경고등이 점등되지 않는다.

① 퓨즈가 끊어짐
② 충전 경고등 전구가 끊어짐
③ 배선 연결부의 풀림
④ 전압조정기 결함

(2) 기관의 시동을 한 후에도 충전 경고등이 소등되지 않는다(축전지를 자주 충전시켜야 한다).

① 구동벨트가 이완 또는 마모됨
② 퓨즈가 끊어짐
③ 퓨저블 링크가 끊어짐
④ 배선의 결함
⑤ 전압조정기 또는 AC발전기의 결함
⑥ 축전지 케이블의 부식, 단자의 마모

(3) 축전지가 과다 충전된다.

① 전압 조정기의 결함
② 전압 감지 배선의 결함

(4) 축전지가 방전된다.

① 구동벨트가 이완 또는 마모됨
② 배선 접속부분의 또는 회로의 단락
③ 퓨저블링크가 끊어짐
④ 접지불량
⑤ 전압조정기 불량
⑥ 축전지 수명이 다됨

5 발전기 출력 파형분석

01 충전전류 파형측정

① HI-DS 초기 화면에서 차종을 선택하여 차량제원을 설정한 후 확인 버튼을 누른다.

② 오실로스코프를 선택한다.

③ 1개의 채널을 선택한다.

④ Ch1번을 발전기의 B단자에 연결한다.

⑤ 모든 부하를 제거하고, 시동을 걸어 엔진이 안정화될 때 까지 기다린다.

그림 45 | Ch1번을 발전기의 B단자에 연결

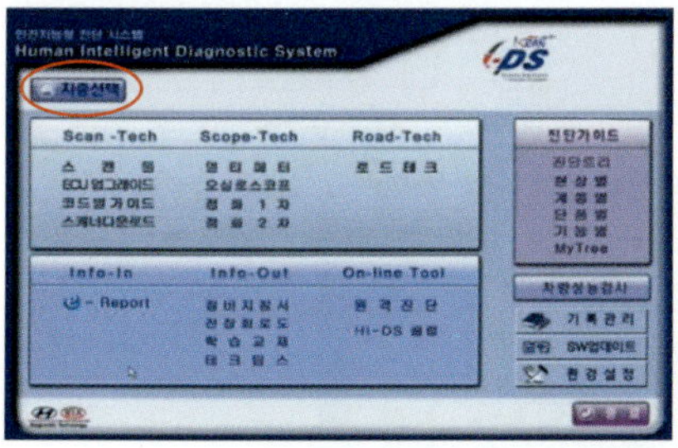

(a) 차종선택

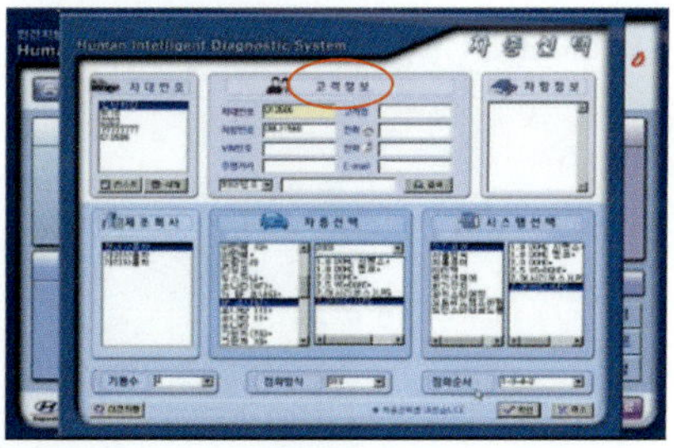

(b) 고객정보 입력

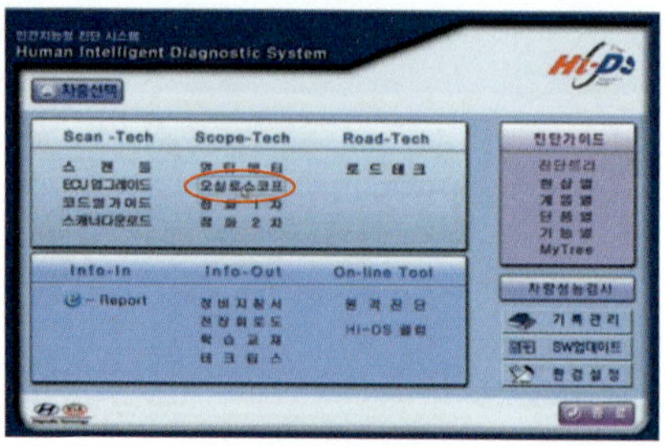

(c) 오실로스코프 선택

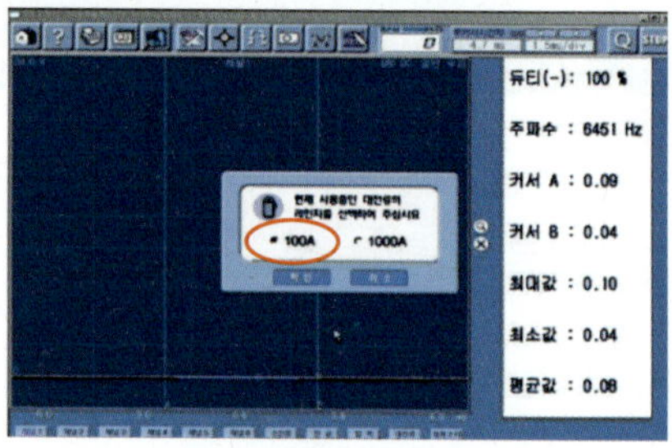

(d) 100A 선택

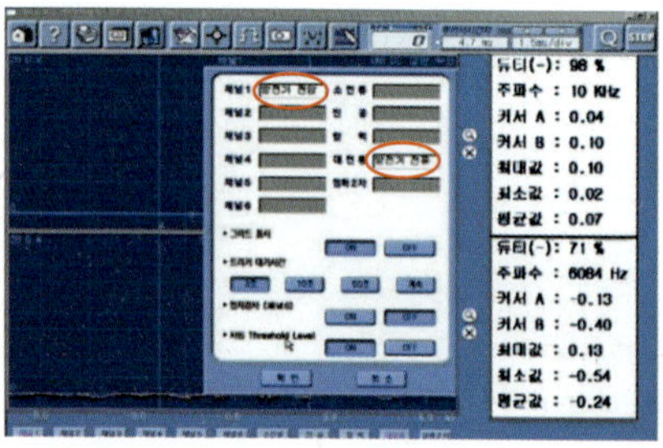

(e) 채널 1개 선택

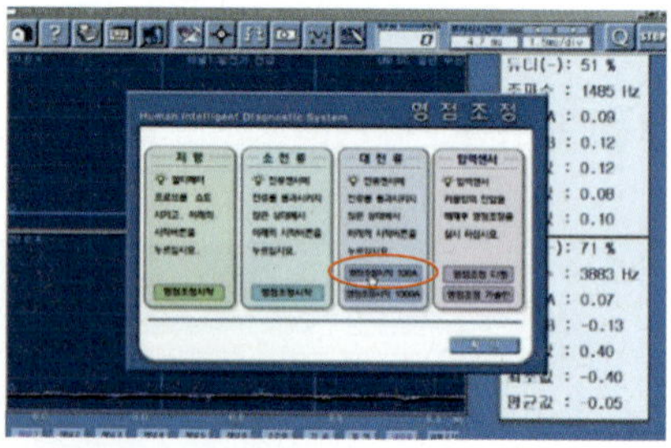

(f) 대전류 영점조정 시작

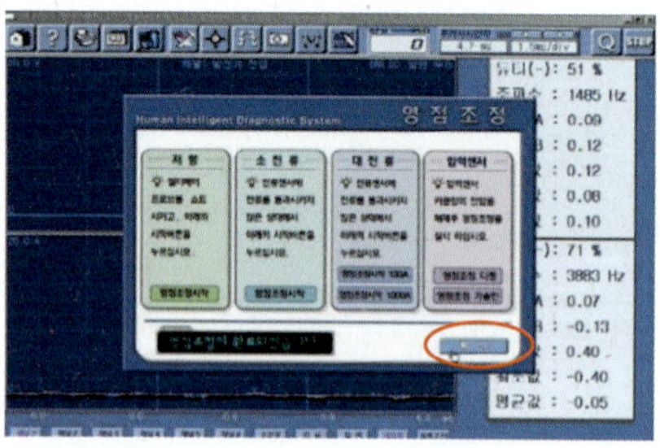

(g) 영점조정 완료

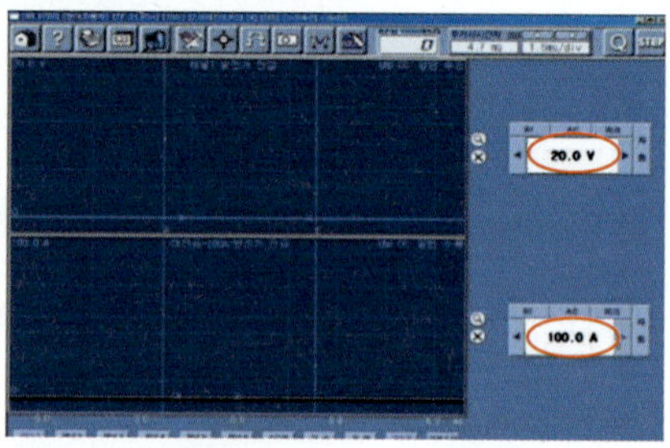

(h) V, A설정

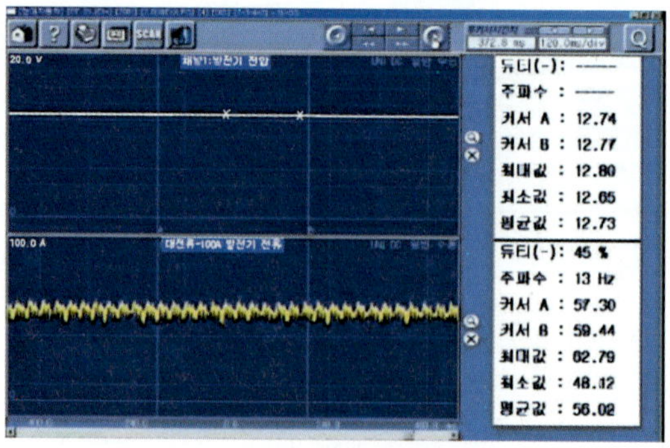

(i) 측정

그림 46 | 측정순서 및 충전전류 파형

02 정상 파형해석

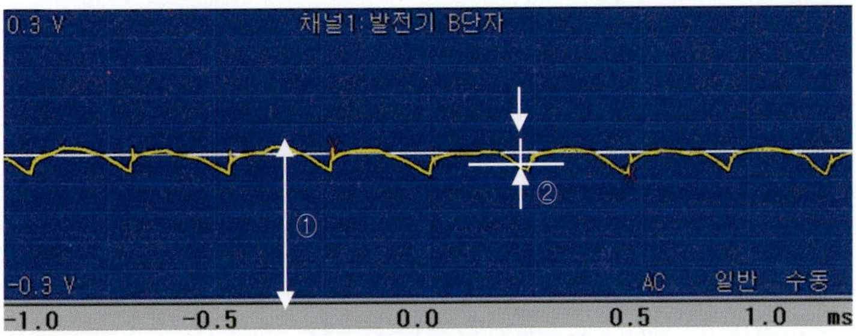

그림 47 | 발전기 출력파형

① 충전 전압(①) : 13.8~14.8V의 충전전압을 나타내고 있으며 일직선으로 나타내야 한다. 노이즈가 상당히 심하면 슬립링의 오염을 예상할 수 있다.

② 피크전압(②) : 산과 골 사이의 출력전압의 P-P 값이 500㎷이하이어야 정상이다. 만약 500mV 이상이면 전압조정기 제너다이오드 이상으로 판정한다. 파형의 이가 빠지거나 하면 정류다이오드의 파손을 예상할 수 있다.

비정상 파형

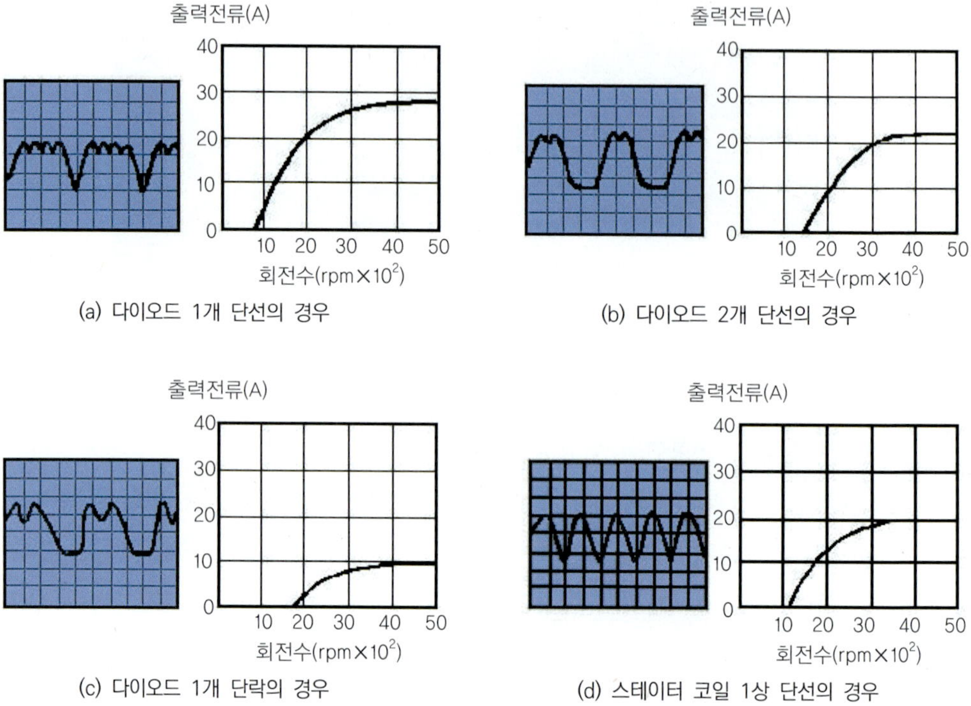

그림 48 | 발전기 비정상 출력파형

① 다이오드 1개 단선 : 출력 전압이 주기적으로 떨어지고, 출력 전류의 최고값이 정상 파형보다 20% 정도 떨어진다.

② 다이오드 2개 단선 : 출력 전압의 불균형 변화가 주기적으로 발생하고, 출력 전류의 최대값이 더욱 떨어진다.

③ 다이오드 1개 단락 : 출력 전압의 불균형 변화가 찌그러져 있고, 출력 전류는 급격하게 떨어진다.

④ 스테이터 코일 1상 단선 : 출력 전압의 변화 폭과 주기가 정상파형보다 매우 증가하고, 출력 전류는 많이 감소한다.

7

등화장치
(Lighting System)

1 자동차용 전선

자동차 전기회로에서 사용하는 전선은 피복선과 비피복 선이 있으며, 비피복 선은 접지용으로 일부 사용되며 특히 고압 케이블은 내 절연성이 매우 큰 물질로 피복되어 있다. 전선을 구분하기 위한 전선의 색깔은 전선 피복의 바탕색, 보조 줄무늬 색깔의 순서로 표시한다.

1 전선의 온도에 따른 분류

① AV(automotive vinylon) : 80℃(자동차용 저압전선)
② AVX(automotive vinyl extra) : 90℃(내열 자동차 비닐)
③ AEX(automotive polyethylene extra) : 110℃(고압전선)

2 전선의 피복색깔

도체는 순도 99.9%이상의 전기용 황 인동선을 가공한 전기용 연동선이나 주석도금 연동선을 주로 사용한다. 절연체는 사용 환경 및 특성에 맞는 재질을 도체 위에 동심원상으로 피복한다. 전선을 구분하기 위한 전선의 색깔은 전선 피복의 바탕색, 보조 줄무늬 색깔의 순서로 표시한다.

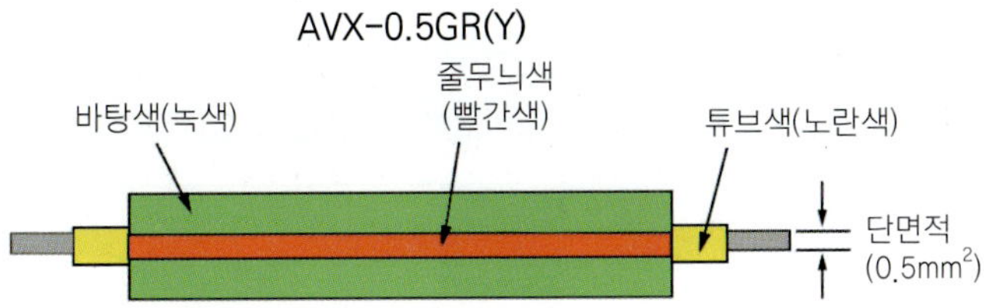

• AVX : 내열 자동차용 배선
• 0.5 : 전선 단면적(0.5mm^2)
• G : 바탕색(녹색)
• R : 줄무늬 색(빨간색)
• Y : 튜브 색(노란색)

그림 1 | 전선의 피복 색깔 표시

[전선의 피복 색깔 기호]

기호	영문	색	기호	영문	색
B	BLACK	검정색	O	ORANGE	오렌지색
Be	BEIGE	베이지색	P	PINK	분홍색
Br	BROWN	갈색	Pp	RURPLE	자주색
G	GREEN	녹색	R	RED	빨간색
Gr	GRAY	회색	T	TAWNY	황갈색
L	BLUE	청색	W	WHITE	흰색
Lg	LIGHT GREEN	연두색	Y	YELLOW	노란색
Ll	LIGHT BLUE	연청색			

그리고 배선방법에는 단선방식과 복선방식이 있으며, 단선 방식은 부하의 한끝을 자동차 차체에 접지하는 방식이며 접지 쪽에서 접촉 불량이 생기거나 큰 전류가 흐르면 전압 강하가 발생하므로 작은 전류가 흐르는 부분에서 사용한다. 복선방식은 접지 쪽에도 전선을 사용하는 방식으로 주로 전조등과 같이 큰 전류가 흐르는 회로에서 사용된다.

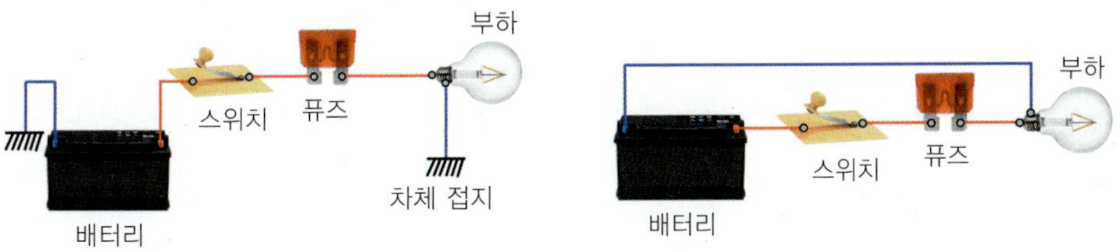

(a) 단선방식 (b) 복선방식

그림 2 | 배선방법

3 하니스 종류

01 메인 하니스

실내 C/PAD에 장착되며 실내 및 트렁크까지의 전원공급 및 오디오 클러스터, 각종 UNIT류의 작동을 지원한다.

02 프런트 하니스

엔진룸 전방에 위치하며 차량의 모든 전원공급 및 램프 류나 차량냉각 성능 작동을 지원한다.

03 플로워 L/H 하니스

실내 운전석 카페트 밑에 배선되며 트렁크 및 리어 도어 측에 장착되는 전장품을 동작지원한다.

04 플로워 R/H 하니스

실내 조수석 카페트 밑에 배선되며 트렁크 및 리어 도어 측에 장착되는 전장품을 동작 지원한다.

05 컨트롤 하니스

엔진룸 중 엔진 및 TM에 배선되며 엔진 가동과 관련된 각종센서 및 ECU/TCU측에 동작 지원한다.

06 에어백 하니스

실내 및 엔진룸에 장착된 에어백 관련센서 및 UNIT를 동작 지원하며 하니스 색은 노란색(SAFETY 부품)이다.

07 루프 하니스

ROOF에 배선되며 선루프 및 각종 실내 LP 동작을 지원한다.

08 트렁크 리드 하니스

TRUNK OPEN 관련 차체에 배선되며 TAIL/STOP/RR FOG LP등을 동작 지원한다.

09 도어 하니스

차량 도어에 장착되며 P/WDW, DR LOCK, O/S MIRROR 등과 같은 전장품의 동작을 지원한다.

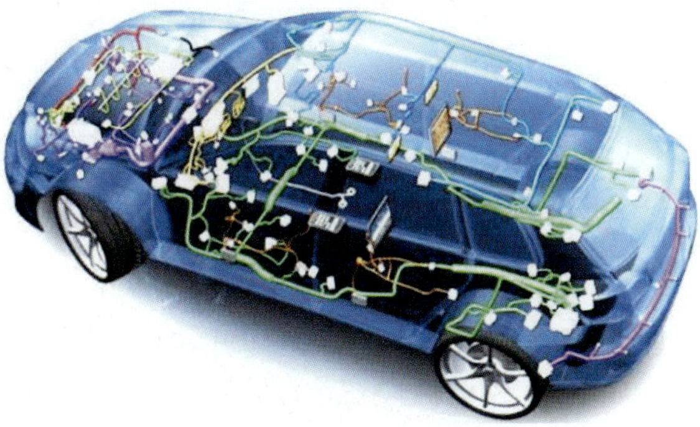

그림 3 | 자동차 하니스

2 조명의 용어

01 광속

광속이란 광원(光源)에서 나오는 빛의 다발을 말하며, 단위는 루멘(lumen, 기호는 lm)이다.

02 광도

광도란 빛의 세기를 말하며 단위는 칸델라(candle, 기호는 cd)이다. 1 칸델라는 광원에서 1m 떨어진 $1m^2$의 면에 1m의 광속이 통과하였을 때의 빛의 세기이다.

03 조도

조도란 빛을 받는 면의 밝기를 말하며, 단위는 룩스(lux, 기호는 Lx)이다. 빛을 받는 면의 조도는 광원의 광도에 비례하고, 광원의 거리의 2승에 반비례한다. 즉, 광원으로부터 r(m)떨어진 빛의 방향에 수직한 빛을 받는 면의 조도를 E(Lx), 그 방향의 광원의 광도를 I(cd)라고 하면 다음과 같이 표시한다.

$$E = \frac{I}{r^2} (Lux)$$

3 전조등

1 전조등(head light) 방식

전조등에는 실드 빔 방식과 세미 실드 빔 방식이 있다. 전구(lamp)는 먼 곳을 비추는 하이 빔(high beam : 상향등)과 시내를 주행하거나 교행할 때 대향 자동차나 사람이 현혹되지 않도록 광도를 약하게 하고, 동시에 빔을 낮추는 로우 빔(low beam : 하향등)이 있다.

01 실드 빔 방식(sealed beam type)

이 방식은 반사경에 필라멘트를 붙이고 여기에 렌즈를 녹여 붙인 후 내부에 불활성 가스를 넣어 그 자체가 1개의 전구가 되도록 한 것으로 특징은 다음과 같다.

① 대기의 조건에 따라 반사경이 흐려지지 않는다.
② 사용에 따르는 광도의 변화가 적다.
③ 필라멘트가 끊어지면 렌즈나 반사경에 이상이 없어도 전조등 전체를 교환하여야 한다.

02 세미 실드빔 방식(semi sealed beam type)

렌즈와 반사경은 녹여 붙였으나 전구는 별개로 설치한 것이다. 필라멘트가 끊어지면 전구만 교환하면 된다. 그러나 전구 설치부분으로 공기유통이 있어 반사경이 흐려지기 쉽다.

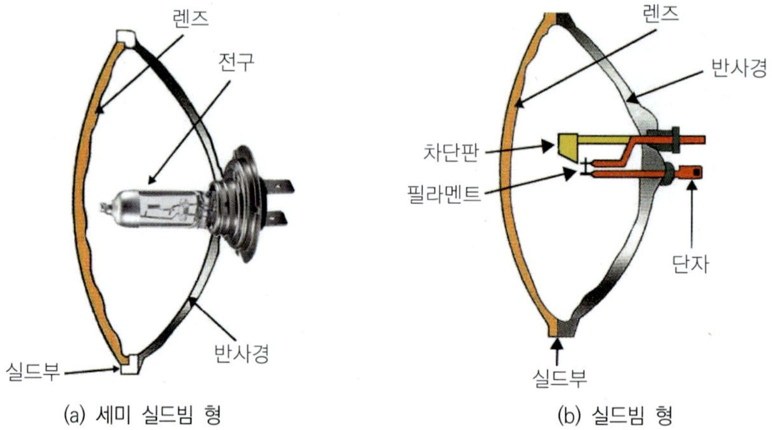

그림 4 | 세미 실드빔 형 및 실드빔 형

03 할로겐램프

필라멘트에 전류가 흐르면 열이 발생되는데 이 열이 빛으로 변한다. 이때 필라멘트는 높은 온도로 증발되기 때문에 전구 내면에 침착되어 검은색을 띠어 광도를 저하시킨다. 이러한 현상을 방지하고 필라멘트의 수명을 증대시키기 위해 전구 내부를 진공으로 하고 할로겐 가스를 주입한다.

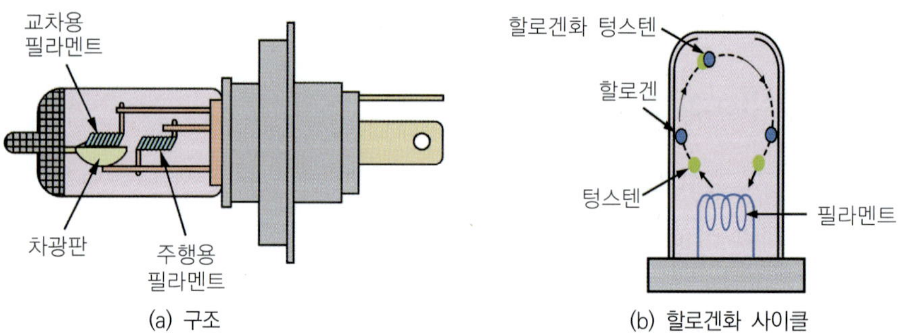

그림 5 | 할로겐램프

할로겐은 비활성 기체이므로 다른 물질과 반응을 잘하지 않는다. 텅스텐 필라멘트가 증발하면 텅스텐 증기는 할로겐과 결합하여 열운동에 의해 전구 내를 떠돌아다니다가 다시 필라멘트에서 할로겐과 텅스텐이 분리되어 텅스텐에 달라붙는 할로겐화 사이클을 통해 흑화현상을 방지하는 기능이 있다. 이러한 이유로 할로겐램프는 다른 전구에 비해 수명이 길다.

04 방전 헤드램프(HID : hight intensity discharge)

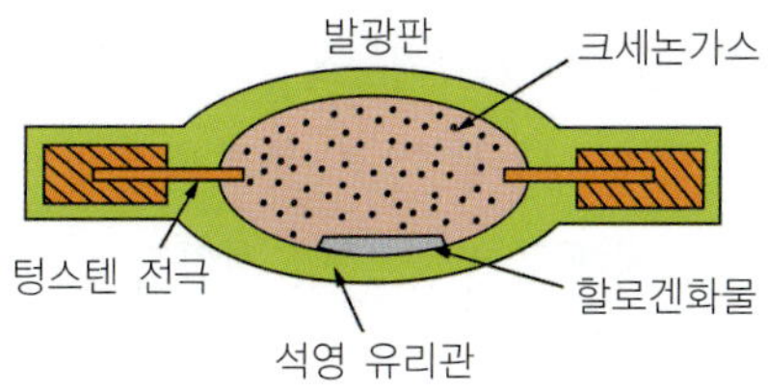

(a) 구조

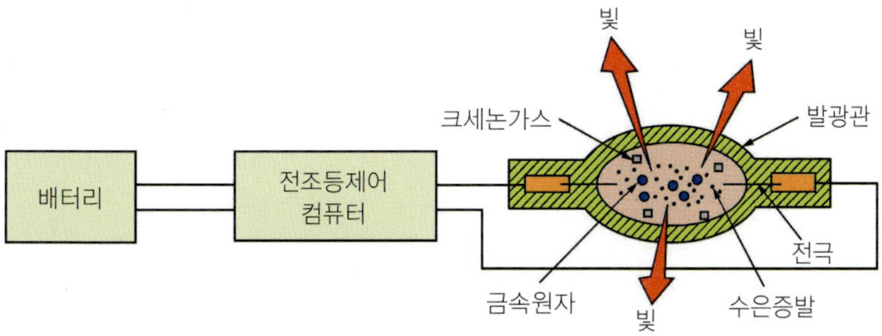

(b) 발광원리

그림 6 | 방전 헤드램프의 발광원리

방전 헤드램프는 최근에 많이 사용되는데 구조는 필라멘트 대신 텅스텐 전극이 설치되어 있으며, 전구(발광 관)내에 크세논(Xe)가스, 금속 할로겐화물(metal halide)이 봉입되어 있다. 전조등 제어용 컴퓨터가 축전지로부터 12V를 받아 승압시켜 텅스텐 전극사이에 순간적으로 약 20,000V 이상의 펄스를 발생시키면 먼저 크세논가스가 활성화되면서 청백색의 빛을 발생시킨다. 이 상태에서 전구 내의 온도가 더욱 더 상승하면 수은이 증발하여 아크방전이 일어나고, 더욱 더 온도가 상승하면 금속 할로겐화물이 증발하면서 유리전자가 발생되는데, 이 유리전자가 금속원자와 충돌하면서 높은 휘도의 빛을 발생시킨다.

이러한 이유로 고휘도 방전 전조등(HID : hight intensity discharge)이라고도 한다. 할로겐램프에 비해 약 2배 정도 밝으며, 태양광선에 가까운 백색의 자연광선을 얻을 수 있을 뿐만 아니라 소비전력은 이전의 약 1/2 정도이며, 수명은 필라멘트에 비해 2배 정도이나 텅스텐 전극에 높은 전압을 안정적으로 공급하기 위해 전조등 제어용 컴퓨터가 필요하다.

05 LED 전조등

LED 전조등은 보다 나은 시야를 확보해 주고, 눈부심 현상 감소는 물론 색온도 조작도 가능해 태양광과 거의 근접한 환경을 조성할 수 있는 기능성과 안전성을 갖고 있으며, 14W LED 램프는 65W 표준 할로겐램프와 대등한 밝기 성능을 갖고 있기 때문에 에너지 절감 측면에서도 뛰어난 성능을 가지고 있다. 또한 LED의 최대 수명이 10만 시간으로 자동차 수명보다 길고, 오랫동안 광량을 유지할 수 있는 내구성을 갖고 있어 광원을 교체할 필요도 없고, 광원의 교체를 고려한 공간 설계도 필요 없으며, 헤드램프 내부에 LED 광원을 매립해 넣을 수도 있게 되었다.

2 오토라이트(auto light)

오토라이트는 운전자가 직접 라이트 스위치를 작동시키지 않아도 조도센서를 이용하여, 주위 조도변화에 따라 오토모드(auto mode)에서 자동적으로 미등 및 전조등을 점등시켜주는 장치이다. 주행 중 주위의 조도가 변화하면 작동한다. 오토라이트 장치는 크래쉬 패드 상단(조수석)에 센서와 유닛으로 주위의 조도변화를 감지한다.

[입·출력 다이어그램]

입 력	제 어	출 력
오토라이트 스위치 점화스위치(시스템전원) 검출조도 조정용 입력 → 미등용 → 전조등 접지	오토라이터 제어유닛 CPU TR1 작동 TR2 작동	미등 릴레이작동 → 미등점등 전조등 릴레이작동 → 전조등접지

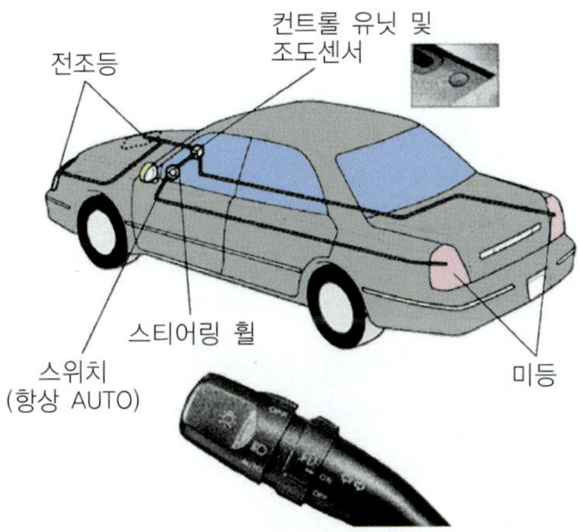

그림 7 | 오토라이트시스템의 구성도

4 안전장치

1 방향 지시등

01 방향지시등의 개요

방향지시등은 자동차의 진행 방향을 바꿀 때 사용하는 것이며 플래셔 유닛(flasher unit)을 사용하여 램프에 흐르는 전류를 자동차 안전 기준상 매분 당 60회 이상 120회 이하로 단속·점멸하여 전구를 점멸시키고 등광색은 황색 또는 호박색으로 1등당 광도는 50～1,050cd의 범위에 있어야 한다.

02 전자 열선식 플래셔 유닛

전자 열선방식 플래셔 유닛은 열에 의한 열선(heat coil)의 신축(伸縮)작용을 이용한 것이며, 중앙에 있는 전자석과 이 전자석에 의해 끌어 당겨지는 2조의 가동접점으로 구성되어 있다. 방향지시기 스위치를 좌우 어느 방향으로 넣으면 접점 P_1은 열선의 장력에 의해 열려지는 힘을 받는다.

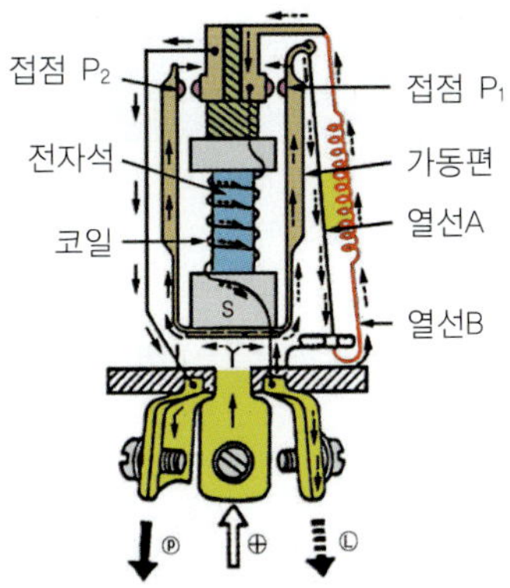

그림 8 | 전자 열선식 플래셔 유닛의 구조

2 안개등(fog lamp)

전조등의 빛이 안개 속에서는 산란되어 먼 거리까지 도달하지 못하지만, 안개등은 빛의 파장이 길어 일반적인 빛에 비하여 산란이 적어 같은 조건에서 빛이 멀리까지 비춰지기 때문에 악천후 속에서 자신의 위치를 알리기 위한 것이다.

3 미등(tail lamp)

미등은 야간에 주행하거나 정지하고 있을 때 자동차가 있는 것을 뒤차에 알리는 표시등이다. 미등은 미등으로만 사용하는 단독방식과 제동등과 겸용으로 사용하는 겸용방식이 있으며, 겸용방식의 전구에는 2개의 필라멘트가 있으며, 제동등을 작동시킬 때는 그 광도가 3배 이상 증가되어야 한다.

4 번호등(license plate lamp)

번호등은 자동차의 뒷면에 설치된 번호판을 조명하는 것으로 전조등 스위치의 조작으로 점등되어야 하며 광원이 눈에 직접적으로 보여서는 안 되며, 등록번호 숫자 위의 어느 부분에서도 8룩스(Lux) 이상이어야 한다.

5 제동등(stop lamp)

제동등은 브레이크 페달을 밟았을 때 뒤차에 제동함을 알리는 것으로 제동장치의 작동에 따라 점등되며, 제동등 스위치는 브레이크 페달을 밟으면 스위치의 접점이 접속되어 점등되는 기계방식과 마스터 실린더안의 유압이 높아지면 유압에 의하여 다이어프램(diaphragm)이 밀려서 접점이 접속되는 유압방식이 있다.

그림 9 | 제동등 스위치 설치위치 및 제동등 스위치

5 전조등 탈부착

1 전조등 탈거

① 차량을 평탄한 노면에 주차시키고 보닛을 열어 놓는다.

② 축전지 ⊖터미널을 탈거한다.

③ 전조등 우측 턴 시그널 램프 고정 너트를 탈거한다.

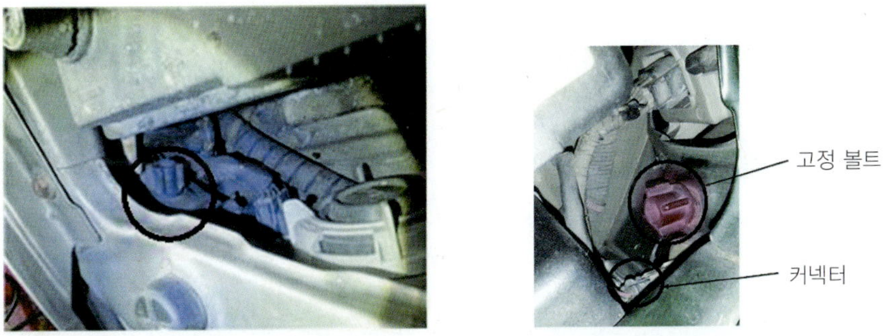

(a) (b)

그림 10 | 턴 시그널 고정너트 탈거

④ 턴 시그널 램프 커넥터를 탈거한다.

⑤ 전조등 고정 볼트(10mm 소켓, 3개)를 탈거한다.

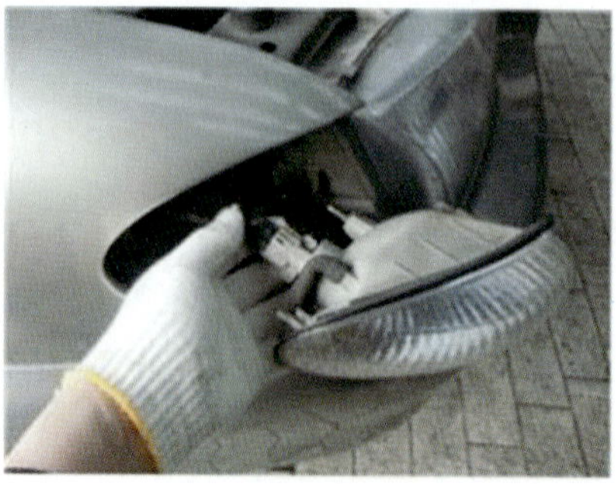
그림 11 | 턴 시그널 커넥터 탈거

그림 12 | 전조등 탈거

⑥ 전조등 램프 커넥터를 탈거한다.

⑦ 하향 전조등 더스트(dust) 커버를 돌려 탈거한다.

그림 13 | 전조등 커넥터 탈거

그림 14 | 하향 전조등 더스트 커버 탈거

⑧ 하향 전조등 커넥터를 탈거한다.

⑨ 하향 전조등 고정 스프링을 눌러 이격시킨다.

그림 15 | 하향 전조등 커넥터 탈거

그림 16 | 고정 스프링 이격

⑩ 하향 전조등을 탈거한다.

⑪ 상향 더스트 커버 및 커넥터를 탈거한다.

그림 17 | 하향 전조등 탈거

그림 18 | 상향 커넥터 탈거

그림 19 | 고정 스프링 이격

그림 20 | 상향 전조등 탈거

⑫ 상향 전조등 고정스프링을 눌러 이격시킨다.

⑬ 상향 전조등을 탈거한다.

2 조립

① 하향 전조등을 끼우고 커넥터를 연결한다.

② 상향 전조등을 끼우고 커넥터를 연결한다. 조립시 전구의 조립표식대로 정 위치에 조립되어야 밝기 및 조사각도가 정상적으로 작동한다.

그림 21 | 하향 전조등 커넥터 연결

그림 22 | 상향 전조등 커넥터 연결

③ 상·하향 전조등 더스트 커버를 조립한다. 차종에 따라 더스트 커버의 상·하 위치가 표기되어 있는 경우 방향을 정확히 일치시켜 조립한다.

④ 전조등 커넥터를 연결한다.

그림 23 | 더스트 커버 조립

그림 24 | 전조등 커넥터 연결

⑤ 전조등 고정 볼트를 조립한다.

⑥ 턴 시그널 램프 커넥터를 연결한다.

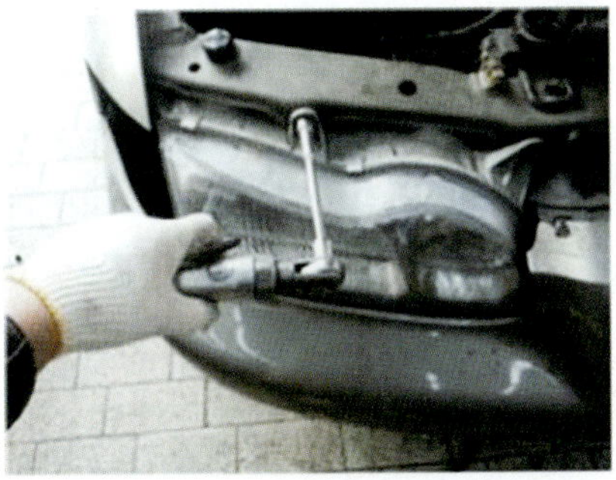

그림 25 | 전조등 고정볼트 조립

그림 26 | 턴 시그널 커넥터 연결

⑦ 턴 시그널 램프 고정 너트를 체결한다.

⑧ 축전지 ⊖터미널을 조립한다.

⑨ 전조등 조립 완료한 후 점화스위치를 ON하고 전조등을 작동시켜 정상작동 되는지를 확인한다.

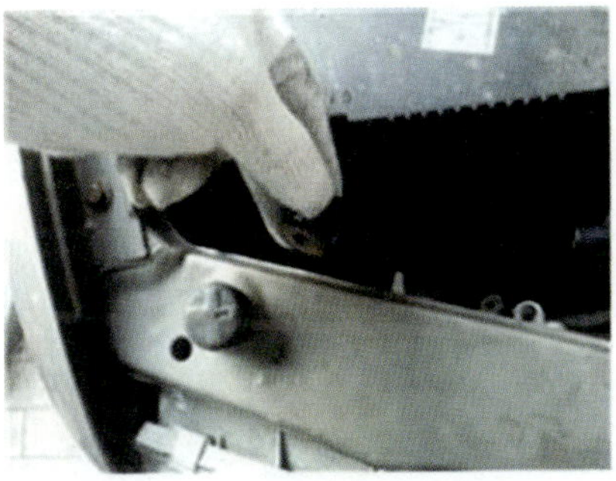

그림 27 | 턴시그널 램프 고정너트 체결

그림 28 | 전조등 정상작동 확인

6 전조등 변환빔(하향등) 광도 측정

1 메인 화면

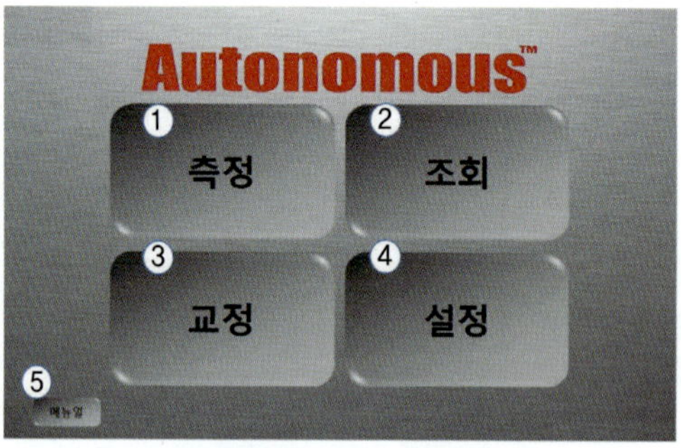

그림 29 | 메인 화면

① 측정 : 헤드라이트 검사를 하기 위한 메뉴. 누르면 접수 화면으로 진입 한다.

② 조회 : 헤드라이트 검사 후 그 결과를 조회하기 위한 메뉴

③ 교정 : 장비 교정을 위한 메뉴(접근 권한을 가진 인원만 접근 가능)

④ 설정 : 장비 설정을 위한 메뉴(접근 권한을 가진 인원만 접근 가능)

⑤ 매뉴얼 : 장비 매뉴얼을 볼 수 있는 메뉴

2 접수 화면

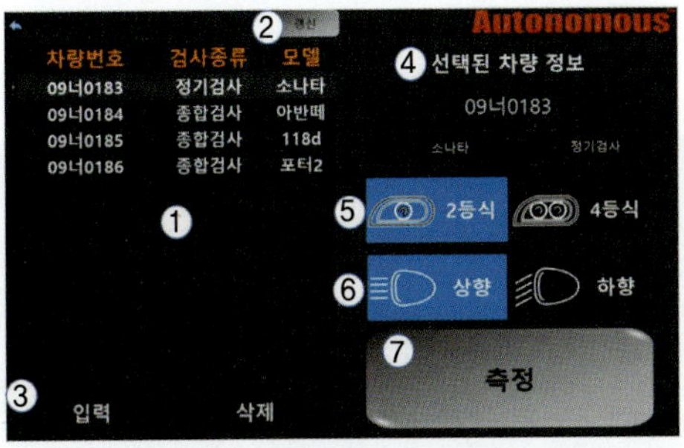

그림 30 | 접수 화면

① 접수 목록 : 접수된 차량의 목록이 표시 됨

② 목록 갱신 : 접수 목록을 수동으로 갱신하는 버튼(일반적으로는 자동 업데이트)

③ 수동 추가 버튼 : 수동으로 검사 목록을 추가 하는 버튼

④ 선택된 차량 정보 : 목록에서 차량 선택 시, 선택된 차량의 정보가 나타난다.

⑤ 전조등 종류 선택 : 검사하는 전조등의 종류을 선택하는 버튼

⑥ 전조등 검사 선택 : 상향등, 하향등, 상향등 및 하향등 선택 가능

⑦ 측정 버튼 : 접수 목록에서 선택된 차량을 검사하는 버튼

3 측정 화면

01 정대 화면

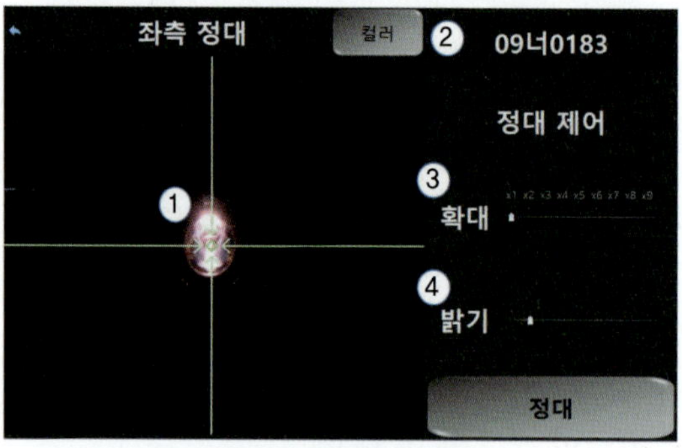

그림 31 | 정대 화면

① 정대 화면 : 전면 카메라로 헤드라이트의 정대를 맞출 수 있는 화면. 가이드라인 중앙에 헤드라이트 전구를 맞추면 정대가 완료 된다.

② 차량 번호 : 현재 검사 중인 차량 번호

③ 확대 슬라이더 : 정밀하게 정대를 하기 위해 카메라를 확대 가능

④ 밝기 슬라이더 : 헤드라이트의 빛이 강하거나 약할 때 조절 가능

02 검사 화면

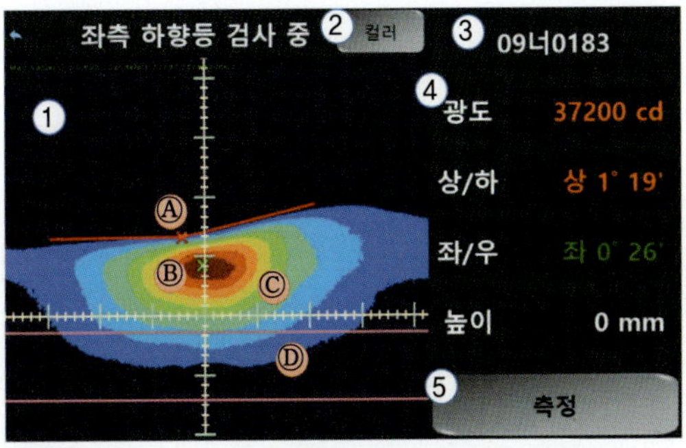

그림 32 | 검사 화면

① 카메라 측정 화면 : 의사 색채로 표현된 헤드라이트 광 분포 화면

- Ⓐ : 하향등의 경우 적색 X 및 라인으로 Elbow point 를 표시 함. Elbow 포인트가 없는 경우 좌우는 0으로 고정되고, 상하만 표시 되며 적색 라인으로 표시 된다.
- Ⓑ : 광축은 녹색 X 로 표시하고 그 광도를 측정 결과에 표시 한다.
- Ⓒ : 1분은 작은 눈금으로 표시하고, 1도는 큰 눈금으로 표시 함
- Ⓓ : 상향등의 경우 검사 기준이 사각형으로 표시되고, 하향등의 경우 상, 하한만 표시 됨. 검사 기준을 만족하면 라인 색이 초록색으로 표시되고, 기준을 만족하지 못하면 적색으로 표시 된다.

② 의사 색채 변경 버튼 : 사용자가 원하는 의사 색채로 변경(22 가지 준비됨)

③ 차량 번호 : 현재 검사 중인 차량번호 표시

④ 측정 결과 : 현재 검사 중인 헤드라이트의 측정 결과가 표시 된다. 검사기준에 만족하면 초록색, 만족하지 못하면 적색으로 표시 된다.

⑤ 측정 버튼 : 현재 화면에 보이는 검사 결과를 저장하고, 전송 함

4 하향등 측정 방법

① 메인 메뉴에서 측정을 누른다.

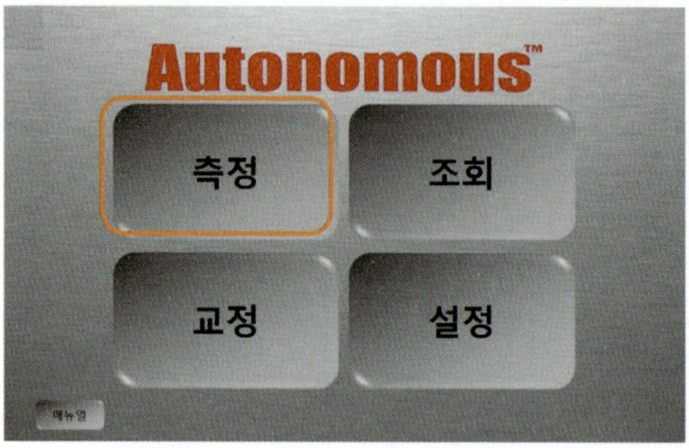

그림 33 | 측정 버튼을 누른다

② 접수 목록에서 검사할 차량을 선택하거나, 수동으로 접수번호와 차량번호를 입력하여 차량을 선택한다. 보통 접수 시에 자동으로 접수 목록에 등록되지만 안 된 경우 갱신 버튼을 눌러준다.

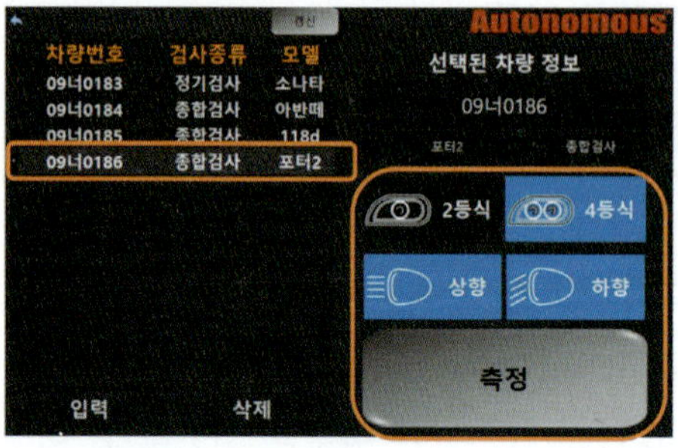

그림 34 | 검사 차량 선택 또는 입력

③ 우측에 선택된 차량번호를 확인한 뒤, 차량의 헤드라이트 타입과 검사할 하향등을 선택하고 측정 버튼을 누른다.

④ 정대 화면에 진입하면, 헤드라이트의 전구가 화면의 중앙 정대 표시에 오도록 장비를 움직인다. 좀 더 정밀하게 맞추기 위해 우측의 확대 슬라이더 및 밝기 슬라이더를 이용하여 정대를 맞춘 뒤, 정대 버튼을 누른다.

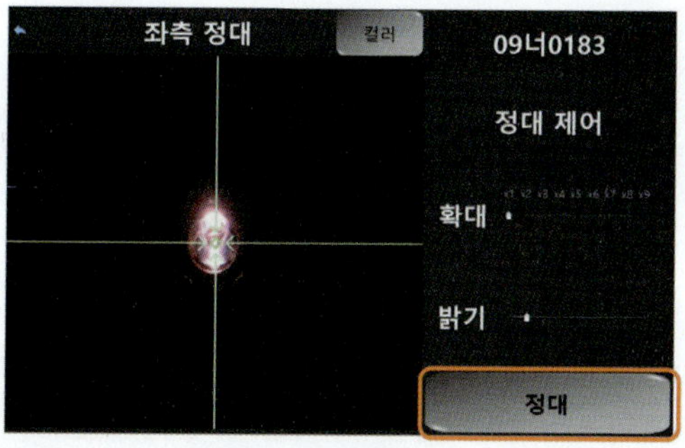

그림 35 | 전구가 화면의 중앙 정대 표시에 오도록 장비 이동

⑤ 정대 버튼을 누르면 검사 모드로 진입한다.

⑥ 검사 모드에서 광축(녹색 X 표시)의 광도를 확인 하고, Elbow point(적색 X 표시) 상/하를 검사 기준에 부합하도록 조정한 뒤, 측정 버튼을 누른다. Cut-off line 이 직선인 경우 Elbow point가 없기 때문에 적색 line 으로 표시된다.

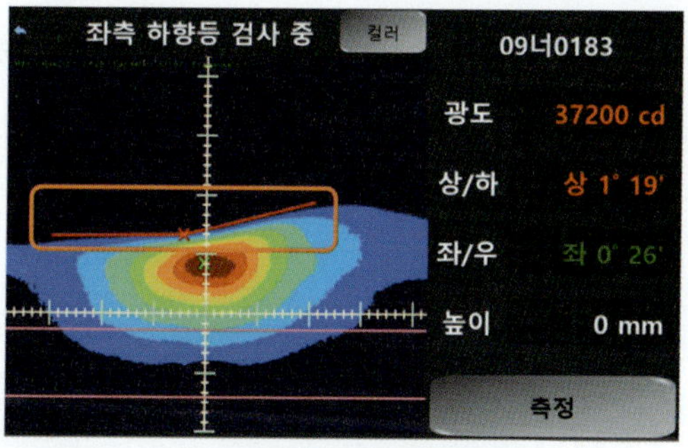

그림 36 | 하향등 검사

⑦ 모든 검사가 끝나면 자동으로 검사 데이터를 저장 및 전송하고, 결과 화면이 나온다.

⑧ 뒤로 가기 버튼을 누르면 접수 화면으로 이동 한다.

[개정된 변환빔(하향등) 판정 기준]

<table>
<tr><th></th><th colspan="2">검사기준</th></tr>
<tr><td></td><td colspan="2">3천칸델라 이상</td></tr>
<tr><td rowspan="3">변환빔 진폭</td><td colspan="2">변환빔의 진폭은 10미터 위치에서 다음 수치 이내일 것</td></tr>
<tr><td>설치높이 ≤ 1.0m</td><td>설치높이 > 1.0m</td></tr>
<tr><td>-0.5% ~ -2.5%</td><td>-1.0% ~ -3.0%</td></tr>
</table>

자동차 전기전자공학

PRACTICE FOR AUTOMOTIVE ELECTRIC & ELECTRON ENGINEERING

부 록

시동장치 정비

[Starting System Maintenance]

1 시동장치의 개요

시동장치 정비는 차량의 정상적인 엔진시동을 위하여 시동장치의 관련회로와 시동전동기의 상태를 점검하여 이상 유·무를 정확하게 파악하고 문제의 부분을 수리, 교환하는 능력이다.

① 시동장치의 구조와 작동원리를 파악할 수 있다.
② 정비지침서에 따라 시동장치를 파악하고 관련 장치의 작동상태를 확인할 수 있다.
③ 정비지침서에 따라 시동장치의 고장원인을 분석할 수 있다.
④ 제조사별 시동장치 종류에 따라 규정값을 기준으로 점검·진단을 할 수 있다.
⑤ 정비지침서에 따라 시동장치의 세부점검목록을 확인하여 고장원인을 파악할 수 있다.
⑥ 정비지침서에 따라 고장 진단장비를 사용하여 시동장치의 고장원인을 분석할 수 있다.
⑦ 시동장치 관련 부품의 조정을 위해 관련 장비 및 공구를 선택 및 사용할 수 있다.
⑧ 정비지침서에 따른 교환·수리 가능여부를 확인하고 교환 및 수리 후 정상상태를 확인할 수 있다.
⑨ 정비지침서에 따른 관련부품을 차량에서 탈·부착 및 분해·조립순서에 맞게 교환할 수 있다.
⑩ 정비지침서에 따라 시동장치의 전기흐름 및 릴레이, 스위치 점검방법에 관한 지식 및 유무선 통신 시동장치를 파악하여 수리할 수 있다.

자력으로 내연기관은 회전할 수 없다. 그러므로 시동시에는 외부로부터 회전을 시켜야 하기 때문에 시동전동기를 사용한다. 시동전동기는 시동 시 점화스위치 ST위치에서 시동전동기의 피니언이 플라이휠의 링기어와 물려 모터의 힘에 의해 크랭크축을 회전 시켜 엔진을 시동시킨다.

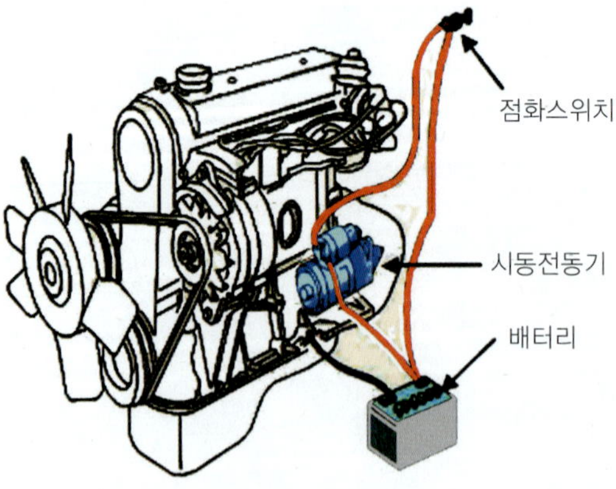

그림 1 | 시동장치

01 시동전동기의 원리

시동전동기의 원리는 계자철심 내에 설치된 전기자코일에 전류를 공급하면 전기자 코일은 플레밍의 왼손법칙에 따르는 방향의 힘을 받는다. 이 원리에 따라 전기자 코일에 전류를 흐르게 하면 전기자코일 양쪽의 전류방향이 역으로 되므로 회전력이 작용하여 회전운동을 발생시킨다.

그림 2 | 시동전동기

02 시동전동기의 구조와 기능

전동기 부분은 회전운동을 하는 부분(전기자와 정류자)과 고정되어 있는 부분(계자코일, 계자철심, 브러시)으로 구성되어 있다.

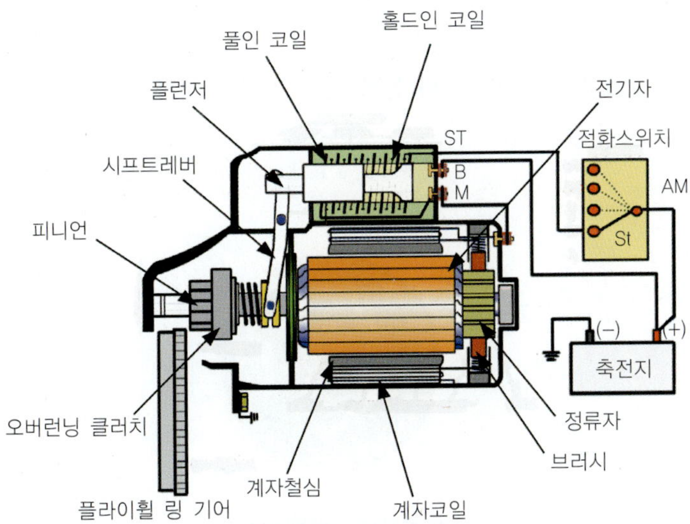

그림 3 | 시동전동기의 구조

(1) 전기자(armature)

전기자는 회전부분으로 전기자 축, 철심, 절연되어 감겨있는 전기자코일 등으로 구성되어 있으며, 전기자 축 앞쪽의 피니언 미끄럼 운동부에는 스플라인이 파져 있다.

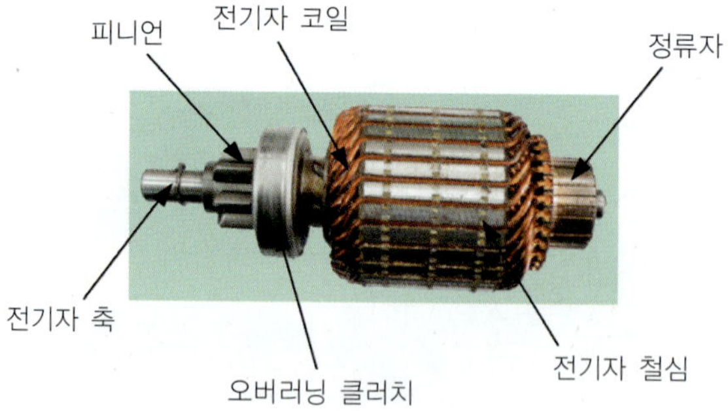

그림 4 | 전기자의 구조

(2) 정류자(Commutator)

경동(硬銅)으로 된 정류자편을 각각 절연하여 원형으로 결합한 것이며 원심력에 의해 튀어나오지 않도록 V링 및 V형 운모로 고정되어 있다. 운모의 돌출로 인한 브러시와의 접촉불량을 방지하기 위하여 정류자 편의 표면보다 0.5~0.8mm 낮게 파져 있다.

(3) 계철과 계자철심(yoke & pole core)

계철은 자력선의 통로와 시동전동기의 틀로 안쪽 면에는 계자코일을 지지하여 자극이 되는 계자철심이 나사로 고정되어 있다.

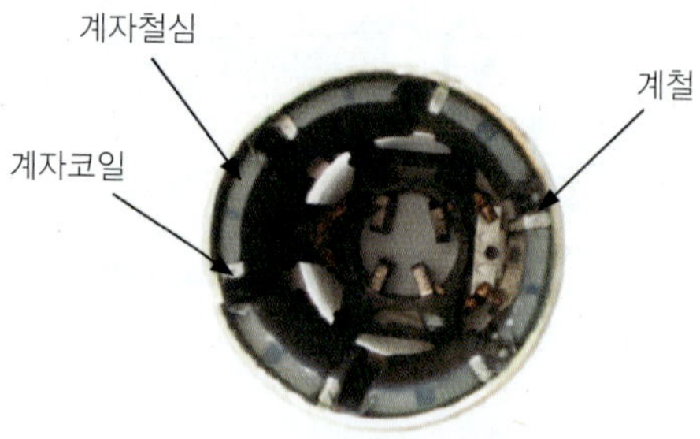

그림 5 | 계철과 계자철심

(4) 계자코일(field coil)

이 코일은 계자철심에 감겨져 자력을 발생시키는 것이며, 큰 전류가 흐르므로 평각 구리선을 사용한다. 코일의 바깥쪽은 테이프를 감거나 합성수지 등에 담궈 막을 만든다.

(5) 브러시와 브러시 홀더(brush & brush holder)

브러시는 정류자를 통하여 전기자 코일에 전류를 출입시키는 일을 하며, 재질은 금속 흑연계열로 직육면체로서 브러시 홀더에 끼워져 홀더 스프링의 장력(0.5~1.0kgf/cm^2)에 의해 정류자 편에 접촉, 밀착된다. 브러시는 정류자를 거쳐 전기자 코일에 전류를 공급하며 2개의 절연브러시와 2개 또는 1개의 접지브러시로 구성되어 있다. 또 브러시가 표준 길이에서 1/3 정도 마멸되면 교환하여야 한다.

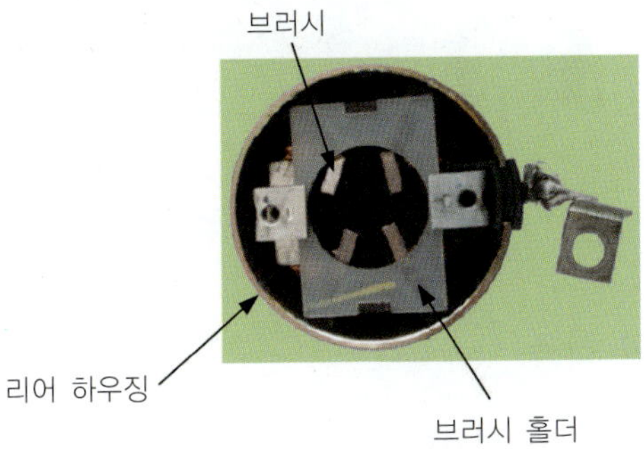

그림 6 | 브러시와 브러시 홀더

(6) 솔레노이드스위치

솔레노이드스위치는 마그넷 스위치라고도 부르며 전자력으로 작동하는 시동전동기용 스위치이다. 구조는 가운데가 비어 있는 철심, 철심 위에 감겨져 있는 풀인코일과 홀드인 코일, 플런저, 접촉판, 2개의 접점(B단자와 M단자)으로 되어 있다.

풀인 코일은 솔레노이드 스위치 ST단자(시동 단자)에서 감기 시작하여 M단자(전동기 단자)에 접속되어 있고, 홀드인 코일은 ST단자에서 감기 시작하여 솔레노이드스위치 몸체에 접지되어 있다. 풀인 코일은 축전지와 직렬로 접속되며, 홀드 인 코일은 병렬로 연결되어 있다.

그림 7 | 솔레노이드 스위치

(7) 전자 피니언 섭동식의 작동

점화스위치(시동 키)를 시동(start)위치로 하면 솔레노이드 스위치의 풀인 코일이 축전지에서의 전류로 강력한 전자석이 되어 플런저를 잡아당긴다.

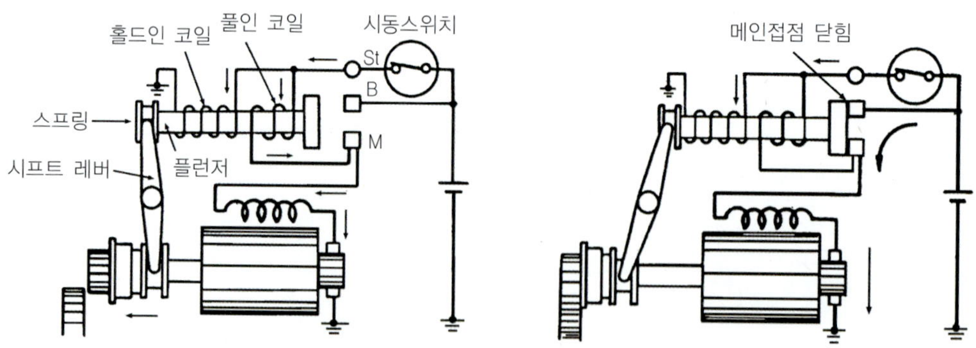

(a) 풀인 코일작동

(b) 홀드인 코일작동

그림 8 | 작동회로

플런저는 시프트 레버를 잡아당겨 피니언을 플라이 휠 링 기어에 물린다. 이 물림이 완료되는 순간부터 시동전동기 스위치(솔레노이드 스위치의 B단자와 M단자)가 닫히면 풀인 코일에 흐르던 전류는 끊기고 동시에 홀드인 코일이 작동하여 플런저가 당긴 상태를 유지할 때 시동전동기에 축전지 전류가 흘러 강력한 회전을 시작하여 기관을 크랭킹시킨다.

(8) 오버 런닝 클러치(over running clutch)

오버 런닝 클러치(over running clutch)란 기관이 시동된 후 피니언과 플라이휠 링 기어가 물린 상태이므로 이번엔 반대로 기관에 의해 시동전동기가 고속으로 구동되어 전동기가 손상된다. 이를 방지하기 위해 기관이 시동된 후 피니언이 공전하여 시동전동기가 구동되지 않도록 하는 장치를 말한다. 종류에는 롤러 형식, 스프래그 형식, 다판 클러치 형식 등이 있다.

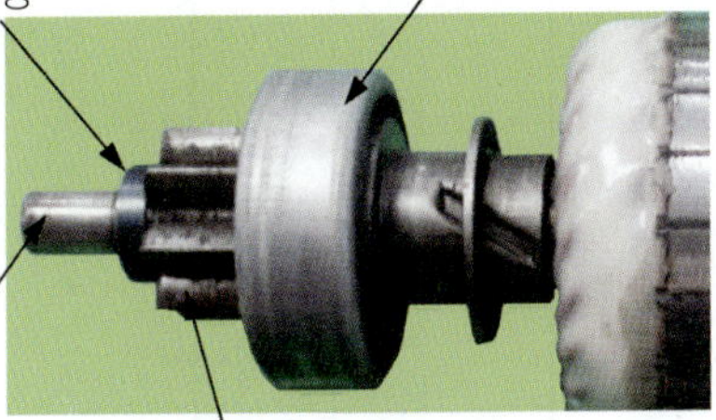

그림 9 | 오버런닝 클러치

(9) 시동회로 전류의 흐름

① 배터리(+) → 이그니션 퓨저블 링크(30A) → 이그니션 스위치 AM단자 → 실내정션박스 → 인히비터 스위치 → 스타트 릴레이 B6단자 → 접지 G15

② 이스니션 퓨즈블 링크 30A → 스타트 릴레이 → 스타팅 모터 ST단자 → 접지

③ 배터리(+) → 시동전동기 B단자 → 접지

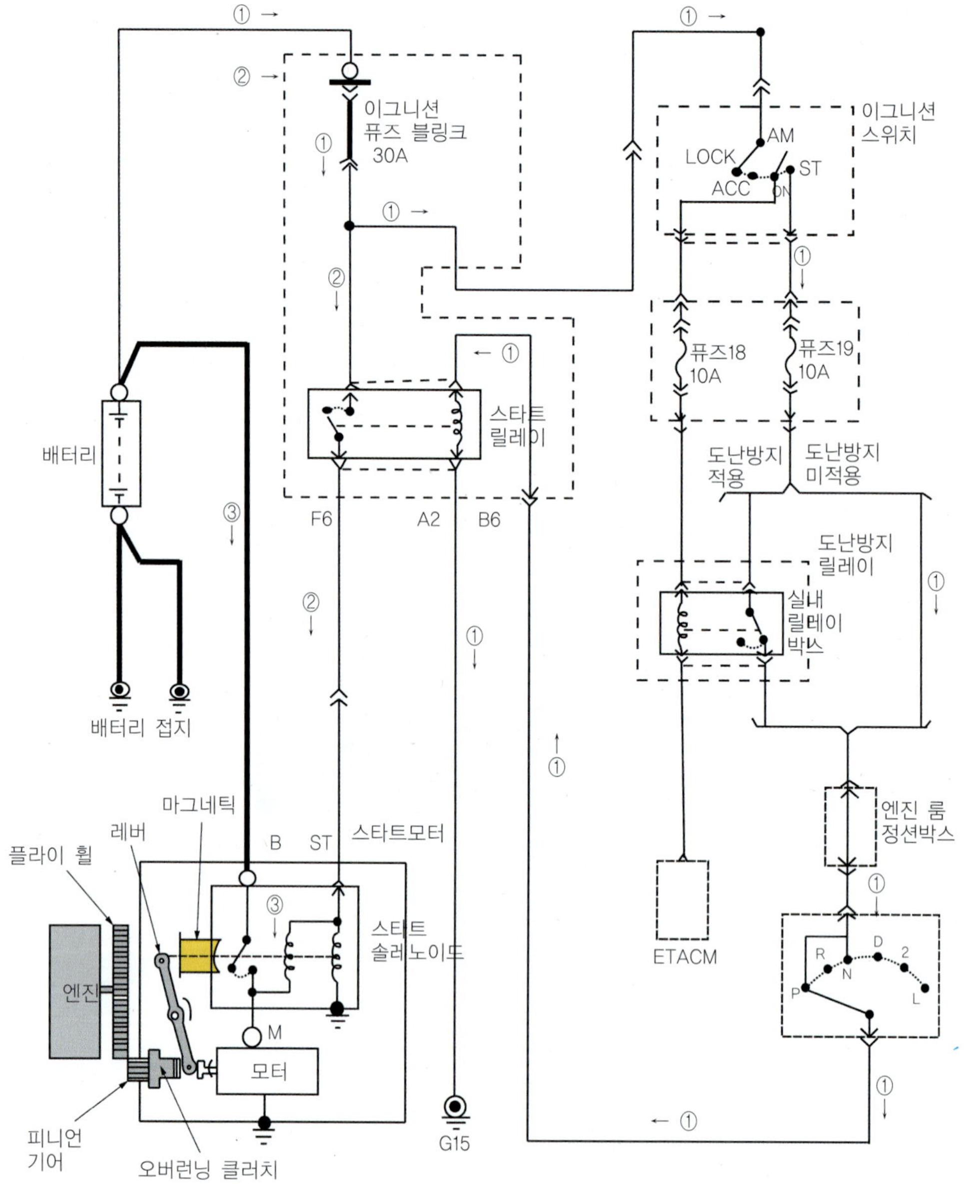

그림 10 | 시동회로도(A/T).

(10) 리모컨 스타터(remote starter)

리모컨 스타터는 리모컨으로 차량의 시동을 거는 것을 말한다. 이러한 원격 시동은 반드시 경계상태에서만 가능하다. 사용자가 리모컨의 시동 버튼을 누르면 5초 동안 시동 허가 타이머가 작동한다. 이때 리모컨의 록 버튼을 누르면 즉시 원격 시동 데이터가 송신한다.

전장제어 ECU에서 시동 데이터가 수신 되면 원격 시동 조건 확인 후 이상이 없으면 IG1 릴레이를 구동시키고 4초 후 시동 릴레이를 구동한다. 만약 시동이 걸리지 않을 경우에는 3번에 걸쳐 재시동 출력을 낸다.

시동릴레이 구동 중 발전기 "L"단자 출력이 나오면 출력을 멈춘다. 그리고 시동이 걸린 후 30초 후 IG2 릴레이를 구동시켜 공조장치 가동을 가능하게 한다. 비상등 램프는 시동 데이터 수신 이후부터 시동이 걸릴 때까지 0.6초 주기 50% 듀티로 구동시키고 시동 이후 3초 ON, 1초 OFF로 구동된다. 다음 다섯 가지 경우에는 엔진 시동이 금지된다.

첫째 원격 시동 중 또는 시동 후에 리모컨에 의한 엔진 정지 데이터가 출력된 경우 즉, 엔진 버튼 누르고 5초 이내에 언록 버튼을 누른 경우이다. 둘째는 원격 시동 후 10분이 경과하면 원격 시동은 해제된다. 셋째는 원격 시동 후에 도어를 연 경우이다. 즉 리모컨에 의하여 언록 된 이 후 운전자에 의하여 문이 열리면 IG2 릴레이를 OFF한다. 여기서 30초가 경과되면 리모트 스타트 기능을 해제 한다. 만약 30초 이전이라도 IG2 전원이 ETACS로 입력되면 리모트 스타트 기능을 해제 한다.

넷째는 원격 시동으로 시동이 걸린 후 4초 후 "엔진 체크 램프"가 점등되어 있으면 시동 기능을 해제 한다. 단 엔진 경고등 점등시 크랭킹은 가능하다.

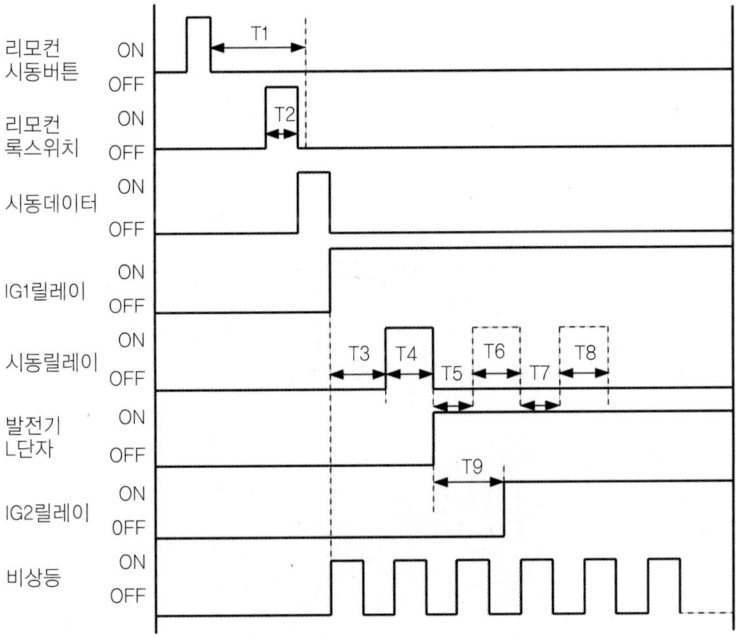

그림 11 | 리모컨 스타터의 타임차트

[리모컨 스타터의 차종별 제어시간]

차종	제어시간	차종	제어시간
아반떼 XD	T1 : 5±0.5초 T2 : 1초 이상 T3 : 4±0.2초 T4 : 1초 T5 : 2±0.2초 T6 : 1.5초 T7 : 2±0.2초 T8 : 2초 T9 : 30±3초	그랜저 XG	T1 : 5±0.5초 T2 : 1초 이상 T3 : 4±0.2초 T4 : 2±0.2초 T5 : 2±0.2초 T6 : 2.5±0.2초 T7 : 2±0.2초 T8 : 3±0.3초 T9 : 30±3초

다섯째는 원격 시동 중 혹은 시동 후 경보 조건에 돌입하거나 변속레버 "P"위치, 주차 브레이크 OFF 등의 경우에도 리모트 스타트 기능을 해제한다.

(11) 점화스위치

1) 키 위치 기능

① LOCK : 키를 삽입하거나 뽑는 위치이다.\

② ACC : 엔진 시동을 걸지 않고도 전기장치(라디오, 시가라이터 등)의 일부를 사용할 수 있다.

③ ON : 엔진이 작동하기 전, 후에 모든 전기장치를 사용할 수 있는 위치이다.

④ START : 엔진 시동을 거는 위치이다. 시동이 걸려서 손을 떼면 ON위치로 되돌아간다.

그림 12 | 키 스위치

2) 시동방법

① 주차브레이크를 당긴다.

② 변속기를 중립에 놓는다(자동변속기는 P 또는 N 위치로 한다).

③ 키 스위치를 START 위치로 하여 시동을 건다.

03 시동전동기 고장원인 및 정비

(1) 시동전동기가 회전되지 않는다.

① 배터리 충전 전압이 낮다 - 배터리 충전 또는 배터리 교환

② 배터리 케이블단자 느슨해짐 또는 부식 - 케이블 단자 조임 또는 교환

③ 자동변속기 인히비터 스위치 불량 - 인히비터 스위치 조정 또는 교환

④ 수동변속기 클러치 페달 스위치 불량 - 클러치 페달 스위치 교환

⑤ 퓨즈블 링크 불량 - 퓨즈블 링크 교환

⑥ 엔진에서 차체로 연결된 접지선 접촉 불량 - 접지선 수리 또는 교환

⑦ 점화스위치 불량 - 점화스위치 교환

⑧ 시동전동기 불량 - 시동전동기 수리 또는 교환

⑨ 스타트 릴레이 불량 - 스타트 릴레이 교환

(2) 시동전동기 회전이 느리다.

① 배터리 전압이 낮다 - 배터리 충전 또는 교환

② 배터리 케이블의 조립 불량 - 케이블 조임 또는 교환

③ 시동전동기 불량 - 시동전동기 수리 또는 교환

(3) 시동전동기가 멈추지 않고 계속 회전한다.

① 시동전동기 불량 - 시동전동기 수리 또는 교환

② 점화스위치 불량 - 점화스위치 교환

(4) 시동전동기는 회전하나 엔진이 회전하지 않는다.

① 배선의 단락 - 배선 수리 또는 교환

② 피니언 기어 부러졌거나 전동기의 결함 - 시동 전동기 교환

③ 링기어의 기어가 부러짐 - 플라이휠 링기어 또는 토크컨버터 교환

(5) 시동시 시동모터에서 "딸깍"하는 소리만 나고 크랭킹이 안 된다.

① 배터리 전압이 낮다 - 배터리 충전 또는 교환

② 시동모터에 연결된 B단자 헐거움 - B단자 조임

③ 엔진에서 차체로 연결된 접지선 접촉 불량 - 접지선 수리 또는 교환

④ 점화스위치 ST단자와 시동모터 ST단자 간 배선불량 - 배선 수리 또는 교환

2 시동장치 정비

① 시동장치 정비 전 정비 지침서를 숙지하여 실습순서를 정하고 공구 및 실습 기기와 재료 등을 충분히 준비한다.
② 실습장 및 주위를 깨끗이 정리정돈하고 유류 등의 인화성 물질은 안전하게 별도로 보관하며 소화기를 비치하여 화재사고에 대비한다.
③ 시동장치 정비 시작 전 안전교육을 실시한다.
④ 복잡한 부분을 분해할 경우에는 조립작업을 쉽게 하기 위하여 기능상이나 외관상 악영향이 없는 부분에 각인(刻印) 또는 조립 표시등을 하여 둔다.
⑤ 부품을 분해하면서 조립되었던 상태·변형·오작동부분 및 손상 등을 점검한다.
⑥ 분해한 부품은 순서대로 잘 정리하여야 하며 또 교환하여야 하는 부품과 다시 사용할 부품을 구분하여 정리하고 다시 사용할 부품은 충분히 청소 및 세척을 한다.
⑦ 정비시 부품을 떨어지지 않도록 하며 작업장 바닥에 이물질이 있으면 즉시 닦아낸다.
⑧ 볼트 및 너트 체결시 적절한 공구를 사용하며, 정비지침서에 규정된 토크로 조인다.
⑨ 배터리단자 연결시 불꽃이 발생하지 않도록 한다.
⑩ 전류측정 시 단자방향에 주의한다.
⑪ 시동전동기 점검시 시험기가 손상되지 않도록 주의하고 시험기 리드선 극성을 정확히 연결한다.
⑫ 시동전동기 회전 시 접촉이 되지 않도록 주의한다.
⑬ 무부하 및 부하시험을 할 경우 모든 점검은 짧은 시간(15초)에 완료한다.
⑭ 시동전동기를 차량에서 탈·부착시 이물질이 눈에 들어가지 않도록 주의한다.
⑮ 실습 종료 후 실습장 주위의 정리정돈을 깨끗이 한다.

[필요한 장비]

	공구 및 측정기기	실습 재료	기타
• 일반 공구세트 • 특수공구 • 작업등 • 에어공구 • 전동공구 • 토크렌치 • 납땜인두 • 비중계 • 전류계 • 전압계 • 그로울러 테스터기 • 버니어캘리퍼스	• 회전계 • 오실로스코프 • 종합진단기 • 스프링 저울 • 곧은자 • 안전보호구 (방독면, 방진마스크, 보안경, 보호 장갑, 방진 보호복, 작업복)	• 시동전동기 • 퓨즈 • 하네스(배선, 커넥터) • 축전지 • 시동릴레이 • 걸레 • 점화스위치 • 인히비터 스위치 • 브러시 • 브러시 스프링 • 샌드 페이퍼 • 가솔린 또는 디젤차량	정비지침서

01 시동전동기 탈·부착

① 차량을 리프트에 진입시키고 후드를 열어 배터리 (-)케이블을 공구를 사용하여 탈거한다.

② 배터리 본선과 연결된 시동전동기 B단자를 공구를 사용하여 탈거한다.

그림 13 | (-)케이블 탈거

그림 14 | B단자 탈거

③ 시동전동기의 ST단자 커넥터를 탈거한다.

④ 시동전동기 고정 볼트를 공구를 사용하여 탈거한다.

⑤ 신품의 시동전동기를 조립한다. 차종에 따라 체결볼트에 접지단자가 체결되는 경우가 있으므로 주의하며, 볼트는 2~3회 나누어 체결한다.

그림 15 | ST단자 탈거

그림 16 | 고정 볼트 탈거

⑥ 시동전동기 B단자와 ST단자 커넥터를 연결한다. B단자 체결시 단자보호 및 전기적 손상을 방지하도록 단자보호 덮개는 반드시 씌운다.

⑦ 배터리 (-)케이블을 연결하고 시동을 2~3회 연속적으로 걸어 정상 작동상태를 확인한다.

02 시동전동기 분해·조립

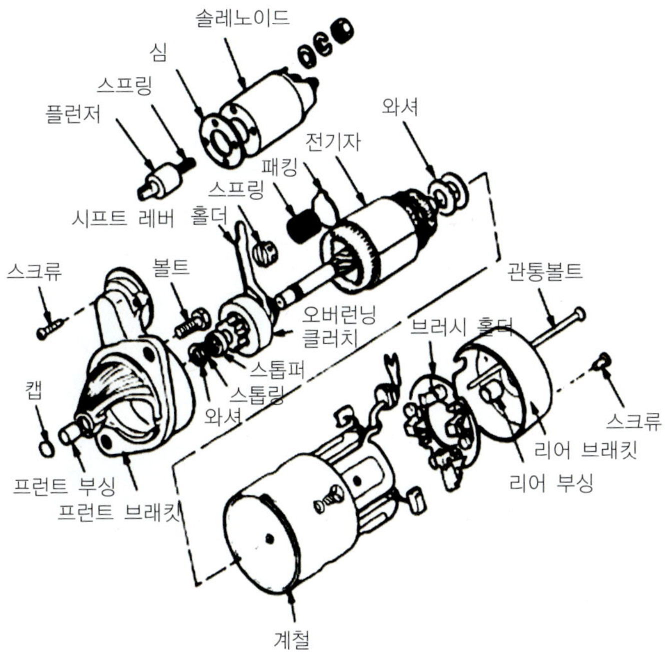

그림 17 | 시동모터의 분해도

① 솔레노이드 스위치 M단자(또는 F단자라고도 함)의 커넥터를 분리한 후, 고정 스크루를 풀고 솔레노이드 스위치를 분리한다.

② 관통볼트(2개)를 풀고 계철을 분리한다.

③ 시프트 레버와 전기자 어셈블리를 분리한다.

그림 18 | M단자 분리

그림 19 | 솔레노이드스위치 분리

그림 20 | 관통볼트 탈거

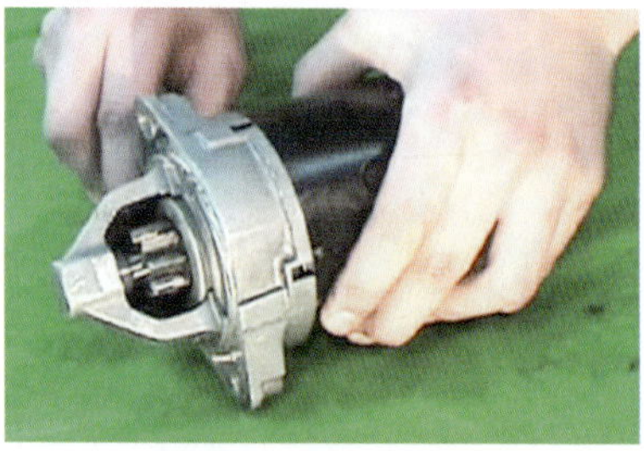

그림 21 | 프런트 하우징 탈거

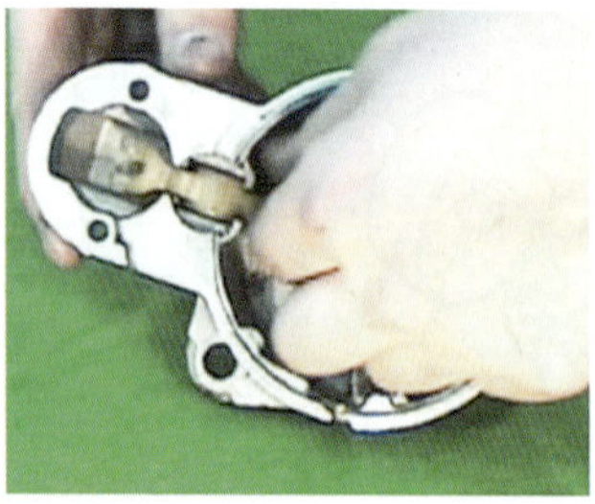

그림 22 | 시프트 레버 탈거

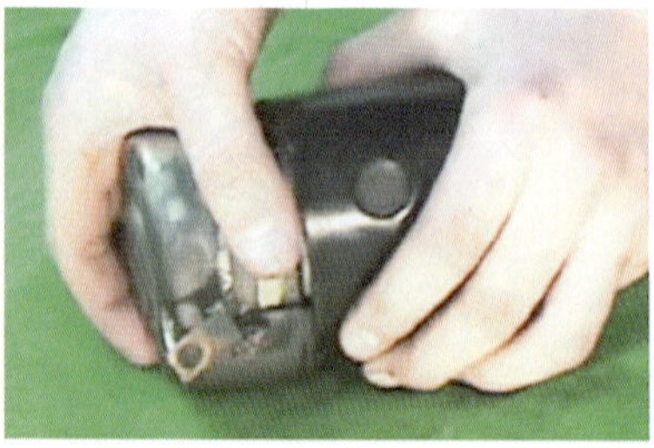

그림 23 | 리어 브래킷 탈거

④ 계철 뒤쪽에서 접지 스크류를 풀고 리어 브래킷을 분리한다.

⑤ 브러시 홀더에서 브러시를 분리한다.

⑥ 조립은 분해의 역순으로 작업한다.

그림 24 | 계철과 전기자 분리

그림 25 | 브러시 탈거

03 전기자 및 정류자 점검

(1) 그로울러 시험기로 전기자 코일점검

전기자코일은 그로울러 시험기로 점검한다.

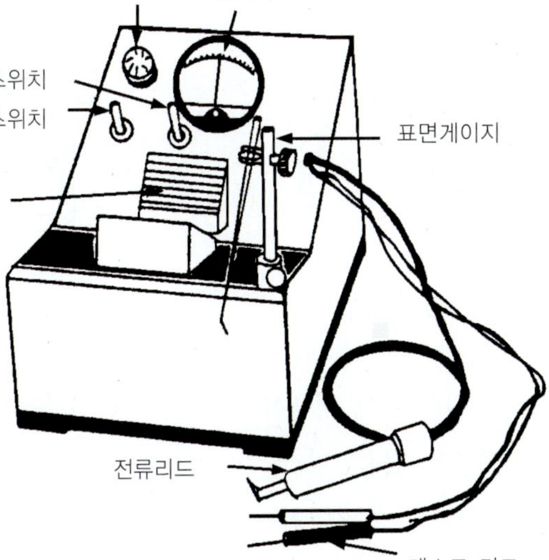

그림 26 | 그로울러 시험기의 구조

1) 전기자코일의 단선(개회로)시험

① 전원스위치를 OFF로 한 상태에서 그로울러 테스터의 V형 철심 위에 전기자를 올려놓는다.

② 전원스위치를 ON으로 한 다음 출력 및 입력 선택스위치를 모두 H쪽으로 한다.

③ 테스터의 리드선을 서로 접속시켜 그로울러 테스터의 램프에 점등이 되는지 점검한다.

④ 테스터 리드선의 프로브를 정류자 편에 각각 접속하여 테스터의 램프에서 점등 여부를 점검한다.

⑤ 이때 테스터 램프가 점등되면 정상이고, 점등되지 않으면 단선된 상태이다.

2) 전기자의 단락시험

① 그로울러 테스터의 V형 철심 위에 전기자를 올려놓는다.

② 전원 스위치를 ON으로 한 다음 출력 및 입력 선택스위치를 모두 H쪽으로 한다.

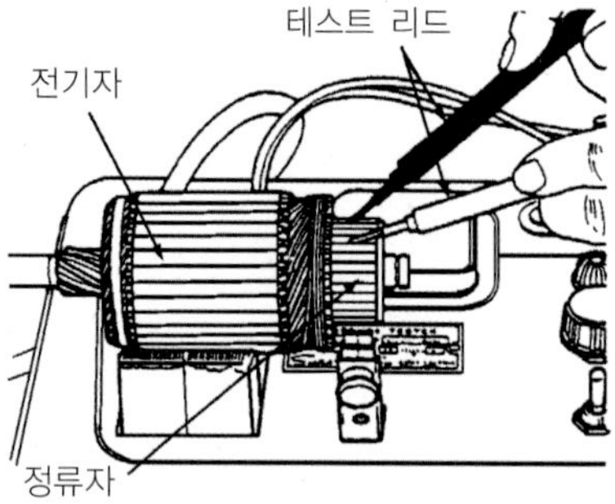

그림 27 | 전기자코일 단선시험

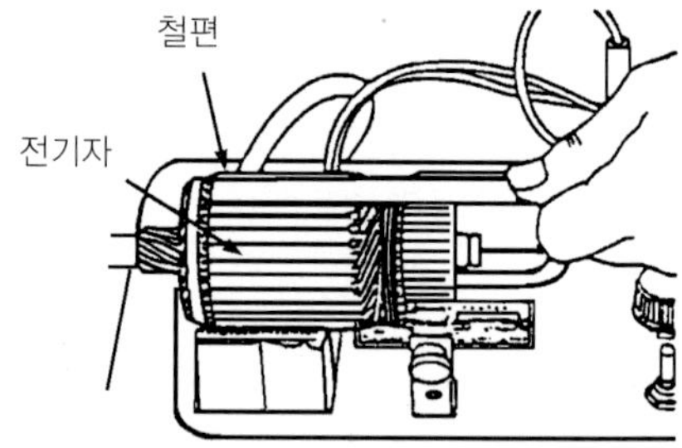

그림 28 | 전기자 단락시험

③ 얇은 철판을 전기자 철심 위에 평행하게 댄 다음 전기자를 천천히 회전시키면서 철판이 흡입되거나 진동 여부를 점검한다.

④ 흡입 또는 진동이 없으면 정상이다.

3) 전기자의 접지시험

① 그로울러 테스터의 V형 철심 위에 전기자를 올려놓는다.

② 전원 스위치를 ON으로 한 다음 출력 및 입력 선택 스위치를 모두 H쪽으로 한다.

③ 테스터의 리드선을 서로 접속시켜 그로울러 테스터의 램프에 점등이 되는지 점검한다.

④ 테스터 리드선의 프로브를 전기자 철심과 정류자 편에 접속하였을 때 테스터 램프에 점등이 되지 않으면 정상이다.

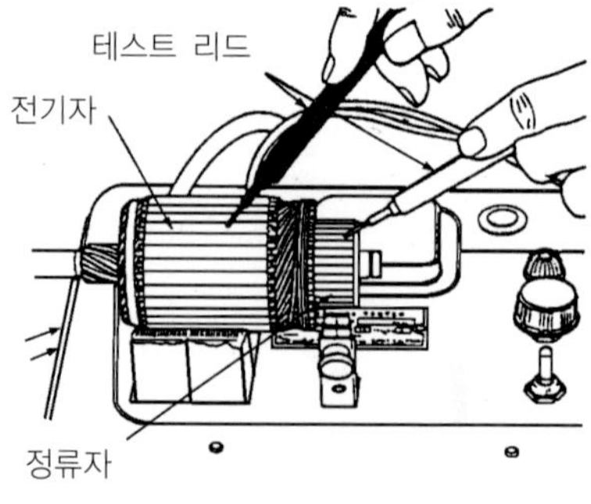

그림 29 | 전기자 접지시험

(2) 회로시험기로 전기자, 정류자, 계철 점검

1) 전기자 코일 단선시험(통전시험)

① 회로시험기의 셀렉터를 저항×1Ω 레인지에 설정한다.

② 회로시험기의 (+)단자를 전기자의 정류자 편에 연결한다.

③ 회로시험기의 (-)단자를 전기자 정류자 다른 편에 연결한다.

④ 눈금판에 나타나는 저항값을 기록한다.

⑤ 전기자를 회전(360°회전)시키면서 각 정류자 편 사이의 저항을 측정한다.

⑥ 판정 : 0Ω이 나오면 정상이다.

2) 전기자 코일 접지시험

① 회로시험기의 셀렉터를 저항×1Ω 레인지에 설정한다.

② 회로시험기의 (+)단자를 전기자의 정류자 편에 연결한다.

③ 회로시험기의 (-)단자를 전기자 몸체에 연결한다.

④ 눈금판에 나타나는 저항 값을 기록한다.

⑤ 전기자를 회전(360°회전)시키면서 각 정류자 편과 전기자 몸체사이의 저항을 측정한다.

⑥ 판정 : ∞Ω이 나오면 정상이다.

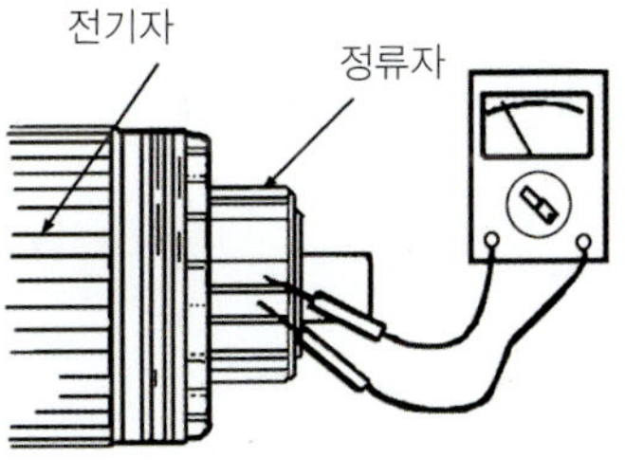

그림 30 | 전기자 코일의 단선시험

그림 31 | 전기자 코일의 접지시험

3) 정류자 세그먼트 홈 깊이(언더컷)

정류자 세그먼트 사이의 몰드 깊이가 한계 값 이하이면 교환한다.

① 표준 깊이 : 0.5~0.8mm

② 한계 값 : 0.2mm

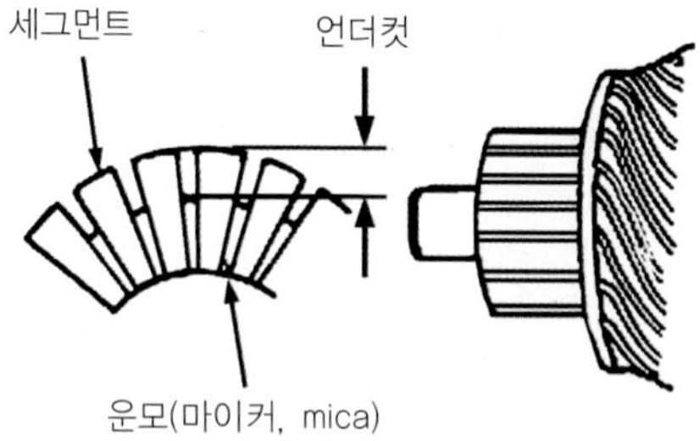

그림 32 | 정류자 세그먼트 홈 깊이 점검

그림 33 | 계자코일 단선시험

4) 계자코일 단선시험(도통시험)

① 회로시험기의 셀렉터를 저항×1Ω 레인지에 설정한다.

② 회로시험기의 (+)단자를 계자코일의 한 선에 연결한다.

③ 회로시험기의 (-)단자를 계자코일의 다른 선에 연결한다.

④ 눈금판에 나타나는 저항 값을 기록한다.

⑤ 계자코일의 각 선 사이의 저항을 돌아가면서 측정한다.

⑥ 판정 : 0Ω이 나오면 정상이다.

5) 계자코일 접지시험

① 회로시험기의 셀렉터를 저항×1Ω 레인지에 설정한다.

② 회로시험기의 (+)단자를 계자코일의 한 선에 연결한다.

③ 회로시험기의 (-)단자를 계자코일의 몸체에 연결한다.

④ 눈금판에 나타나는 저항값을 기록한다.

그림 34 | 계자코일 접지시험

⑤ 계자코일의 각 선과 몸체 사이의 저항을 돌아가면서 측정한다.

⑥ 판정 : ∞Ω(무한대)이 나오면 정상이다.

04 브러시점검 및 교환

(1) 브러시 길이 점검

브러시 길이는 버니어캘리퍼스나 곧은 자를 이용하여 측정하며 표준 길이의 1/3 이상 마멸된 경우에는 교환한다.

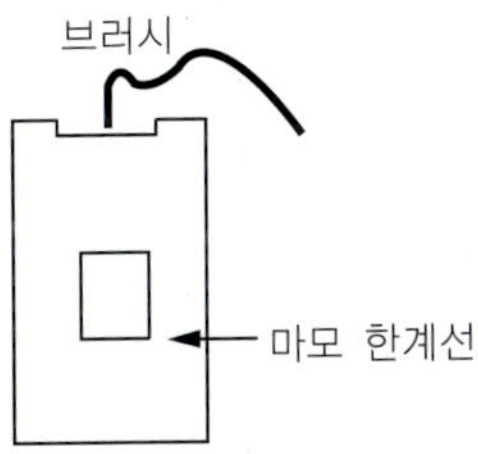

그림 35 | 브러시 마모 한계선

(2) 브러시와 브러시 홀더 점검

회로시험기로 (+)측 브러시와 브러시 홀더 사이의 통전을 점검하여 도통되면 홀더 어셈블리를 교환한다.

(3) 브러시 스프링장력 점검

① 스프링 저울을 준비한다.

② 스프링 저울의 훅을 브러시 스프링에 건다.

③ 브러시 스프링의 중심부분을 고정시킨다.

④ 스프링 저울을 위로 잡아당긴다.

⑤ 브러시 스프링이 움직이는 시점에서의 값을 기록한다.

⑥ 판정 : 스프링 장력은 0.5~1.0kgf/cm^2 정도이며, 규정 장력의 60~70% 정도이면 정상이다.

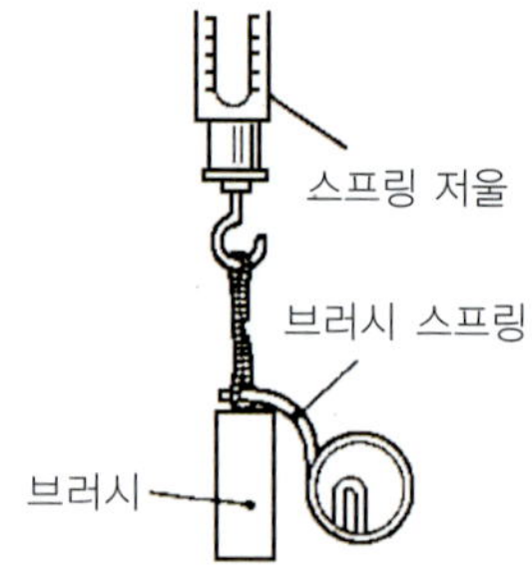

그림 36 | 브러시 스프링장력 점검

(4) 브러시 교환방법

① 계자코일 브러시를 교환할 경우에는 피그테일(pig tail)이 손상되지 않도록 마멸된 브러시를 빼낸다.

② 납땜이 잘되도록 피그테일 끝을 샌드페이퍼로 가공한다.

③ 피그 테일 끝을 납땜한다.

④ 접지 브러시를 교환할 경우에는 리테이너링 스프링 뒤를 지지하고 있는 브러시를 밀어서 빼낸다.

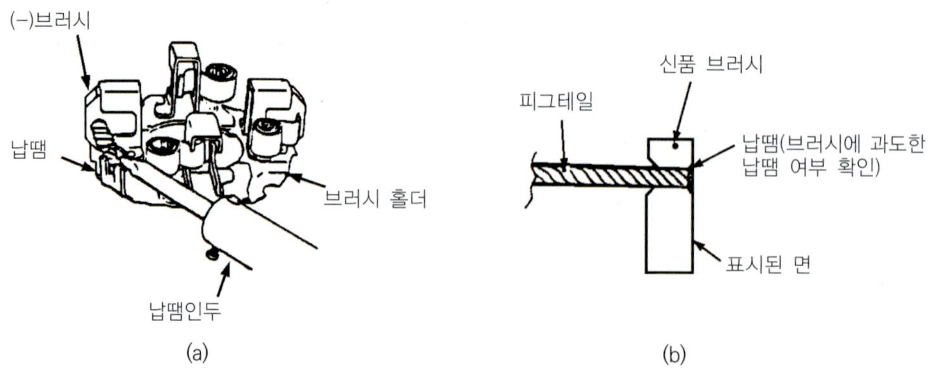

그림 37 | 브러시 교환방법

05 솔레노이드 스위치 점검

(1) 회로 시험기로 점검

1) 풀인 코일 점검

① 회로시험기의 셀렉터를 저항×1Ω 레인지에 설정한다.

② 회로시험기의 (+)단자를 솔레노이드 스위치 ST단자에 연결한다.

③ 회로시험기의 (-)단자를 솔레노이드 스위치의 M단자에 연결한다.

④ 눈금판에 나타나는 저항 값을 측정한다.

⑤ 판정 : 5Ω 이하가 나오면 정상이다.

그림 38 | 풀인코일 저항시험

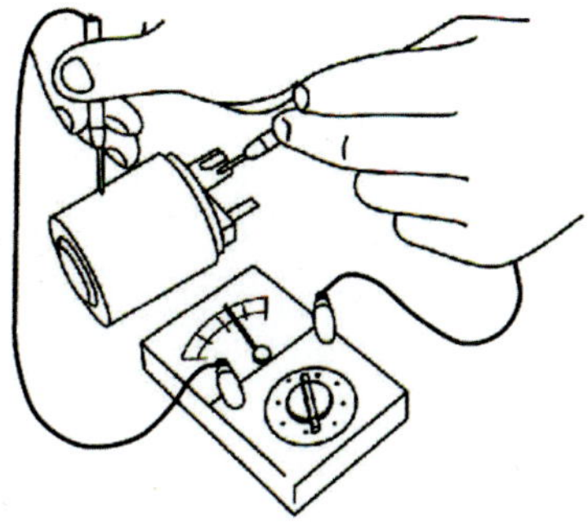

그림 39 | 홀드인 코일시험

2) 홀드인 코일 점검

① 회로 시험기의 셀렉터를 저항×1Ω 레인지에 설정한다.

② 회로 시험기의 (+)단자를 솔레노이드 스위치의 ST단자에 연결한다.

③ 회로 시험기의 (-)단자를 솔레노이드 스위치의 몸체에 연결한다.

④ 눈금판에 나타난 저항 값을 기록한다.

⑤ 판정 : 3Ω 이하가 나오면 정상이다.

3) 솔레노이드 스위치 단락시험

① 회로시험기의 셀렉터를 저항×1Ω 레인지에 설정한다.

② 회로시험기의 (+)단자를 M단자에 연결한다.

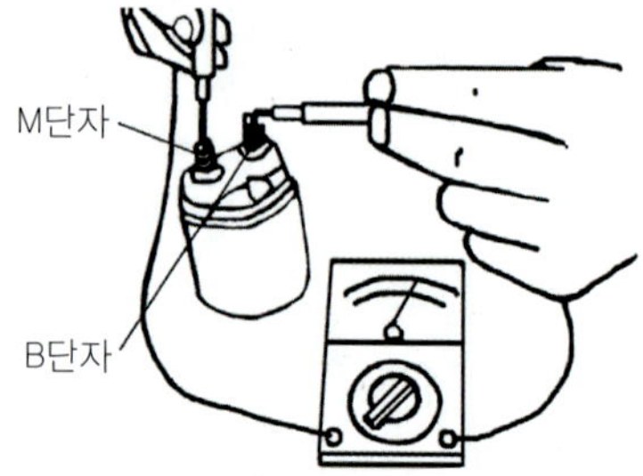

그림 40 | B-M단자 단락시험

③ 회로시험기의 (-)단자를 B단자에 연결하여 도통시험을 한다.

④ 판정 : 도통되면 불량이다.

(2) 솔레노이드스위치 작동점검

1) 풀인시험(Pull – In Test)

① 솔레노이드스위치 M단자에서 배선을 분리한다.

② 솔레노이드스위치 ST단자와 M단자 사이에 12V 축전지를 연결한다. 이때 시험은 10초 이내로 하여야 한다.

③ 피니언이 밖으로 움직이면 풀인 코일은 양호한 것이며 움직이지 않으면 솔레노이드 스위치를 교환한다.

2) 홀드인시험(Hold – In Test)

① 솔레노이드 스위치 M단자에서 커넥터 배선을 분리한다.

② 솔레노이드 스위치 ST단자에 (+)를 M단자와 보디에 (-)를 접속한다. 그 후에 피니언이 전진한 상태에서 M단자를 떼어냈을 때 피니언이 바깥쪽에 유지되면 정상이다. 이때 시험은 10초 이내로 실시한다.

③ 피니언이 안쪽으로 이동을 하면 회로가 개방된 것이다. 이때는 솔레노이드 스위치를 교환한다.

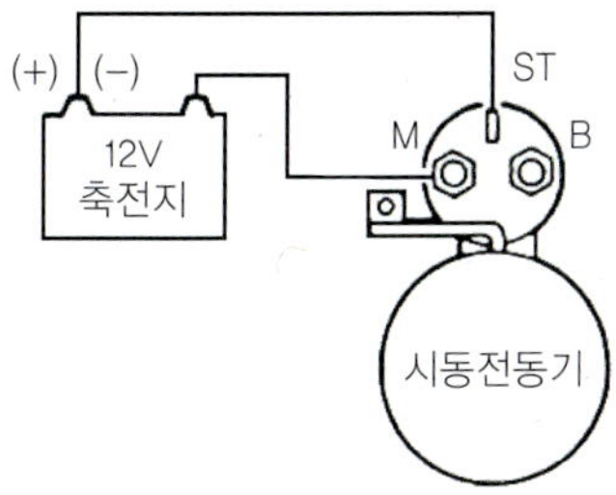

그림 41 | 풀인시험

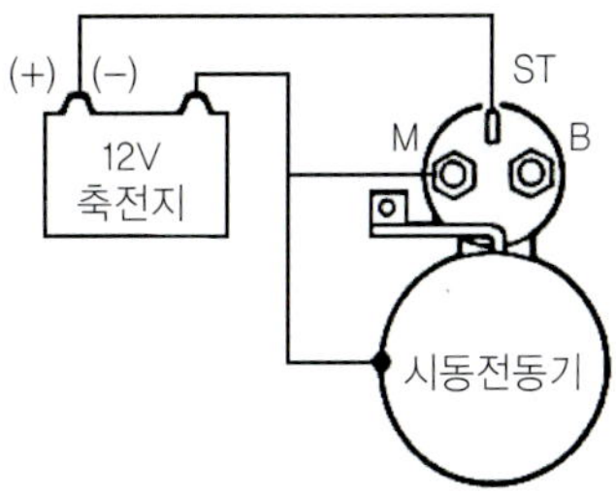

그림 42 | 홀드인시험

3) 솔노이드 스위치 복원시험

① 솔레노이드 스위치 M단자에서 커넥터 배선을 분리한다.

② 솔레노이드 스위치 ST단자와 보디 사이에 12V 배터리 전압을 연결한다. 이때 시험은 10초 이내로 실시하여야 한다.

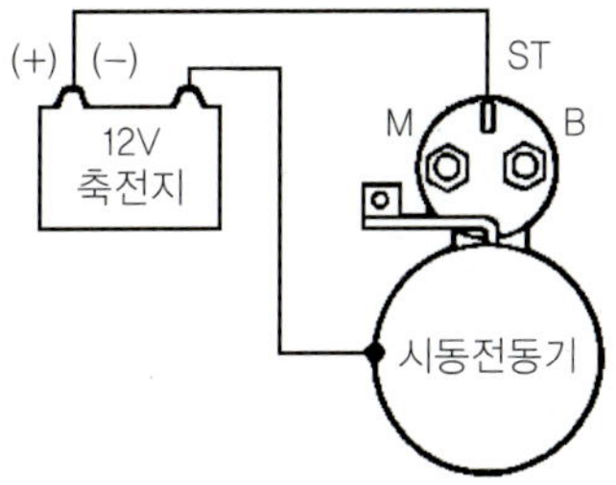

그림 43 | 솔레노이드스위치 복원시험

③ 피니언을 밖으로 당겼다가 놓았을 때 피니언이 원위치로 빨리 복원하면 정상이며, 그렇지 못한 경우에는 솔레노이드 스위치를 교환하여야 한다.

06 시동전동기의 작동시험

(1) 시동전동기 무부하 시험

1) 시동전동기의 전압시험

① 시동전동기의 B 단자를 축전지 (+)단자에 연결한다.

② 시동전동기 몸체를 축전지 (-)단자에 연결한다.

③ 회로시험기의 셀렉터를 DC 50V 레인지에 설정한다.

④ 시동전동기를 작동시키기 전에 축전지 전압을 측정한다.

⑤ 회로시험기의 (+), (-)측정 프로브를 축전지의 (+), (-)단자에 연결한다.

⑥ 시동전동기의 ST단자와 B단자 사이의 스위치를 연결한다(시동전동기 구동).

⑦ 시동전동기가 작동하는 동안 회로시험기에 나타나는 안정된 전압을 측정한다.

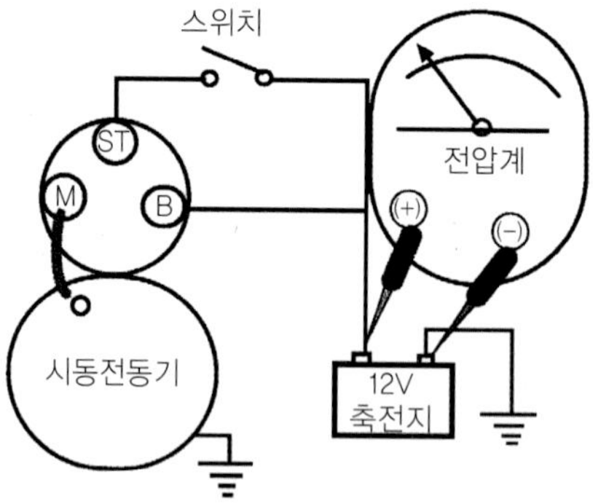

그림 44 | 시동전동기 무부하 전압시험

⑧ 시동전동기 작동시간은 10초 이하로 할 것

⑨ 크랭킹 전압이 낮은 경우 배선 접촉 불량, 배터리 성능저하, 시동모터 불량 등을 점검한다.

2) 시동전동기 무부하 전류시험

① 시동전동기 무부하 전류시험을 할 때 흐르는 전류는 50A 이상이다. 따라서 무부하 상태에서 전류를 측정하기 위해서는 클램프 형식의 전류계를 사용한다.

② 회로의 구성은 전압시험과 같다.

③ 전류계의 측정범위를 100A 영역에 두고, 영점 조정을 한 후 전류 흐름방향과 일치 되도록 회로시험기의 클램프를 축전지 (+)출력 단자 선에 설치한다.

④ 시동스위치를 작동시키고, 그때의 전류 값을 기록한다.

⑤ 전류 값이 규정 값보다 너무 높으면, 시동전동기의 잦은 사용에 의한 코일의 노후로 인한 내부저항이 증가된 결과이다(불량).

그림 45 | 클램프형식 시험기

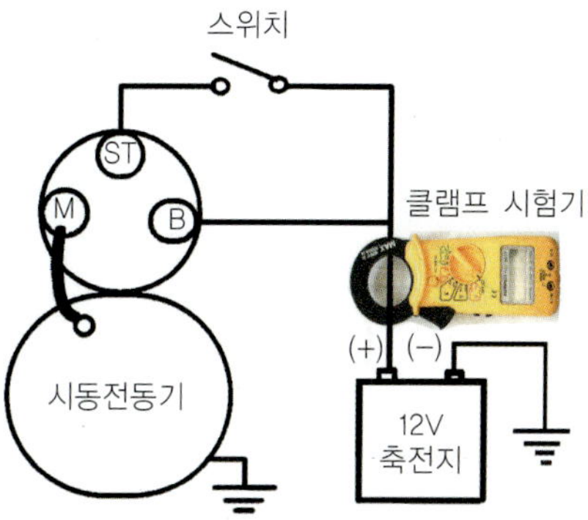

그림 46 | 시동전동기의 무부하 전류시험

(2) 시동전동기의 부하시험

1) 시동 모터 크랭킹 전압 강하시험

[시험(측정)방법]

① 엔진이 시동되지 않도록 점화 1차회로(점화코일, 파워 TR, 배전기 CAS, #1 TDC센서) 커넥터를 탈거한다.

② 연료가 분사되지 않도록 인젝터 커넥터 또는 ECU 퓨즈를 탈거한다.

③ 축전지와 시동 전동기의 배선 접속이 확실한가를 점검한다.

④ 축전지가 완전 충전되었는지 점검한다.

⑤ 멀티 테스터의 셀렉터를 DC V에 선정한 후 적색 리드선은 시동전동기 B단자 또는 축전지 (+)단자에, 흑색 리드선은 엔진 본체 또는 축전지 (-)단자에 접지 시킨다.

⑥ 크랭킹하면서 전압계에 나타난 값을 점검한다. 크랭킹 시간은 10초 이상을 넘지 않도록 한다.

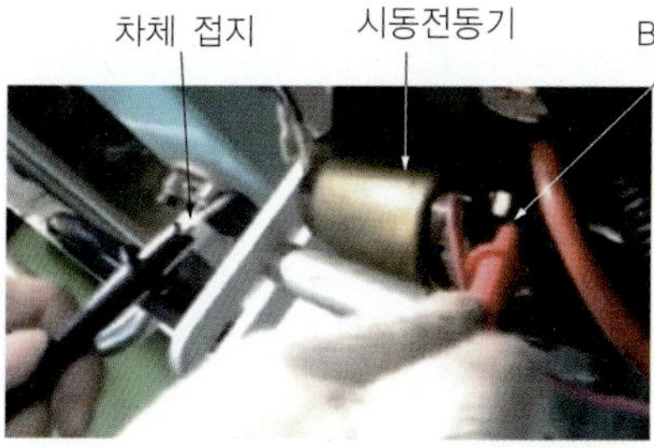

(a) 시동전동기에서 측정

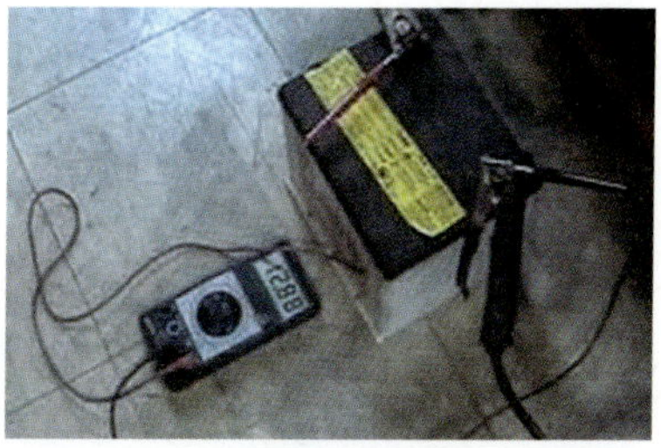

(b) 축전지에서 측정

그림 47 | 테스터기 설치

그림 48 | 전압강하 측정

[결과 판정]

결과 판정	불량시 예상되는 증상
크랭킹 전압이 낮은 경우	• 배선접촉 불량 • 배터리 성능 저하 • 시동모터 불량

2) 시동모터 전류 소모시험

[측정방법]

① 엔진이 시동되지 않도록 점화 1차회로(점화코일, 파워 TR, 배전기 CAS, #1 TDC센서) 커넥터를 탈거한다.

② 연료가 분사되지 않도록 인젝터 커넥터 또는 ECU 퓨즈를 탈거한다.

③ 축전지와 시동 전동기의 배선 접속이 확실한가를 점검한다.

④ 축전지가 완전 충전되었는지 점검한다.

⑤ 테스터기의 스위치를 교류 400A에 선정한다.

⑥ REL을 눌러 0점 조정(0점 조정기 있는 타입은 0점 조정기로 0점 조정)한다.

⑦ 클램프(훅) 미터를 시동 전동기 B단자로 들어가는 축전지선(굵은 붉은선으로 시동 전동기 B단자에 가깝게)에 걸은 다음(클램프의 화살표 방향이 전류의 흐르는 방향이

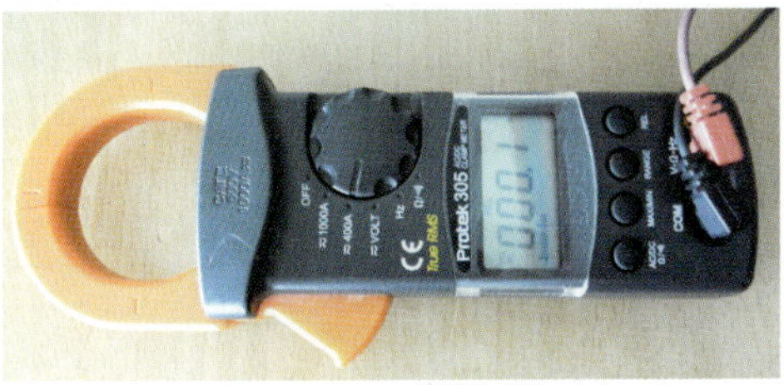

그림 49 | 테스터기

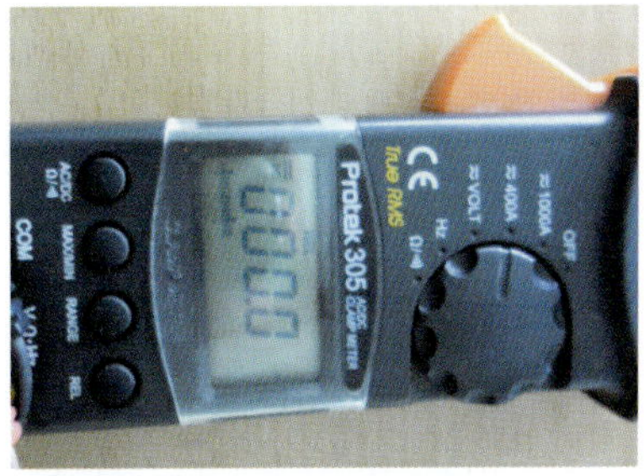

그림 50 | 스위치 400A선정 및 0점 조정

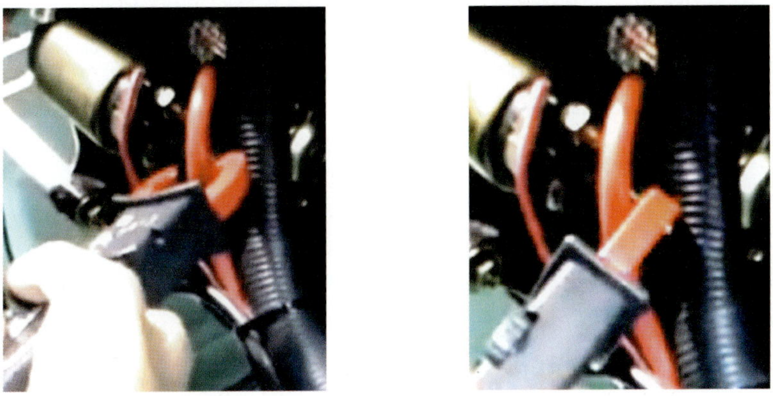

(a) 클램프를 벌린다.

(b) 클램프 설치

그림 51 | 클램프 설치

⑧ 크랭킹 시간은 10초 이상을 넘지 않도록 한다.

그림 52 | 측정값 판독

[결과 판정]

결과 판정	예상되는 증상
높은 전류 지시	• 브러시와 정류자 또는 납땜부분의 접촉 불량 • 회로의 개방 • 전기자 코일 단락, 접지불량, 계자코일 접지 불량, 브러시 마모

[시동 모터의 특성]

시험 특성	시험 항목	규정값	비고
무부하특성	전압(V)	배터리 전압의 10% 이상	12V-50AH 배터리 : 10.8V 이상
	전류(A)	배터리 용량의 10% 이하	12V-50AH 배터리 : 45~55A 이하
부하특성	전압(V)	배터리 전압의 20% 이상	12V-50AH 배터리 : 9.6V 이상
	전류(A)	배터리 용량의 3배 이하	12V-50AH 배터리 : 150A 이하

07 점화 로크스위치 점검

점화 로크스위치란 기관을 시동할 때 운전자의 부주의에 의해 발생하는 사고를 방지 위해 클러치 페달을 밟아야만 시동이 걸리도록 한 장치이다. 점검방법은 다음과 같다.

① 스위치가 "ON"되었을 때(클러치 페달을 밟았을 때) 단자사이가 도통되면 정상이다.
② 스위치가 "OFF"되었을 때 단자사이가 도통되면 불량이다.

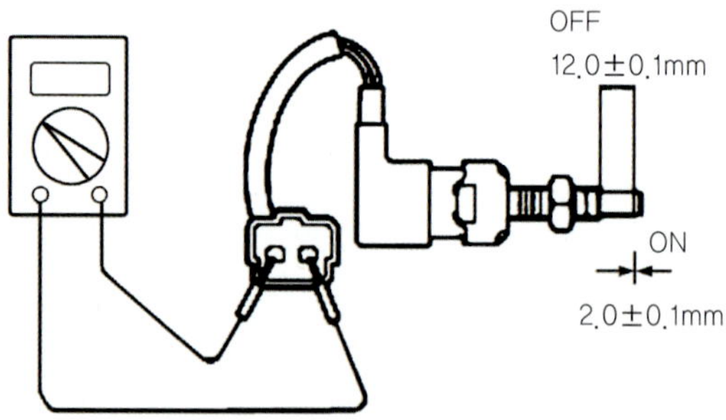

그림 53 | 점화 로크 스위치

08 이모빌라이저 키 입력방법

차종 선택		20/83
01. 아토스	11. 스쿠프	
02. 뉴-클릭	12. 라비타	
03 클릭	13. i30(GD)	
04. 베르나(MC)	14. i30(FD)	
05. 뉴 베르나	15. i40(VF) 16~	
06. 베르나	16. i40(VF)	
07. 벨로스터	17. 아반떼쿠페(JK)	
08. 엑센트(RB)	18. 아반떼(MD)	
09. 엑센트	19. 아반떼(HD HEV)	
10. 엑셀	20. 아반떼(HD)	

그림 54 | 차종 선택

제어장치 선택	11/11
차종 : 아반떼(HD)	
04. 제동제어	
05. 에어백	
06. 오토에어콘	
07. 파워스티어링	
08. 바디컨트롤모듈(BCM)	
09. 트랜스미터코드등록	
10. 스마트키(버튼시동)	
11. 이모빌라이져	

그림 55 | 이모빌라이져 선택

진단기능 선택	3/5
차 종 : 아반떼(HD)	
제어장치 : 이모빌라이져	
사 양 : 가솔린	
01. 키등록정보	
02. 패스워드 등록/변경	
03. 키등록	
04. EMS 초기화	
05. 림폼 모드	

그림 56 | 키 등록 선택

사양 선택

차 종 : 아반떼(HD)
제어장치 : 이모빌라이져
상 태 : LEARNT

> 6자리 핀 코드를 입력하신 후,
> [ENTER]키를 누르십시오.

CODE | 1 | 2 | 3 | 4 | 5 | 6 |

그림 57 | 핀코드 입력

사양 선택

차 종 : 아반떼(HD)
제어장치 : 이모빌라이져
상 태 : LEARNT

> 첫 번째 키를 등록합니다.
> 등록하시겠습니까? [ENT/ESC]

CODE | 1 | 2 | 3 | 4 | 5 | 6 |

그림 58 | 키 등록

사양 선택

차 종 : 아반떼(HD)
제어장치 : 이모빌라이져
상 태 : LEARNT

> 두번째 키를 등록합니다.
> 등록하시겠습니까? [ENT/ESC]

CODE | 1 | 2 | 3 | 4 | 5 | 6 |

그림 59 | 키를 한 개 이상 등록시

3 고장진단

01 단품점검

① 주어진 시동전동기를 분해하고 부품 명칭 및 부품 상태를 기록하고 조립하시오.

부품 명칭	부품 상태	지도교수 확인

② 전기자 및 솔레노이드를 측정하고 판정 및 정비(또는 조치)사항을 기록하시오.

<table>
<tr><td colspan="3">자동차 번호 :</td><td>비번호</td><td></td><td>지도교수
확 인</td><td></td><td></td></tr>
<tr><td colspan="2" rowspan="2">측정 항목</td><td rowspan="2">① 측정(또는 점검)상태</td><td colspan="4">② 판정 및 정비(또는 조치)사항</td><td rowspan="2">득점</td></tr>
<tr><td colspan="2">판 정(□에 “✔”표)</td><td colspan="2">정비 및 조치할 사항</td></tr>
<tr><td colspan="2">전기자코일(단선, 단락, 접지)</td><td>□ 양호
□ 불량</td><td colspan="2" rowspan="3">□ 양호
□ 불량</td><td colspan="2" rowspan="3"></td><td rowspan="3"></td></tr>
<tr><td rowspan="2">솔레
노이드</td><td>풀인</td><td>□ 양호
□ 불량</td></tr>
<tr><td>홀드인</td><td>□ 양호
□ 불량</td></tr>
</table>

③ 계자코일 및 브러시를 측정하고 판정 및 정비(또는 조치)사항을 기록하시오.

자동차 번호 :			비번호		지도교수 확 인		
측정 항목	① 측정(또는 점검)상태		② 판정 및 정비(또는 조치)사항				득 점
	측정값	규정값	판정(□에 "✔"표)		정비 및 조치할 사항		
계자코일 단선			□ 양호 □ 불량				
계자코일 접지							
브러시 길이							
브러시 장력							

④ 브러시를 탈거한 후 신품으로 교환하시오.

⑤ 시동모터 무부하 시험을 하여 전류소모 및 전압강하를 측정하고 판정 및 정비(또는 조치)사항을 기록하시오.

자동차 번호 :			비번호		지도교수 확 인		
측정 항목	① 측정(또는 점검)		② 판정 및 정비(또는 조치)사항				득 점
	측정값	규정(정비한계)값	판정(□에 "✔"표)		정비 및 조치할 사항		
전압강하			□ 양호 □ 불량				
소모전류							

⑥ 시동모터 크랭킹시 전류소모 및 전압 강하를 측정하고 판정 및 정비(또는 조치)사항을 기록하시오.

자동차 번호 :			비번호		지도교수 확 인		
측정 항목	① 측정(또는 점검)		② 판정 및 정비(또는 조치)사항				득 점
	측정값	규정(정비한계)값	판정(□에 "✔"표)		정비 및 조치할 사항		
전압강하			□ 양호 □ 불량				
소모전류							

⑦ 점화 로크스위치를 측정하고 판정 및 정비(또는 조치)사항을 기록하시오.

자동차 번호 :			비번호		지도교수 확 인	
측정 항목	① 측정(또는 점검)		② 판정 및 정비(또는 조치)사항			득 점
	측정값		판정(□에 "✔"표)	정비 및 조치할 사항		
점화로크 스위치	ON	□ 도통 □ 비도통	□ 양호 □ 불량			
	OFF	□ 도통 □ 비도통				

⑧ 이모빌라이저 키를 교환하고 입력하시오.

02 고장증상 점검 및 수리방법

(1) 배터리 상태는 정상이나 크랭킹이 되지 않는다.

① 위 사항과 같은 고장증상이 발생되는 차량에서 시 운전을 하여 고장증상을 확인하고 고장증상에 대한 확인방법을 작성하시오(도로주행을 통해 어려운 경우 정차상태에서 시동장치를 확인한다).

고장증상	고장증상 확인방법	확 인

② 고장 부위 고장원인 및 점검방법을 작성하시오.

고장 부위	고장 원인	점검방법	확 인

③ 고장부분을 정비지침서 또는 관련 자료를 참고하여 수리하고 수리방법과 수리절차를 작성하시오.

수리방법	수리절차	확 인

(2) 크랭킹시 크랭킹 속도가 느리다.

① 위 사항과 같은 고장증상이 발생되는 차량에서 시 운전을 하여 고장증상을 확인하고 고장증상에 대한 확인방법을 작성하시오(도로주행을 통해 어려운 경우 정차상태에서 시동장치를 확인한다).

고장증상	고장증상 확인방법	확 인

② 고장 부위 고장원인 및 점검방법을 작성하시오.

고장 부위	고장 원인	점검방법	확 인

③ 고장부분을 정비지침서 또는 관련 자료를 참고하여 수리하고 수리방법과 수리절차를 작성하시오.

수리방법	수리절차	확 인

(3) 시동전동기는 회전을 하는데 엔진은 크랭킹을 하지 않는다.

① 위 사항과 같은 고장증상이 발생되는 차량에서 시 운전을 하여 고장증상을 확인하고 고장증상에 대한 확인방법을 작성하시오(도로주행을 통해 어려운 경우 정차상태에서 시동장치를 확인한다).

고장증상	고장증상 확인방법	확 인

② 고장 부위 고장원인 및 점검방법을 작성하시오.

고장 부위	고장 원인	점검방법	확 인

③ 고장부분을 정비지침서 또는 관련 자료를 참고하여 수리하고 수리방법과 수리절차를 작성하시오.

수리방법	수리절차	확 인

(4) 점화스위치가 ON에 있어도 시동전동기가 계속 회전한다.

① 위 사항과 같은 고장증상이 발생되는 차량에서 시 운전을 하여 고장증상을 확인하고 고장증상에 대한 확인방법을 작성하시오(도로주행을 통해 어려운 경우 정차상태에서 시동장치를 확인한다).

고장증상	고장증상 확인방법	확 인

② 고장부위 고장원인 및 점검방법을 작성하시오.

고장 부위	고장 원인	점검방법	확 인

③ 고장부분을 정비지침서 또는 관련 자료를 참고하여 수리하고 수리방법과 수리절차를 작성하시오.

수리방법	수리절차	확 인

(5) 점화스위치가 ST에 있어도 "딸깍" 소리만 나고 크랭킹이 안된다.

① 위 사항과 같은 고장증상이 발생되는 차량에서 시 운전을 하여 고장증상을 확인하고 고장증상에 대한 확인방법을 작성하시오(도로주행을 통해 어려운 경우 정차상태에서 시동장치를 확인한다).

고장증상	고장증상 확인방법	확 인

② 고장부위 고장원인 및 점검방법을 작성하시오.

고장 부위	고장 원인	점검방법	확 인

③ 고장부분을 정비지침서 또는 관련 자료를 참고하여 수리하고 수리방법과 수리절차를 작성하시오.

수리방법	수리절차	확 인

자동차 전기전자공학